《몸의 인지과학》은…

세계적인 인지과학자 프란시스코 바렐라와 그의 제자 에반 톰슨 그리고 인지과학자 엘리노어 로쉬가 현상학, 정신분석학, 불교 등의 다양한 관점에서 인간의 경험과 과학 간의 관계를 새롭게 정립한 인지과학의 걸작이다. 서양의 전통 철학과 초창기의 인지과학에서는 몸의 역할을 간과한 채 몸이란 뇌의 주변장치에 불과하다는 견해가 주류를 이루고 있었다. 하지만 1980년대 이와 같은 이론에 반발하며 서양 주류 철학에서 무시되었던 몸의 중심성을 회복하고 몸을 마음 안으로 되돌려놓아야 한다는 새로운 주장이 제기되기 시작했다. 이런 인지과학 논쟁의 계기를 마련한 작품이 바로 《몸의 인지과학》이다. 이 책은 날카로운 학문적 통찰과 분야를 넘나드는 융합적 사고를 통해 과학적인 마음의 구조와 경험적인 마음 사이에 공통된 기반이 있음을 치밀하게 입증해간다. 저자들은 인지(認知)는 감각 운동 능력을 지닌 신체를 통해 나타나는 경험에 의존하는 것임을 주장하며 불교철학의 명상의 역할을 바탕으로 인지 현상에 대한 종합적 이해를 추구한다. 뿐만 아니라 진정한 지식, 참된 깨달음은 몸과 마음이 함께하는 체화된 마음에서 달성된다는 사실을 밝혀내며 독자들을 새로운 학문적 인식의 세계로 이끌고 있다.

더불어 석봉래 교수는 인지과학에 대한 전문적 지식을 바탕으로 이 책의 명성에 걸맞도록 행간의 숨은 의미까지 우리말로 살려냈고, 이인식 지식융합연구소장의 해제는 학문의 경계를 넘나드는 다채로운 스펙트럼과 깊이로 인지과학의 전체 지형도를 생생하게 그려줌으로써 독자들의 이해와 책의 품격을 높이고 있다.

모던&클래식은
시대와 분야를 초월해 인류 지성사를 빛낸 위대한 저서를 엄선하여
출간하는 김영사의 명품 교양 시리즈입니다.

몸의 인지과학

THE EMBODIED MIND: COGNITIVE SCIENCE AND HUMAN EXPERIENCE
by Franscisco J. Varela · Evan T. Thompson · Eleanor Rosch
Copyright © 1991 Massachusetts Institute of Technology
All rights reserved.
Korean translation copyright © 2013 by Gimm-Young Publishers, Inc.
This Korean edition was published by arrangement with
The MIT Press, Cambridge, MA through KCC(Korea Copyright Center Inc.), Seoul.

몸의 인지과학

THE EMBODIED MIND
Cognitive Science and Human Experience

프란시스코 바렐라 외 지음

석봉래 옮김 | 이인식 해제

김영사

몸의 인지과학

지은이_ 프란시스코 바렐라 · 에반 톰슨 · 엘리노어 로쉬
옮긴이_ 석봉래

1판 1쇄 발행_ 2013. 7. 10.
1판 8쇄 발행_ 2025. 4. 10.

발행처_ 김영사
발행인_ 박강휘
기 획_ 이인식 지식융합연구소장

등록번호_ 제406-2003-036호
등록일자_ 1979. 5. 17.

경기도 파주시 문발로 197(문발동) 우편번호 10881
마케팅부 031)955-3100, 편집부 031)955-3200, 팩스 031)955-3111

이 책은 ㈜한국저작권센터(KCC)를 통한 저작권자와의 독점계약으로
김영사에서 출간되었습니다. 저작권법에 의해 한국 내에서 보호를 받는 저작물이므로
무단전재와 복제를 금합니다.

값은 뒤표지에 있습니다.
ISBN 978-89-349-6389-9 04130, 978-89-349-5488-0 (세트)

홈페이지_ www.gimmyoung.com   블로그_ blog.naver.com/gybook
인스타그램_ instagram.com/gimmyoung   이메일_ bestbook@gimmyoung.com

좋은 독자가 좋은 책을 만듭니다.
김영사는 독자 여러분의 의견에 항상 귀 기울이고 있습니다.

실체성을 굳게 믿는 자는 짐승과 같지만,
공空을 맹신하는 자는 그보다 못하다.

사라하, 9세기

해제

몸으로 생각한다

이인식(지식융합연구소장)

세계는 나의 모든 사고와 나의 모든 분명한 지각의 자연스런 배경이며 환경이다.
_모리스 메를로 퐁티

1

 사람의 마음은 오랫동안 객관적으로 정의될 수 없는 현상으로 간주되었기 때문에 과학적 연구의 주제가 되지 못했다. 그러나 컴퓨터가 등장하면서부터 하드웨어를 사람의 뇌로, 소프트웨어를 마음으로 보게 됨에 따라 비로소 마음이 과학의 연구 대상이 되었다.
 사람의 마음이 하는 일은 크게 인지와 정서로 나눌 수 있다. 이를테면 사람이 생각하고 느끼는 까닭은 마음의 작용 때문이다. 이 중에서 초창기에 과학자들이 관심을 가진 연구 주제는 인지기능이었다. 일반적으로 지식, 사고, 추리, 문제해결 같은 지적인 정신과정을 비롯하여 지각, 기억, 학습까지 인지기능에 포함된다. 요컨대 사람이 자극과 정보를 지각하고, 여러 가지 형식으로 부호화하여, 기억에 저장하고, 뒤에 이용할 때 상기해내는 정신과정이 인지이다. 이와 같이 인지 기능이 복잡다단하기 때문에 마음의 연구에 착수한 과학자들은 어떤 학문도 다른 학문과의 융합 없이 독자적으로 연구를 해서는 결코 마음의 작용에 관한 수수께끼를 성공적으로 풀어낼 수 없다는 사실을 깨닫게 되었다. 이러한 상황에서 1950년대 후반에 미국을 중심으로 새로이 형성된 학문이 인지과학cognitive science이다.

인지과학의 주요한 특징은 크게 두 가지로 요약된다.

첫째, 인지과학은 철학, 심리학, 언어학, 인류학, 신경과학, 인공지능 등 여섯 개 학문의 공동 연구를 전제한다. 인지과학은 그 역사가 짧지만 동시에 6개 학문에 뿌리를 두고 있으므로 가장 긴 역사를 가진 융합 학문의 하나라고 할 수도 있다.

둘째, 인지과학은 마음을 기호체계symbol system로 전제하기 때문에 사고, 지각, 기억과 같은 다양한 인지과정에서 마음이 기호를 조작한다고 본다. 마음이 기호를 조작하는 과정, 곧 특정 정보를 처리하는 과정을 계산computation이라 한다. 따라서 인지과학의 지상 목표는 마음의 작용을 설명해주는 계산이론을 밝혀내는 데 있다. 요컨대 인지과학은 마음을 기호체계로 간주하고, 마음이 컴퓨터의 기호 조작(계산)에 의하여 설명될 수 있다고 여긴다.

마음을 연구하는 방법은 하향식top-down과 상향식bottom-up으로 나뉜다. 일반적으로 하향식은 전체(위)가 부분(아래)을 결정하는 것으로 보는 반면에 상향식은 부분의 행동이 전체를 결정하는 것으로 본다. 인지과학의 경우 뇌에 의해 수행되는 인지활동이 '위'라면, 뇌의 신경계 내부에서 발생하는 전기화학적 현상은 '아래'에 해당한다.

뇌와 마음의 관계를 연구하는 학자들은 하향식으로 접근하는 인지심리학과, 상향식을 채택하는 신경과학으로 갈라진다. 1970년대까지 인지심리학이 우세했지만 마음의 작용을 설명하는 계산이론을 내놓지 못함에 따라 1980년대부터는 상향식의 신경과학이 크게 각광을 받기 시작했다.

2

인지과학의 초창기부터 정보처리 측면에서 몸의 역할은 별로 중요하게 여겨지지 않았다. 인지과학자들에 따르면, 몸은 감각기관을 통해 외부 세계의 정보를 획득하여 뇌로 전달하고, 이 정보를 처리하는 뇌의 지시에 따라 운동기관을 통해 행동으로 옮긴다. 컴퓨터로 치면 몸은 입출력 장치에 불과하며 뇌만이 정보를 처리한다는 뜻이다.

그러나 1980년대 후반부터 몸을 뇌의 주변장치로 간주하는 견해에 도전하는 이론이 발표되기 시작했다. 몸의 감각이나 행동이 마음의 인지기능에 영향을 미친다고 주장하는 '신체화된 인지embodied cognition' 이론이 등장한 것이다.

마음이 신체화되어 있다는 주장을 본격적으로 펼치기 시작한, 이른바 제2 세대 인지과학의 대표적 이론가로는 미국의 언어철학자인 마크 존슨Mark Johnson, 1949~ 과 언어학자인 조지 레이코프George Lakoff, 1941~ 를 꼽는다.

1987년 마크 존슨은 현대 철학에서 마음의 신체화를 처음으로 다룬 저서로 평가되는《마음속의 몸The Body in the Mind》을 펴냈다. 이 책의 핵심 주제는 서양의 주류 철학에서 철저히 무시되었던 몸의 중심성을 회복하는 것, 곧 '몸을 마음 안으로 되돌려 놓는 것'이다. 존슨은 이 책에서 "몸은 마음속에 있고, 마음은 몸속에 있으며, 몸·마음은 세계의 일부이다"라고 주장했다. 그는 레이코프와 공동 작업을 통해 체험주의experientialism라는 새로운 철학적 접근을 시도했다.

1999년 레이코프와 존슨은《몸의 철학 Philosophy in the Flesh》을 펴냈다. 책의 부제인 '신체화된 마음의 서구 사상에 대한 도전The Embodied Mind and its Challenge to Western Thought'처럼, 두 사람은 2002년 출간된 한국어판 서문에서도 "우리는 새로운 신체화된 철학, 즉 몸 안에서의, 몸의 철학을 건설해야 할 필요가 있다는 것을 알게 되었다"고 연구의 배경을 설명했다.

1970년대 말부터 레이코프는 1957년 노엄 촘스키Noam Chomsky, 1928~가 펴낸《통사구조론Syntactic Structure》으로 언어학의 주류가 된 형식언어학을 비판하면서 인지언어학cognitive linguistics이라는 새로운 분야를 창시하였다.

《몸의 철학》은 레이코프와 존슨이 제안하는 신체화된 마음이론을 집대성한 성과로 여겨진다. 두 사람은 이 책에서 '인지과학의 세 가지 주요한 발견'에 입각해서 신체화된 마음이론을 전개하고 있다. 두 사람의 표현을 빌리면 "마음의 과학에서 이 세 가지 발견은, 서양 철학의 핵심적 부분들과 일치하지 않는다."

첫째, 마음은 본유적으로 신체화되어 있다(마음의 신체화). 인간의 마음은 신체적 경험, 특히 감각운동 경험에 의해 형성된다. 따라서 "마음이 컴퓨터 소프트웨어와 같아서 어떤 적절한 컴퓨터나 신경 하드웨어에도 작용할 수 있는 컴퓨터 같은 사람은 없다"는 것이다.

둘째, 인간의 인지는 대부분 무의식적이다(인지적 무의식cognitive

unconscious). 의식적 사고는 거대한 빙산의 일각에 불과하다. 모든 사고의 95%는 무의식적 사고이다.

셋째, 우리의 사고는 대부분 은유적metaphorical이다(은유적 사고). 우리는 가령 '사랑은 여행'이나 '죽음은 무덤'과 같은 개념적 은유conceptual metaphor를 수천 개 사용하여 생각하고 말한다. 이러한 은유는 신체화된 경험에서 나온다. 그래서 은유가 행동에 영향을 미칠 수 있다는 것은 전혀 놀라운 일이 아니다.

레이코프와 존슨은 "마음의 신체화, 인지적 무의식, 은유적 사고는 한데 묶여서 이성과 인간의 본성을 이해하는 새로운 방식을 요구한다"고 전제하면서 특유의 신체화된 마음이론을 정립했다.

한편 레이코프는 인지언어학을 정치학에 접목시킨 진보적인 이론가로도 유명하다. 국내에도 번역 출간된 《도덕, 정치를 말하다Moral Politics》(1996, 2002), 《코끼리는 생각하지 마Don't Think of An Elephant》(2004), 《정치적 마음The Political Mind》(2008)은 인지언어학의 연구 성과를 미국 정치와 선거에 적용하여 진보 진영의 정치적 좌절을 날카롭게 분석했다.

3

1987년 《마음속의 몸》 출간을 계기로 논의가 시작된 신체화된 인지 개념은 1991년 세 명의 학자가 함께 펴낸 바로 이 책 《몸의 인지과학The Embodied Mind》에 의해 인지과학의 핵심 쟁점으로 부각되었다.

칠레의 생물학자이자 철학자인 프란시스코 바렐라Francisco Varela,

1946~2001, 미국의 철학자인 에반 톰슨Evan Thompson, 1962~, 미국의 인지심리학자인 엘리노어 로쉬Eleanor Rosch 1938~는 학문의 경계를 뛰어넘는 융합 연구를 통해 독특한 신체화된 인지이론을 정립했다. 이들은 동서양의 사상가를 각각 한 명씩 끌어들여 몸과 마음의 관계를 흥미롭게 분석했다. 한 사람은 프랑스의 철학자인 모리스 메를로 퐁티Maurice Merleau-Ponty, 1908~1961이고, 다른 한 사람은 인도의 승려인 용수龍樹, 150경~250경이다.

메를로 퐁티는 프랑스의 무신론적 실존주의 작가인 장 폴 사르트르Jean Paul Sartre, 1905~1980와 함께 활동하면서, 현상학 창시자인 독일의 에드문트 후설Edmund Husserl, 1859~1938의 후기 학설을 계승하여 독자적인 실존주의적 현상학을 전개하였다. 주관과 객관, 자연과 정신 등의 이원론적 분열을 배격한 메를로 퐁티에게 인간은 신체를 통해 세계 속에 뿌리를 내리는 존재인 '신체적 실존'이다. 1945년 펴낸 《지각의 현상학》의 서문에서 메를로 퐁티는 "세계는 나의 모든 사고와 나의 모든 분명한 지각의 자연스런 배경이며 환경이다"라고 설파했다. 이러한 신체적 실존에 있어서 마음은 '신체를 통하여 체현된' 것이며 지각이야말로 인간과 세계의 원초적이며 근본적인 관계인 것이다. 이를테면 신체적 실존의 현상을 강조한 메를로 퐁티는 마음에 관한 연구인 인지과학에서 인간의 경험이 논의되어야 한다고 주장한 셈이다.

서기 2세기 후반에 대승불교 사상의 철학적 근거를 마련한 용수는 중관론中觀論의 창시자이다. 중관론 또는 중론中論은 주관과 객관, 대상과 속성, 원인과 결과가 독립적으로 존재한다는 이분법을 배격한다. 용수는 독립적인 존재성을 지닌 어떠한 것도 결코 발견될 수 없으므로 "상호의존적으로 발생하지 않는 것은 없다. 이러한 이유로 공空이 아닌 것은 없다"는 결론을 내린다. 완전한 상호의존성에 관한 용수의 논증은 연기緣起의 이론에 관한 그의 저작에도 그대로 나타난다. 연기는 '여러 방식으로 발생하는 조건들에 의존함' 또는 '상호의존적 발생'을 의미한다. 연기의 개념을 기본으로 하는 용수의 중론은 주관주의와 객관주의의 극단을 배격하는 중도 middle way의 입장이라는 측면에서 메를로 퐁티의 사상과 맞닿아 있다고 볼 수 있다.

이 책에서 메를로 퐁티와 용수가 언급된 이유는 자명하다. 인지가 몸과 환경의 상호작용을 통해 발생한다는 것, 다시 말해 "인지는 감각 운동 능력을 지닌 신체를 통해 나타나는 경험에 의존하는 것"임을 설명할 필요가 있었기 때문이리라. 이런 맥락에서 저자들은 독특한 신체화된 인지이론을 제안했는데, 다름 아닌 발제發製주의 enactivism 또는 발제적 인지과학 enactive cognitive science이다. 여러분은 이제부터 그 의미를 천착하는 독서 여행을 떠나면 될 것 같다.

이 책 《몸의 인지과학》이 출간되기 전에 대표 저자인 프란시스코 바렐라는 그의 스승인 칠레의 생물학자이자 철학자 움베르또 마투라나 Humberto Maturana, 1928- 와 함께 《지식의 나무 The Tree of Knowledge》(1987, 1992)를 펴냈다. 국내에도 번역 출간된 이 책의 부제는 '인간 이해의 생물학적 뿌리 The Biological Roots of Human Understanding'이다.

4

 신체화된 인지이론은 이를 뒷받침할 만한 과학적 증거가 없어 한때 조롱거리가 되기도 했지만 1990년대 후반부터 다양한 사례가 발표되기 시작하였다. 가령 뜨거운 커피잔을 들고 있거나 실내 온도가 알맞은 방안에 있으면 낯선 사람을 대하는 사람의 기분도 누그러졌다. 딱딱한 의자에 앉아 협상을 하면 마음이 부드러운 남자도 상대를 심하게 다그쳤다. 무거운 배낭을 등에 지고 산에 오르면 비탈이 더 가파르게 느껴졌다. 목이 마르면 물이 들어 있는 병이 더욱 가까이 있는 듯한 착각을 했다. 이런 실험 결과는 몸의 순간적인 느낌이나 사소한 움직임, 예컨대 부드러운 물건을 접촉하거나 고개를 끄덕이는 행동이 사회적 판단이나 문제해결 능력에 영향을 미칠 가능성이 있음을 보여 준다. 요컨대 인지와는 무관해 보이는 깨끗함, 따뜻함, 딱딱함과 같은 감각도 인지와 무관하지 않은 것으로 밝혀진 셈이다.

 신체화된 인지이론의 입지를 강화해준 대표적인 연구 성과는 맥베스 부인 효과Lady Macbeth effect 의 발견이다. 맥베스 부인은 윌리엄 셰익스피어의 《맥베스》에서 남편과 공모하여 국왕을 살해한 뒤 손을 씻으며 "사라져라. 저주받은 핏자국이여"라고 중얼거린다. 그녀의 손에는 피가 묻어 있지 않았지만 손을 씻으면 죄의식도 씻겨 내려간다고 여겼는지 모른다.

 캐나다의 종첸보Chen-Bo Zhong와 미국의 캐티 릴렌퀴스트Katie Liljenquist는 실험에 참가한 학생들에게 윤리적 행위나 비윤리적 행위를 했던 과거를 회상하도록 했다. 그리고 W_ _H와 S_ _P를 완성하게 했다. 실험 결과 비윤리적 행위를 떠올린 학생들은 W_ _H를 가령 WISH가 아니라 WASH, S_ _P를 STEP이 아니라 SOAP처럼 몸을 씻는 행위와 관련된 단어로 완성할 가능성이 윤리적 행위를 회상한 학생들보다 더 높게 나타났다. 이를테면 비윤리적 행위를 떠올린 학생들은 자신의 마음이 더럽혀졌다고 느꼈기 때문에 비누로 손을 씻으면 마음도 깨끗해질 것이라고 여겼다고 볼 수 있다. 종교의식에서 물로 세례를 하는 이유도 죄악이 씻겨 내려간다고 생각하기 때문이다. 이러한 맥락에서 실험 결과는 '맥베스 부인 효과'라고 명명되어 2006년 〈사이언스Science〉 9월 8일자에 발표되었다. 맥베스 부인 효과는 마음이 윤리와 같은 추상적 개념을 이해할 때 몸의 도움을 받는 증거로 받아들여지고 있기 때문에 몸이 마음의 인지 기능에 영향을 미친다는 주장을 뒷받침한다고 볼 수 있는 것이다.

신체화된 인지이론을 뒷받침하는 뇌 연구 결과도 잇따라 발표되고 있다. 2008년 미국 에모리대학의 심리학자인 로렌스 바살로우 Lawrence Barsalou는 〈연간 심리학 평론Annual Review of Psychology〉에 실린 논문에서 "뇌가 세상을 이해하기 위해 몸의 경험을 모의simulation하기 때문에" 마음의 인지 기능이 '몸에 매인embodied' 것으로 볼 수 있다고 주장하기도 했다.

들어가는 글

  이 책은 마음에 관한 새로운 과학은 살아 있는 인간경험뿐만 아니라 인간경험에 본래적으로 내재하고 있는 경험변형의 가능성 모두를 포함해야 한다는 확신에서 시작되었고 그 확신에서 끝을 맺는다. 일상경험도 그 올바른 이해와 분석을 위해 과학적 접근으로 그 지평을 넓혀야 한다. 마음에 관한 과학(인지과학)과 인간경험 사이의 이런 순환의 가능성이 이 책에서 우리가 추구하고자 하는 것이다.

  오늘날 우리가 처한 상황을 돌이켜보면, 인지과학이 특별한 일부 학문적 논의를 제외하고는 일상적이며 체험적 상황에 놓인 인간존재의 의미가 무엇인지 설명한 적이 없다는 것을 알 수 있다. 일상생활에서 변화된 자아의 가능성과 그런 변화의 이해와 분석에 초점을 맞추고 있는 전통 역시 과학적인 검토가 가능한 영역으로 발전해야 한다.

이 책에서 우리가 소개할 학문은 한 세대 이전 프랑스의 철학자 모리스 메를로 퐁티Maurice Merleau-Ponty가 제기한 연구과제의 현대적인 연장이라 생각할 수 있다.[1] 이 연장이라는 것은 메를로 퐁티의 사상을 현대인지과학의 맥락에서 학문적으로 재고찰한다는 것을 의미하지는 않는다. 단지 메를로 퐁티의 사상이 우리 연구를 인도하고 영감을 줬다고 생각한다.

우리는 메를로 퐁티와 마찬가지로 서양의 과학문화는 우리의 몸을 물리적 구조로뿐만 아니라 살아 있는 경험의 구조로, 간단히 말해 '외적'으로뿐만 아니라 '내적'으로, 생물학적이며 현상학現象學적인 것으로 보도록 만든다는 것을 안다. 몸의 이 두 가지 측면은 분명 대립되는 쌍은 아니다. 오히려 우리는 끊임없이 둘 사이를 상호순환한다. 메를로 퐁티는 이 순환의 근본축, 즉 지식, 인지 그리고 경험의 체화體化, embodiment에 대한 자세한 연구 없이는 이 순환의 본성을 이해할 수 없음을 알고 있었다. 메를로 퐁티에 대해서만이 아니라 우리에게도 체화는 이중적 의미를 지닌다. 이것은 살아 있는 경험의 구조로서의 몸과 인지과정이 벌어지는 장소 또는 맥락으로서의 몸, 이 두 가지 모두를 포괄한다.

이 이중적 의미를 지닌 체화라는 개념이 인지과학의 이론적 논의나 연구에서 나타난 적은 없었다. 이 체화의 이중성에 주의를 기울이지 않고는 인지과학과 인간경험 사이의 순환이 연구될 수 없다고 확신하기 때문에 우리는 메를로 퐁티를 주의깊게 살펴볼 것이다. 이 순환론은 기본적으로 철학적인 것은 아니다. 오히려 인지과학 연구의 발전 그리고 그 연구가 살아 있는 인간의 문제와 맺는 관련성을 밝히기 위해서는 체화의 이중적 의미가 분명히 밝혀져야 한다는 점이 우리 주장의 핵심이다.

메를로 퐁티의 통찰을 살펴보기는 하겠지만, 우리 시대의 상황이 퐁티의 시대와는 다르다는 점에 우리는 주의를 기울이고자 한다. 이러한 차이점을 주장하는 데는 두 가지 이유가 있다. 그 한 가지 이유는 과학에서 유래하고 그리고 다른 이유는 인간경험에서 유래한다.

첫째로, 메를로 퐁티가 그의 저작에 착수하고 있었던 1940년대와 1950년대는 마음을 연구하고 있는 학문들이 상호연결 없이 각기 별개의 영역, 즉 신경학, 정신분석학 그리고 행태론적 실험심리학으로 단편화되어 있었다. 오늘날 우리는 여러 학문을 상호연결하고 있는 새로운 종합체인 인지과학의 등장을 목격할 수 있다. 이 학문은 신경과학뿐만 아니라 인지심리학, 언어학, 인공지능 그리고 경우에 따라 어떤 연구기관에서는 철학까지 포함한다. 게다가 마음에 관한 현대적 연구(대표적으로 디지털컴퓨터)에서 빠질 수 없는 대부분의 인지과학 관련 기술들은 과거 50년 동안 대부분 발전되었다.

둘째로, 메를로 퐁티는 인간경험의 체험적 세계를 현상학이라는 철학적 입장을 가지고 접근했다. 지금도 현상학 전통의 직계 후예들은 많이 존재하고 있다. 프랑스에서는 하이데거와 메를로 퐁티의 전통이 미셸 푸코Michel Foucault, 자크 데리다Jacques Derrida 그리고 피에르 부르디외Pierre Bourdieu에 의해 이어지고 있다.[2] 미국에서는 허버트 드레퓌스Hubert Dreyfus가 인지과학에 대한 하이데거적 입장의 비판을 오랫동안 계속해왔고,[3] 최근 테리 위노그래드Terry Winograd, 페르난도 플로레스Fernando Flores,[4] 고든 글로버스Gordon Globus[5] 그리고 존 호그랜드

John Haugeland[6] 등이 그런 비판을 인지과학의 특정 분야에 연결시켜 더욱 강화하고 있다. 다른 분야에서는 즉흥성의 연구를 최근 계속해오고 있는 서드노D. Sudnow가 현상학을 종족연구방법론으로 쓰고 있다.[7] 마지막으로 임상심리학의 한 전통에 현상학이 관여하고 있다.[8] 그러나 이런 접근법들은, 철학의 논리적 분석, 역사학과 사회학의 해석적 분석 그리고 환자들의 치료법 같은 경우에서 보듯이 그것들이 원래 속해 있는 학문의 방법론에 의존적이다.

이런 활동에도 불구하고 현상학은 특별히 인지과학의 중요한 연구가 대부분 진행되고 있는 미국에서 여전히 상대적으로 영향력 없는 철학의 학파로 남는다. 우리는 지금이야말로 메를로 퐁티의 시각을 구체화할 전혀 새로운 접근법을 개발해야 할 때라고 믿는다. 따라서 우리가 이 책에서 말하고자 하는 것은 메를로 퐁티가 최초로 제시한 이중적 체화double embodiment의 근본사상을 따르는 새로운 계보다.

마음에 관한 과학적인 연구의 결과로 인해 인간경험의 전통이 맞서야 할 도전은 무엇인가? 이 책의 전체적 논의를 주도하는 실존적 관심은, 자아 또는 인지적 주체는 인지과학 내부에서 근본적으로 단편화되어 있든 분리되어 있든 비통일적이라는 사실에서 유래한다. 이 깨달음은 물론 서양문화의 전통에서 새로운 것은 아니다. 니체 이래로 많은 철학자들, 심리분석가들 그리고 사회이론가들은 자아와 주체를 지식, 인지, 경험 그리고 행동의 중심으로 간주하는 전통적 개념에 도전해왔다. 그러나 인지과학 내에서 자기중심성에 대한 도전은 과학이 어떤 다른 관행이나 제도보다 강력한 영향력을 갖는다는 의미에서 매우 의미있는 사건이 된다. 게다가 다른 어떤 관행이나 제도보다 강력한 과학은 그 이론적 이해를 기술적인 생산품으로 구체화할 수 있다. 인지과학의 경우 이 기술적 생산품이란 매우 정교한 사고/실행의 기계적 체계인데, 이 체계는 철학자들의 저술이나 사회학자들의 반성적 사고, 혹은 심리분석가들의 분석이 우리의 일상생활을 변화시켰던 것보다 더 큰 변화의 잠재력을 지닌 것이다.

이 근본적이며 핵심적인 문제(자아와 인지주체의 지위문제)는 순수 이론적인 연구와는 관계없는 문제일 수 있다. 그럼에도 불구하고 이 문제는 우리의 생활과 자기이해에 직접적인 영향을 미친다. 따라서 더글러스 호프스태터Douglas Hofstadter와 대니얼 데닛Daniel Dennett의 《마음의 자아The Mind's I》 또는 셰리 터클Sherry Turkle의 《제2의 자아The Second Self》같은 자아의 문제를 다루고 있는 극소수의 훌륭한 책들이 상당한 인기를 누리고 있는 점은 자아에 대한 기본적 관심의 측면에서 전혀 놀랄 일이 아니다.[9] 보다 학문적인 측면에서 본다면, 과학과 경험의 순작용은 '통속심리학'에 관한 논의와 '대화의 분석'과 같은 연구형태를 띠는 작업에서 나타나고 있다. 과학과 경험 사이의 관계에 대한 보다 체계적인 연구는 레이 재켄도프Ray Jackendoff의 저서 《의식과 계산적 마음Consciousness and the Computational Mind》에서 찾아볼 수 있다.[10] 이 책에서 저자는 의식적인 경험의 계산적 기반을 탐구함으로써 과학과 의식의 관계를 파헤치려 한다.

우리는 이런 저술들과 문제의식을 공유하지만, 그들의 접근법과 해결책에는 동의하지 않는다. 최근에 활발하게 논의되고 있는 이런 탐구방식이 이론적으로 혹은 실질적으로 한계가 있고 만족스럽지 못하다는 것이 우리의 견해다. 그 이유는 인간경험에 관해서 과학을 보충할 만한 직접적이고 실제적이며 실용적인 접근이 없다는 점이다. 결과적으로 인간경험의 자발적인 측면과 보다 반성적인 측면 모두에 관해서 대부분의 연구가 대략적이고 원칙론적인 탐구, 즉 기존의 과학적 분석이 지닌 깊이와 복잡성에 전혀 필적할 수 없는 초보적 탐구의 수준에 머물고 있다는 것이다.

이런 상황을 어떻게 개선할 것인가? 역사적으로 그 방법을 찾아본다면, 경험 자체는 훈련을 통해 검토되었고 그런 경험의 검토에 필요한 기술은 시간을 두고 다듬어졌다. 여기서 우리는 두 가지를 발견할 수 있다. 이때의 경험이란 대부분의 서양인들에게는 생소하지만 간과할 수 없는 전통, 즉 명상적 수행과 실천철학적 탐구의 불교적 전통에서 나온 것이다. 이 불교적 전통은 인간경험에 관한 다른 실천적 탐구 즉 정신분석 같은 것들보다는 훨씬 덜 알려져 있지만, 우리가 관심을 갖는 전통이다. 곧 살펴보겠지만, 비통일적이며 중심이 없는, 다시 말해 일반적으로 무아無我 또는 비아非我라고 하는 인지적 자아의 개념은 불교 전통의 핵심적인 기초다. 덧붙여서 비록 불교적 전통의 철학적 논쟁에 관여되는 것이기는 하지만, 이 개념은 근본적으로 경험변형에 깊이 있는 관찰을 충분히 수행한 사람들이 제공하는 자아에 대한 체험적이며 직접적인 설명이다. 이런 방식으로 서양적 인지과학의 전통과 불교적 명상심리학 간의 대화를 이끌어냄으로써 우리는 과학의 마음과 경험의 마음 사이에 다리를 연결하자고 제안하는 것이다.

이 책의 목표는 '실천'임을 강조하고 싶다. 과학적이든 철학적이든 우리는 마음과 육체 간의 장대한 통일이론을 만들려는 생각은 없다. 여러 학문들을 비교하는 논문을 쓸 생각도 없다. 인지과학과 인간경험 사이의 순환작용이 충분히 이해될 수 있고 과학적 맥락에서 인간경험의 변형 가능성을 모색할 수 있는 가능세계를 여는 것이 우리의 목적이다. 이 실천적 관심은 이 책의 세 저자들이 모두 공감하는 것이다. 한편으로 과학은 현상적 세계에 대한 실천적 적용으로 인해 발전한다. 실제로 과학의 타당성은 이 실천적 적용의 효율성에 기반을 둔다. 다른 한편으로 명상적 수행의 전통은 인간경험에 관한 체계적이며 조직적인 적용으로 인해 지속된다. 이 전통의 타당성은 살아 있는 경험과 자기이해를 발전적으로 변화시키는 우리의 능력에 의존한다.

이 책을 쓸 때 우리는 많은 독자들이 이해할 수 있는 수준의 논의를 펼칠 것을 목표로 삼았다. 우리는 현역 인지과학자들뿐만 아니라, 불교와 비교사상에 관심을 가지고 있는 이들을 포함하여 기본교육을 받고 과학과 경험의 대화에 관해 일반적인 관심을 가지고 있는 일반독자들이 이 책을 이해할 수 있도록 노력했다. 결과적으로 이런 다양한 관심을 가진 독자들은(일부는 우리가 예상하듯이 중첩되는 관심을 가지고 있기도 하겠지만) 우리가 제시하는 과학적, 철학적, 비교사상적 논의의 특정한 내용을 넘어서 더 자세한 논의를 기대할지도 모른다. 우리는 주와 부록에 설명을 첨가함으로써 이런 독자들의 요구에 일부 부응하려고 노력했지만, 기본적으로 일반독자들이 이해할 수 있는 논의의 수준을 벗어나지 않으려고 했다.

이 책은 다섯 부분으로 구성되어 있다.

1부에서는 이 책의 두 주인공, '인지과학' 그리고 '인간경험'이 무엇을 의미하는지가 밝혀지고, 이들 사이의 대화가 어떻게 진행될 것인지에 관한 대략적인 구도가 제시된다.

2부에서는 고전적인 형태의 인지과학(인지론)을 탄생시킨 마음의 계산론적 모델이 소개된다. 여기서 우리는 인지과학이 어떻게 인지주체의 비통일성을 밝혀내고, 이 비통일적인 자아에 대한 발전적인 이해가 어떻게 불교적 명상수행과 불교적 심리분석의 기반이 되는지 살펴보려고 한다.

3부에서는 자아가 없는 상황에서 우리가 자아라고 흔히 생각하는 현상이 어떻게 발생하는지 논의한다. 이 문제는 특별히 인지과학의 연결론적 모델과 관련하여 인지과정의 자기조직과 창발적 속성의 설명으로 이어진다. 불교심리학에서 이 문제는 경험의 한순간에 나타나는 심적 요소의 창발적 구성과 오랜 시간에 걸쳐 나타나는 결정론적 인과연결의 발생을 포함한다.

4부에서는 인지과학의 새로운 접근법에 대한 소개를 포함하는 보다 일보 전진한 논의가 검토된다. 이 새로운 접근을 위해 우리는 발제적發製的, enactive이라는 용어와 개념을 소개한다. 이 발제적 작업에서 우리는 세계와 독립해 존재하는 인지체계가 지각과 인지능력에 분리하여 존재하는 세계를 표상하는 데서 인지과정이 성립한다는 가정(인지과학에 널리 퍼져 있는 가정)에 분명히 이의를 제기한다. 이런 가정 대신에 우리는 인지를 체화된 행위embodied action라고 보는 견해를 살펴보고 우리가 이미 논의한 체화라는 개념을 다시 검토한다. 또한 우리는 진화가 최적의 적응성이 아니라 적절한 임시변통적 상호작용으로 성립하는 것이라고 주장함으로써, 진화론의 맥락에서 이 체화적 입장이 인지에 대해 어떤 의미를 지니는지 살펴본다. 4부는 우리가 현대 인지과학에 제공하는 가장 창조적인 기여가 될 것이다.

5부에서는 체화의 역사를 떠나서 인지는 어떤 궁극적 기반이나 근거도 지닐 수 없다는 발제적 견해의 경험적, 철학적 함축들이 논의된다. 먼저 객관론과 기반론에 대해 비판적 입장을 취하는 현대 서구사상의 맥락에서 이러한 함축들이 논의될 것이다. 그후 인간 역사에서 가장 극단적인 비기반론이며 타 불교 종파들조차 그 영감을 따르고 있는 대승불교의 중관론中觀論이 논의될 것이다. 그리고 나서 이 책이 탐구하고 있는 주장의 윤리적 함축을 숙고하면서 우리는 우리 논의의 결론을 맺고자 한다. 5부는 서양인들이 속한 문화적 환경에서 우리가 제시하는 가장 창조적인 기여가 될 것이다.

우리는 경험변형에 대한 명상적 관심과 물리적 자연에 존재하는 마음에 대한 과학적 관심 모두를 포함하는 확대된 지평 내에서, 경험과 마음 탐구의 계속적인 대화로서 이 책의 다섯 부분을 생각하고 있다. 이 대화는 궁극적으로 한 가지 관심을 공유한다. 그것은 매일 살아 있는 인간경험의 연관성과 중요성을 고려하지 않는다면, 현대 인지과학의 힘과 정교함은 일상생활과 마음에 관한 과학적 개념을 산출할 수는 있겠지만, 일상적이고 살아 있는 자기이해를 간과하는 분열된 과학문화를 산출할 수도 있다는 우려다. 따라서 이 문제는 과학적이고 기술적인 문제인 동시에 인간생활의 품격에 관한 심각한 재고찰을 요청하는 깊은 윤리적 관심과 분리될 수 없는 문제다.

차례

해제 • 5

들어가는 글 • 16

1_출발점

Chapter 1 | 근본적 순환성 **반성하는 과학자의 마음**

이미 주어진 조건 • 33 | 인지과학이란 무엇인가? • 35 | 순환의 내부에 존재하는 인지과학 • 42 | 이 책의 주제 • 46

Chapter 2 | **인간경험이란 무엇인가?**

과학과 현상학적 전통 • 49 | 현상학의 붕괴 • 53 | 비서양적 철학 전통 • 58 | 지관의 방법을 통한 경험탐구 • 62 | 경험분석에서 반성의 역할 • 67 | 실험과 경험분석 • 73

2_다양한 인지론

Chapter 3 | 기호 **인지론적 가정**

시작점 • 79 | 인지론의 핵심가정 • 83 | 인지론의 등장 • 88 | 인지론과 인간경험 • 97 | 경험과 계산적 마음 • 103

Chapter 4 | **폭풍의 눈, 자아**

자아란 무엇인가? • 111 | 오온五蘊에서 자아찾기 • 118 | 찰나성과 두뇌 • 133 | 자아 없는 온蘊 • 142

3_다양한 창발론

Chapter 5 | **창발적 속성과 연결론**

자기조직화: 새로운 대안의 근원 • 149 | 연결론적 전략 • 152 | 창발과 자기조직화 • 154 | 연결론의 현재 • 159 | 뇌세포와 창발 • 161 | 기호의 퇴장 • 169 | 기호와 창발의 연결 • 172

Chapter 6 | **자아 없는 마음**

사회로서의 마음 • 178 | 대상관계들의 사회 • 184 | 상호의존적 발생 • 186 | 기본요소 분석 • 196 | 집중과 자유 • 204 | 자아 없는 마음들: 분열된 대행자들 • 206 | 자아와 함께 사라지는 세계 • 217

4_중도를 향한 발걸음

Chapter 7 | **데카르트적 불안**

불만감 • 221 | 표상, 재고찰 • 223 | 데카르트적 불안 • 233 | 중도를 향한 발걸음 • 237

Chapter 8 | 발제 **체화된 인지**

상식의 회복 • 241 | 자기조직화, 재고찰 • 247 | 색, 사례연구 • 255 | 체화된 행위로서의 인지 • 277 | 자연선택으로 돌아감 • 291

Chapter 9 | **진화의 경로와 자연부동**

적응론: 변모하는 사고 • 297 | 복수기재의 지평 • 302 | 인지와 진화의 대표이론들을 넘어서 • 310 | 진화: 생태와 발생의 조화 • 313 | 자연부동으로서의 진화가 주는 교훈 • 322 | 발제적 접근의 정의 • 329 | 발제적 인지과학 • 334 | 결론 • 342

5_근거를 상실한 세계

Chapter 10 | **중도**

무근거성의 도입 • 347 | 용수와 중관 전통 • 351 | 두 가지 진리 • 362 | 현대사상과 무근거성 • 366

Chapter 11 | **길 다지기**

과학과 경험의 순환 • 377 | 허무주의와 지구 전체적 사고의 필요성 • 380 | 니시타니 케이지 • 384 | 윤리와 인간변형 • 390 | 결론 • 403

감사의 글 • 406

옮긴이의 글 • 410

부록 A | 명상에 관련된 용어 • 431

부록 B | 정념/자각에 이용되는 경험 범주들 • 433

부록 C | 지관에 관한 불교문헌 • 438

주 • 441

참고문헌 • 467

찾아보기 • 494

THE EMBODIED MIND
Cognitive Science and Human Experience

THE EMBODIED MIND
Cognitive Science and Human Experience

The Departing Ground
1
―
출발점

Chapter 1

근본적 순환성
반성하는 과학자의 마음

이미 주어진 조건

현상학적 전통에 친숙한 인지과학자는 인지의 기원에 관해 생각할 때 다음과 같이 생각할 것이다. 마음은 세계에서 깨어난다. 우리는 세계를 만들어내지 않았다. 단지 세계에서 우리 자신을 발견할 뿐이다. 또 자신과 우리가 살고 있는 세계를 일깨운다. 성장하고 생활해 나가면서 세계에 대해 생각하게 된다. 우리는 만들어진 것이 아니라 발견된 세계에 대해 반성한다. 그런데 이 세계에 대해 반성적 사고를 할 수 있는 것은 결국 인식의 구조 때문이다. 따라서 이런 성찰을 통해 우리는 스스로를 순환성 속에서 발견한다. 우리의 반성적인 사고가 시작되기 전부터 이미 존재한 것처럼 보이는 세계에 살고 있는데, 사실 이 세계가 우리에게서 독립되어 있는 것은 아니다.

프랑스의 철학자 메를로 퐁티에게 이 순환성의 발견은 세계와 자아, 내적인 것과 외적인 것 사이의 공간의 의미를 갖는다. 이 공간은 벌어진 틈이나 경계가 아니다. 이것은 자아와 세계의 분리인 동시에 둘 사이의 연속성을 의미한다. 이 공간의 개방성은 이 둘의 중도中道, entre-deux를 계시한다. 《지각의 현상학Phénoménologie de la Perception》의 서문에서 메를로 퐁티는 다음과 같이 말한다.

> 내가 반성을 시작하자, 나의 반성은 비반성적인 경험과 관련을 맺는다. 그런데 나의 반성은 그 자체를 하나의 사건으로 의식하지 않을 수 없다. 그래서 결국 이 반성은 스스로를 창조적인 활동 아래, 변화된 의식 아래 드러낸다. 그러나 주관은 자신에게 주어져 있는 것이기 때문에 이 반성은 자신의 작업보다 먼저 주관에 주어진 세계를 파악해야 한다.…… 지각은 세계에 관한 과학이 아니며 의도적으로 입장을 취하는 행위는 더더욱 아니다. 그것은 모든 행동이 일어나는 배경이며 그것의 전제다. 세계는 내가 구성법칙을 손 안에 쥐고 있는 그런 대상이 아니다. 세계는 나의 모든 사고와 분명한 모든 지각의 자연스러운 배경이며 환경이다.[1]

책의 끝부분에서 그는 "세계는 주관과 분리될 수 없다. 그러나 세계의 투사에 지나지 않는 주관과는 분리될 수 있다. 즉 주관은 세계와 분리될 수 없지만, 주관 그 자체가 투사한 세계와는 분리될 수 있다"[2]라고 썼다.

과학(그리고 이런 측면에서 철학)은 이런 중도의 존재를 의도적으로 무시하고 있다. 실제로 메를로 퐁티는 부분적으로 이런 견해를 지지하는데 그 이유는 《지각의 현상학》에서 그가 과학을 기본적으로 비반성적인 것으로 간주했기 때문이다. 그는 과학이 마음과 의식을 소박하게 전제하고 있다고 주장한다. 사실 이것은 과학이 취할 수 있는 극단적인 입장이다. 18세기 물리학자들이 생각했던 관찰자는 주어진 현상의 변화를 육체에서 이탈된 눈을 가지고 객관적으로 바라보는 사람으로 자주 묘사되었다. 다른 비유를 쓰자면 그런 관찰자는 우리가 측정해야 할 알려지지 않은 객관적 실체인 지구에 착륙한 인지행위자인 것이다. 그러나 이런 입장에 대한 비판은 그 반대편의 극단으로 쉽사리 흐를 수 있다. 예를 들어 양자역학의 불확정성의 원리는 마음이 스스로의 힘으로 세계를 '구성'한다는 식의 주관론을 성립시키는 데 이용되었다. 그러나 우리 문제로 돌아와서 인간의 인지적 능력을 과학적 논의의 주제로 삼을 때(인지에 관한 새로운 과학이 취할 길일 것인데) 이 두 입장(육체에서 독립된 관찰자 또는 탈세계적 마음을 가정하는 입장) 어떤 것도 적절하지 않다.

우리는 이 문제를 다시 논의할 것이다. 먼저 큰 변화를 일으킨 이 과학을 보다 자세히 살펴보자. 이 새로운 과학의 한 갈래는 무엇인가?

인지과학이란 무엇인가?

넓은 의미에서 인지과학이란 용어는, 마음을 그 자체로 연구하는 것이 과학적으로 가치 있다는 점을 지적하는 데 쓰였다.[3] 하지만 인지과학은 아직 성숙한 학문이 되지 못했다. 아직 합의된 목표가 없으며, 원자물리학 또는 분자생물학처럼 많은 연구자들이 공동체를 구성하고 있을 뿐이다. 다시 말해 인지과학은 자체의 고유한 학문적 특성을 가지고 있다기보다는 여러 학문들이 다소간 느슨하게 연결된 연합체다. 흥미롭게도 한 중심축인 인공지능, 즉 마음에 관한 컴퓨터 모델이 인지과학의 전 영역을 지배하고 있다. 인지과학의 다른 제휴학문들을 살펴보면 언어학, 신경과학, 심리학, 가끔 인류학과 심리철학이 가세한다. 각각의 학문은 마음과 인지의 본성에 관해 각 학문의 고유한 시각을 반영하는 답을 제공한다. 이런 다양성 때문에 인지과학의 장래는 명확하지 않다. 그러나 앞선 연구의 결과들은 계속적으로 인지과학의 장래에 상당한 영향을 미칠 것이다.

알렉상드르 코아레Alexandre Koyré에서부터 토마스 쿤Thomas Kuhn에 이르기까지 현대의 역사학자들과 철학자들은 과학적 상상력은 한 시대에서 다음 시대로 비연속적으로 변화하고 있으며 과학사는 단선적인 발전이 아니라 변화무쌍한 과정을 겪었다고 주장했다. 다시 말해 한 가지 방식 이상의 해석이 가능한 인문적 자연사가 존재한다는 것이다. 이런 인문적 자연사와 더불어 이에 견줄 만한 인간의 자기지自己知에 관한 사상의 역사가 있다. 예를 들어 고대 그리스의 물리학과 소크라테스적 방법 또는 몽테뉴의《수상록》과 프랑스의 초기 과학을 살펴보라. 서양에서 이런 자기지의 관한 역사는 계속되고 있다. 인간의 마음은 우리와 가장 가깝고도 친근한 인지와 지식의 소재이기 때문에 우리가 요사이 인지과학이라고 말하는 것의 선구자들은 우리와 늘 함께 있었다.

이 마음과 자연의 상호영향의 평행선에서 인지과학의 현대적 발전에는 상당한 굴곡이 있었다. 이런 시기에 과학(인지과학의 본질을 규정한 과학자들의 집단)은 지식 추구 자체의 정당성을 옹호하면서, 인식론과 심리학의 제약에서 완전히 벗어난 다학문적多學問的 지식을 생각했다. 이전의 많은 학자들이 진화를 연구했지만 다윈의 연구프로그램이 진화에 대한 진정한 과학적 연구의 시작이 된 것처럼, 30세밖에 안 된 이 인지과학이란 변종은 극적으로 (앞으로 논의하게 될) '인지론적' 프로그램을 통해 탄생했다.

이런 변형을 통해 인지과학은 그런 지식을 가능하게 하는 사회적 관행에 영향을 주는 기술과 분리될 수 없을 정도로 완전히 연결되었다. 인공지능이 그 뚜렷한 예다. 무엇보다도 기술이 증폭제 역할을 한다. 그 핵심적인 상호보완적 요소를 제거하지 않는다면 인지과학과 인지기술은 분리될 수 없다. 이런 기술을 통해 마음에 관한 과학적 탐구는 철학자, 심리학자, 심리치료가들의 집단 또는 그 자신의 경험에서 통찰을 얻고자 하는 개인의 영역을 훨씬 넘어서서, 전혀 새로운 자신의 거울을 사회 전체에 제공한다.

이 거울은 서양사회 전체가 최초로 인간의 일상생활과 활동에서 마음과 기호조작의 관계라는 문제에 직면하게 되었다는 점을 우리에게 알려준다. 기계는 언어를 이해할 수 있는가? 이런 관심은 사람들의 생활에 직접적인 영향을 미친다. 이런 문제는 단순히 이론적인 것은 아니다. 따라서 인지과학과 그와 관련된 기술에 대한 매스컴의 관심이 지속되고 있다는 것과 인공지능이 컴퓨터 오락과 과학소설을 통해 젊은이들의 마음에 깊이 파고들고 있다는 사실은 놀랄 만한 일이 아니다. 이런 대중적인 관심은 깊은 변화의 표징이다. 수백만 년 동안 인간은 자신의 경험에 관한 자연발생적 이해, 즉 각각의 인간들이 살아온 시간과 문화환경에 뿌리내리고 성장해온 자기이해를 가지고 있었다. 이제 이런 자연발생적인 통속적 이해는 과학과 밀접한 관계를 가지게 되었고 과학적 이론에 의해 변화되기에 이르렀다.

많은 이들이 이런 사실을 안타깝게 생각하지만, 기뻐하는 사람들도 있다. 부정할 수 없는 사실은 이런 변화가 매우 빠른 속도와 깊이를 가지고 일어났다는 것이다. 과학자들, 기술론자들 그리고 대중의 창조적 해석이 인간의 의식적 경험의 중대한 변형을 위한 잠재력이 되고 있다. 이런 가능성은 매우 매력적인 것으로, 이것은 우리에게 주어진 가장 흥미 있는 모험이라고 할 수 있다. 우리는 이 책을 그런 변화의 대화를 위한 의미있는 기여라고 생각하면서(혹은 기여가 될 것을 희망하면서) 독자들 앞에 내놓는다.

이 책 전체에 걸쳐 인지과학 내에서의 다양한 시각을 강조하고자 한다. 우리 눈에 비친 인지과학은 다른 사회활동의 경우처럼 지배적인 흐름이라는 것이 있어서 어떤 견해가 다른 견해보다 주어진 상황에서 영향력이 더 있을 수는 있지만 그렇다고 단일한 견해가 득세하는 영역은 아니다. 미국에서 일어난 특정 계통의 연구에 대한 집중과 자금지원에 의해 '인지혁명cognitive revolution'이 과거 40년 동안 강한 영향을 받았다는 사실을 생각해보면, 인지과학의 이런 독특한 사회학적 측면은 실로 놀라운 것이다.

이런 지배적인 연구와 지원이 있었다는 사실에도 불구하고, 우리의 견해는 인지과학의 다양성을 강조하는 쪽에 무게를 둔다. 인지과학은 세 가지 연속적인 발전단계 거치고 있다. 이 세 가지 단계는 2부, 3부 그리고 4부에서 각각 다루어질 것이다. 하지만 독자들에게 미리 올

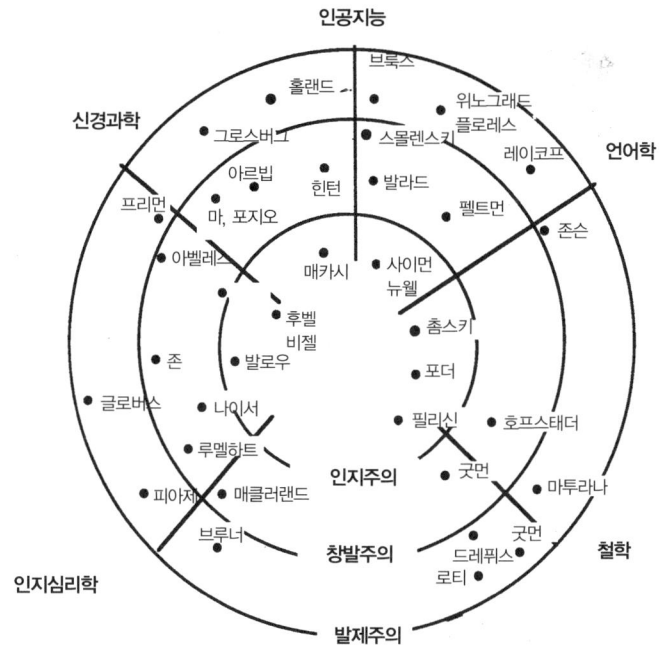

그림 1.1
현대 인지과학의 개념 도표. 인지과학에 기여하고 있는 학문들이 일정한 각도로 나열되어 있고, 서로 다른 연구방법론들이 동심원 모양으로 펼쳐져 있는 극 지도의 형태를 띠고 있다.

바른 길을 제시하기 위해 이 세 단계에 관한 간단한 전체적 조망을 하려 한다. 우리는 이 세 단계를 세 동심원으로 만들어진 '극polar' 지도로 그려보았다(그림 1.1). 이 세 단계는 중심에서 주변부로의 연속적인 움직임에 상응한다. 각각의 원은 인지과학의 이론적 구조에 나타난 중요한 변화를 나타낸다. 우리는 인지과학을 구성하는 주요 학문들을 원 안에 나열했다. 이 지도는 앞으로 거론될 영향력 있는 저술을 남긴 연구자들의 이름이 나열된 개념 도표인 셈이다.

우리는 2부를 일반적으로 인지론cognitivism[4]이라고 알려진 인지과학의 중심부 또는 핵심부에서 시작하려 한다. 인지론의 주된 도구는 디지털컴퓨터다. 컴퓨터는 물리적 변화가 논리적 계산이 되도록 만들어진 장치다. 계산이란 기호, 즉 지시체를 표상하는(예를 들어 기호 7은 숫자 7을 표상한다) 요소로 실행되거나 수행되는 조작을 말한다. 간단히 이야기하자면 인지론은 디지털컴퓨터가 하는 방식으로 기호를 처리하는 것이(인간의 인지를 포함하여) 전체적 인지현상의 참모습이라고 가정한다. 인지는 심적 표상mental representation의 처리과정이다. 마음은 세계의 속성들을 표상하거나 세계를 표상하는 기호들을 조작하는 작업을 한다. 인지론자들의 가정에 따르면 심적 표상을 통해 인지를 연구하는 것은 인지과학의 고유영역, 즉 한편으로는 신경과학과 구분되고 다른 한편으로는 사회학 그리고 인류학과 구분되는 고유영역을 확보하는 것이 된다.

연구기관, 학술지, 응용기술 그리고 국제무역 등으로 잘 개발된 연구프로그램을 가지고 있다는 것은 인지론의 장점이다. 인지론은 인지과학 자체와 동일시될 정도로 인지연구를 주도하고 있기 때문에 우리는 인지론을 인지과학의 중심 또는 핵심이라고 했다. 그러나 과거 몇 년 동안 인지연구에 몇 가지 대안이 나타났다. 이런 새로운 접근들은 두 가지 기본적인 노선에서 인지론으로부터 일탈한다. (1) 표상의 적절한 처리과정으로서의 기호처리에 대한 비판, (2) 인지과학에서 아르키메데스의 지렛대 역할을 하는 표상 개념의 적절성에 대한 비판이 그것들이다.

우리가 창발론創發論, emergentism이라고 부르며 3부에서 보다 자세히 논의할 첫 번째 대안은 '연결론'이라고 하는 것이다. 이 이름은 많은 인지작업(시각 그리고 기억과 같은 작업)들은 목표하는 작업의 거시적 기능을 산출하도록 구성된 단순한 요소들의 체계에서 가장 잘 해결되는 듯이 보인다는 뜻에서 만들어진 이름이다. 기호처리는 반대로 국부화되어 있다. 기호조작은 기호의 물리적 형태를 이용함으로써 규정될 수 있는 것이지 기호들의 의미에 관여하는 것은 아니다. 기호가 물리적 형태를 갖는다는 특징 때문에 우리가 기호를 조작할 물리적 장치를 만들 수 있는 것이다. 이 경우 문제는 기호나 기호처리의 손상은 전체 체계에 심각한 고장을 야기할 수 있다는 점이다. 반면 연결론적 처리는 국부화된 기호처리 대신에 분산된 조작과 구성요소들의 협동적 조작에서 성립되기 때문에, 국부적인 마비에도 유연성을 보이는 거시적 속성을 만들어낸다. 연결론자들에게 표상이란 그런 창발적인 거시적 속성들과 외부세계의 속성들 간의 상응관계에서 존재하는 것이지, 국부화된 기호들의 작용이 아닌 것이다.

4부에서 탐구할 두 번째 대안은 기호처리에 대한 연결론자들의 불만보다 훨씬 심각한 것이다. 이 대안에서는 인지가 근본적으로 표상이라는 생각에 관해 의문을 제기한다. 인지가 표상이라는 생각의 배경에는 세 가지 가정이 존재한다. 첫째는 길이, 색, 움직임, 소리 등과 같은 속성들이 존재하는 세계에 우리가 살고 있다는 것이다. 둘째는 우리는 그런 속성들을 내적으로 표상함으로써 그것들을 지적하고 마음속에서 재현한다는 것이다. 셋째는 이런 일들을 하는 독립된 주관인 '우리'가 존재한다는 것이다. 이 세 가지 가정은 세계의 존재방식, 우리의 존재 그리고 세계에 대한 지식의 가능성에 관련하여 일어나는 실재론 또는 객관론/주관론에 대한 강하면서도 동시에 자동적인 동의를 의미한다.

세계에 포함된 존재들의 구조와 그 구조들의 차이점들에 따라서 세계가 존재하는 방식은 여럿일 수 있다는 점을, 다시 말해 경험의 세계는 특별히 이런 다양성이 존재한다는 점을 아무리 엄밀한 생물학자라 하더라도 인정해야 할 것이다. 우리의 관심을 인간의 인지에 관한 것으로 제한한다고 해도 세계가 취할 수 있는 존재방식은 여러 가지다.[5] 이런 비객관론적(또는 비주관론적) 확신은 인지연구에서 점차 증가하고 있다. 그러나 아직까지 이 대안적 방향전환은 확정된 이름을 가지고 있지 않다. 이 대안은 다양한 영역에서 작업하고 있는 비교적 작은 연구집단들을 포괄하는 총괄적인 견해인 것이다. 우리는 이 견해에 '발제주의'라는 이름을 붙였는데, 이것은 인지가 주어진 세계에 대한 이미 완성된 마음의 표상이 아니라 세계 내에서 한 존재가 수행하는 다양한 행위의 역사에 기반을 두고 마음과 세계가 함께 만들어내는 것이라는 확신을 강조하기 위해 제안된 것이다. 따라서 발제적 접근에서는 "마음은 자연의 거울"이라는 생각에 대한 철학적 비판을 심각하게 받아들인다. 하지만 이 접근은 그런 철학적 비판에서 한 걸음 더 나아가 과학의 핵심부에서 이 문제를 다루려고 한다.[6]

순환의 내부에 존재하는 인지과학

우리는 철학에 관심이 많은 인지과학자들이 주의를 기울인 과학적 방법의 근본적 순환성에서 시작했다. 발제적 인지과학에서는 이 순환성이 매우 중요하다. 순환성은 발제적 인지과학에서 인식론적으로 요청되는 것이다. 반면 다른 형태의 인지과학에서는 인지와 마음은 인지체계의 특정 구조에 전적으로 의존적인 것이라는 견해가 개진된다. 이 입장을 분명히 표현하는 것은 인지현상을 두뇌의 속성들을 탐구함으로써 연구하는 신경과학이다. 우리는 이런 생물학적 구조의 속성을 행위를 통해서 인지와 연결할 수 있다. 따라서 근본적 가정은 모든 형태의 행동과 경험에 대해 (대략적으로 말해서) 특정한 두뇌 구조가 연결된다는 것이다. 그리고 역으로 두뇌 구조의 변화는 행동적, 경험적 변화를 통해 나타날 수 있다. 우리는 이 견해를 그림 1.2로 표현할 수 있다(이 그림과 다음 그림들에서 양쪽 화살표는 상호의존 또는 상호규정을 나타낸다).

그러나 조금 더 생각해보면 생물학적인 것 또는 심적인 현상에 대한 여하한 과학적인 기술은 그 자체가 우리 자신의 인지구조의 산물이라는 논리적인 함축을 우리는 피할 수 없다. 이런 한 걸음 더 나아간 이해를 그림 1.3으로 표현했다.

나아가 이런 사실을 알려주는 반성적 사고의 작용은 하늘에서 뚝 떨어진 것이 아니다. 우리는 주어진 생물학적, 사회적 그리고 문화적 신념과 관행의 (하이데거적 의미의) 배경(지평)에서 반성적 사고 작용을 수행하는 자신을 발견한다.[7] 이 새로운 단계를 그림 1.4로 묘사했다.

그러나 여전히 그런 배경을 상정하는 것 역시 우리가 하는 것이다. 우리는 살아 있는 육체를 가진 존재, 즉 배경까지도 포함한 이

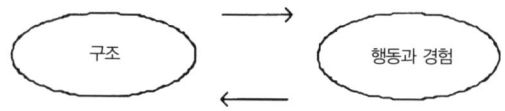

그림 1.2
구조와 행위/경험 간의 상호의존과 상호규정.

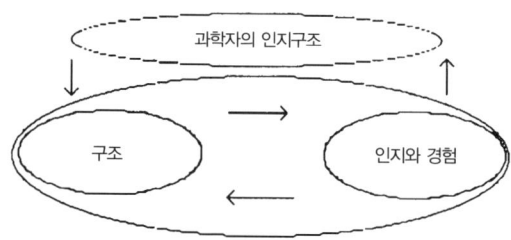

그림 1.3
인지구조와 과학적 기술 사이의 상호의존.

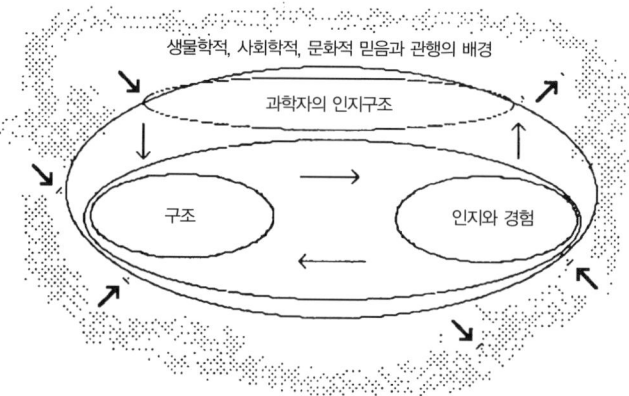

그림 1.4
반성과 생물학적, 사회적 그리고 문화적 믿음과 관행의 배경 사이의 상호의존.

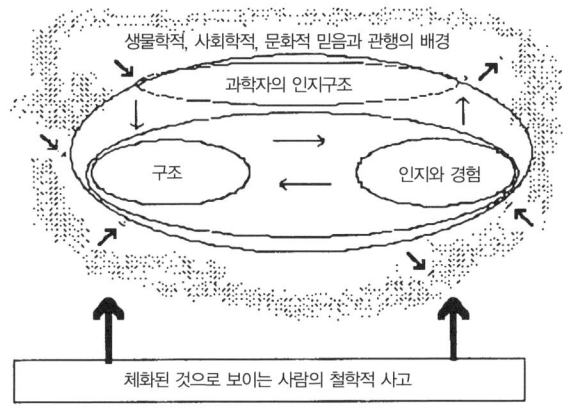

그림 1.5
배경과 체화의 상호의존.

모든 틀을 생각하는 존재다. 이 모든 것을 고려하여 체화를 지시하는 또 다른 층위까지 포함하는 우리의 전체적인 노력이 그림 1.5에서 나타난다.

간단히 말해 이 그림은 에셔Escher의 그림에서처럼 무한정 계속될 수도 있다. 이 마지막 그림은 계속되는 추상구조의 층을 덧붙이기보다는 우리가 시작한 곳으로, 즉 우리 자신의 경험의 구체성과 특수성(반성적 사고의 노력)으로 되돌아가야 한다는 점을 분명히 하고 있다. 이 책에서 탐구되는 발제적 접근의 근본적 통찰은 경험 자체를 초월하지 않고서도 우리는 우리의 활동이 우리가 지닌 구조의 반영임을 이해할 수 있다는 점이다.

이 책의 주제

이 책은 이런 깊은 순환성을 탐구하는 데 기여할 것이다. 우리는 경험의 직접성에 눈을 떼지 않으면서, 존재의 구조에 관한 이론을 끝까지 유지하려고 노력할 것이다.

인간조건이 지니는 기본적 순환성의 몇 가지 측면은 헤겔Hegel 시대 이래 여러 방식으로 철학자들에 의해 논의되었다. 현대철학자 찰스 테일러Charles Taylor가 인간은 "자기해석의 동물"이라고 했을 때 그는 이 점을 지적했던 것이며, 그래서 그는 "행위자로서의 인간에 대한 이해에 이토록 핵심적인 사실이 이론에 결여되어 있다는 점"에 의아해 했다.[8] 인지과학의 일반적인 대답은 대니얼 데넷Daniel Dennett이 "현재 주장되고 옹호되는 모든 인지이론은…… 하위인격sub-personal 단계에 속한 것들이다. 철학과 구분되는 심리학 이론이 하위인격단계의 이론이라는 점에는 의문의 여지가 없다"고 말했을 때 분명해진다.[9] 데넷에 따르면 자기이해는 믿음, 바람, 앎과 같은 인지개념들을 전제하지만, 그 자체를 설명하지는 않는다. 따라서 마음에 관한 학문이 엄밀해지고 과학적이 되려면 기존의 자기이해의 핵심개념들을 이용하는 설명은 피해야 한다.

그리고 현대과학과 경험 간의 깊은 긴장관계가 지적되어야 할 것이다. 현대과학은 강력한 것이어서, 가장 직접적이고 가장 즉각적인 것(우리의 일상적 직접적 경험)을 과학이 부정하는 상황에서조차도 우리는 과학적 설명의 권위를 인정할 수밖에 없다. 따라서 대다수의 사람들은 물질/공간을 원자적 입자들의 집합으로 설명하는 과학적 설명을 근본적 진리로 받아들이는 반면, 직접적 경험의 풍부함으로 나타나는 것들을 덜 심오하고 진리에서 거리가 먼 것으로 간주하기에 이른다. 그러나 화창한 날, 신체의 직접적 활력을 느낄 때나 버스를 잡아타야 한다는 일념에 신체적인 긴장감을 느낄 때, 그런 물질/공간의 과학적 설명은 배경으로 사라질 추상적이고 2차적인 것이 될 뿐이다.

주어진 문제가 인지나 마음에 관한 것일 때, 경험의 부정은 적절하지 않은 것이며 역설적이기까지 하다. 인지과학은 자연과학과 인문과학의 교차점에 서 있는 것이기 때문에 이런 경험에 관한 긴장관계는 인지과학에서 더 분명히 나타난다. 교차로에 서서 두 갈래 길을 모두 다 굽어보고 있는 인지과학은 야누스의 얼굴을 지닌 학문이다. 한쪽 얼굴은 자연을 보면서 인지과정을 행위의 측면에서 이해한다. 다른 쪽 얼굴은 인간세계를(또는 현상학자들이 말하는 '생활세계'를) 보면서 인지를 경험으로 이해한다.

일상세계의 근본적 순환성을 접어놓고 본다면 이런 인지과학의 이중성은 두 가지 극단으로 나타난다. 우리는 인간의 자기이해는 단순히 잘못된 것이며 따라서 자기이해가 완성된 인지과학으로 대치되어야 한다고 주장하든지, 아니면 과학이란 항상 인간경험을 전제하는 것이기 때문에 인간의 생활세계에 관한 과학이란 존재할 수 없는 것이라고 가정하든지 해야 할 것이다.

이런 두 극단은 인지과학을 둘러싼 일반적인 철학논쟁을 드러낸다. 한쪽 끝에는 우리의 자기이해는 잘못된 것이라 주장하는 스티븐 스티치Stephen Stich와 처치랜드 부부(폴 처치랜드와 패트리샤 처치랜드Paul and Patricia Churchland, 일상대화에서 경험 대신 두뇌 상태를 말해야 한다는 처치랜드 부부의 제안을 주의해 볼 것)가 있고,[10] 다른 편에서는 인지과학의 가능성 자체에 대해 심각한 의문을 제기하는(인지과학과 인지론을 혼동하기 때문에 생긴 의문이겠지만)[11] 허버트 드레퓌스 Hubert Dreyfus와 찰스 테일러가 있다. 이 논쟁은 인문과학 내의 대립적 논쟁으로 나타난다. 이런 대립과 혼동의 와중에 인간경험이 철학자들에게 맡겨진다면 철학자들이 모종의 합의를 볼 가능성은 없다.

이런 대립에서 벗어나지 않는다면 우리 사회에서 과학과 경험 간의 간격은 더 벌어질 것이다. 과학과 인간경험의 실재성 모두를 포괄해야 하는 다원적 사회에서 이 두 가지의 극단적 견해는 힘을 가질 수 없다. 일상세계에 관한 과학적 연구에서 경험의 진리를 부정하는 것은 옳지 못할 뿐 아니라, 목표를 망각한 채 자신에 관한 과학적 연구를 실시하는 것과 동일하다. 그러나 현대적 상황에서 인지과학이 경험의 이해에 아무런 기여를 할 수 없다고 가정하는 것은 자기이해의 작업을 포기하는 것이다. 경험과 과학적 이해는 그중 하나만 없어도 제대로 걸을 수 없는 두 다리와 같다.

인지과학과 경험 사이의 공통의 기반을 깨달을 때만이 인지에 관한 우리의 이해가 보다 완전해지고 만족스러운 수준에 도달할 수 있다. 따라서 잘 훈련된 분석을 통해 인지과학의 지평을 넓혀서 인간의 생생한 경험의 광대한 파노라마를 포함할 수 있게 해야 한다. 이런 건설적 확장을 위한 노력은 이 책 전체에 걸쳐 나타날 것이지만, 과학적 탐구에 의해 가능하게 될 것이다.

Chapter 2

인간경험이란 무엇인가?

과학과 현상학적 전통

앞에서 우리의 결론은 분명히 메를로 퐁티의 철학에 힘입은 바가 크다. 서양적 전통에서 그는 과학과 경험 혹은 경험과 세계 사이의 근본적인 중도를 탐구하는 데 전력했던 사람들 중 하나였다. 또 메를로 퐁티는 요즘의 인지과학에 해당하는 당시의 학문, 즉 당시 프랑스에서 선구적으로 연구되고 있었던 신경심리학의 입장에서 이런 근본적인 순환성의 문제를 탐구하는 데 전력했었다. 그의 첫 번째 주요저작인 《행위의 구조 The Structure of Behavior》[1]에서 그는 살아 있는 경험에 대한 현상적 직접성과 심리학 그리고 신경생리학 사이의 상호교류와 협력을 역설했다. 그런데 이 책에서 강조하는 이런 상호보완적인 성격을 띤 작업은 더 깊이 진행되지 못했다. 이런 과학적 전통은 실증주의적 환경이 주도하는 미국으로 이동하여, 드디어 오늘날 우리에게 익숙한 현대적 인지과학이 형성되었다. 다음 장에서 인지과학의 이런 초창기 상황을 다룰 것이다.

메를로 퐁티는 전 저술을 통해서 독일 철학자 에드문트 후설Edmund Husserl의 초기 저작을 논하고 있다. 후설은 독특하게 서양의 철학적 전통과 깊은 관계를 갖는 방식으로 경험의 직접적인 검토를 강조한다. 데카르트는 마음을 외부세계에 존재하는 것들에 상응하는(또는 때로 상응에 실패하는) 관념들로 구성된 주관적 의식으로 보았다. 세계를 표상하는 존재로서 마음을 이해하는 이런 견해는 프란츠 브렌타노Franz Brentano가 제안한 '지향성指向性, Intentionality'의 개념으로 극에 이른다. 브렌타노에 따르면 모든 심리상태(지각, 기억 등)는 어떤 것에 관한 것이다. 그의 표현을 빌리자면 심리상태는 반드시 그 '내용을 지시'하도록 되어 있거나, 그 '대상을 향해 방향을 맞출' 자세가 되어 있는 것들이다(이때 대상이란 반드시 외부세계의 대상을 말하는 것은 아니다).² 브렌타노는 이 방향성 또는 지향성을 마음의 본질적 속성이라 했다('지향指向'을 의도적으로 어떤 일을 행한다는 뜻의 '지향志向'과 혼동해서는 안 된다).

후설은 브렌타노의 제자였으며, 브렌타노의 사상을 크게 확장시켰다. 그의 주요저작인 《관념: 순수현상학 입문Ideas: General Introduction to a Pure Phenomenology》³은 1913년에 출판되었는데, 이 책에서 후설은 지향성의 구조, 즉 사실적, 경험적 세계와의 모든 연관을 끊은 경험 그 자체의 구조를 탐구할 특수한 방법을 찾으려고 노력했다. 이 과정을 '판단중지Epoché'라고 했는데, 이것은 마치 우리의 행위를 괄호 안에 집어넣는 것처럼 경험과 세계 사이의 관계에 관한 일상적 판단을 보류할 것을 요청하기 때문에 붙여진 이름이다. 일상적 판단의 관점을 후설은 '자연적 태도'라고 한다. 이 태도는 세계는 마음 또는 인지로부터 독립적이라는 점뿐만 아니라, 대상들은 우리에게 나타난 바로 그런 모습을 취하고 있다는 점에 대한 확신에서 출발하는 '소박실재론'으로 우리에게 널리 알려진 태도다. 이런 자연적 태도를 판단중지함으로써 후설은 마음의 지향적 내용을 순수하게 내적으로, 즉 마음이 지시하는 세계의 대상들로 향하여 갈 필요 없이 순수하게 내적으로 연구할 수 있다고 주장한 것이다. 이런 방법으로 그는 어떤 경험과 학보다도 논리적으로 우선적인 새로운 영역을 발견했다. 《관념들》에서 후설은 의식에 관한 순수반성과 의식의 본질적 구조들에 관한 분석으로 이 새로운 영역의 탐구에 착수한다. 그리고 철학적 내성內省, introspection(후설은 이것을 '본질직관Wesenanschau'이라고 불렀다)과 흡사한 것을 통해 경험을 이런 본질적인 구조들로 환원한 다음 어떻게 인간세계가 이런 구조들에서부터 발생하게 되는지를 보여준다.

따라서 후설은 반성적 과학의 첫걸음을 내디딘 것이다. 인지를 이해하기 위해서 세계를 소박하게 받아들여서는 안 되며, 세계는 경험의 구조들이 부여한 표식을 지닌 것들로 이해해야 한다고 주장한다. 그는 또한 (첫 번째 시도에서 얻은) 경험의 구조들이 그가 마음속에서 발견한 것임을 밝힘으로써 부분적으로 두 번째 발걸음을 디뎠다. 그러나 후설은 그가 속한 서양의 철학적 전통에서 우리가 1장에서 논의한 바와 같은 더 이상의 발걸음을 내딛지 않았다. 후설은 고독한 개인의 의식에서 출발해 그가 추구하는 경험의 구조를, 전적으로 심적이며 동시에 추상적인 철학적 내성에 의해 의식에 드러나는 것으로 파악했다. 그러나 그런 구조에서 서로 합의가능하고 간주관적間主觀的인 인간경험의 세계를 이끌어내는 데는 많은 어려움을 겪었다.[4] 철학적 내성 외에는 아무런 방법이 없었기 때문에 다시 경험으로, 즉 과정의 처음으로 돌아갈 마지막 조치를 취할 수 없었다. 결국 철학을 경험과 직접 대면하게 만든다고 했으나, 실제로 경험의 공유성과 체화적 성격 모두를 무시했다는 점에서 후설 방법의 아이러니가 있다 (이 점에서 후설은 데카르트를 따르고 있다. 후설은 그의 현상학을 20세기의 데카르트주의라고 불렀다). 따라서 유럽의 신진 소장 철학자들이 실존주의를 받아들이면서 점차적으로 순수현상학으로부터 멀어져갔다는 사실은 놀라운 일이 아니다.

후설은 그의 후기 저작에서 이런 몇 가지 문제를 의식하고 있었다. 그의 최후 저작《유럽 학문의 위기와 선험적 현상학 The Crisis of European Sciences and Transcendental Phenomenology》[5]에서 그는 현상학적 반성의 기반과 방법에 대한 또 한 번의 분석을 시도한다. 여기서 그는 '생활세계 lived-world'라고 부르는 것에서 일어나는 의식의 경험에 분명히 관심을 집중한다. 생활세계란 자연적 태도에서 나타나는 단순한 이론적 세계 개념이 아니다. 오히려 생활세계는 일상적인 사회 세계이며, 이론은 항상 모종의 실용적 목표를 추구하고 있다.[6] 후설은 모든 반성, 즉 과학을 포함하는 모든 이론적인 활동은 생활세계를 그 배경으로 하고 있다고 주장한다. 이제 현상학자들의 과제는 의식, 경험 그리고 생활세계 사이의 본질적 관계를 분석하는 것이다.

후설에게 있어서 이런 분석은 또 다른 이유 때문에 필요했다. 그것은 과학에 대한 객관론적 개념이 생활세계의 역할을 약화시켰기 때문이었다. 이 객관론적 입장은 수리물리학의 이상화된 공식들을 인식주관에 독립하여 존재하는 진정한 세계에 대한 기술로서 인식하는 데서 출발하기 때문에 후설은 이런 입장을 과학에서의 "갈릴레오적 양식Galilean Style"이라고 불렀다. 후설은 이런 특정한 양식을 과학 일반과 동일시하는 것에 반대한다. 그러나 그의 논증이 세계에 관한 과학적 기술 그 자체에 관한 비판을 목표로 하고 있는 것은 아니다. 실제로 후설은 그가 보기에 (유럽인들의 생활 일반에 나타난 '위기'라고 그가 간주하는) 철학에서의 비이성주의의 물결로 보이는 세력에서부터 과학을 재생시키려고 한다. 이 세력은 갈릴레오적 양식과, 과학과 생활세계의 관계를 약화시키는 과학 전체를 동일시하고 있으며, 경험과학의 주장들에 대한 여하한의 철학적 기반 매김도 불가능하게 만들고 있다.

후설이 생각하기에 문제에 대한 해결은 과학의 개념 자체를 확장하여 한편으로는 갈릴레오적 양식의 객관주의에, 다른 한편으로는 실존주의의 비이성주의에 굴복함이 없이 과학과 경험을 연결시켜줄 생활세계에 대한 새로운 학문, 즉 순수현상학을 이 과학이라는 개념 자체에 포함시키는 것이었다.

현상학의 붕괴

《유럽 학문의 위기와 선험적 현상학》에서조차 후설은 본질에 대한 연구가 현상학이라고 주장한다. 따라서 그가 위기에서 시도하는 생활세계의 분석은 인류학적이거나 역사적인 것이 아니라 철학적인 것이다. 그러나 만일 모든 이론적 활동이 생활세계를 전제하는 것이라면 현상학은 무엇을 전제하는가? 현상학이야말로 독특한 이론적 추구가 아닌가. 실제로 후설은 현상학을 매우 높은 수준의 이론이라고 했다. 그러나 그렇다면 현상학은 물론 생활세계 자체를 설명하려는 시도이기는 하지만 그것 자체도 생활세계를 전제해야만 한다. 이리하여 근본적인 순환성을 향해 내딛지 못한 발걸음은 항상 후설의 뇌리를 떠나지 않았다.

후설은 이런 순환성의 몇 가지 형태를 발견하고 흥미로운 방식으로 이것들을 설명하려 한다. 그는 생활세계란 침전된 배경적 선이해 preunderstanding 또는 (대략적으로 말한다면) 가정들인데, 현상학자는 이것들을 분명히 밝혀낼 수 있으며 믿음의 체계로 정리할 수 있다. 다시 말해 후설은 이런 배경적 이해를 근본적으로 표상으로 구성된 것으로 간주함으로써 순환성에서 탈출하려 한다.[7] 그러나 생활세계가 이런 방식으로 해석된 이상, 생활세계가 항상 과학에 우선하는 것이라는 후설의 주장(현상학의 실질적 중심 주장)은 근거를 잃는다. 만일 배경적 이해가 표상들로 구성된 것이라면, 과학지식이 배경적 이해를 침범하여 그 믿음들을 암암리에 축적하는 것을 도대체 무엇이 막을 것인가? 만일 그런 침범이 가능하다면 현상학의 우선성이란 도대체 무엇인가?

후설은 스스로가 생활세계는 과학에 우선한다는 것, 그리고 서양적 전통은 독특하게도 과학이 생활세계를 침범한 것임을 주장했기 때문에 이런 문제를 알고 있었음에 틀림없다. 현상학자의 과제는 과학에 의해 침범당한 생활세계와는 거리를 두고 '원래적인' 또는 '먼저 주어진' 생활세계로 나아가는 것이다. 그러나 후설은 이 원래적인 생활세계는 의식의 본질적인 구조로 거슬러 올라감으로써 온전히 설명될 수 있다고 믿었다. 이리하여 그는 현상학자는 생활세계의 내부와 외부 모두에 자리잡을 수 있다는 특별한 생각을 받아들이게 된다. 모든 이론은 생활세계를 전제하기 때문에 현상학자는 생활세계의 내부에 선다. 그러나 현상학만이 우리 의식의 생활세계의 기원을 추적할 수 있기 때문에 현상학자는 생활세계 바깥에도 설 수 있다. 이런 이유 때문에 현상학은 가장 높은 단계의 이론이 된다.[8]

이런 특별대우를 고려하면 후설의 순수현상학이 (후설이 희망한 바와는 반대로) 통계적 추론방법과 같은 방법론적 발견의 경우와는 다르게 한 세대에서 다음 세대로 이어지면서 세련화되고 개선되지 않은 것은 놀라운 일이 아니다. 실제로 그의 '현상학적 환원'이라는 방법론이 정확히 무엇인가 하는 것은 후세 주석가들의 두통거리였다.

그러나 후설적 프로그램의 실패에는 보다 근본적인 이유가 있는데 바로 이 이유를 강조하고 싶다. 경험과 '사상事象 자체로' 향하고자 하는 후설적 전향은 전적으로 이론적이었거나 달리 말해 전적으로 실용적 측면을 결여한 것이었다. 따라서 이런 전향이 과학과 경험과의 간격을 극복하지 못한 것이었다는 점은 놀랄 만한 것이 아니다. 현상적 반성과는 달리 과학은 이론을 넘어서는 생명력을 지니고 있는 것이다. 따라서 후설의 '경험의 현상학적 분석'이 극단적인 듯이 보이지만 사실은 서양의 철학적 전통의 주류에서 전혀 벗어나 있지 않았던 것이다.

실제로 후설 현상학에 대한 이런 비판은 메를로 퐁티의 생활세계 현상학뿐만 아니라 하이데거의 실존적 현상학에도 적용된다. 이 두 현상학자들은 실용적이며 체화된 인간경험의 맥락을 강조했으나 그 것 역시 순수이론적 방식을 고수했다. 생활세계의 경험을 문화적인 믿음과 관행의 공유가능한 배경으로부터 분리할 수 없음이 후설 현상학에 대한 하이데거의 주된 비판이었고, 엄밀히 말해 하이데거적 분석에서는 인간의 마음이 그 배경으로부터 분리되어 논의되지 않지만, 하이데거는 여전히 현상학을 존재론, 즉 어떤 과학적 탐구에 대해서도 논리적으로 우선적인 인간실존(현존재)에 대한 이론적 탐구의 참된 방법이라고 간주했던 것이다. 메를로 퐁티는 과학뿐만 아니라 현상학 자체에 대한 하이데거의 비판을 이용하여 하이데거보다 한 걸음 더 나아간다. 메를로 퐁티에 따르면 과학과 현상학은 항상 사실 자체를 향하고 있는 구체적이고 체화된 실존을 해명하는 것이다. 이 해명은 비반성적인 경험의 직접성을 파악하고자 하며 의식적 반성에 영향을 주고자 한다. 그러나 바로 사실에 대한 이론적 작업이 됨으로써, 이런 해명 작업은 경험에 관한 논의는 될지언정 경험의 풍부함을 재포착할 수는 없었다. 그의 작업은 끝이 없다고 말함으로써 메를로 퐁티 스스로도 이 점을 인정했다.[9]

서양적 전통에서 현상학은 인간경험에 대한 유일한 철학으로 이런 문제들을 정면에서 다루는 현존하는 유일한 사고구성체다. 그러나 무엇보다도 현상학은 이론적 반성이었으며 여전히 이론적 반성으로 남았다. 그리스 시대 이래의 서양 전통에서 철학은 추상적이고 이론적인 사고를 통해, 마음의 진리도 포함하는 진리탐구의 학문이었다. 이런 사고의 능력을 문제시하고 비판하는 철학자들조차도 논증, 증명 그리고, 특별히 우리가 살고 있는 포스트모던 시대에는 (추상적 사고를 담은) 언어적인 선언을 통해 자신들의 주장을 관철시켰다. 과학이나 현상학이 사실을 추구하는 이론적 활동에 지나지 않는다는 메를로 퐁티의 과학과 철학에 대한 비판 역시 이론적 반성으로서의 서양철학의 틀에 속하는 것이다. 이런 측면에서 볼 때 현대사상에서 유행하는 이성의 사고능력에 대한 불신은 철학에 대한 불신과 같은 것이 된다.

그러나 만일 우리가 이 이성의 사고능력을 신뢰하지 않는다면, 다시 말해 이성이 마음을 탐구하는 도구의 역할을 더 이상 하지 못한다면 이성 대신에 우리가 사용할 수 있는 것은 무엇인가? 한 가지 대안은 비이성이다. 이 비이성은 정신분석이론의 형태를 취하고서, 마음에 관한 서양인들의 통속적 관념에 어떤 문화요소보다 더 강한 영향력을 발휘했다. 사람들, 특히 미국과 유럽의 중산층에 속한 사람들은 발달의 측면에서 그리고 상징의 측면에서 원초적인 무의식을 가지고 있다고 믿게 되었다. 그들은 그들의 꿈과 현실, 예를 들어 동기, 환상, 선호, 혐오, 감정, 행위 그리고 병적인 징후들이 무의식에 의해 설명될 수 있다고 믿는다. 따라서 통속적인 견해로 볼 때 마음을 '내부로부터' 안다는 것은 무의식을 파헤치는 모종의 정신분석의 방법을 이용한다는 것을 의미한다.

이 '통속 정신분석학적' 견해는 메를로 퐁티가 과학과 현상학에 대해 가한 비판과 같은 비판을 면할 수 없다. 정신분석의 방법은 개인의 관념체계에 적용된다. 한 개인이 어떤 자유연상을 하든, 수리

논리를 사용하든, 일상적인 현실의 대화를 사용하든, 복잡한 꿈의 상징언어를 대하든, 그 사람은 '사후분석의 방식after-the-fact fashion'으로 마음을 알아내고 그것을 설명하는 것이다. 그러나 '전문' 정신분석가는 그가 한 개인의 관념적 체계 내에서 작업하고 있다는 사실과 이 단계를 넘어서기 위해서는 어떤 이론도 대신할 수 없는 방법이 필요하다는 것을 알고 있다. 정신분석이 특별히 우리의 흥미를 끄는 점은 인지과학과의 큰 차이점에도 불구하고, 자세히 말하면 정신분석이 인지과학의 정상적인 문제들과는 전혀 다른 심적 현상의 문제들을 다루고 그것들을 명백히 다른 방법으로 연구함에도 불구하고 인지과학에서 우리가 발견한 이론적 진화의 단계와 같은 것이 정신분석에서도 발견된다는 것이다. 앞으로 이어질 장들에서 우리는 이 수렴현상을 지적할 것이다. 그러나 우리가 정신분석 과정에 대한 직접적인 경험을 가지고 있지 않기 때문에, 그런 지적은 잘 만들어진 설명적 연결고리라기보다 간단한 표지판을 만들어 다는 식의 일이 될 것이다.

그러나 우리는 아직도 그 방법이 필요하다. 직접적인 체험의 측면과 반성적 측면 모두를 포함하는 인간경험의 탐구를 가능하게 하는 전통을 어디서 찾을 수 있을 것인가?

비서양적 철학 전통

이즈음하여 우리가 지금까지 제기한 것으로부터 대담하게 한걸음 더 나아가야 한다. 경험의 탐구에 관한 비서양적 전통을 포함하기 위해 우리의 지평을 넓혀야 한다. 서양사회에서 철학이 과학과 예술 같은 다른 문화적 활동에 비해 더 이상 특권적이고 근본적인 입지를 차지하지 못한다면, 철학 전체에 대한 평가와 인간경험에 대해 갖는 철학의 중요성을 다시 검토하기 위해 우리는 서양문화가 아닌 다른 문화에서 철학이 수행하는 역할을 살펴봐야 한다. 서양문화에서 인지과학은 전통을 새로운 시각에서 볼 수 있게 했기 때문에 철학자들(크게는 대중) 사이에서 열광적인 동경의 대상이었다. 만일 과학과 철학 사이에 엄밀한 구분선이 존재하지 않는다고 한다면 데카르트, 로크, 라이프니츠, 흄, 칸트 그리고 후설 같은 철학자들은 무엇보다도 초창기 인지과학자들이라고 간주될 수 있다(또는 이들은 제리 포더 Jerry Fodor가 "지성사에서, 모든 일은 두 번씩 일어났다. 한 번은 철학에서 다음은 인지과학에서"[10]라고 말한 것처럼 중요한 의미를 지닐 것이다). 이런 상황이 우리에게 낯선 비서양적 철학 전통에서도 여전히 타당한 것일까?

이 책에서 우리는 선정의 명상禪定瞑想, mindfulness meditation이라고 불리는 불교적 경험탐구의 방법이 속한 낯선 전통에 초점을 맞출 것이다. 이런 방법에서 발전한 비아非我와 비이원론의 불교적 교설은 인지과학과의 대화에 큰 기여를 하고 있다. (1) 인지론과 연결론에서 그려지는 단편화된 자아의 이해에 비아의 교설은 도움이 된다. (2) 특별히 용수Nagarjuna의 ('중도'라는 원래적 의미를 지닌) 중관론中觀論, Madhyamika에 제시된 불교적 비이원론은 메를로 퐁티의 중도와 인지를 발제적으로 보는 주장과 비교할 수 있을 것이다.[11]

동양철학의 재발견, 특히 불교적 전통의 재발견은 유럽의 르네상스 시기에 그리스사상의 재발견만큼이나 서양문화사에서 중요한 의미를 갖는 제2의 문예부흥이라고 할 수 있다. 인도와 유럽은 많은 문화적 철학적 관심뿐만 아니라 인도유럽어족을 공유하기 때문에 인도사상을 빠뜨린 서양의 철학사는 자연스럽지 않다.[12]

그러나 인도철학에 대한 관심에는 보다 중요한 이유가 있다. 인도적 전통에서 철학은 결코 순수추상적 작업이 아니다. 철학은 지식을 얻는 특정한 수련방법(여러 가지 명상법)과 연결되어(전통적으로 이 둘은 '얽매여') 있다. 특별히 불교적 전통에서 집중止, mindfulness은 근본적인 것이다. 집중이란 마음이 체화된 경험변형에 항상 현전하고 있는 것이다. 집중은 마음을 이론과 관심에서, 즉 추상적인 태도에서부터 이끌어내 경험 그 자체의 상황으로 되돌아가게 한다.[13] 현대적 상황에 비추어 마찬가지로 흥미로운 점은 이 전통에서 발전한 마음에 대한 기술과 해석들이 실제적 사용과 분리되지 않는다는 것이다. 이런 해석과 기술들은 각 개인들이 개인적인 상황 혹은 대인관계의 상황에서 그들의 마음을 어떻게 조정해야 할지 알려줄 뿐 아니라 개인을 넘어선 집단의 수준에까지 그 수행이 널리 알려지고 습득되어 있다.

우리는 현재 서양에 살고 있으며 완전한 체화의 측면을 강조하는 불교적 전통을 연구할 수 있는 이상적 위치에 있다. 첫째로 지구촌의 통합과 비서양적 전통의 증가하는 영향을 통해 우리는 서양 '종교'의 목표와 구조 그 자체가 문화적 구성물이며, 그런 목표와 구조를 그대로 받아들인다면 다른 전통에 대한 이해를 심각하게 방해할 것임을 알 수 있다. 둘째로 지난 20년 동안 불교사상은 실제로 서구에 뿌리를 내렸으며 살아 있는 전통으로 성장했다. 불교사상에 바탕을 두는 다양한 문화들이 다른 지리적 환경에 이식되어 본바탕의 문화들뿐만 아니라 각각의 다양한 불교문화의 전통과 상호작용하는 매우 독특한 역사적 상황에 우리는 놓여 있다. 예를 들어 미국과 유럽의 대도시에서는 다양한 불교의 세계적 종파들, 예를 들어 동남아시아의 소승불교, 베트남, 중국, 한국 그리고 일본의 대승불교, 일본과 티베트의 불교 등을 대표하는 종교센터들을 볼 수 있다. 일부 종교센터는 이주해온 특정한 민족집단의 종교기관을 대표하지만, 대부분의 센터에서는 서양인들이 각 종파의 전통을 따르는 스승의 지도하에 종파의 가르침을 따르고 수행하며 어떻게 스승의 가르침을 현대 서구사회의 사회문화적 맥락에서 개인적으로 그리고 집단적으로 실행할 수 있는지를 배우고 연구하고 실천한다.

불교에 관심을 가지고 있는 개인 혹은 학자든 아니면 사회학 혹은 인지과학과 같은 학문에 대해서든 그 대상에 관계없이 불교에 관계된 이런 사회문화적 요소들은 현대불교 연구에 큰 도움이 되고 있다. 서양의 문예부흥기에 그리스사상이 최초로 소개되었을 때와는 다르게, 우리는 불교사상과 수행에 관한 지식을 소수의 단편적이고 역사적이며 해석학적으로 고립된 경전 해석에 의존하여 얻지 않는다. 실제로 어떤 경전이 가르침에 쓰이고 있으며 불교의 명상과 수행 그리고 가르침이 성장하는 불교 집단의 살아 있는 수행에서 어떻게 전승되고 있는지 우리는 직접 관찰할 수 있다. 우리는 학문적 연구성과에서뿐만 아니라 불교 전통을 바탕으로 하는 종교활동에서 나타나는 고유한 가르침에 의존하여 불교지식을 얻는다.[14]

지관의 방법을 통한 경험탐구

불교적이든 비불교적이든 육체와 마음의 관계에 초점을 모으는 인간활동은 다양하게 존재한다. 명상meditation이란 단어는 영어의 일반적 사용을 놓고 볼 때, 다음의 몇 가지 서로 구분되는 통속적 의미를 갖는다.[15] (1) 의식이 오직 한 가지 대상에 주목할 때 나타나는 집중상태, (2) 심리학적으로 의학적으로 유익한 긴장의 이완 상태, (3) 초경험적 상태trance가 나타나는 분열된 상태, (4) 고차적인 실재나 종교적 대상이 경험되는 신비적 상태. 이런 상태들은 의식의 변화된 상태들이다. 명상가는 그의 일상의 세속적인, 비집중적인, 비이완적인, 비분열적인, 하위단계의 실재로부터 벗어나려고 노력한다.

불교적 지관止觀, mindfulness/awareness 수행은 이런 것과는 정반대되는 것이다. 집중의 목적은 정신을 차리는 것, 마음이 무엇을 하고 있을 때 그 마음이 하고 있는 바를 경험하는 것, 자신의 마음에 눈을 떼지 않는 것이다. 이런 일이 인지과학과 무슨 관련이 있을까? 인지과학이 인간경험을 포함하는 작업이 되려면 인간경험이 무엇인지를 탐구하고 알아낼 수 있는 방법을 가져야 한다. 이런 이유에서 명상의 불교적 전통에 초점을 맞추어야 한다.

'집중'의 명상법이 무엇인지 감을 잡기 위해서는 사람들이 어느 정도로 마음이 산만해질 수 있는지를 알아야 한다. 보통 우리는 마음이 이리저리 떠도는 것을 정신적 작업을 하려고 할 때나 산만한 마음이 그런 작업을 방해할 때만 깨닫는다. 혹은 미리 기대한 즐거움을 아무 의식도 하지 못하고 지나쳐보낼 때 깨닫는다. 실제로 마음과 몸은 따로 노는 때가 많다. 이런 이유로 불교적 의미에서 마음은 몸이 있는 곳에 존재하지 않는 것이다.

어떻게 이런 마음이 자신을 알아낼 도구가 되는가? 어떻게 몸을 뛰쳐나가고 마는 마음의 도주를 막을 수 있는가? 전통적으로 경전은 두 가지의 수행법, 즉 마음을 고요하게 하거나 길들이는 것(奢摩他, 산스크리트어로 샤마타shamatha, 正覺, 禪定, 止) 그리고 통찰력을 기르는 것(毘鉢舍那, 산스크리트어로 비파샤나vipashyana, 觀)을 소개한다.[16] 실제로 샤마타는 독립적인 수행법에서 마음을 한 가지 대상에 모으는 것(고전적 의미로 '올가미를 맨다'는 뜻)을 배우기 위한 집중기술이다. 이런 집중은 궁극적으로 환희에 찬 몰두로 연결된다. 이런 상태는 불교심리학에서 자세히 분류되어 있으나 일반적으로는 권장되지 않는다. 불교에서 마음을 고요하게 만드는 목적은 무엇에 몰두하게 하려는 것이 아니라, 자신의 본성과 기능을 꿰뚫어볼 수 있도록 마음이 충분히 긴 시간 동안 자신을 바라볼 수 있게 하려는 것이다(이런 과정에 관한 전통적인 비유들이 있다. 예를 들어 어두운 동굴 벽에 그려진 그림을 보기 위해서는 빛이 바람에 흩어지지 않게 해야 한다). 오늘날 대부분의 불교학파는 샤마타와 비파샤나를 독립된 기법으로 다루지 않고 고요와 꿰뚫어봄의 기능이 연결된 단일한 명상법으로 실천한다(용어들은 부록 A에서 명료하게 정의될 것이다). 우리는 이런 종류의 명상을 그것의 경험적 목표에 따라 '지관의 명상'이라 부르기로 한다.

앞으로 이어질 지관의 명상에 대한 설명은 전통적 불교사상가들의 저술과 구술을 통한 가르침과 주요 불교학파의 최근 연구자들과과 함께하는 관찰, 회견 그리고 토의를 바탕으로 한다. 대표적인 지관은 좌선의 형식으로 수련된다. 수련의 목적은 상황의 산만함을 최소화하는 데 있다. 몸은 똑바로 꼿꼿이 선 채로 움직이지 않는다. 단순한 대상, 주로 호흡이 주의집중의 초점으로 이용된다. 명상가가 그의 마음이 중심을 잃고 떠도는 것을 느낄 때마다 그는 마음의 방황과 다시 돌아옴을 판단하지 말고 그저 받아들여야 한다.

호흡은 가장 단순하고 기본적이며 항상 존재하는 신체적 활동이다. 그러나 명상을 시작하는 초보자는 단순한 대상 하나에 집중하는 것이 그리도 어렵다는 것에 대부분 놀라게 된다. 명상가들이 마음과 몸이 따로 간다는 사실을 발견한 것이다. 몸은 앉아 있으나 마음은 끊임없이 사고, 느낌, 내적인 대화, 백일몽, 환상, 졸음, 주장, 이론, 사고와 느낌에 대한 판단, 판단에 대한 판단(명상가들은 그들의 마음이 지금 무엇을 하는지를 기억하는 매우 짧은 순간을 제외하고 자신도 깨닫지 못하는 산만한 심리상태들의 끊임없는 연속)에 사로잡혀 있다. 집중의 대상인 호흡으로 되돌아가려고 해도 명상가들은 호흡에 집중하기보다는 호흡에 관해 생각하는 자신을 발견한다.

결국 명상가들은 마음이 온전하게 집중하는 상태와 마음이 집중하지 못하는 상태 사이에 실질적인 차이가 있음을 깨닫기 시작한다. 일상생활에서도 명상가들은 그들의 마음이 벌어지는 일에 온전히 집중하지 못함을 깨닫고 마음을 일깨우는 순간을 그리고 집중하기 위해 순간적으로 마음을 다시 돌리는 순간을 경험한다. 따라서 집중의 명상이 가져다주는 첫 번째 큰 발견은 마음의 본성에 관한 총괄적인 통찰이라기보다는 바로 코앞에서 벌어지는 경험에 대해서도 인간은 한없이 산만해질 수 있다는 뼈에 사무치는 깨달음이다. 가장 단순하고 가장 즐거운 일상적 경험조차도, 예를 들어 걷기, 먹기, 대화하기, 운전하기, 책읽기, 기다리기, 생각하기, 사랑하기, 계획하기, 정원 손보기, 마시기, 기억하기, 치료받으러 가기, 쓰기, 졸기, 감정을 느끼기, 관광하기 조차도 마음이 다음 일을 서둘러 준비하는 동안 추상적인 해명만을 훌쩍 남기고 순식간에 사라지고 만다. 명상가는 이제 메를로 퐁티와 하이데거가 과학과 철학에 부여한 추상적 태도가 실제로는 집중되지 않은 채 일상생활을 사는 우리의 태도라는 점을 발견하게 된다. 이 추상적 태도는 습관과 선입견으로 채워진 옷, 즉 자신의 경험으로부터 습관적으로 거리를 두도록 만들어진 우주복이다.

지관명상의 입장에서 볼 때, 인간은 추상적 태도에 영원히 매몰되는 존재가 아니다. 몸으로부터 마음을, 경험으로부터 자각을 분리하는 것은 습관의 결과이지만 습관은 바뀔 수 있는 것이다. 명상가는 방만한 생각을 중단하고 그의 호흡과 현재의 활동으로 되돌아가려고 하는 계속적인 과정을 통해 마음의 초조함을 점차 다스릴 수 있게 된다. 우리는 초조함에 빠져버리기보다는 초조함을 그 자체로 파악하고 그것을 견뎌낼 수 있게 된다.[17] 결국 명상가는 파노라마식 시각을 갖게 되는 상황에 놓이게 된다. 이것이 바로 자각觀, awareness인 것이다. 이 상태에 놓이면 호흡은 더 이상 집중의 대상이 되지 않는다. 전통적인 비유를 들자면 집중은 문장을 이루는 개별적 단어들이고 자각은 전체 문장을 총괄하는 문법과 같은 것이다. 명상가들은 마음의 공간과 공간성을 경험한다고 보고한다. 이런 경험에 대한 전통적인 비유에서 마음은 여러 가지 심리 내용이 구름처럼 떠오르고 사라지는 하늘(비개념적 배경)이다. 명상이 교리적 중요성을 가지고 장려되는 불교적 전통에서뿐만 아니라, (몇몇 소승불교 종파에서처럼) 명상이 장려되지 않거나 특정한 교정조치가 명상에 가해지는 전통에서도 이런 경험이 발견되는 것을 볼 때, 파노라마적 자각과 공간의 경험은 지관 명상의 자연적인 귀결이다. 명상을 장려하는 전통에서는 집중의 강도를 높이는 것이 목표는 아니다.

지관을 어떻게 개발시킬 수 있는가? 두 가지 전통적인 접근이 있다. 첫째 접근법은 정신능력의 개발은 좋은 습관을 훈련하는 것과 같음을 이해하는 데서 시작된다. 집중이라는 정신상태는 힘든 일을 쉬지 않고 오랫동안 할 수 있도록 단련된 근육처럼 강화될 수 있다는 것이다. 둘째 접근법에서는 지관은 마음의 기본적 본성의 일부라고 간주된다. 지관은 마음의 자연스러운 상태다. 마음은 다만 집착과 현혹의 습관적 패턴 때문에 잠시 혼란에 빠졌을 뿐이다. 제대로 길들여지지 않은 마음은 끝없이 이어지는 자신의 움직임 속에서 무엇인가 안정된 지점을 끊임없이 잡아보려 하거나, 사고, 감정, 개념들에 마치 단단한 바탕이 되는 양 끊임없이 매달리려고 한다. 이런 습관들이 모두 사라지고 더불어 우리가 그런 습관을 버리는 법을 배울 때, 자신을 알아보고 자신의 경험을 비추어보는 마음의 자연적 속성은 빛날 수 있다. 이것이 지혜 또는 성숙, 즉 프라즈냐(반야)prajñā의 시작이다.

이런 지혜가 추상적 태도를 취하지 않는다는 점을 깨닫는 것이 중요하다. 불교사상가들이 지적하는 것처럼, 지혜를 통한 지식은 어떤 것에 관한 지식이 아니다. 경험 자체와 분리되어 있는 경험에 관한 지식은 없다. 불교사상가들은 경험과 자신이 일체가 되는 것에 대해 이야기한다. 이 지혜의 내용 혹은 이 지혜가 우리에게 드러내는 것은 무엇인가?

경험분석에서 반성의 역할

지관의 실행결과가 우리를 경험으로부터 떨어지게 하는 것이 아니라 경험에 가깝게 하는 것이라면, 반성의 역할은 무엇인가? 불교에 대해 우리가 가지고 있는 일반적인 문화 이미지들 중 하나는 지성의 파괴라는 것이다. 그러나 실제로는 연구와 명상이 불교학파에서 중심적 역할을 한다. 선승들에 대한 일반적 이미지에서 나타나듯 크게 과장된 예측불허의 행동은 학습의 한 수단으로 반성을 사용하는 것에 모순되는 것이 아니다. 어떻게 그럴 수 있는가?

 이 질문은 지관의 명상, 현상학 그리고 인지과학 사이의 상호작용을 주도하는 방법론의 핵심으로 우리를 이끈다. 우리가 제안하는 것은 추상적이며 신체와 분리된 활동으로서의 반성에서 체화된(집중된) 그리고 열려진 반성으로의 변화다. 체화되었다는 것은 몸과 마음이 함께하는 반성을 의미한다. 이런 주장이 의도하는 바는 반성은 단지 경험에 관한 것이 아니라, 그 자체가 경험의 한 형태라는 것, 그리고 반성적 형태의 경험은 지관과 더불어 실행된다는 것이다. 반성이 그렇게 행해지면 우리는 습관적인 사고패턴과 선입견의 연쇄를 중단하고 생활공간에 대한 표상에 현재 주어진 것 외의 것에 대해서도 개방된 반성을 할 수 있게 된다. 이런 반성의 형태를 집중된, 개방된 반성이라고 부른다.

서양 전통에서 과학자들로서 그리고 철학자들로서 훈련을 받았고 작업을 하는 우리들은 분명히 다른 방식으로 일을 해나간다. 우리는 '마음은 무엇인가?' '신체란 무엇인가?'를 묻고 나서 이론적으로 반성하고 과학적으로 조사한다. 이런 과정은 다양한 주장들, 실험들 그리고 인지능력들의 여러 측면들에 관한 지적知的 결과물들을 산출한다. 그런데 이 탐구의 과정에서 우리는 이 질문을 누가 하고 있으며 어떻게 이 질문이 답해지는가 하는 점을 망각하고 있다. 이론적 반성에서 자신을 포함시키지 않음으로써 우리는 부분적인 반성만을 하고 있으며 질문은 신체로부터 멀어지게 된다. 철학자 토머스 네이글Thomas Nagel의 말을 빌리자면 이 반성은 "입장이 없는 시각view from nowhere"을 나타내고자 하는 것이다.[18] 신체로부터 떨어진 '아무런 입장도 없는' 견해를 가지고자 하는 시도가 매우 구체적이며 이론적으로 통제되지만 곧 선입견에 빠지고 마는 견해가 된다는 점은 얄궂은 운명이다.

후설로부터 이어지는 현상학적 전통에서는 이런 자기포함적 반성의 결여가 맹렬히 비판된다. 하지만 이 전통은 경험에 관한 이론적 반성의 시도를 제시할 뿐이다. 다른 대안이 있다면 그것은 자아를 포함하는 대신, 단순하고 주관적인 충동을 얻고 반성을 아예 포기하는 것이다. 지관은 이 어떤 것도 아니다. 지관은 우리의 기본적인 체화와 함께 작용하며 그것을 표현하는 것이다.

반성에 대한 이론적 전통과 집중의 전통의 차이가 실제적인 문제, 즉 심신문제라고 하는 것에 있어서 어떤 방식으로 드러나는지 살펴보자. 데카르트 시절부터 서양철학의 주된 문제는 마음과 신체가 하나의 실체로 된 것인지 아니면 별개의 실체들(다른 속성들 또는 다른 기술 記述의 단계들)인지 그리고 그 둘 간의 존재론적 관계는 어떤지를 밝히는 것이었다. 이미 우리는 지관의 명상에서 단순하고 경험적이며 실용적인 접근을 보았다. 마음과 신체가 분리되는가, 마음은 신체를 떠나 방황하는가 그리고 자신이 어디에 있고 몸과 마음이 하는 일은 무엇인가를 우리가 전혀 깨닫지 못할 수도 있는가 하는 문제는 단순한 경험의 문제였다.[19] 그러나 이 혼란의 상황, 즉 이 집중의 습관이 필요한 상황은 바뀔 수 있다. 몸과 마음은 하나로 모아질 수 있다. 몸과 마음이 완전히 하나가 되도록 우리는 자신을 길들일 수 있다. 이 결과는 명상가 자신에게는 느껴지지 않지만 다른 사람들에게는 뚜렷하게 느껴진다. 완전한 집중에 의해 나타나는 변화, 정교함과 영광스러운 느낌은 쉽게 알아볼 수 있다. 일반적으로 그런 집중의 단계는 음악가나 운동선수 같은 전문가들의 행동과 관련시켜 생각할 수 있다.

자기가 생각하는 실체라는 데카르트의 주장은 그가 던진 질문의 산물이었고, 질문은 체화되지 않은 그리고 집중되지 않은 반성이 실행된 결과였다. 경험을 극단적인 방법으로 포함하긴 했지만 그럼에도 불구하고 후설의 현상학은 사고의 본질적 구조에 대해서만 반성하는 전통을 고수했던 것이다. 이런 코기토cogito, 思考性의 입장에 대한 비판과 '해체'가 최근 유행이기는 하지만 철학자들은 여전히 그런 코기토를 낳은 기본적 실행에서 벗어나지 못하고 있다.

이론적 반성이 반드시 집중을 결여한 비체화적인 것일 필요는 없다. 우리가 살펴본 인간경험에 대한 진보적인 접근의 기본적인 주장은 심신관계는 고정되어 있거나 미리 주어진 것이 아니라 근본적으로 변화할 수 있는 것이라는 점이다. 이런 주장의 명백함은 많은 사람들이 분명히 인정할 수 있는 것이다. 서양철학은 이 점을 부정했다기보다는 무시한 것이다.

집중의 일반적 경우처럼 체화된 반성의 개발에 관해 두 가지 논의가 가능하다. 첫째는, 최초 상황 또는 초보자들의 접근에서 이 반성의 개발을 기술의 습득과 같은 것으로 보는 것이다. 플룻 연주를 배우는 경우를 생각해보자. 이 상황은 다음과 같이 설명될 수 있다. 우선 손가락의 기본위치가 교본이나 손가락 그림표를 통해 제시된다. 그리고 나서 우리는 기본적인 기술이 습득될 때까지 여러 가지 방식으로 조합된 음표들을 반복적으로 연습한다. 처음에는 신체적인 움직임이 연주 의도를 전혀 따르지 않는다. 즉 마음으로는 무엇을 연주하려 하지만 몸은 그것을 할 수 없다. 연습을 해나감에 따라 의도와 행위의 관계가 점차 가까워져서 궁극적으로 그 둘의 차이를 거의 느낄 수 없게 된다. 단순히 의도적인 것도 단순히 신체적인 것도 느껴지지 않는 상황에 도달하게 된다. 이것은 심신일체의 매우 특별한 경우다. 물론 숙달된 연주가들의 경우에서처럼 이런 상황에 대해서는 여러 가지 가능한 해석이 존재한다.

이런 예가 매우 타당한 것처럼 보이고 초보자들의 명상훈련에서 집중이 마치 기술의 습득과 같은 것으로 생각되기도 하지만 이런 식으로 명상과정을 서술하는 것은 실제로 잘못된 설명이다. 만일 명상수행의 목적이 특별한 기술의 습득에 있고 이런 목적 아래 우리가 종교적, 철학적, 명상적 대가가 된다면 우리는 자기기만을 하는 것이고, 결과적으로는 명상의 원래 취지를 져버리게 된다는 점이 세계의 여러 명상 전통에서 공통적으로 지적되었다. 특별히 지관의 개발에 관련된 수행은 명상기술을 완성하기 위한 훈련으로 (따라서 고도의 진보된 정신성의 개발로) 설명된 적이 없고,[20] 오히려 마음의 분산 습관을 쫓아내는 것으로서 학습이라기보다는 비학습으로 설명되었다. 비학습은 훈련과 노력이 필요하다. 그러나 이 노력은 새로운 무엇을 얻어내려 노력한다는 의미가 아니다. 명상가가 결심과 노력을 통해 새로운 기술을 습득하려는 큰 욕심을 가지고 집중을 개발하려고 하는 바로 그때, 그의 마음은 고착되고 경쟁을 일삼게 되어 지관은 매우 도달하기 어렵게 된다. 이런 이유로 지관명상의 전통은 노력 없는 노력을 이야기하게 되는 것이며, 명상을 현악기의 연주가 아니라 줄 고르기로 비유(현악기의 줄 고르기는 너무 바짝 죄어서도 안 되고 너무 느슨해서도 안 된다)하는 것이다. 마음을 모은 명상가가 일정한 활동상태에 억지로 노력하여 도달하는 것이 아니라 산만한 마음을 쫓아버리기 시작할 때, 마음과 신체가 자연적으로 모아지고 체화되는 것을 발견할 수 있다. 집중을 통한 반성은, 따라서 완전히 자연스러운 행위로 드러난다. 기술技術과 방기放棄의 중요한 차이는 논의를 진행함에 따라 더욱 분명해질 것이다.

  서양문화에서 반성은 신체적 생활로부터 절단된 것이기 때문에 이런 추상적 반성에서 심신관계가 핵심적 문제로 나타난다. 데카르트 이원론은 이런 문제의 해결책이라기보다는 이 문제를 정식화한 것에 지나지 않는다. 반성은 전적으로 심적인 것으로 간주되었고, 그래서 어떻게 이런 반성이 신체적 생활에 연결될 수 있는가 하는 문제가 나타난 것이다. 이 문제에 대한 현대적인 논의가 인지과학의 발달로 인하여 매우 복잡해졌었다. 하지만 그럼에도 불구하고 분리된 것처럼 보이는 마음과 신체의 관계에 관한 데카르트적 이해방식은 근본적으로 사라지지 않았다(이 분리된 것들이 실체들이든 속성들이든 단순히 기술記述의 서로 다른 단계들이든 이런 차이는 논의의 근본적 성격을 바꾸어놓지 않는다).[21]

열려진 반성인 집중의 입장에서 볼 때, 심신문제는 경험과 분리된 마음과 신체의 존재론적인 관계에 대한 문제가 되어서는 안 된다. 오히려 심신문제는 실제적 경험의 측면(집중의 측면)에서 마음과 신체의 관계는 무엇인가 그리고 이 관계는 어떻게 형태를 취하며 (개방적으로) 발전하는가 하는 문제여야 한다. 일본의 철학자 유아사 야스오湯淺泰雄가 말하듯이 "수양稽古, keiko 또는 수행修行, shugyo이라는 마음과 신체의 훈련을 통해 이 둘의 관계가 변화된다는 경험적 전제에서 이 문제가 접근되어야 한다. 이런 전제를 받아들이고 나서야 마음과 신체의 관계가 어떤 것인지를 물을 수 있다. 심신문제는 단순히 이론적 성찰의 문제가 아니라 마음과 신체 전체를 다스리는 것을 포함하는 실천적으로 살아 있는 체험體驗의 문제다. 이론적 성찰은 이 살아 있는 경험에 관한 간접적 반성에 불과하다."[22]

현재 다시 각광을 받고 있는 실용주의pragmatism라는 철학적 입장과 이런 입장이 이어짐을 알 수 있다.[23] 이 입장에서는 어떤 결과가 나타나는가 하는 측면에서 심신관계가 이해된다. 만일 우리가 철학과 과학에 관해 보다 추상적인 태도를 취한다면, 심신관계의 문제는 무엇이 신체이고 무엇이 마음인지를 그 자체로 떼어서 먼저 추상적으로 확실하게 결정한 다음에 답할 수 있는 문제라고 간주될지도 모른다.

그러나 실천적이고 개방적인 반성에서 이 문제는 '우리의 마음과 신체 전체를 다스리는 것'과 분리할 수 없다. 이런 관련으로 신체와 따로 떼어서 마음이란 무엇인가를 물을 수 없는 것이다. 물음에 관한 우리의 반성에 질문자와 물음 그 자체의 과정을(근본적 순환성을 기억해 보라) 포함한다면 물음은 새로운 의미와 생명을 지닐 것이다.

아마도 서양인들에게 지식에 관한 실천적, 개방적 견해에 가장 가깝게 접근하는 학문적 방법이 있다면 그것은 정신분석학일 것이다. 우리가 염두에 두고 있는 것은 정신분석이론의 내용보다는 자아가 얽혀 있는 표상의 그물이 분석에 의해 점차적으로 분명히 드러남에 따라 마음에 관한 개념과 피분석자의 개념이 변화하는 것을 가정하는 정신분석학의 이해다. 그러나 여전히 전통적 정신분석의 방법이 결여하고 있는 것은 반성의 지관이라는 요소다.

실험과 경험분석

과학에서 실용주의와 가장 가깝게 연합하고 있는 것은 실험적 방법이다. 만일 누군가가 말의 치아가 몇 개인지 알고 싶다면, 직접 치아를 세어보면 된다. 잘 다듬어진 가설은 어떤 이론 아래서 연역추리에 의해 관찰가능한 현상들과 연결된다. 이런 실험에 관한 철학적 이론은 역사적으로 신체경험과 독립된 지식의 객관론적 견해와 불가분의 관계를 가지지만 그렇다고 항상 그런 관계만 존재하는 것은 아니다.

지관의 명상을 마음의 본성과 행동에 관한 모종의 실험(체화되고 개방된 실험)으로 간주할 수 없을까? 이미 우리가 언급했듯이 지관명상에서 우리는 (집중, 이완, 몽환 상태 또는 신비 체험의 경우처럼) 어떤 특정한 상태에 도달하려는 목표를 가지고 시작하는 것이 아니라, 정상적인 활동을 하는 마음에 집중하는 것을 목표로 시작한다. 산만한 마음을 쫓아버림으로써 조심스럽고 주의깊은 마음의 자연스러운 활동이 분명해진다.

불교의 교설이란 것은 결국 마음이 스스로 주의깊게 되었을 때 깨닫게 되는 내용이다. 실제로 불교의 사상가들은 모든 불교의 주장들(자아의 부정, 경험의 조건발생적[연기적緣起的] 기원 등)을 교설이나 신조라기보다는 발견으로 간주한다. 불교의 스승들은 제자들이 이런 불교의 주장들을 믿음으로 받아들이기보다는 스스로가 그 자신의 경험에서 직접 검토해보고 의심해볼 것을 요청하고 장려한다(물론 스승들은 일반적인 과학적 수련의 경우에서와 마찬가지로 제자들이 이상한 결론을 얻었다면 내용을 다시 검토해볼 것을 권할 것이다).

지관이 경험의 본성에 관한 사실들을 발견하는 방법이라는 주장에 대해서는 두 가지 반론이 있다. 첫째로 많은 사람들은 명상에 의해 얻어지는 지식과 우리가 내성이라고 부르는 활동 사이의 관계를 궁금해할 것이다. 결과적으로 말하자면 심리학의 한 학파로서 내성주의학파內省主義學派는 19세기 심리학자 빌헬름 분트Wilhelm Wundt에 의해 일반화되었지만 완전히 실패하여 실험심리학에게 자리를 물려주고 말았다. 서로 다른 연구실에서 얻어진 내성적 방법의 결과들은 전혀 일치하지 않았다는 데 내성적 방법의 문제가 있는데 이것은 과학이 갖추어야 하는 조건과 정반대되는 것이었다. 그런데 도대체 내성적 방법이란 무엇인가? 각 내성학파 실험실의 실험자들은 경험은 모종의 요소로 분리될 수 있고 피험자는 훈련을 통해 일정한 방식으로 그의 경험을 분석할 수 있다는 이론으로 무장되어 있었다. 즉 피험자는 그 자신의 경험을 외부 관찰자의 입장에서 바라보도록 주문받는다. 이것은 사실상 우리가 일상적인 생활에서 내성이라고 생각하고 있는 바로 그것이다. 이것은 바로 메를로 퐁티와 하이데거가 과학자와 철학자의 추상적 태도라고 불렀던 것의 본질이다. 그러나 진정한 내성적 방법을 통해서는 마음이 전혀 파악되지 않을 것이라고 예상되었다. 즉 내성의 방법을 사용하는 이들은 그들의 생각을 생각하고 있을 뿐이다. 이런 내성적 활동은 확실히 마음에 관해 이미 내성자 자신이 가지고 있는 선입견을 드러내는 일일 뿐이다. 서로 다른 연구실에서 얻어진 결과들이 일치하지 않는다는 것은 놀랄 일이 아니다. 이런 내성의 태도는 지관의 명상이 나타나는 내성적 활동과는 분명히 다르다.

　본래적인 마음에 관한 탐구방법으로서의 지관의 명상에 대한 두 번째 반론은 우리가 마음에 집중하고 마음의 모습을 깨닫게 되면서 일상적인 세계 내에서의 우리의 정상적 존재양식이, 즉 독립적 실재로서의 세계에 대한 적극적인 관여와 그 세계의 존재를 당연시하는 존재양식이 중단된다는 점이다. 그렇다면 어떻게 스스로가 중단시킨 정상적 존재방식에 관한 정보를 집중의 명상이 줄 수 있는가? 이 질문에 대한 대답은 이 질문이 추상적 태도를 전제한다는 것이다. 이 질문을 하기 위해서는 세계의 존재에 대한 적극적인 관여를 다시 검토해보고 이것이 어떤 독립적이고 추상적이며 확실한 근거에서 중단되는지의 여부를 따질 수 있어야 한다. 불교적 전통에서 볼 때 하이데거와 메를로 퐁티의 세계에 대한 적극적 관여라는 정상적인 존재방식은 실은 자연적 집중이라는 수단을 통해서만 가능하다(메를로 퐁티는 이 점을 그의 《지각의 현상학》 서문에서 자세히 이야기한다). 집중의 명상이 중단시키는 것은 마음을 놓음(아무런 생각 없이 지금하고 있는 것이 무엇인지도 느끼지 못하는 것)이다. 오직 이런 생각 없음의 중단을 통해서 관찰이 관찰되는 것을 바꾸며, 우리가 말하는 열려진 반성이 가능하다.

우리는 인지과학이 그 영역을 넓혀서 직접적 경험도 포함할 수 있는 인간경험에 관한 학문적 시각이 되어야 한다는 점을 주장했다. 그리고 그런 시각이 이미 지관이란 명상의 전통으로 존재하고 있음을 소개했다. 지관의 수행, 현상학적 철학 그리고 과학은 인간활동이다. 각각은 인간의 체화된 표현이다. 원래 불교적 교설들, 서양의 현상학 그리고 과학 각각은 수많은 대립적 견해와 논란을 일으킨 주장들의 후예들이다. 그러나 실험의 형태를 취하고 있는 한 이들은 누구에게나 열려 있고, 서로 다른 방법으로 검토될 수 있는 것들이다. 따라서 지관의 명상은 인지과학과 인간경험 사이의 자연적 연결고리를 제공할 수 있다고 우리는 믿는다. 특히 관심을 끄는 것은 불교, 현상학 그리고 인지과학 사이에서 나타나는 수렴, 다시 말해 자아 그리고 주관과 객관의 관계에 관한 연결의 현상이다.

Varieties of Cognitivism
2

다양한 인지론

Chapter 3

기호
인지론적 가정

시작점

이제 우리가 시도할 인지과학과 인간경험에 관한 탐구는 인지론과 사이버네틱스가 중심이 되었던 초기 인지과학 영역에서 인지론이 나타나게 된 역사적 연원을 조사하는 것이다. 2부에서 제시될 중심적 아이디어는 지관의 전통에서 제공되는 마음의 분석은 현재 인지론이 제공하는 마음에 대한 개념과 정반대되는 주장임을 보여주는 것이다. 이 장은 인지론적 시각을 논의하는 장이다. 그러나 다음 장에서 우리는 지관의 방법으로 얻어진 결론과 흡사한 결론들을 논의할 것이다.

현대인지론의 역사적 뿌리를 살펴보는 것으로 논의를 시작해보자. 이 짧은 역사의 확인은 매우 중요하다. 해당 학문의 과거를 살피는 것을 게을리하는 과학자들은 과거의 실수를 다시 반복하거나 새로운 발견을 구체화할 수 없는 것이다. 물론 인지과학의 역사에 대한 검토는 포괄적인 역사가 아니라 우리가 제기할 문제와 직접 관련이 있는 사항들만 다루는 것을 목표로 한다.[1]

사실 현재 진행되는 거의 모든 인지과학의 논쟁거리들은 인지과학의 형성기인 1943~1953년에 이미 나타난 것들이다. 결국 우리는 역사적으로 이런 문제들이 해결하기에 어려운 문제들이었다는 점을 알고 있다. 인지과학의 '시조'들은 그들의 문젯거리가 새로운 과학이 되리라는 것을 아주 잘 알고 있었으며, 이 학문의 이름을 사이버네틱스Cybernetics라고 했다. 이 이름은 지금은 쓰이고 있지 않으며, 오늘날 많은 인지과학자들은 그들의 작업이 혈통적으로 사이버네틱스의 뿌리에서 나왔다는 사실조차 의식하지 못한다. 이 의식의 부재는 우연한 것이 아니다. 이런 의식의 부재는, 완전한 인지론적 성향을 지닌 과학을 성립시키기 위해 잡다한 요소들이 종합된 것은 사실이지만, 후대의 인지과학은 성장과 발전의 가능성을 가진 그 최초의 뿌리에서부터 분리되어 발전한다는 점을 보여준다. 그런 분리는 종종 과학사에서 나타난다. 분리는 한 학문이 최초의 모험적 단계에서 완성된 연구프로그램으로 발전해갈 때 자연적으로 치러야 하는 대가다.

인지과학의 역사에서 사이버네틱스 단계는 그 긴 기간 동안의 영향력(대부분 실험적인 것들) 말고도 수많은 구체적 결과들을 제공했다.

- 신경체계의 이해에 수리논리학을 이용했다.
- 정보처리체계(디지털컴퓨터)를 발명함으로써, 인공지능 분야의 기반을 다졌다.

- 체계이론이라는 상위 차원의 학문metadiscipline을 세웠다. 이 학문은 공학(체계분석, 제어이론), 생물학(조절생리학, 생태학), 사회과학(가족요법, 구조인류학, 경영, 도시계획) 그리고 경제학(게임이론) 같은 많은 학문들에 영향을 주었다.
- 신호와 의사소통의 통로에 대한 통계이론인 정보이론을 제공했다.
- 자기조직적 체계의 최초의 예들을 제공했다.

이것들은 놀라운 발전의 결과들이다. 이런 개념들과 도구들을 우리는 생활의 당연한 부분으로 간주한다. 하지만 분명히 이런 것들은 인지과학 이전에는 존재하지 않았던 것들이며, 매우 다른 배경을 지닌 학자들 사이의 집중적인 교류를 통해 나타난 것들이다. 따라서 이 시기의 업적은 학문들간의 공동 노력을 통한 독특하고 가치 있는 성공의 결과인 것이다.

이 사이버네틱스 운동의 공공연한 목표는 마음의 과학을 만드는 것이었다. 이 운동의 지도자들의 눈에는 정신현상의 연구가 너무나 오랫동안 철학자들과 심리학자들 손에 있었던 것으로 보였다. 사이버네틱스 연구가들은 수학적인 정식과 분명한 기계구조로 정신현상의 구성과정을 설명해야 할 필요를 절감했다.[2]

이런 사고방식의 (그리고 그 뚜렷한 결과물들의) 훌륭한 사례는 워런 매컬록Warren McCulloch과 월터 피츠Walter Pitts의 〈신경활동에 내재하는 사고의 논리적 계산A Logical Calculus of Ideas Immanent in Nervous Activity〉이라는 1943년의 효시적 논문이다.[3] 이 논문에는 두 가지 중요한 발전이 나타나 있다. 첫째, 두뇌와 정신활동을 이해하는 데는 논리학이 적절한 학문적 방법이 된다는 제안. 둘째, 두뇌는 논리적 원칙들을 그 구성요소들 혹은 뉴런들로 구체화시키는 장치라는 주장. 각 뉴런들은 활동적이거나 비활동적인 역치조정장치threshold device로 간주된다. 이런 단순한 뉴런들은 상호연결되는데, 이들의 연결은 논리적 조작의 역할을 수행하며 결과적으로 두뇌 전체는 연역추론의 기계deductive machine가 된다.

이런 생각들은 디지털컴퓨터의 발명에 핵심이 되었다.[4] 당시에는 진공관이 매컬로크-피츠 뉴런들을 실체화시키는 데 이용되었으나, 오늘날 우리는 실리콘칩을 발명했다. 그러나 현대적 컴퓨터는 여전히 폰 노이만von Neumann 방식이라는 구조를 가지고 있는데, 이 구조는 개인용 컴퓨터의 등장으로 더욱 확대되었다. 이런 기술적인 개혁은 이후 10년 동안 더욱 정교하게 다듬어질 마음에 대한 과학적 연구, 즉 인지론적 패러다임의 기초가 되었다.

다른 누구보다도 워런 매컬록은 이런 인지과학 초창기의 희망과 논쟁의 산증인이다. 《마음의 신체화Embodiments of Mind》[5]라는 그의 논문집에서도 알 수 있듯이, 매컬록은 종종 시적이며 예언가적인 어투를 쓰는 신비스럽고 역설적인 인물이었다. 그의 영향력은 말기에 줄어드는 듯했지만, 철학적인 것, 경험적인 것 그리고 수학적인 것의 완전한 연결이 앞으로의 마음 연구에 가장 좋은 방법이라는 그의 주장이 그의 연구에서뿐만 아니라 인지과학에서 분명히 드러나면서 그의 유산이 재인식되고 있다. 그는 자신의 연구를 '실험인식론experimental epistemology'이라고 즐겨 불렀다. 이런 용어법은 스위스의 심리학자 장

피아제Jean Piaget가 그의 저술에서 '발생론적 심리학'이라는 말을 만들어 붙였고, 오스트리아의 동물행동학자 콘라트 로렌츠Konrad Lorenz가 '진화인식론'이라는 말을 쓰기 시작한 1940년대에 나타난 사상사의 유명한 동시적 사건이었다.

물론 훨씬 더 많은 일들이 이 시대에 창조되었다. 예를 들어 논리는 두뇌의 분산된 특징들을 무시하는 듯이 보이기 때문에 논리학이 두뇌의 작동을 이해하는 데 충분한가 하는 것을 놓고 광범위한 논쟁이 있었다(이 논쟁은 오늘날까지도 계속되고 있다. 나중에 이 논쟁을 인지연구에서 '설명의 단계'의 문제와 관련하여 보다 자세히 다룰 것이다). 이 시기에는 인지현상에 관한 대안적인 모델들과 이론들이 제시되었다. 대부분의 이런 인지이론들과 모델들은 1970년대 인지과학의 중요한 대안으로서 재고려되기까지 잠복기를 가진다.

1953년 사이버네틱스 운동의 주된 인물들은 그들이 최초에 보여준 단결과 활력과는 달리 각자로부터 멀어지게 되었고, 많은 연구가들이 이후 곧 명을 달리하고 만다. 하지만 마음을 논리적 계산으로 보는 생각만은 대체적으로 계속 이어지고 있었다.

인지론의 핵심가정

1943년이 인지과학의 사이버네틱스 단계가 확실히 시작된 해였던 것과 마찬가지로 1956년은 인지론이 확실하게 탄생한 해다. 1956년 한 해 동안 케임브리지와 다트머스에서 두 개의 모임이 열렸는데,

거기서, 현대인지론의 주된 지도 노선이 된 아이디어를 담은 목소리들(허버트 사이먼Herbert Simon, 노엄 촘스키Noam Chomsky, 마빈 민스키Marvin Minsky 그리고 존 매카시John McCarthy)이 울려퍼졌다.[6]

인지론을 뒷받침하고 있는 핵심사상은, 인간의 지능을 포함한 인지현상은 근본적 속성이 계산computation과 흡사해서 실제로 인지현상을 기호적 표상들에 가해지는 계산적 처리라고 정의내릴 수 있다는 것이다. 분명히 이런 방향전환은 앞서 10년 동안 다져진 기반 없이는 나타날 수 없는 것이었다. 하지만 새 시대와 이전 시대의 주된 차이점은 잘 정비된 가설의 개발에 있었다. 사회과학과 생물과학의 다양하고 복잡한 이론의 영향력이 특별히 강했던 인지과학의 영역에서 거리를 두고, 즉 폭넓고 실험적이며 다학문적多學問的인 인지과학의 뿌리로부터 떨어져서 인지과학의 새로운 영역을 개척하고자 하는 강한 의욕이 나타났는데, 이때 등장한 참신하고 가능성 있는 생각 중 하나가 이런 시도를 통해 잘 정비된 가설로 나타나게 되었다는 점이다.

인지현상이 계산으로 정의된다는 것은 도대체 무슨 의미인가? 1장에서 논의했듯이, 계산이라는 것은 기호들(지시체가 정해진 요소들)에 가해지거나 그것에 작용하는 조작이다. 여기서 중심이 되는 개념은 표상이라는 개념 또는 무엇에 관련됨이라는 속성을 철학적 용어로 바꾸어 표현한 '지향성'이라는 개념이다. 인지론자들은 지적인 행위는 세계를 일정한 방식으로 표상하는 능력을 전제한다고 주장한다. 따라서 행위자가 외부환경에 대한 표상을 바탕으로 행위한다고 가정하지 않고서는 인지적 행위를 설명할 수 없다. 환경에 대한 행위자의 표상이 정확하다면 행위자의 행위는 (정상적인 상황 아래서) 그 목적을 달성하는 성공적인 것이 된다.

이런 표상의 개념은 행태주의의 몰락 이후로 거의 문제가 되지 않는다. 문제가 되는 것은 다음 단계인데, 그것은 우리가 지능과 지향성을 설명할 수 있는 유일한 길은 행위가 두뇌나 기계에 기호적인 문자의 형태로 실현된 표상에 바탕을 둔다고 가정하는 것 즉 인지현상을 가정하는 것이란 주장이다.

인지론자들의 입장에서는 지향적이거나 표상적 상태(믿음, 바람, 욕망 등)와 행위자가 행동할 때 나타나게 되는 물리적 변화를 어떻게 연결시키느냐 하는 점이 해결해야 할 핵심적 문제가 된다. 지향적 상태가 인과적 속성들을 지닌다고 주장하려면 그런 상태들이 어떻게 가능한가 하는 점뿐만 아니라, 어떤 과정을 통해 행위를 야기하는가 하는 점도 밝혀내야 한다. 여기가 바로 기호계산이라는 개념이 도입되는 지점이다. 기호들은 물리적인 특징과 의미론적인 내용 모두를 지니고 있다. 계산이라는 것은 이런 의미를 담고 있는 내용에 의해 조정되거나 그것을 따르는 기호조작이다. 다시 말해 계산이란 근본적으로 의미론적이거나 표상적이다. 기호적 표현들 사이의 의미론적 관계를 나타내지 않고서는, 즉 기호에 대한 임의적인 혹은 마구잡이식의 조작이라면 우리는 계산이 무엇인지이해할 수 없다 (이것이 "표상 없이는 계산은 없다no computation without representation"라는 유행하는 슬로건의 의미다). 그러나 디지털컴퓨터는 오직 계산할 기호의 물리적 형태에만 관여하지 기호의 의미론적 내용에는 관여하지 않는다. 그럼에도 불구하고 프로그램에 관계되는 기호의 모든 의미론적인 내용은 프로그래머에 의해 기호언어의 구문적 속성들로 변환되었기 때문에 컴퓨터의 기호조작은 의미론적인 내용을 따르게 된다. 즉 컴퓨터에서 구문적 속성들은 (규정된) 의미론적 속성들에 평행한다. 따라서 인지론자들은 이런 평행구조가 지능과 지향성(의미론)이 물리적으로 그리고 기계적으로 조정될 수 있는 방식을 설명한다고 주장한다. 이리하여 컴퓨터는 사고의 기계론적 모델을 보여준다는 가정, 다시 말해 사고는 물리적이며 기호적인 계산을 바탕으로 존재한다는 가정이 성립한다. 인지과학은 이런 인지적, 물리적 기호 체계에 관한 연구다.[7]

이 가정을 이해하기 위해서는 이것이 제안되는 단계를 확인하는 것이 매우 중요하다. 우리가 다른 사람의 머리를 열어 두뇌를 살펴볼 때 작은 기호들이 거기서 활동하는 것을 발견할 수 있다고 인지론자들이 주장하는 것은 아니다. 기호의 단계가 물리적으로 실현되고 있다고는 하지만 그것이 물리적 단계로 환원되는 것은 아니다. 같은 기호가 여러 가지 물리적인 형태로 실현될 수 있다는 사실을 기억한다면 이 점은 직관적으로 자명한 것이다. 이 비환원성 때문에 물리적 단계에서의 기호적인 표현들이라는 것은 두뇌의 분산적 활동 패턴에 상응할 수도 있다. 이 점에 관해서 나중에 다시 논의하려고 한다. 현재 우리가 강조하고자 하는 것은 인지현상의 설명에 있어서 인지론은 물리학과 신경생리학의 단계와는 확연히 구분되는 기호의 단계를 상정한다는 점이다. 게다가 기호들은 의미론적인 대상들이기 때문에 인지론자들은 특별히 의미론적이며 표상적인 세 번째 단계를 설정한다(같은 의미 내용이 여러 기호적 형태로 표현될 수 있다는 점을 상기한다면, 이 단

계의 환원불가능성 역시 직관적으로 자명하다).⁸

과학적 설명의 다단계multilevel 개념은 아주 최근에 나타난 것이며, 인지과학의 중심에 서 있는 혁신적 사고들 중 하나다. 과학사조로서의 이런 혁신적 사고의 기원과 형성은 사이버네틱스 시대로까지 거슬러 올라가서 발견된다. 인지론자들은 이런 뿌리에서 한 걸음 더 나아가 이 뿌리에 대한 엄밀한 철학적 명료화에 큰 기여를 했다.⁹ 이 다단계 개념과 관련되는 창발emergence이라는 개념을 다룰 때 그 중요성이 더해질 것이기 때문에 우리는 이 개념을 독자들이 명심하길 바란다.

독자들은 인지론적 가정이 구문론과 의미론의 관계에 관한 매우 강한 주장을 함의하고 있음을 눈치챘을 것이다. 우리가 이미 언급했듯이 컴퓨터 프로그램에서 기호로 된 코드의 구문적 속성은 그 의미론적 속성을 평행적으로 반영하거나 기호화한다. 하지만 인간 언어에 있어서는 행위설명에 필요한 모든 의미론적 구분들이 구문론적으로 충실히 반영될 수 있는지는 분명하지 않다. 실제로 많은 철학적인 논증들이 이런 평행론에 반대할 의도로 제시되었다.¹⁰ 게다가 우리는 컴퓨터 계산의 의미론적인 단계가 어디서(프로그래머에서) 유래하는지는 알지만 두뇌에 기호화된 채 존재한다고 인지론자들이 가정한 기호적 표현들은 어디서 그 의미를 얻는지 전혀 알 수 없다.

이 책에서 우리의 관심은 기본적 지각 양태에서 드러나는 인지와 경험에 집중된 것이므로, 이런 언어에 관한 문제를 자세히 다루지는 않을 것이다. 그럼에도 불구하고 이 문제는 인지론적 노력의 핵심을 건드리는 문제이므로 논의할 만한 가치가 있는 것이다.

질문 1: 인지현상이란 무엇인가?

대답: 기호계산(규칙을 따르는 기호의 조작)으로서의 정보처리.

질문 2: 어떻게 계산이 작동하는가?

대답: 분절적인 기능요소(기호)를 지원하고 조작할 수 있는 장치를 통해서. 체계는 기호의 의미가 아니라 형태(기호의 물리적 속성들)에만 작용한다.

질문 3: 인지체계가 제대로 작동하는지 어떻게 알 수 있는가?

대답: 기호가 실재 세계의 모습을 올바로 표상할 때 그리고 정보처리가 체계에 주어진 문제를 성공적으로 해결할 때.

인지론의 등장

인공지능에서의 인지론

인지론의 등장은 다른 어느 분야에서보다도 인지론적 가설의 축자적 해설판인 인공지능 AI 분야에서 두드러졌다. 수년 동안 인공지능 분야에서 전문가 시스템, 로봇공학, 화상처리 image processing와 같은 많은 흥미로운 이론적 발전과 기술적 적용이 이루어졌다. 이런 결과들은 널리 알려져 있으니만큼 특별한 예를 더 들 필요는 없을 것이다.

그러나 이런 폭넓은 응용 때문에 일본의 제5세대 ICOT(Institute for New Generation Computer Technology, 5세대 컴퓨터 개발을 목적으로 설립된 일본의 공동 연구소) 계획에서 인공지능과 인공지능의 인지과학적 기반이 극적인 절정에 도달한 것을 눈여겨볼 가치가 있다. 일본에서는 2차세계대전 후 1981년에 최초로 산업계, 정부, 대학이 힘을 합치는 국가적 계획이 시작되었다. 이 계획의 핵심은 인간의 언어를 이해하고 초보자가 일정한 작업을 수행할 때, 체계 스스로가 프로그램을 만들어서 사용자를 도울 수 있는 인지능력을 갖춘 장치를 고안하는 것이었다. 따라서 ICOT 계획의 중심은 당연히 술어 논리를 바탕으로 하는 고도의 프로그램 언어인 프롤로그prolog를 기반으로 지식표상과 문제해결을 위한 인터페이스interface의 개발에 있었다. ICOT 계획은 미국과 유럽의 즉각적인 반응을 일으켰다. 이 반응이 상업적 관심과 공학적 경쟁에 관한 것이었음은 두말 할 필요도 없다(일본 정부가 1990년에 연결론적 모델을 바탕으로 하는 6세대 프로그램을 시작한 것도 주목할 만하다). 일례에 불과하지만 ICOT 프로그램은 인지연구에 있어서 과학과 기술의 불가분리성과 이런 과학과 기술의 결합이 사회에 끼치는 효과에 대한 중요한 사례다.

인지론적 가설은 인공지능에 거의 완벽하게 적용되었다. 자연적인 인지체계, 생물학적으로 실체화된 인지체계, 특별히 인간과 같은 체계에 대한 연구는 단지 보조연구가 되었다. 이런 보조 연구에서도 역시 계산론적으로 규정되는 표상들이 중심적 설명도구가 되었다. 심리표상은 형식체계에서 나타나는 사건으로 규정되고 마음의 활동은 이런 표상에 명제 태도적 색채(믿음, 욕구, 의도 등)를 주는 것이 된다. 따라서 인공지능과는 달리 여기서는 자연적 인지체계가 진짜 어떤 것인지 궁금하게 되며 이 경우 인지적 표상은 그 체계와 대면하는 어떤 것을 향하고 있는 표상들이라 전제된다. 이런 의미에서 이 표상들은 지향성을 갖는다고 간주된다.

인지론과 두뇌

인공지능의 경우와 비교할 만한 인지론의 또 하나의 중요한 기여는 인지론이 최근 두뇌 연구에 끼친 영향이다. 이론적으로 볼 때 인지론의 기호의 단계는 두뇌에 관한 여러 견해와 겨우 양립하는 정도지만 실제로는 대부분의 신경생리학이론(그리고 엄청난 양의 경험적 자료)에는 인지론적 입장, 즉 정보처리적 입장이 스며들어 있다. 하지만 이 정보처리적 입장의 기원과 가정에 대해서는 거의 문제제기가 이루어져 있지 않은 상황이다.[11]

이런 영향의 분명한 예는 동물들에게 시각 자극이 주어졌을 때 뉴런의 전기적 반응에 대한 연구, 즉 시각피질에 대한 놀라운 연구에서 발견된다. 피질상에 있는 뉴런들은 모양탐지자feature detector 같은 기능을 하는 구조들로서 주어진 대상의 속성들(대상의 방향, 대조, 속도, 색 등)에 대한 반응성에 따라 분류될 수 있다는 점이 일찍부터 알려졌다. 인지론적 가정과 더불어 이 신경생리적 결과들은 시각정보처리에 대한 우리의 이해에, 즉 두뇌가 피질에 존재하는 대상의 모양을 탐지하는 뉴런으로부터 망막에 나타나는 시각정보를 얻어내고 이 정보는 두뇌의 더 복잡한 처리(개념적 범주화, 기억연상 그리고 결과적으로 행위)를 위해 다음 단계로 넘겨진다는 우리의 생각에 생물학적 기반을 주는 것이라 생각되었다.[12]

이런 시각을 취하는 입장들 중 가장 극단적인 형태를 띠는 것은 개념들(할머니 곁에서 들은 개념들)과 지각경험들은 특정한 뉴런들과 일정한 상응관계를 갖는다는 점을 주장하는 발로우Barlow의 '할머니 세포grandmother cell' 이론(뉴런들과 이들이 담당하는 개념들의 관계는 형태감지장치와 그것이 탐지하는 형태들 사이의 관계와 같다는 이론)이다.[13] 이 극단적인 견해는 이제 그 인기를 상실하고 있지만,[14] 외부속성들에 선택적으로 반응하는 정보처리장치로 두뇌를 간주하는 기본적인 입장은 현대 신경과학과 두뇌의 기능에 관한 일반인들의 대중적 이해의 중심적 핵으로 여전히 남아 있다.

심리학과 인지론

대부분의 사람들이 마음에 대한 연구로 머리에 떠올리는 학문은 심리학이다. 심리학은 인지론이나 인지과학보다 먼저 시작된 학문이며, 이 두 접근법들과는 그 영역이 다르다. 심리학에 대한 인지론의 영향은 무엇인가? 이 점을 이해하기 위해서 우리는 심리학의 역사적 배경을 알아볼 필요가 있다.

우리는 이미 내성주의에 대해서 그리고 내성과 집중의 명상의 차이점에 대해서 이야기한 바 있다. 마음을 직접 연구하기 위해서는 여러 방법론이 고려될 수 있겠지만, 일단 우리 자신의 마음으로 관심을 돌리는 것이 공통적인 전략 중 하나가 될 것이다. 인도의 명상적 전통에서 발전된 이런 전략은 집중의 방법을 결여한 19세기 내성주의자들이 마음을 외적인 대상으로 취급하여 결국 내성적 관찰의 일치에 실패했을 때 서양의 심리학 전통에서 폐기되었다. 불일치하고 서로 반대되기조차 하는 실험결과들로 내성주의가 침몰했을 때, 실험심리학은 내성적 자기지식에 대한 깊은 불신으로 가득 찬 심리학의 정당한 방법이 되었다. 이리하여 내성주의는 행태론이라는 지배적인 학파로 대치되었다.

마음속을 들여다보는 것을 대신할 뚜렷한 한 가지 방법은 밖으로 드러난 행동을 관찰하는 것이다. "행동으로 말한다"는 속담도 있지 않은가. 행태론은 마음을 심리학에서 완전히 제거했기 때문에, 특별히 주관적 체험을 불신하는, 20세기의 실증주의적 시대정신이었던 과학의 객관론과 조화를 이룬다. 행태론에 따르면 행위자에게 주어지는 입력(자극)과 출력(행위)은 우리가 객관적으로 관찰할 수 있고, 시간을 두고 나타나는 입력과 출력 간의 법칙적 관계도 관찰할 수 있지만 행위자 자체(그의 마음과 생물학적 신체)는 행동과학의 방법으로는 접근될 수 없는(규칙도 없고 기호도 없으며 계산도 없는) 블랙박스다. 행태론은 1920년부터 최근까지 미국의 실험심리학계를 장악했다.

탈행태론적 실험인지심리학의 첫 번째 징조는 1950년대 후반에 나타났다. 그러나 이런 입장에 선 연구자들의 생각은 엄밀히 말해, 금지된 정신현상의 효과를 규정하고 측정하는 실험적 방법을 발견하려는 여전히 실증주의적인 것이었다. 심상 mental image을 예로 들어보자.

이 심상이라고 하는 것은 행태론자들에게는 분명히 블랙박스 안에 든 것이었다. 이것은 공개적으로 관찰될 수 없는 것이어서 우리는 이것에 대해 일치되는 관찰을 보장할 수 없다. 그러나 연구자들은 심상의 실질적인 효과를 점차적으로 증명할 수 있게 되었다. 신호에 반응하는 것을 측정하는 실험에서 심상을 사용하도록 지시받은 피험자들은 반응의 정확성이 낮았다. 게다가 이런 효과는 지각 양태에 연관(시각심상은 청각심상보다 시각신호 반응을 더 많이 방해하고 청각심상은 시각심상보다 청각신호 반응을 방해)되는 것이었다.[15] 이런 실험은 행태론적 용어로, 즉 심상은 강력한 간섭변수라는 식으로 기술된 것이기는 하지만 심상을 정당화시키는 것이었다. 나아가서 실험자들은 심상이 그림의 속성을 가진 것임을 증명하기도 하면서 심상 자체를 탐구하기 시작했다. 코슬린Kosslyn은 잘 조직된 실험에서 시각심상이 공간적 배열에 따라 순차적으로 훑어볼 수 있는 대상처럼 사용되고 있음을 증명했다.[16] 셰퍼드와 메츨러Shepard and Metzler는 심상이 그림의 형태를 가지고 시간에 따라 회전하는 것처럼 보여질 수 있음을 증명했다.[17] (지금은 인지적인 것으로 간주되지만) 이전에 마음의 내부에 속한 주관적 현상으로 간주된 것들에 대한 연구가 지각, 기억, 언어, 문제해결, 개념 그리고 의사결정의 분야에서 행해지기 시작했다.

 인지론이 마음에 관한 이런 새로운 실험적 탐구에 어떤 영향을 미치고 있는가? 흥미롭게도 심리학에 대한 인지론의 최초의 영향은 극단적인 해방론이었다. 마음에 대한 컴퓨터적 비유는 실험적 가정을 정식화하는 데 이용되거나 심지어는 프로그램을 통해 이론을 정당화하는 데 이용되었다. 이 프로그램들은 거의 대부분 인지론적인 것이었지만(심리과정은 명료한 규칙, 기호 그리고 표상으로 모델화되었다), 전체적으로는 행태론의 규제를 약화시키고 심리학에서 오랫동안 금지되었던 통속적 마음의 이해를 다시 허용하게 하는 결과를 낳았다. 예를 들어 발달언어심리학에서는 아이들이 연합된 연상들의 강화에 의해서가 아니라 인지능력과 올바른 언어발화에 대한 가설의 발전적 확증을 통해 문법과 단어들을 학습한다는 생각을 공공연하게 검토할 수 있게 되었다.[18] 동기motivation는 수 시간 동안의 만족의 결여의 결과 나타나는 행동 그 이상을 의미한다. 우리는 이제 목표와 계획에 대한 인지적 표상에 대해 말할 수 있게 되었다.[19] 사회체계는 단순히 복잡한 자극이 아니다. 사회는 사회적 스키마schema와 스크립트script의 표상으로서 마음에 모델화될 수 있는 것이다.[20] 우리는 인간의 정보처리기재를 가설을 검사하고 실수도 저지르는 초보과학자라고 말할 수 있게 되었다.[21] 간단히 말해 암묵적이긴 하지만 다양한 인지론적 의미를 지닌 컴퓨터 비유가 인지심리학에 도입된 결과, 통속심리학적 이론들이 급격히 증가했으며 컴퓨터 모델과 인간탐구에 이 통속이론의 시각이 적용되었다.

반면에 엄밀한 인지론은 이론에 대해 강력한 규제를 행사하고 있으며, 직접적인 철학 논쟁도 야기한다. 심상의 예로 돌아가보자. 인지론에서 심상은 다른 어느 인지현상과 마찬가지로 계산규칙에 의한 기호조작의 일례에 지나지 않는다. 그러나 셰퍼드와 코슬린의 실험은 심상처리는 시각과 마찬가지로 시간을 통해 연속적인 방식으로 일어나는 것임을 밝혔다. 이것이 인지론을 거부하는 것인가? 필리신Pylyshyn과 같은 극단적 인지론자들은 심상은 (행태론적 설명을 인지론적 입장에서 설명했던 것과 같은 방식으로) 보다 근본적인 기호계산에 의한 단순한 주관적 부대현상epiphenomena에 지나지 않는다고 주장한다.[22] 실험자료와 인지이론 사이의 간격을 메우려 시도하면서, 코슬린은 컴퓨터의 화면에 상이 맺히는 것과 같은 규칙에 의해서 심상이 마음에서 나타남을 보여주는 모델을 정식화했다. 이 모델에서는 언어적 조작과 그림 조작이 함께 내적인 심상을 만들어낸다.[23] 하지만 이런 심상연구는 기껏해야 심상과 지각 간의 유사성을 증명한 것뿐이므로, 지각에 대한 지속적인 설명의 필요성을 강조한 것에 지나지 않는다는 것이 최근 심상 논쟁에서 드러난 결론이다.[24]

인지론과 정신분석

우리는 앞서 정신분석이론이 인지과학의 발전을 상당히 많이 반영했다는 점을 언급했다. 실제로 정신분석이론은 그 탄생에서부터 분명히 인지론적이었다.[25] 프로이트는 후설과 마찬가지로 오스트리아 빈에서 브렌타노의 강의에 참석했으며, 브렌타노의 마음에 대한 표상적, 지향적 견해에 완전히 동조했다. 프로이트에게 있어서는 그것이 심지어 본능이라 하더라도 표상에 의해 매개되지 않은 것은 행위를 야기할 수 없는 것이다. "본능은 의식의 대상이 될 수 없다. 오직 본능을 표상하는 관념만이 의식의 대상이 될 수 있다. 무의식에서조차도 본능은 관념에 의해서만 표상된다."[26] 이런 이론적인 구조 아래서 프로이트는 모든 표상들이 의식에 의해 접근될 수 있는 것은 아니라는 매우 중요한 사실을 발견했다. 무의식이 의식과는 다른 기호 체계에 의해 작동될 수도 있지만 프로이트는 무의식이 완전히 기호적이고 완전히 지향적이고 완전히 표상적이라는 점을 의심한 적은 없었다.

심리구조와 심리과정에 대한 프로이트의 기술은 다른 심리학 체계의 언어로 (완전히 의미를 보존할 수는 없겠지만) 번역될 수 있을 정도로 일반적이며 비유적 측면을 가지고 있다. 영미 심리학계에서 나타난 이런 방향으로의 한 극단은, 결과적으로는 강한 반발을 불러일으키긴 했지만, 달라드Dollard와 밀러Miller의 행태론적인 학습이론을 바탕으로 하는 프로이트의 재이론화다.[27] 우리에게 보다 적합한 입장은 (아마도 프로이트에게 나타나는 인지론적 '형이상학' 때문에) 그런대로 괜찮은 반응을 얻은 에르델리Erdélyi의 인지론적 정보처리언어로 번역된 프로이트 이론이었다.[28] 예를 들어 프로이트의 억압/검열의 개념을 인지론적인 용어로 바꾼다면 지각이나 관념으로부터의 정보와 불안에 대한 적절한 설명 기준을 서로 맞추는 것이 된다. 만일 정보가 이 기준을 넘어서면 그 정보는 정보처리/접근 중단 박스box로 넘겨지게 되는데, 여기서 다시 정보는 무의식으로 넘어가게 된다. 만일 정보가 기준보다 낮으면 전의식의 단계로 넘어간 다음 의식에 주어지게 될 것이다. 결정의 단계에서 또 다른 검토과정을 거쳐 이 정보는 행위로 이어지게 되거나 억제된다. 이런 기술이 프로이트 이론에 새로운 것을 첨가하는가? 이런 작업은 무의식과 같은 프로이트적 개념을 오늘날의 '과학적' 용어로 번역하는 데 기여하고 있음이 분명하다. 하지만 유럽의 많은 현대적 후기프로이트 이론가들, 예를 들어 자크 라캉Jacques Lacan 같은 이들은 이런 점에 반대할 것이라는 점을 분명히 해두는 것이 공평한 설명이 될 것이다. 이런 과학적 언어로의 번역은 정신분석과정의 핵심적 정신을 자세히 말해 무의식을 포함해서, 표상들의 모든 함정에서 벗어나는 것을 올바로 살리는 것이 아니다.

프로이트의 업적은 자아를 '탈중심화'한 것이라고 주장하는 이론이 현재 유행되고 있다. 프로이트가 실제로 한 일은 자아를 여러 개의 기본적인 자아들로 나눈 것이다. 프로이트는 필리신적 의미에서 엄밀한 인지론자가 아니다. 무의식은 의식이 가진 것과 같은 종류의 표상을, 적어도 이론적으로 의식화되었거나 의식화될 표상을 가지고 있다. 반면 현대의 엄격한 인지론적 입장은 무의식적 심리과정에 대한 보다 극단적이고 독특한 입장을 고수한다. 이제 인간경험에 대한 인지론적 해석으로 우리의 논의의 주제를 돌리면서, 우리가 염두에 둘 문제가 바로 이 문제다.

인지론과 인간경험

인지론적 연구프로그램이 인간경험의 이해에 대해 갖는 함축은 무엇인가? 우리는 연관된 두 가지 점을 강조하고자 한다. (1) 인지론은 우리가 의식하지 않을 뿐 아니라 의식할 수도 없는 심리과정 또는 인지과정을 상정한다. (2) 인지론은 자아 또는 인식의 주체가 근본적으로 단편화되어 있거나 비통일적인 형태를 취하고 있다는 생각을 받아들이게 만든다. 이 둘은 논의를 진행해가면서 점점 더 상호연결된 것으로 나타난다.

첫 번째 사실은 인지과학이 야기한 과학과 경험 사이의 긴장관계를 소개했을 때 이미 밝혀졌다. 거기서 모든 인지론적 이론들은 '하위인격단계'에 관한 것이라는 대니얼 데넷의 주장을 인용했었다. 이 구절에서 데넷이 의도한 바는 인지론은 의식의 '인격단계', 특별히 자기의식의 단계에서 접근가능하지 않는(단순히 물리적이거나 생물학적인 구조와 과정과는 다른) 심리적 구조와 과정을 상정한다는 것이다. 다시 말해 인지적 행위를 설명하기 위해 상정된 인지구조와 과정들은 의식을 동반한 분별력으로 또는 자기의식적 내성으로 파악될 수 있는 것이 아니라는 것이다. 실제로 인지가 근본적으로 기호계산의 과정이라고 하지만, 어느 누구도 자신의 사고과정에서 내적인 기호의 매개체가 계산되는 것을 의식하는 이는 없을 것이므로, 이런 인격의 단계와 하위인격의 단계 사이에 나타나는 불일치는 당연한 결과가 될 것이다.

크게 보아서 무의식에 대해 가지고 있는 후기 프로이트적 믿음 때문에, 자기이해에 대한 이런 도전의 심각성을 쉽게 간과할 수 있다. 그러나 보통 '무의식'이라고 말하는 것과 인지론에서 심리과정이 무의식적이라고 말하는 것 사이에는 차이가 있다. 우리는 보통 무의식적인 것은, 자기의식적 반성이 아니라면 적어도 정신분석과 같은 조직화된 방식에 의해서 의식화될 수 있다고 생각한다. 반면에 인지론은 심리적이긴 하지만 결코 의식화될 수 없는 과정들을 상정한다. 따라서 우리는 심상을 일으키는 것에 관한 규칙 또는 시각과정을 지배하는 규칙을 잠시 의식하지 않고 있는 것이 아니다. 우리는 아예 그런 규칙들을 의식할 수 없다. 만일 그런 인지과정들이 의식화될 수 있다면 그 과정들은 더 이상 신속하거나 자동적이지 못해서 제대로 기능할 수 없다는 사실에 특별히 주의하기 바란다. 어떤 이론에서는 이런 인지과정들은 심지어 '단원적modular(의식적 심리활동에 의해 파악될 수 없는 고유한 하위체계들로 구성된 특화된 인지처리 방식)'이라고까지 간주된다.²⁹ 따라서 인지론은 의식과 마음은 결국 같은 것이거나, 이 둘 사이에는 본질적인 혹은 필연적인 연관이 있다는 우리의 확신에 인지론은 도전한다.

물론 프로이트도 마음과 의식이 동일하다는 생각에 도전했었다. 게다가 그는 마음과 의식을 구분하는 것은 곧 다루게 될 주제인 자아 또는 인식주체의 분열을 함의하는 것이라는 점도 깨닫고 있었다. 그러나 프로이트가 마음과 의식 사이에 본질적인 또는 필연적인 연결이 존재한다는 생각에 의문을 제기할 정도로 이 문제를 깊이 끌고 갔었는지는 분명하지 않다. 데닛이 지적하듯이 프로이트는 무의식적 믿음, 욕구 그리고 동기에 관한 그의 논증에서 이런 무의식적 과정들이 우리 영혼의 깊은 구석에 감추어진 자아의 단편에 속할 가능성을 열어놓고 있다.³⁰ 프로이트가 그런 자아의 단편을 글자 그대로의 의미로 이해했는지는 분명하지 않다. 하지만 인지과학은 난쟁이 인간homunculus(단순 작업만을 하는 독립적 하위 정보처리체계)과 같은 하위체계로 구성된 자아를 받아들이지는 않지만, 단편화된 자아를 글자 그대로의 의미로 받아들인다는 점은 분명하다. 데닛이 말하듯이 '새로운 (인지론적) 이론들이 풍부한 상상을 요구하는 난쟁이 인간(인간과 같은 역할을 하는 두뇌의 작은 하위체계들, 정보들을 주고받으며 도움을 청하기도 하고 복종하거나 자원하기도 한다)의 비유로 가득 차 있다고 하지만, 실질적인 하위체계들은 신장이나 슬개골처럼 개인적인 시각이나 내적인 정신생활을 결여한 생물학적 체계로 만들어진 분명한 무의식의 덩어리일 수밖에 없다.'³¹ 다시 말해 '상상적인 난쟁이 인간의 비유'에서 나타나는 이런 '하위인격'체계들에 대한 성격 규정은 이런 모든 비유들이 결국에 가서는 비의식적인 것으로 '환원'될 것이기 때문에 단지 잠정적인 것일 뿐이다. 즉 난쟁이 인간의 비유는 신경망이나 인공지능의 정보구조로 나타나는 자아 없는 과정들의 매우 신속한 활동으로 대체될 것이다.[32]

그러나 우리의 선이론적, 일상적 확신은 인지와 의식, 특별히 자기의식이 같은 영역에 속한 것이라고 한다. 인지론은 이런 확신에 정면으로 도전한다. 인지의 영역을 정함에 있어 인지론은 의식/무의식의 구분을 명백히 무시하고 있다. 인지의 영역에서는 반드시 의식이라는 속성을 가질 필요는 없고, 다만 분명한 표상의 단계를 지닌 것으로 간주될 수 있는 체계들만이 존재한다. 물론 어떤 표상체계들은 의식을 지닌다. 그러나 이들이 반드시 표상들 또는 지향 상태들을 가져야 할 필요는 없다. 따라서 인지론자들에게 있어서는 인지와 의식이 아니라 인지와 지향성(표상)이 분리할 수 없는 짝이 된다.

인지의 영역 내에서의 이런 이론적인 구분은 인지론자들에게 있어 '결코 간과할 수 없는 경험적 발견'으로 간주되며,[33] 결국 인지론이 만들어놓은 놀라운 별천지를 드러낸다. 그러나 지금 바로 이점에 관해 문제가 제기되고 있다. 우리는 분명히 우리에게 가깝고 낯익은 자아에 대한 감각을 잃어버리고 있는 것 같다. 자기의식은 말할 것도 없고 의식이 인지에 본질적인 것이 아니라면 그리고 우리 자신처럼 의식을 가진 인지체계의 경우, 의식이 단지 심적 과정에 불과하다면 도대체 인식주체란 무엇인가? 인식주체란 의식적이거나 무의식적인 모든 심리과정의 집합인가? 아니면 주체란 의식과 같이 다른 여러 심리과정들 중의 한 심리과정인가? 특별히 자기 자신이 된다는 것은 정합적이며 통일적인 '시각', 즉 우리가 사고하고 지각하고 행동할 수 있게 하는, 안정되고 지속적인 입지를 확보한다는 점을 가정하고 있기 때문에, 두 가지 경우 모두 자아가 존재한다는 자신의 느낌은 도전을 받는다. 실제로 자아를 가지고 있다는 (또는 우리가 자아와 동일하다는) 느낌은 너무도 당연한 것으로 보이기 때문에 이것을 문제 삼거나 부정하는 것은 모순적으로 보인다. 그럼에도 불구하고 만일 누군가가 입장을 바꾸어서 자아를 찾아보라고 한다면, 우리는 자아를 찾아내느라 골머리를 앓을 것이다. 예전과 다름없이 데넛은 이 문제에 대해서도 날카로운 안목을 가지고 다음과 같이 말한다. "우리는 두뇌를 향해 눈으로 들어가 시각신경으로 행진해, 이러저리 돌아서 피질로 들어가 모든 뉴런을 샅샅이 살펴보고, 그러고 나서 생각할 시간도 없이 운동 신경의 뇌파spike에 실려 광명천지를 보게 된다. 당신은 머리를 긁적이며 자아는 어디에 있는가 하고 궁금해할 것이다."[34]

그러나 문제는 더욱 깊어진다. 하위인격 활동의 치열한 폭풍 가운데서 정합적이며 통일적인 자아를 발견할 수 없다는 것은 단지 한 가지 문제일 뿐이다. 이 불가능성은 분명히 자아에 대한 우리의 감각에 도전한다. 그러나 이 도전은 제한적인 것이리라. 자아란 분명히 존재하지만 이런 인지론적 방식으로 자아를 찾을 수는 없다고 가정할 수 있다. 아마도 장 폴 사르트르Jean-Paul Sartre가 주장했듯이 자아란 너무도 가깝게 있는지도 모른다. 그래서 자신을 되돌아보는 방식으로는 자아를 발견할 수 없는 것이다. 그러나 인지론적 도전은 보다 심각한 것이다. 인지론에 따르면 인지와 의식 사이에는 본질적이거나 필연적인 연관이 없기 때문에 인지는 의식과는 상관없이 진행된다. 하지만 자아가 무엇이라고 가정하든지 간에 우리는 특별히 의식이 자아의 중심적 속성이라고 생각한다. 이리하여 결과적으로는 자아의 가장 중심적 속성이 인지에 필요하다는 확신에 대해 인지론이 도전하는 형세가 된다. 다시 말해 인지론적 도전은 단순히 자아를 발견할 수 없다는 것에 국한되는 것이 아니다. 오히려 이 도전은 자아라는 것은 인지에 필요조차 하지 않다는 보다 깊은 부정적 함의를 포함하는 것이다.

이 시점에서 과학과 경험 사이의 긴장관계는 분명하고 직접적일 수밖에 없다. 인지가 자아 없이 진행된다면 도대체 왜 우리는 자아를 경험하는 것인가? 아무런 이유 없이 이 경험을 부정할 수는 없는 것이다.

최근까지 대부분의 철학자들은 이 문제와 관련된 복잡성은 인지과학의 목적과는 상관없는 것이라는 주장을 펴면서 무관심한 표정을 지었다.[35] 그러나 이런 분위기는 변화하고 있다. 실제로 한 저명한 인지과학자 레이 재켄도프Ray Jackendoff는 최근에 바로 이 문제를 다루고 있는 저서를 내놓았다.[36] 인지론에 의해 밝혀진 의식, 마음 그리고 자아 이들 사이의 문제성 있는 관계를 정면에서 다루고 있기 때문에 재켄도프의 작업은 중요한 의미를 갖는다. 또한 과학과 경험 사이의 관계에 대한 순수이론적인 접근이 얼마나 방법론적으로 그리고 동시에 경험적으로도 불완전한가 하는 시범적인 사례를 보여주기 때문에, 그의 작업은 우리의 목표와 관련하여 시사하는 바가 크다. 이런 이유로 이 장을 재켄도프의 계획을 간단히 고찰하는 것으로 마무리지으려 한다.

경험과 계산적 마음

이제 인지론의 내부에서 인식주체가 둘로 나뉘어졌음을 알게 되었다. 한편으로 인식은 무의식적인 기호계산이지만 다른 한편으로 인식은 의식적 경험이다. 재켄도프는 그의 책에서 그가 계산적 마음과 현상적 마음이라 부르는 인지의 두 가지 측면 사이에서 나타나는 갈등관계에 초점을 맞춘다.

계산적 마음과 현상적 마음 사이의 관계가 어떤 문제를 가지고 있는지 이해하는 것은 중요한 일이다. 이 문제의 핵심은 지향성과 의식의 연결양태다. 인지론이 이 두 가지 측면을 분명하게 그리고 근본적으로 구분하고 있음을 목격한 바 있다. 그러나 우리가 경험하는 인지는 의식을 직접적으로 포함하면서 세계와 관계를 맺고 있는 것처럼 보인다. 따라서 인지가 세계와 일정한 방식으로 관계맺고 있음을 주의해서 보아야 한다. 인지는 우리가 경험의 대상으로서 세계와 관계를 맺는 것이다. 예를 들어 외부세계는 3차원적, 거시적, 채색가능적 대상들을 통해 지각된다. 세계는 극소원자적subatomic 입자로 지각되지 않는다. 따라서 인지는 경험된 세계 혹은 현상학적 용어를 쓰자면 체험된 세계를 향하고 있다. 지향성과 의식이 근본적으로 다른 것이라면 인지는 의식적으로 체험하고 있는 세계와 어떻게 관련을 가질 수 있는가? 의식으로 접근되지 않는 계산적 마음을 상정함으로써 인지론은 이 문제를 더욱 극단적으로 만들어놓는다. 재켄도프가 지적하듯이 인지론은 "의식된 경험이란 무엇인지 아무런 설명도 제공하고 있지 않다(p.20)."

이 문제의 핵심은 계산적 마음과 현상적 마음 사이의 관계이기에, 재켄도프는 이 문제를 '심심문제心心問題, mind-mind problem'라고 부른다.

> 결론은 심리학은 이제 마음과 두뇌라는 두 영역이 아니라 세 영역 즉 두뇌, 계산적 마음 그리고 현상적 마음을 다루어야 한다는 것이다. 따라서 심신문제에 대한 데카르트적 정식화는 두 개의 문제들로 구분된다. '현상적 심신문제'는…… 두뇌는 어떻게 경험을 할 수 있는가 하는 것이고, '계산적 심신문제'는 두뇌가 어떻게 추론을 할 수 있는가 하는 것이다. 이에 덧붙여 우리에게는 심심문제, 말하자면 계산적 상태와 경험 사이의 관계의 문제도 있다(p.20).

인지론에 대한 소개에서, 인지론적 가설을 야기한 요인이 재켄도프가 말한 '계산적 심신문제', 즉 논리적 연산이라고 간주되는 사고가 물리적으로 그리고 기계적으로 어떻게 가능한가 하는 문제였다는 점이 보다 명백해져야 할 것이다. 반면에 '심심문제'는 완성된 형태의 지향성과 의식의 문제에 관계한다. 기호적 계산으로서의 인지가 어떻게 경험된 것으로서의 세계와 관련 맺는가?

재켄도프는 이 문제를 어떻게 해결하는가? 그의 기본적인 생각은 "의식적인 지각의 요소는 계산적 마음의 정보와 과정들에 의해 야기/뒷받침/투사된다"는 것이다(p.23). 다시 말해 그는 의식적 지각을

"계산적 마음의 부분적 요소들의 외재화 또는 투사체"로서 간주할 것을 제안한다(p.23). 그러면 이제 구체적 연구프로그램은 어떤 요소가 의식적 지각을 '투사'하고 '뒷받침'하는 것인지를 결정하면 된다. 재켄도프는 이들 요소들은 계산적 마음의 중간단계 표상에(매우 '기본적' 단계 혹은 감각적인 단계와 매우 '중요한' 사고의 단계 사이의 중간 지점에 놓인 표상들에) 상응하는 것이라고 주장한다.

재켄도프는 이 '중간단계이론'을 책 전반에 걸쳐 성공적으로 다듬었다. 인지의 발제적 견해를 소개한 연후에 우리는 이 중간단계이론의 발전에 대해 다시 논의할 것이다. 현 단계에서 우리는 의식이 계산적 마음의 중간단계 표상으로부터의 투사라는 그의 기본적 사고에서 귀결되는 두 가지 중요한 결론만을 강조하고자 한다. 첫 번째 결론은 자신의 계산론적 이론을 발전시키기 위해 재켄도프는 경험적, 현상적 증거를 필요로 한다는 것이다. 두 번째는 그의 이론은 인식주체의 분열을 드러낸다는 것이다. 이런 두 결론은 지관의 전통에서처럼 인간경험에 대한 집중과 개방성을 바탕으로 하는 실천적 접근으로 인지과학을 보완해가야 할 필요성을 전면에 부각시킨다.

재켄도프의 시각에서 의식적 지각의 구조는 계산적 마음에 의해 결정된다는 주장을 먼저 생각해보자. 재켄도프가 말하듯이 "모든 현상적 구분은 그것에 상응하는 계산적 구분에 의해 야기/뒷받침/투사된다(p.24)." 이로부터 현상적 구분을 통해 계산적 모델의 적절성을 결정할 수 있다는 점이 도출된다. 즉, 현상적 마음을 설명하려 하는 계산적 모델은 그것이 어떤 것이든지 의식적 경험을 통해 얻어내는 구분들을 설명할 능력을 갖추고 있어야만 한다. 재켄도프는 이런 제약을 다음과 같은 문장으로 잘 표현하고 있다. "이 가설의 실질적 영향은 계산적 이론은 현상적 증거를 가져야만 한다는 데 있다. 계산적 이론은 의식적 지각의 세계가 가능할 정도로 충분히 표현적이어야(적절한 종류의 현상적 구분을 충분히 수용할 수 있어야) 한다. 따라서 만일 우리가 현재 지니고 있는 계산적 이론으로 표현될 수 없는 현상적 구분이 존재한다면, 그 계산적 이론은 반드시 수정, 보완되어야 한다(p.25)."

재켄도프의 주장에서 이 책의 출발점이었던 근본적인 순환성의 문제가 다시 전면에 부각되고 있음을 알 수 있다. 인지를 설명하기 위해 우리는 인지체계의 구조, 현재 논의의 맥락에서는 계산적 마음으로 이해된 인지체계의 구조를 탐구하게 된다. 하지만 경험으로서의 인지 또한 설명하고자 하는 대상이므로 우리는 경험(현상적 마음) 속에서 얻어내는 구분들로 되돌아가야 하고 그것들에 관심을 기울여야 한다. 이런 방식으로 경험에 관심을 기울이고 나서야 우리는 계산적 이론을 수정, 보완하는 과정을 지속할 수 있다. 이런 순환은 결코 악순환이 아니다. 오히려 경험에 대한 세밀하면서도 개방적인 접근법 없이는 이 순환이 가능하지 않다.

이 점을 잘 이해하기 위해 어떻게 적절한 현상적, 경험적 구분들을 파악하고 이해하는가 하는 점을 질문해보자. 이 경험적 구분들은 경험하는 존재로서 우리에게 단순히 주어진 것인가? 경험적 증거가 재켄도프의 이론을 규제하지만, 그럼에도 불구하고 그는 "현상적 체험에 관한 의견 차이는 공동의 신뢰 속에서 타협을 볼 수 있으리라는 희망"(p.275)이 필요하다는 주장을 제외하고는, 경험의 관찰에 어떤 훈련된 과정도 필요하지 않다고 생각하기 때문에, 이 질문에 그렇다고 대답하는 듯이 보인다. 이 가정은 경험에 대한 아무런 합의를 도출하지 못한 이유로 인해 내성주의의 전멸을 경험했고, 단순한 경험의 본성에 대해서조차도 끊임없이 의견 차이를 보였던 학문의 배경에서 나온 것 치고는 파격적인 것이다. 재켄도프는 일상적 경험은 적절한 현상적 증거를 얻을 수 있는 통로이며 현상적 탐구는 대체적으로 이런 마음의 산만한 상태를 대상으로 한다고 가정했다. 그러나 의식적 지각이 (놀랍게도 그가 특별히 관심을 갖는 음악적 인지를 제외하고는) 일상적 형태에서부터 발전적으로 계발될 수 있다는 가능성도, 또한 이런 발전이 경험의 구조와 그 기본적인 바탕에 대한 직접적인 통찰을 줄 가능성도, 재켄도프는 고려하고 있지 않다. 일상적 마음의 현상적 상태를 비판하거나 현상적 마음을 탐구할 유용한 방법이 결여된 상황에서 재켄도프가 서양적 전통의 맥락에서 추구했어야 하는 것은 바로 이런 가능성이다. 재켄도프가 제시하는 현상적 통찰력과 경험과 계산의 놀라운 공동이론화는 이런 가능성의 추구가 매우 의미심장한 것임을 보여준다.

경험에 대한 집중적이며 동시에 개방적 자세가 갖는 의미는 재켄도프의 이론이 인식주체의 분열을 함의한다는 두 번째 결론을 살펴볼 때 다시 분명해진다. 일반적으로 의식이 자아의 분리된 요소들(사고, 감각, 지각 등)을 통합시키고 그것들에 기반을 준다고 가정한다. '의식의 통일'이라는 표현은 경험이라는 현상을 단일한 자아 내부에서 일어나는 사건으로서 이해한다는 것을 의미한다. 그러나 우리가 가지고 있는 의식적 지각의 여러 형태는 우리의 경험 양상에 의존적이기 때문에, 재켄도프가 올바르게 지적한 것처럼, 의식에도 자아의 다양한 형태만큼이나 분열이 존재한다. 따라서 의식적 지각의 시각적인 형태는 청각적 의식 지각과 분명히 구분되며 이 양자는 촉각적 의식 지각과 확연히 구분된다. 우리가 이해하고 있는 바 재켄도프의 계산적 이론은 현상적 구분에 규제를 받고 있으므로, 재켄도프는 이런 의식적 지각의 차이들을 설명할 필요가 있다. 그는 의식의 서로 다른 양태들은 계산적 마음의 서로 다른 표상적 구조들에서 연유하거나 투사된 것이라고 제안한다(p.52).

> 이런 생각에서부터 도출되는 가설은 의식의 다른 양태들은 서로 다른 단계의 표상들에서 기인한다는 것이다. 따라서 각각의 단계는 그 자체의 고유한 특수성을 갖는다는 사실에서 이런 의식의 분열이 발생하게 되는 것이다.……
> (이 이론은) 통일적 의식이 존재한다는 가설과 그 통일성의 고유한 기원을 의식탐구의 기본적 출발점으로 여기는 일반적 의식 탐구법의 기본적 입장과 대치된다. (이 이론에 따르면) 의식은 근본적으로 통일적이지 않으며 따라서 우리는 의식의 다원적 기원을 찾아야 한다.

앞에서 의식과 지향성의 근본적 분리로 인하여 인지론이 인식주관의 분열을 함축한다는 점을 논의했다. 그런데 재켄도프는 의식 자체가 원래적으로 분열된 것이라 주장함으로써 이 분열을 더욱 강조한다. 게다가 그의 견해는 인지의 물리적 가능성 여부(계산적 심신문제)가 아니라 오히려 계산적 마음의 의식적 경험의 산출가능성(심심

문제)에 초점을 맞춘다. 이런 이유로 해서 재켄도프는 인식주관의 분열을 단순히 계산적 근거에서 주장하지 않는다. 그는 이 분열의 현상적 증거들에도 관심을 기울이고 그 증거들을 중요하게 생각한다. 실제로 재켄도프가 계산적 마음과 현상적 마음 사이의 다리를 놓는 데 이용한 것은 바로 이 분열이다(p.51).

그러나 이 두드러진 발전은 과학과 경험 사이의 긴장관계를 단지 분명하게 했을 뿐이다. 의식적 경험이 계산적 조직체로 인해 가능하기 때문에 재켄도프가 의식적 경험에 관심을 갖게 되었다는 점을 잊지 말아야 한다. 따라서 재켄도프에 의하면 현상적 마음에 나타나는 구분들은 현상적 마음에 의해 제공되는 구분이 아니라 계산적 마음에 의해 현상적 마음에로 투사된 것들이다. 실제로 재켄도프는 의식은 인과력을 가진다는 생각을 분명히 부정한다. 대신에 그는 모든 인과산출능력을 계산적 단계에 존재하는 사건에만 부여한다. 결과적으로 그는 기꺼이 받아들일 수 없는 다음과 같은 결론을 인정해야 하게 되는 처지에 놓인다. 의식이 인과력을 가질 수 없다면, 의식은 아무런 인과적 결과도 산출할 수 없는 것이며 그렇다면 그것은 "아무 짝에도 쓸모없다."(p.26)

이 결론에서 지향성과 의식의 분리라는, 인지론적 분리의 보다 극단적인 형태가 드러난다. 만일 인지가 의식 없이도 진행될 수 있다면 그리고 의식 그 자체가 '아무 짝에도 쓸모없는 것'이라면 왜 우리는 세계와 자신 이 두 가지 모두를 의식적으로 지각하는가? 왜 인지과학은 경험을 단순한 부대현상으로 취급할 것을 요구하는가?

어떤 인지론자들은 바로 이런 결론을 기꺼이 받아들이는 것처럼 보인다. 그들은 어깨를 으쓱하고는 마치 경험과 이론의 부정합성을 비난하며 '골치 아픈 경험은 그 정도면 충분해'라고 말한다. 그러나 이런 과학자들과 철학자들이 이론적 연구에서 일상생활로 돌아왔을 때 이런 결론은 어떤 의미를 지니는가? 그 결론이 살아 있는 경험의 흐름을 막기라도 하는가? 현대철학의 대부분의 논의에서 보듯이 철학적 결론 그 자체가 오히려 부대현상이 아닌가?

이미 이 두 가지 반응, 한편으로는 경험의 부정 그리고 다른 한편으로는 경험의 무조건적 수용은 극단적인 것이고, 그래서 우리를 막다른 골목으로 내모는 것임을 우리는 주장한 바 있다. 그런 주장을 함으로써 우리는 다른 방법 즉 중도의 가능성을 모색했다. 다음 장에서 우리는 자아의 경험을 주제로 해서 이런 중도 탐험에 온 힘을 기울일 것이다. 자아 없는 마음과 인간경험에 대한 고찰을 바탕으로 '폭풍의 눈Eye of the storm'인 자아에 대한 논의로 우리는 직접 들어가려고 한다. 곧 알게 되겠지만 현대인지론이 발견한 자아와 의식적 지각의 분열은 실제로 지관적 전통 전체의 중심점이 된다.

Chapter 4

폭풍의 눈, 자아

자아란 무엇인가?

인생의 각 순간에는 항상 어떤 일이 일어나고 있다. 우리는 무엇인가를 경험하고 있다. 듣고 냄새 맡고 맛보고 촉감을 느끼고 생각한다. 또한 기뻐하고 화내고 두려워하고 피곤을 느끼고 혼란스러워하고 흥미를 느끼고 초조해하며, 자신이 느끼고 하는 일에 몰두하기도 한다. 다른 사람들이 나를 칭찬하거나 마음에 상처를 입고 버림받았을 때, 나는 자신의 감정에 휩싸여 있음을 느낄 수 있다. 이 나타나며 사라지는 것, 튼튼한 듯하면서도 부서지기 쉬운 것, 낯익은 듯하면서도 종잡을 수 없는 이 자신의 중심 즉 자아는 무엇인가?

우리는 모순에 빠지고 만다. 한편으로 경험은 항상 변화하며 상황에 의존적인 것임이 손쉬운 관찰에서도 드러난다. 인간이라는 것 그리고 인간으로 산다는 것은 상황, 맥락 즉 세계에 놓여 있다는 것을 의미한다. 이런 상황에서 독립적인 것 그리고 순수하게 영속적인 것을 경험한 적이 없다. 그런데 우리들은 자신의 분별성을 확신하고 있다. 우리는 인격과 기억과 회상 그리고 계획과 기대를 경험하는데, 이들은 우리가 존재하는 기반이자 세계를 바라보는 중심이 되는 정합적인 시각을 통해 통합적으로 우리에게 나타나는 것들이다. 단일하고 독립적이고 진정으로 존재하는 자아 또는 자신이 없다면 어떻게 그런 통일적인 관점이 가능한가?

이 질문은 인지과학, 철학 그리고 명상의 전통과 관련한 중심적인 물음이다. 우리는 한 가지 포괄적인 주장을 펴려고 한다. 인간 역사를 통틀어 나타나는 반성적 사고의 전통(철학, 과학, 정신분석, 종교, 명상)은 자아에 대한 소박한 견해에 도전해왔다. 어떤 전통에서도 경험의 세계에서 독립적이며 영속적이고 고유한 자아가 발견되었다는 주장을 찾아볼 수 없다. 데이비드 흄David Hume의 유명한 구절을 인용하면서 이 점을 분명히 해보자.

> 개인적 경험을 말하자면 나 자신이라고 부르는 것에 가장 가깝게 갈 때, 나는 항상 뜨거움 또는 차가움, 빛 또는 어두움, 사랑 또는 미움, 고통 또는 기쁨의 이러저러한 지각을 더듬어가고 있었다. 이런 지각 없이 자신을 포착한 적이 없으며 이런 지각 외에는 아무것도 관찰한 것이 없다.[1]

이런 통찰은 자아의 통일성에 대한 우리의 지속적인 확신과 정면으로 대립하고 있다.

바로 이런 대립이 즉 반성적 고찰의 결과와 경험 사이의 부조화가 이 책에서 펼쳐지는 지적인 역정의 시작이다. (명상의 전통도 포함해서) 많은 비서양적 전통 그리고 서양적 전통은 이 대립의 문제를 단순히 피해가거나 부정하는 방식을 취함으로써 문제를 부정적으로 해결하려고 했다. 이들의 주된 대응방식은 문제 자체를 무시하는 것이었다. 예를 들어 흄은 그의 반성적 탐구에서 자아를 발견할 수 없었기 때문에 이 문제에서 후퇴하여 운명에 자신을 맡기기로 작심했다. 경험과 반성의 대립 문제에서 그는 물러섰던 것이다. 이 문제에 대해 사르트르는 우리는 자아의 존재를 믿도록 저주받았다고 했다. 두 번째 전략은 우파니샤드 사상의 아트만 atman이나 칸트 Kant의 선험적 자아 같은 경험에 의해서는 알려질 수 없는 선험적 자아를 상정하는 것이다.[2] (물론 비명상적 전통에서는 이 대립의 문제가 제기되지조차 않는다.[3] 예를 들어 심리학의 자아 개념을 보라.) 이 대립의 문제를 직접 대면하여 오랫동안 이 문제를 논의해온 중심적이고 아마도 유일한 전통은 지관의 명상수행의 전통이다.

우리는 이미 일정한 절차를 따르는 명상에서뿐만 아니라 일상적인 경험에서 몸과 마음에 집중하는 활동으로 지관의 수행을 서술했었다. 지각, 사고, 감각, 욕망, 두려움 그리고 모든 다른 정신상태의 내용들이 마치 고양이가 자신의 꼬리를 쫓아다니듯 끝없이 서로 얽혀서 나타나는 마음의 복잡한 활동을 보고 명상을 처음 시작하는 사람들은 놀라움을 금치 못할 것이다. 이 초보 명상가들이 지관에 어느 정도 익숙하게 되면서 (일반적으로 비유한다면) 소용돌이에 휩싸이지 않게 되거나 말에서 떨어지지 않는 단계에 이르게 되는데, 이때 이들은 경험된 진짜 마음이라는 것에 대해 통찰력을 가지게 된다. 명상가들은 경험이라는 것이 영속적인 것이 아니라는 것을 깨닫는다. 이 비영속성은 일반인들이 너무도 잘 알고 있는 달이 차면 기울고 밤이 깊을수록 새벽이 가깝다는 식의 비영속성(전통적인 전체적 비영속성)이 아니라 마음 자체의 활동이 드러내는 인격을 관통하는 비영속성이다. 순간순간마다 새로운 경험이 나타나고 그리고 사라진다. 이 경험은 순간적인 심적 사건의 급작스런 변화의 흐름이다. 더욱이 이 급작스런 변화는 지각자뿐만 아니라 지각 자체를 포함한다. 흄이 알아차렸듯이 스스로 아무 변화를 겪지 않고 경험을 받아들이는 경험자는 존재할 수 없다. 경험이 뜨고 내리는 영속적인 착륙장은 없는 것이다. 경험의 영속적 근거를 부정하는 우리의 실질적인 느낌을 무자아 또는 비아라고 한다. 매순간마다 명상가는 마음이 비영속성과 자아의 결여로부터 멀리 도망치려 하는 것을 본다. 즉 경험을 마치 영속적인 양 파악하고, 경험을 바라보는 지속적인 지각자가 존재하는 것처럼 경험을 해석하고, 집중을 방해하는 정신적 유희에 빠져들며, 끊임없이 다음 일로 넘어가는 그리고 이 모든 것을 지속적인 투쟁심을 가지고 계속해가는 존재로서 마음을 또한 본다. 경험을 지배하는 쉴 새 없음, 집착, 불안 그리고 불만족의 내면적 흐름은 보통 고苦라고 번역되는데 이를 둑카dukkha라고 한다. 이 고는 매우 자연스럽게 시작되며 자아의 비영속성과 결여라는 자연적인 기반을 우리의 마음이 회피하려 하면서 더욱 성장한다.

 불교의 중심적 논쟁거리는 경험변형이 제공하는 자아라는 지속적인 느낌과 반성에서 나타나는 자아발견의 실패가 드러내는 대립이다. 인간 고통의 근원은 존재하지도 않는 자아와 나 자신의 느낌을 만들고 그것에 집착하는 성향에서 기인한다. 명상가들은 불교에서

(존재의 세 가지 표징이라고 알려진) 비영속성, 무자아 그리고 고를 알게 되고, (첫 번째 고귀한 진리라 알려진) 세상에 가득 찬 고통은 (두 번째 진리인) 자기집착에 그 근원을 가지고 있다는 암시를 받으면서 마음에 대한 탐구를 감내해야겠다는 참된 동기와 절박함을 점차로 느끼게 될 것이다. 또한 명상가들은 순간순간 마음에 일어나는 것들을 꿰뚫을 강력하고 안정적인 통찰력과 호기심을 개발하려 할 것이다. 이런 순간적인 사건이 마음에서 어떻게 일어나는가? 그 조건들은 무엇인가? '내가' 그것에 반응하는 기본적 태도는 무엇인가? 어디서 '나'라는 경험이 나타나는가? 명상가들은 이와 같은 질문을 탐구하도록 재촉당한다.

자아가 어떻게 나타나는가 하는 문제를 탐구하는 것은 '마음은 무엇이며 어디에 존재하는가?' 하는 물음을 보다 직접적이고 개인적으로 묻는 한 가지 방식이다. 데카르트가 요사이 매우 모진 대접을 받고 있기 때문에 어떤 사람들에게는 놀랍게 들릴지도 모르지만, 이 질문에 대한 최초의 관심은 데카르트의 《성찰Meditations》에 나타난 관심과 다른 것이 아니다. 교회 성직자들의 말을 받아들이지 않고 대신에 성찰에서 스스로의 마음이 발견한 것을 받아들이겠다는 결정은 현상학의 경우에서처럼 분명히 자기신뢰의 탐구정신과 상통한다. 그러나 데카르트는 너무 빨리 중단했다. 그의 "나는 생각한다. 그러므로 존재한다"는 생각하는 존재인 '나'의 본성을 다루지 않은 채 그냥 내버려두고 있다. 참으로 데카르트는 '나'는 근본적으로 사고하는 존재라고 했다. 그러나 여기서 그는 너무도 멀리 갔다. '나는 존재한다'는 것에서 얻을 수 있는 유일한 확실성은 내가 생각한다는 것이다. 만일 데카르트가 충분히 엄밀하고 주의깊고 세심했다면, 그는 '나는 생각하는 존재res cogitans'라는 결론으로 비약하지는 않았을 것이다. 오히려 그는 마음 그 자체의 과정에 주의를 집중했을 것이다.

지관의 수행에서는 사고, 감정 그리고 신체적 감각의 지각이 우리가 보통 경험하는 기본적인 산만 상태에서 뚜렷이 드러난다. 그런 경험을 꿰뚫어보기 위해서, 즉 그런 경험이 무엇이고 그것이 어떻게 일어나는지 분별하기 위해, 집중명상법은 명상가가 가능한 한 정확하고 가능한 한 냉정하게 경험에 접근할 수 있도록 인도한다. 실천적이며 개방된 반성을 통해서만 우리가 보통 무시하는 이런 산만한 상태를 체계적이며 직접적으로 검토할 수 있다. 경험의 내용(논증적 사고, 감정적인 색조, 신체적 감각)이 드러날 때, 명상가는 사고의 내용에 혹은 내가 어떤 것을 생각하고 있다는 느낌에 충실해지는 것을 통해서가 아니라, 단순히 '생각한다는 것'을 통해서 그리고 이런 끊임없는 경험의 과정에 마음을 곧바로 집중함을 통해서 산만한 마음을 다스린다.

마음에 집중하는 명상가들이 그의 마음이 일상생활에서 얼마나 산만해져 있는가를 깨닫고 놀라는 것처럼, 자아의 존재를 문제삼기 시작한 명상가들의 첫 번째 깨달음은 보통 무자아가 아니라, 자신이 지닌 완전한 자아중독증의 발견이다. 마치 보호하고 보존해야 할 자아가 존재하는 듯이 우리는 끊임없이 생각하고 느끼고 활동한다. 조금이라도 자아의 영역이 침해 받으면(손가락에 가시가 박히거나 시끄러운 이웃이 생활을 방해하면) 두려움과 분노가 치민다. (버스를 기다리거나 명상에 잠기거나 하는 것처럼) 상황이 자아에 관련이 없을 일말의 기미라도 보이면 우리는 지루함을 느낀다. 이런 충동은 본능적이고 자동적이며 지배적이고 강력하다. 이런 현상은 일상생활에서 너무도 당연시된다. 이런 충동은 확실히 존재하며 계속적으로 나타나고 있지만 열린 마음을 지닌 명상가들에게 이 충동은 어떤 의미를 지니는가? 도대체 이런 충동의 성향이 보존하려는 자아라는 것은 어떤 것인가?

티베트의 승려인 출트림 갸초Tsultrim Gyatso는 이 딜레마를 다음과 같이 말한다.

> 어떤 의미에서든 그런 자아는 지속되어야 한다. 자아가 매순간 사라지고 만다면, 우리는 다음 순간 무슨 일이 벌어질 것인지 신경쓸 필요가 없는 것이다. 자아가 순식간에 사라지는 것이라면 그것은 더 이상 '자아'가 아니다. 또한 자아는 개별화된 것이어야 한다. 자아가 개별적으로 분리된 것이 아니라면 다른 사람에게 무슨 일이 벌어질지 걱정할 필요가 없는 것처럼 자신의 '자아'에 무슨 일이 벌어질지 걱정할 필요가 없는 것 아닌가. 자아는 독립적이어야 하며, 만일 그렇지 않다면 '내가 이것을 했다' 또는 '내가 저것을 가지고 있다'고 말하는 것은 아무 의미가 없다. 우리가 독립적 존재가 아니라면 어떤 행동과 경험을 자신의 것이라고 주장할 사람은 아무도 없다.…… 우리 모두는 마치 지속적이고 개별화된 그리고 독립적인 자아를 가진 것처럼 행동하며, 그리하여 자아를 증진하고 보호하는 데 끊임없는 열성을 기울이고 있는 것이다. 이런 현상은 우리들 중 대부분이 문제를 제기하거나 정당화할 필요를

거의 느끼지 않는 사고 이전의 습관이다. 그런데 모든 고통은 이런 자아에 대한 열성과 관계가 있다. 모든 득과 실 그리고 쾌락과 고통은 우리가 가지고 있는 이 애매한 느낌을 자신과 너무 동일시하는 데서 발생한다. 우리가 당연시하고 있는 이 '자아'에 너무 깊이 감정적으로 연결되어 있으며 그것에 집착하고 있다.…… 명상가는 이 '자아'에 관해 추측하지 않는다. 그는 자아가 존재하는지의 여부에 관해 어떤 이론을 가지고 있지 않다. 대신 그는 단지…… 어떻게 그의 마음이 자아와 '나의 것'이라는 관념에 매달리게 되는지 그리고 어떻게 그의 모든 고통이 이런 집착에서 나타나게 되는지 관찰하는 법을 배운다. 동시에 그는 자아를 주의깊게 바라본다. 그는 이 자아를 그의 다른 모든 경험에서 분리하려 한다. 그의 고통과 관련해서 볼 때 자아가 가장 핵심적인 문제이므로, 그는 이 자아라는 것을 찾아내고 정체를 밝히고자 한다. 하지만 아무리 노력해도 이 자아에 상응하는 어떤 것도 발견할 수 없다는 점은 역설적이다.[4]

경험된 것이 없는데 도대체 우리는 왜 자아가 있다고 생각하는가? 자아를 만들어내는 이 습관의 정체는 무엇인가? 경험에서 우리가 자아라고 간주하는 이것의 정체는 무엇인가?

오온 五蘊에서 자아 찾기

이제 아비달마 阿毗達磨, Abhidharma라고 하는 불교 가르침이 제시하는 몇 가지 범주를 살펴보자.[5] 아비달마라고 하는 말은 불교경전을 크게 삼분할 때 그중 한 부분을 구성하는 경전들의 모음을 지시하는 말이다(다른 두 부분은 윤리적 계율을 모은 율律, Vinaya과 부처님의 말씀을 모은 경經, Sutra이다). 아비달마 경전들과 그 주석서에 따라 경험의 본성에 관한 분석적 탐구법의 전통이 나타났는데, 이 전통은 대부분의 불교학파에서 연구되고 명상에 이용된다. 아비달마는 자아의 감각을 검토하는 데 이용되는 다양한 범주를 포함하고 있다. 이 범주들은 아리스토텔레스의 형이상학 Metaphysics에서 발견되는 것과 같은 존재론적인 구분을 목표로 만들어진 것이 아니다. 오히려 이 범주들은 한편으로는 경험의 단순한 기술을, 다른 한편으로는 탐구를 인도하는 인도자의 역할을 한다.[6]

이 범주들 중 모든 불교학파에 공통되는 가장 대표적인 것은 오온五蘊이다(蘊은 산스크리트어 스칸다skandha의 번역어인데 스칸다의 글자 그대로의 의미는 '더미'다. 전하는 말에 따르면 부처님이 최초로 경험을 검토하는 기본적인 틀을 가르쳤을 때, 곡식알의 더미를 각각의 온을 나타내는 것으로 사용했다고 한다). 오온은 다음과 같다.

1. 색色 – 형체
2. 수受 – 느낌/감각
3. 상想 – 지각/분별
4. 행行 – 성향
5. 식識[7] – 의식

오온 중 처음 것은 물리적인 것 혹은 물질적인 것에 바탕을 둔 것이라 간주된다. 나머지 네 가지는 정신적인 것이다. 이 다섯 가지 모두는 각각의 인격과 각 순간의 경험을 만들어내는 심물心物 복합체를 구성한다.[8] 우리는 이들 오온 각각이 자아와 동일시되는 방식들을 검토하고, 이 오온들을 통해 기본적이며 감정적이고 반사적인 자아의 실재에 대한 확신에 답할 수 있는지 검토하려고 한다. 다시 말해 우리는 실제로 존재하는 완전한 자아를, 즉 의존적이며 비영속적인 일상적 일상세계의 바탕에 진정한 기반이 존재한다는 감정적 확신의 대상인 지속하는 자아를 찾아나설 것이다.

색

색이란 범주는 신체와 물리적 환경을 나타낸다. 그러나 이 범주는 신체와 물리적 환경을 감각(여섯 가지 감각기관과 그것에 상응하는 여섯 가지 대상)들을 통해서만 드러낸다.[9] 이들은 눈과 가시적 대상들, 귀와 소리, 코와 냄새, 혀와 맛, 몸과 촉감 그리고 마음과 사고다. 이때 감각기관이라 함은 외부감각기관이 아니라 실질적인 지각의 물리적 구조를 말한다. (마음이라는 기관의 물리적인 구조가 무엇인가에 관해서는 전통적으로 논의가 많지만) 우리의 경험에서 마음과 사고는 감각기관과 그 대상으로 느껴지기 때문에 각각 감각기관과 그 대상으로 간주된다. 우리는 눈이 가시적 대상을 지각하듯이 마음이 생각을 지각하는 것을 경험한다.

　우리는 미리 만들어진 세계에 낙하한 인지적 존재자처럼 독립적 범주로 대상들을 마주하는 추상적이며 비체험적 관찰자의 개념에서 이미 거리를 취하고 있음을 이 분석의 단계에서 느낄 수 있다. 메를로 퐁티의 현상학에서처럼 여기서도 물리적인 것과의 만남은 이미 상황에 놓인 것으로 그리고 체험된 것으로 규정된다. 물질은 그 자체로서가 아니라 그것의 경험을 통해 기술된다.

신체가 자아인가? 신체와 소유물들이 우리에게 얼마나 중요한지, 신체나 소유물들이 위협을 받았을 때 얼마나 겁이 났는지, 신체가 상처를 입었을 때 얼마나 침울하고 얼마나 화가 났었는지 생각해보라. 신체를 다듬고 보호하고 먹이는 데 얼마나 많은 돈과 노력과 수고를 쏟았는지 생각해보라. 정서적인 면에서 우리는 우리의 신체를 자신인 양 다룬다. 지적으로도 마찬가지다. 상황과 양태는 변화하지만 신체는 지속하는 것처럼 보인다. 신체는 감각이 일어나는 지점이다. 우리는 세계를 신체의 시각에서 바라보며 감각의 대상들을 신체와 공간적 관계를 가진 것으로 지각한다. 비록 마음은 방황할 때도 있고 잠을 자거나 백일몽에 사로잡힐 때도 있지만, 우리가 같은 신체로 되돌아온다는 사실은 믿을 만하다.

하지만 과연 우리는 신체를 자아와 같은 것으로 생각하고 있는 것인가? 손가락(혹은 다른 신체의 일부분)을 잃었을 때 어찌할 바를 몰라 당황하기는 하지만, 그렇다고 해서 자신의 동일성을 상실했다고 느끼지 않는다. 실제로 신체세포의 변화에서 볼 수 있듯이, 신체의 전체적인 구성은 매우 빠르게 변한다. 여기서 이 점에 관해 간단한 철학적 검토를 해보자.

'지금 내 몸을 구성하는 세포들은 과거에 예를 들어 7년 전에 나의 몸을 구성했던 세포들과 어떤 공통점을 가지는가?'라는 질문을 해보자. 물론 이 질문에는 답이 이미 포함되어 있다. 그 두 종류의 세포들이 가지고 있는 공통점은 세포들이 나의 신체를 구성하고 있었다는 점, 일정한 시간 동안 지속된 모종의 패턴 즉 자아라고 할 만한 그 무엇을 구성했었다는 점이다. 그러나 여전히 자아로서의 그 패턴이 무엇인지 우리는 알지 못한다. 단지 순환적 사고를 하고 있을 뿐이다.

    철학자들은 이 작은 문제를 원래의 구성요소들이 새로운 부품으로 대치되어 버린 테세우스의 배와 같은 철학적 난제로 간주할 것이다. 이 문제는 테세우스의 변화된 배가 원래 그가 처음 항해를 시작했던 배와 같은 배인가 다른 배인가 하는 것이다. 일반인들보다 훨씬 엄밀한 분석을 수행하는 철학자들은 그 문제에 관해서 이렇다 저렇다 말할 객관적 사실이 존재하지 않는다고 솜씨 있게 대답할 것이다. 당신이 무엇을 말하고자 하는가에 그 해답이 있다는 것이다. 한편으로는 같은 배라고 말할 수 있지만, 다른 한편으로는 같은 배가 아니라고 말할 수 있다. 이 모든 대답은 우리가 가지고 있는 동일성의 기준에 의존적인 것이다. 어떤 것이 그 자신과 같은 것이기 위해서는(불변하는 패턴이나 형태를 가지기 위해서는) 변화를 초월해야 한다. 그렇지 않다면 그것이 같은 것으로 존재했을 여부를 알 길이 없다. 반대로 어떤 것이 다른 것으로 변화하기 위해서는 변화가 일어났다는 것을 판정할 수 있게 하는 기준점의 역할을 하는 모종의 암묵적인 영속성이 존재해야 한다. 따라서 이 문제에 대한 답은 '예 그리고 아니오'며, 각각의 예 또는 아니오라는 대답의 세부사항은 주어진 상황의 동일성 기준에 의존할 것이다.[10]

그러나 확실히 자아 즉, 나 자신은 다른 사람의 관점에 의존적인 것이 아니다. 자아라는 것은 결국 스스로의 의미에서 존재하는 자신인 것이다. 따라서 아마도 자아, 즉 자신은 신체의 주인이며 일정한 형태를 지닌 채 여러 가지 관점에서 이해될 수 있는 것이리라. 실제로 우리는 '나는 신체다'라고 말하지는 않지만 '나는 신체를 지니고 있다'는 말은 한다. 그런데 내가 가지고 있는 바로 그것은 무엇인가? 내가 지니고 있는 이 몸은 수많은 미생물들이 사는 집이기도 하다. 그 미생물들도 나의 소유인가? 그것들은 나를 최대한 이용하고 있는 것들이기 때문에 내가 그것들도 소유한다는 것은 이상한 생각이다. 그렇다면 도대체 이 미생물들이 최대한 이용하고 있는 존재, 그것은 무엇인가?

아마도 자신의 신체를 자기 자신이라고 생각하지 않는다는 가장 분명한 주장은 우리가 신체의 총체적인 이식을 생각할 수 있다는 것, 즉 (공상 과학소설의 인기 있는 소재인) 마음을 다른 사람의 몸에 옮기고 나서도 여전히 자신으로 남을 수 있는 가능성을 생각할 수 있다는 것이다. 그렇다면 아마도 우리는 물질로서의 신체를 떠나야 하며 대신에 자아의 기반으로서 정신적 온을 살펴보아야 할 것이다.

수

모든 경험은 쾌, 불쾌, 중간 그리고 신체적인 느낌 혹은 정신적인 느낌으로 분류되는 모종의 느낌의 색조를 가지고 있다. 우리는 느낌에 매우 신경을 많이 쓴다. 쾌를 추구하고 불쾌를 피하려고 우리는 무던히도 노력한다. 우리의 느낌은 분명히 자아와 관련이 있으며, 강한 느낌을 받을 때 우리는 이 느낌과 자기 자신을 동일시한다. 그러나 이런 느낌은 과연 나 자신과 같은 것인가? 느낌은 순간순간 바뀐다(이런 변화의 자각은 지관의 수행에서 더욱 분명하게 밝혀진다. 느낌과 감각의 순간적인 발생뿐만 아니라, 그 변화의 직접적인 경험은 훈련을 통해 발전시킬 수 있다). 느낌이 자아에 영향을 미치지만 누구도 이런 느낌이 자아와 같은 것이라고 말하지 않는다. 그렇다면 그 느낌이 영향을 미치는 그것은/그는 누구인가?

상

이 온은 지각된 대상을 목표로 하는 기본적 행동의 활성화를 동반하는 파악, 동일화, 분별의 첫 순간을 가리키는 말이다.

지관수행의 맥락에서 경험의 순간에 나타나는 충동과 지각[想]의 연결은 매우 중요하다. 세 가지 행위 충동, (욕구의 대상을 향한) 정열/욕구, (혐오의 대상을 향한) 공격/분노, 그리고 (중립적 대상을 향한) 환상/무지가 있다고 한다. 일상세계가 자아에 집착하는 습관에 젖어 있는 한, 물리적 혹은 정신적 대상들은 첫 순간에 이미 자아와 관련하여 자아에 대해서 바람직한 것, 혐오스러운 것, 중립적인 것으로 분별되며, 바로 그런 분별의 순간에 적절한 방식으로 행동하려는 자동적인 충동이 발생한다. 이 세 가지 충동들은 자아에 대한 집착을 더욱 심하게 일으키는 행위의 시발점이기 때문에 세 가지의 독소라고도 불린다. 그런데 집착을 하고 있는 자아는 누구인가?

행

다음 온은 사고, 느낌, 지각 그리고 행위의 습관적인 믿음, 혐오, 게으름, 걱정 등의 습관적 행위 패턴(부록 B 참조)들을 가리키는 말이다. 인지과학의 언어로 인지라고 할 만한 혹은 인성 심리학의 언어로는 성격이라고 할 만한 현상의 영역에 있다. 우리는 분명히 자신의 습관과 성격/인격에 매우 깊이 얽매여 있다. 다른 사람들이 우리의 행동을 비난하거나 성격을 칭찬하면 우리는 그 사람들이 우리의 자아에 대해 말하고 있다고 느낀다. 다른 온들의 경우와 마찬가지로, 이 경우에도 우리는 이 온을 자아와 동일시하고 있다는 점을 우리의 정서적 반응을 통해 알 수 있다. 그러나 이 경우에서도 역시 이 반응의 대상을 잘 살펴보면 우리의 확신은 흔들리고 있음을 알 수 있다. 우리는 습관을 자신과 동일시하지는 않는다. 습관, 동기 그리고 정서적 성향은 시간에 따라 많이 변화할 수 있지만 이런 성격의 변화와는 구분되는 자아가 존재한다는 느낌을 우리는 계속적으로 갖는다. 우리가 현재 지니고 있는 성격의 기반이 아니라면 이 계속적인 자기 존재의 느낌은 도대체 어디서 유래하는 것인가?

식

식은 마지막 온이며 이것은 모든 다른 온들을 포함한다(실제로 각 온은 목록의 순서상 앞선 온들을 모두 포함한다). 다른 온들을 모두 연결하는 것은 정신적 경험이었다. 보다 전문적으로 말해 정신적 경험이란 각 감각기관이 그 대상들과 접촉함(그리고 함께 따라오는 느낌, 충동, 습관)으로써 나타나는 현상인 것이다. 전문적 용어로 비냐나 vijnana라고 하는 식은 경험자와 경험의 대상 그리고 그 둘 사이의 관계가 (또는 관계들이) 존재한다는 경험의 이중적 의미를 항상 드러낸다.

아비달마 학파들 중 한 학파가 제시하는 의식에 관한 체계적 기술을 잠시 살펴보기로 하자(부록 B). 심적 요소들은 식을 그 대상에 연결시키는 관계들이며, 각 순간에 식은 그 순간적 심적 요소들에 (손과 손가락의 관계처럼) 의존적이다.[11] 두 번째, 세 번째, 네 번째 온들은 여기서 심적 요소로서 논의된다는 점을 주의하라. 심적 요소 중 다섯은 항상 존재한다. 의식의 각 순간에 마음은 이 다섯 가지 요소 모두에 의해서 대상에 연결된다. 마음과 대상들 간의 다음과 같은 접촉이 있다. 쾌, 불쾌, 중립의 세 가지로 나타나는 특정한 느낌受의 색조, 대상의 분별想, discerment, 대상을 향한 의도思, intention, 대상을 향한 주의집중作意, attention. 네 번째 온을 구성하는 모든 습관적 성향을 포함해서 나머지 심적 요소들은 항상 존재하는 것은 아니다. 이 요소들 중 몇 가지는 (확신信과 근면精進 같이) 주어진 순간 함께 나타날 수 있는 것이 있는가 하면 다른 것들은 (긴장輕安과 졸음睡眠 같이) 상호 배타적인 것도 있다. 의식에 나타날 수 있는 심적 요소들의 상호조합은 특정한 순간 의식의 색조와 취향이라는 주조를 이룬다.

이런 아비달마 학파의 의식분석은 후설적인 노선을 따르는 지향성의 한 체계를 형성하는가? 의식대상 그리고 의식과 대상 사이의 관계없이는 의식이 존재할 수 없다는 점에서 둘 사이에는 유사성이 있다(티베트적 전통에서 마음sems은 "자신을 다른 것에로 투사하는 것"으로 종종 정의된다). 그러나 차이점도 있다. 식의 대상도 심적 요소도 표상이 아니다. 무엇보다도 의식(비냐냐)은 앎의 한 양태일 뿐이라는 점이 중요하다. 그러나 프라즈냐(지혜)는 주관/객관의 관계를 통해 얻어지는 지식이 아니다. 의식적 경험은 주관/객관의 형태를 지닌다는 단순한 경험적/심리적 사실을 우리는 시원적 지향성protointentionality이라고 부를 수 있을 것이다.[12] 후설의 이론은 시원적 지향성뿐만 아니라 그에 의해 완성된 표상이론으로 계속 발전하는 브렌타노의 지향성 개념에 기반을 두고 있다.[13]

식과 그 대상 간의 시간적 관계는 아비달마 학파들 사이에서 큰 논쟁을 일으켰다. 어떤 이들은 대상과 마음의 출현은 동시적이라고 주장한다. 다른 이들은 대상이 먼저 나타나고 다음 순간에 마음이 나타난다고(처음에 어떤 시각의 대상이 그리고 나서 그것을 보는 의식이 나타난다고) 주장한다. 세 번째 주장은 마음과 대상은 모양, 소리, 냄새, 맛 그리고 촉감에서 동시에 나타나지만 사고하는 식은 그 대상을 그 이전의 사고로 부터 넘겨받는다고 한다. 이 논쟁은 진짜로 존재하는 것이 무엇이냐는 것에 관한 철학적 논쟁과 연결되었다. 어떤 심적 요소가 인정될 수 있으며 이들은 어떻게 규정되는가 하는 것과 관련된 논쟁도 있었다.

이런 몇 가지 문제와 관련된 논쟁적 분위기에도 불구하고 각각의 감각들(눈, 귀, 코, 혀, 몸 그리고 마음)이 다른 의식을 가지고 있다는 (재켄도프를 상기하라) 보다 경험적인 주장에 관해서는 전면적인 동의가 있었다. 즉 각각 서로 다른 경험의 순간에는 다른 경험의 대상이 있을 뿐만 아니라 다른 경험자가 있다는 것이다. 또한 의식의 어느 곳에도 즉 경험자와 경험의 대상 그리고 그 둘을 엮는 심적 요소들 어느 것에도 실질적인 자아가 존재하지 않는다는 점에 대해서도 동의가 있었다.

물론 습관적이고 비반성적인 상태에 있을 때, 우리는 경험에 의식의 지속성을 부여한다. 그 자체의 고유한 (공격, 열등감 등의) 본성을 지닌 일정한 '영역'에서 의식이 항상 나타날 수 있을 만큼의 지속성을 우리는 경험에 부여하는 것이다.[14] 그러나 이런 의식의 명백한 전체성과 지속성은 원인과 결과로 상호연결되는 순간적 의식들의 불연속을 감추고 있다. 이런 환각적 지속에 대한 전통적 비유는 첫 번째 초에 불이 점화되고 이 불은 두 번째 초에 그리고 다음 초에 옮아가는 것이다. 불은 첫 번째 초에서 다음 초로 어떤 물질적인 기반의 전이 없이 옮아간 것이다. 그러나 이런 순차적 사건의 연결을 진정한 연속으로 간주함으로써 우리는 의식에 집요하게 매달리며, 이 의식의 소멸가능성을 깨닫고 공포에 떠는 것이다. 그러나 지관의 명상이 경험의 불연속성을 드러낸다면, 이런 의식이란 우리가 그토록 귀하게 여기며 그토록 찾아다닌 자아일 수 없다는 점이 분명해질 것이다.

각각의 온을 하나하나 검토했을 때, 우리는 어디에서도 자아를 발견할 수 없을 것 같았다. 그렇다면 아마도 모든 온들이 일정한 방식으로 결합하여 자아를 구성할 것이다. 자아란 이 모든 온들의 총합과 같은가? 온들이 어떻게 결합되는지를 알기만 한다면, 이 생각은 매우 설득력 있는 것이다. 각각의 단일한 온은 잠정적이고 비영속적이다. 그렇다면 어떻게 이런 것들을 가지고 지속적이며 정합적인 것을 만들 수 있는가? 아마 자아는 온들의 창발적 속성일지도 모른다. 사실 많은 사람들은 (아마도 심리학 강의 같은 자리에서) 자아를 정의해보라고 질문 받았을 때 창발이라는 개념을 해결책으로 이용할 것이다. 실제로 일정한 복합 요소체의 창발적인 속성과 자기조직적 속성에 관한 현대과학적 관심을 놓고 볼 때, 이런 해답은 그럴싸하기도 하다. 그러나 현재로서는 이런 해답은 결코 도움이 안 된다. 이런 자기조직적 혹은 공조적 체계는 경험에서 나타나고 있지 않다. 무엇보다도 창발적 자아라는 추상적 관념은 우리가 그토록 열렬히 매달리고 있는 자아가 아니라는 점이 중요하다. 우리는 '구체적'인 자기 자신에 매달리고 있는 것이다.

경험에서 그런 자아를 발견할 수 없다는 것을 발견하게 될 때, 우리는 다른 극단으로, 즉 자아는 온들과 근본적으로 다를 수밖에 없다는 극단적 입장으로 달려가게 된다. 서양 전통에서 이런 극단적인 방향에 대한 관심은, 관찰된 경험의 규칙성이나 일관성의 존재는 그 배후에 어떤 행위자나 원동자mover를 통해 설명된다는 데카르트적이며 칸트적인 주장으로 가장 잘 표현된다. 데카르트에 있어서 이 원동자는 사고하는 실체인 사고자res cogitans였다. 칸트는 보다 세밀하고 정교한 입장을 개진했다. 《순수이성비판Critique of Pure Reason》에서 칸트는 "내적인 지각의 판별에 의해 나타나는 자아의 의식은 단지 경험적이며 항상 변화한다. 이런 내적인 현상들의 흐름에는 지속적이며 고정된 자아가 결코 드러나지 않는다.…… (따라서) 모든 경험을 앞서면서 경험 그 자체를 가능하게 하는 어떤 조건이 있어야만 한다.…… 이 불변하는 순수원래적 의식을 나는 선험적 통각transcendental apperception이라고 부르려 한다."[15] 통각이란 기본적으로 의식, 특별히 인식과정의 지각을 의미한다. 칸트는 이런 종류의 지각의 경험에는 자아라고

그림 4.1
경험의 찰나성

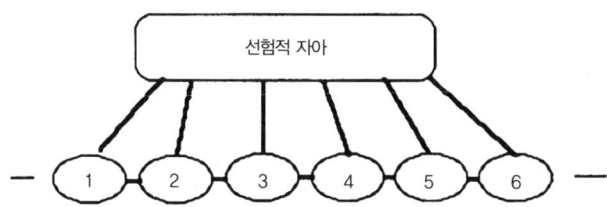

그림 4.2
경험의 찰나성의 근거가 되는 선험적 자아의 상정

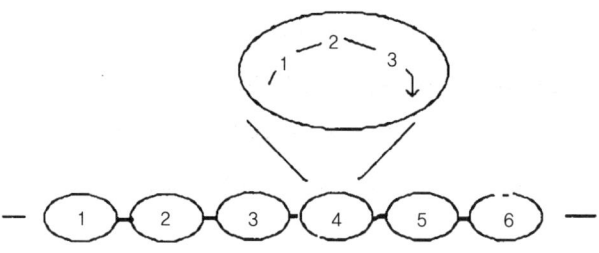

그림 4.3
경험의 주어진 순간에 나타나는 자아에 집착함

할 만한 어떤 것도 나타나지 않았음을 분명히 알고 있었다. 그래서 그는 모든 경험을 앞서면서 이런 경험들을 가능하게 하는 선험적 의식이 존재해야 한다고 주장했다. 칸트는 또한 이런 선험적 의식은 시간의 흐름을 넘어서는 자아의 동일성과 통일성의 바탕이 된다고 생각했다. 이런 측면에서 일상적 자아의 선험적 근거에 관한 본격적인 칸트적 용어인 "통각의 선험적 통일"이 생겨났다.

  칸트의 분석은 뛰어난 것이다. 그러나 이 분석은 결국 난제를 안게 된다. 우리는 자아가 진짜 존재한다는 주장을 듣게 되지만 우리는 결코 그 사실을 알 수 없다. 게다가 이런 자아는 대부분 우리의 정서적인 확신의 대상이 되지 않는다. 이런 자아는 나 혹은 나 자신이 아니다. 그것은 경험의 배후에 있는 비인격적 행위자 또는 원동자인 자아 일반에 대한 관념일 뿐이다. 이런 자아는 순수하고 원래적이며 변화하지 않는다. 그러나 나는 순수하지 않고 변화하는 존재다. 어떻게 이렇게 다른 자아가 나의 경험과 관련을 맺을 수 있는가? 만일 진정으로 그런 자아가 존재한다면, 그 자아는 세계의 상호의존적 그물망에 참여함으로써만 경험과 관계를 맺을 수 있을 것이다. 그러나 이런 참여는 확실히 이런 선험적 자아의 정결하고 절대적인 조건을 포기함으로써만 가능한 일이다.

  자아에 대한 칸트적 견해와 지관의 견해 사이의 차이점을 다음과 같은 그림으로 나타낼 수 있을 것이다(그림 4.1, 4.2, 4.3). 칸트적 전통에서나 지관의 전통 모두에서 이미 우리가 보았듯이 경험의 찰나적 순간에는 진정한 자아가 결여되어 있다(그림 4.1). 칸트는 이런 경험의 찰나성에도 불구하고 자아의 존재를 믿게 되는 심리적 성향의 문제에 직접 맞서지 않고 대신에 경험의 기반으로서의 원래적이며 불변적인 순수의식을(선험적 자아)를 상정함으로써 이 문제를 해결한다(그림 4.2). 지관의 전통에서는 어떤 경험의 순간이든지 우리에게 자아에 대한 집착이 나타날 수 있다는 점이 지적되며 이를 통해 이 찰나성의 문제가 생생하게 되새겨진다(그림 4.3).

여기서 독자들은 짜증이 나서 다음과 같이 말할지도 모른다. '좋아, 자아는 정말 지속적이며 통일적인 존재가 아니고 단지 경험의 흐름의 연속일 뿐이야. 자아는 과정이지 어떤 실체가 아니야. 그래서 뭐 어떻다는 거지?' 지금까지 우리가 정서적/반발적 반응을 일으킨 자아를 찾아나섰던 것을 되새기자. 이같은 경험의 직접적 순간에 우리는 자아가 단순히 경험의 흐름이라는 것을 느끼지 않는다. 실제로 자아가 경험의 흐름이라는 이 주장은 경험이 지속된다는 것을 함의하기 때문에, 어떤 확고한 실체를 구하는 우리의 집착을 드러낼 뿐이다. 그러나 만일 이 지속성을 분석해본다면, 발견할 수 있는 것이란 오직 느낌, 지각, 동기 그리고 의식의 불연속적인 순간뿐이다. 물론 이런 문제를 피해가기 위해 의식을 여러 가지 방식으로 정의할 수 있다. 가능세계의미론possible world semantics 같은 매우 세련된 논리적 기법들을 이용하는 현대분석철학자들을 따를 수도 있다. 그러나 이런 설명들 중 어떤 것도 우리의 기본적 행동반응과 일상적 성향을 설명할 수 없다.

문제는 우리를 지적으로 만족시키고 편안하게 할 모종의 방식으로 자아를 재정의할 수 있는가 하는 것도, 접근할 수 없지만 그럼에도 불구하고 절대적 자아가 진정으로 존재하는가 하는 것도 아니다. 오히려 문제는 우리가 당장 자아를 경험해가는 과정에서 자아 문제에 대한 통찰력과 집중력을 개발시킬 수 있는가 하는 것이다. 츠트림 갸초가 말했듯이 "불교는 자아가 존재한다거나 자아가 존재하지 않는다거나 하는 것을 우리가 믿어야 한다고 말하지 않는다. 우리가 고통받는 방식 그리고 생각하고 정서적으로 인생에 반응하는 방식을 관찰할 때, 마치 지속적이고 단일하며 독립적인 자아를 믿고 있는 것처럼 생각되지만, 그러나 자세히 분석해보면 그런 자아는 발견되지 않는다고 불교는 말한다. 다시 말해 온들은 자아를 결여하고 있다."[16]

찰나성과 두뇌

명상의 전통에 접하지 못한 현대의 독자들은 이즈음 하여 좌절감을 맞보게 될 것이다. '그렇다면 도대체 두뇌는 무슨 일을 하는 것인가?'라고 그들은 질문할 것이다. 마음과 의식에 관한 문제를 두뇌에 관한 문제로 돌리는 것은 과학문화의 일반적 경향이다. 두뇌의 기능이 연속적이고 통일적이라고 가정할 수 있다면 마음도 연속적이라고 가정할 수 있을 것이다. 우리는 (심각한 논쟁을 유발할) 철학적 가정을 말하고 있는 것이 아니라 심리적 태도를 말하고 있는 것이다. 정확하게 말해서 아비달마 전통에서 첫 번째 온을 논의할 때 이미 이 문제를 논의한 바 있다. 그러나 찰나성의 문제를 신경과학과 함께 논의하는 것은 분명 가능한 일이다. 두뇌의 기능에서 찰나성의 증거가 발견되는가? 우리가 탐구하고자 하는 것을 보다 분명히 해보자. 지관의 방법으로 경험을 검토해보면 경험은 불연속적이라는 사실을 알 수 있다. 의식이 순간적으로 나타나고 잠시 지속되다가 다음 순간으로 넘어가면서 사라진다.[17] 이런 경험에 관한 기술(인간의 실제 경험에 대한 기술)은 신경과학에서 얻을 수 있는 사실과 합치하는가 아니면 합치하지 않는가? 여기서 우리는 인과적 순서를 논하고 있지는 않다. 또한 경험을 정당화하기 위해서 신경과학에 의존하지도 않는다. 그런 태도는 싸구려 과학제국주의scientific imperialism일 뿐이다. 가능한 한 개방적인 태도로 우리는 신경과학이 찰나성에 대해 어떤 주장을 할 수 있는지 궁금할 뿐이다.

신경과학과 심리학에서는 감각-운동 리듬과 그 분석의 기반이 되는 '지각단위perceptual frame'에 관한 자료가 있다. 이 영역에서 가장 널리 알려진 현상들 중 하나는 '지각동시성perceptual simultaneity' 또는 '현상적 운동apparent motion'이라 불리는 것이다. 예를 들어 두 개의 불빛이 연이어 0.1~0.2초보다 짧은 간격으로 비치면 그 두 불빛은 현상적 동시성 속에 놓여 동시적으로 보인다. 그 간격이 조금 넓어지면 두 불빛은 빠르게 움직이는 듯이 보인다. 간격이 더 넓어지면 불빛들의 움직임은 매우 순차적인 것으로 지각된다. 이런 현상의 예들 중에는 낯익은 것도 있다. 반짝이는 전등들이 줄을 서 있고 마지막 전등은 화살표 모양을 한 광고간판이 그것이다. 한 무더기의 전등에 불이 들어오고 순서에 따라 다음 전등이 들어오고, 그 다음 전등이 들어오면 우리는 전등들이 이리저리 화살표 방향으로 뛰어다니는 것과 같은 인상을 갖게 된다.

두뇌가 활동리듬의 주기를 가지고 있다는 사실은 널리 알려져 있다. 이 점은 EEGelectroencephalogram(뇌파측정) 자료로 관찰될 수 있다. 지각피질의 주된 리듬도 대략 0.15초이므로 시간단위와 피질의 알파리듬cortical alpha rhythm 사이에 어떤 관계가 존재한다는 것은 자연스런 가정이다.

이 관계는 실험적으로 검증될 수 있다.[18] 그림 4.4는 이 관계를 검

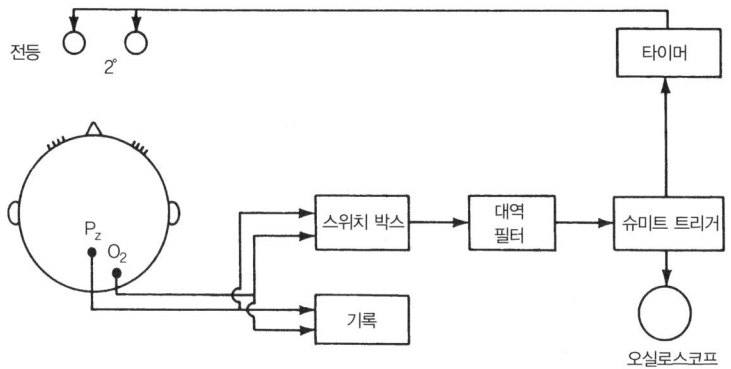

그림 4.4
지각된 사건들의 자연분절(natural parsing)을 탐구하기 위해 만들어진 실험장치. 자세한 것은 Varela et al. Perceptual framing and cortical alpha rhythm 참조.

증할 실험장치를 보여준다. 피험자의 0.1초 리듬(소위 알파리듬이라는 것)을 그의 두뇌피질의 전기적 활동으로 부터 추출해낼 수 있도록 두피에 전극을 장치한다. 이 리듬의 시간 정보가 피험자 앞에 놓인 전등들을 켜고 끄는 데 이용된다. 이 전등들의 점등-소등on-off 타이밍을 일정한 시간범위 안에 정하면 불빛이 동시적으로 보인다고 피험자가 말한다는 것은 널리 알려진 사실이다. 얼마나 시간 간격을 더 넓히느냐에 따라 불빛이 한쪽에서 다른쪽으로 움직인다거나 동시적으로 보인다는 피험자의 반응을 얻을 수 있다. 두 자극 사이의 간격(첫 번째 전등과 두 번째 전등이 켜진 시간 간격)이 50밀리세컨드보다 작으면, 불빛은 동시적인 것으로 보고된다. 간격이 100밀리세컨드 이상이면 불빛은 순차적으로 보인다. 이 둘 간격 사이면 불빛은 움직이는 것으로 보고된다.

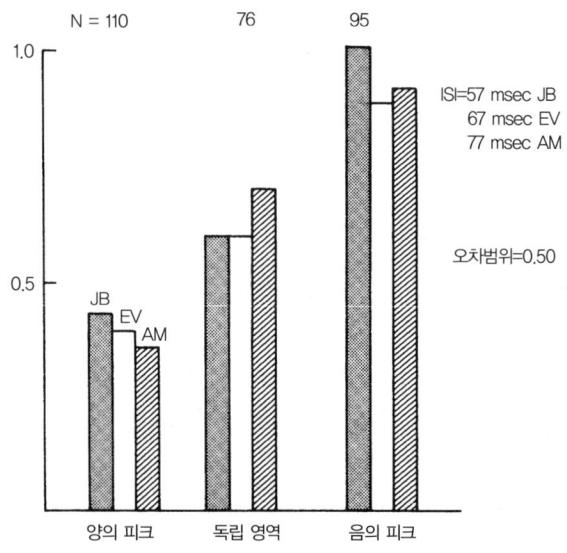

그림 4.5
100~150밀리세컨드 사이에 지각된 사건들의 시간적 분절(temporal parsing)을 나타낸 결과들. 자세한 내용은 본문을 참조할 것.

그러나 이 실험에서 피험자는 그 자신의 피질리듬이 다르게 조절된 상태에서 그 불빛들이 어떻게 보이는가를 보고하도록 되어 있었다. 그림 4.5는 몇 가지 결과를 보여준다. 그림 4.5의 세 가지 막대들 중 중간 막대들은 두뇌리듬과 불빛 사이에 아무 관계가 없을 때 피험자가 본 것을 나타낸 것이다. 여기서 불빛들 사이의 간격은 피험자가 불빛들을 동시적이거나 움직이는 것으로 보는 비율이 거의 무작위적인 수준이 되도록 정해졌다. 중간 막대의 양쪽은 양의 피크(파장의 정상)와 음의 피크(파장의 골짜기) 두 측면에서 불빛의 지각과 피질리듬 사이에 관계를 나타낸다. 두뇌리듬의 음의 피크에서 두 불빛이 시작되면 피험자는 거의 항상 이들을 동시적인 것으로 지각한다. 만일 리듬의 양의 피크에서 불빛이 시작되면 피험자는 이들을 움직이는 것으로 본다. 그러나 불빛들 사이의 시간 간격은 동일하다. 변화된 것은 오직 불빛이 피험자에게 나타났을 때의 피험자의 두뇌파장의 리듬 상태인 것이다.

  시각단위에는 지각된 사건들을 분석하는 자연적인 방식이 존재하며 이런 단위는 최소한 0.1~0.2초가량의 지속의 범위를 지니는 우리 두뇌의 리듬에 적어도 부분적으로 또는 국부적으로 의존적이라는 점을 이런 종류의 실험들은 보여준다. 대략적으로 말해서 불빛을 동시적으로 볼 확률은 불빛들이 시간단위의 시작 무렵에 주어지는 경우가 불빛들이 시간단위의 끝 무렵에 주어질 경우의 보다 훨씬 크다. 불빛들이 시간단위의 끝 무렵에 주어지면 두 번째 불빛은, 말하자면 다음 시간단위에 놓이게 되는 것이다. 한 시간 단위 내에 놓여 있는 모든 것들은 주관에 의해 한 시간으로, 즉 하나의 '지금'에 놓여 있는 것처럼 간주되는 것이다.

  망막에서 근육에 이르는 신호 연결 스위치 이상의 역할을 두뇌가 담당한다는 사실을 고려한다면, 이런 두뇌의 분석단위는 예상할 만한 것이다. 각 단계에서는 매우 상호적이며 분기적인 연결들이 존재하며, 이로 인해 전 체계의 작용은 모든 단계가 참여하는 대량의 상호협력적이며 상호조화적인 활동을 통해서만 가능하다. 더욱이 뇌세포들은 자동리듬조절을 가능하게 하는 이온전도체를 통해 매우 다양한 전기적 속성들을 가진다는 점이 분명해졌다. 이 전체적인 협력 작업은 그 시작과 완성에 일정한 시간이 걸린다. 이런 파동/반향

은 (다른 가능한 기능들 중에서 특히) 감각운동협조를 시간적으로 조절하는 기능으로 이해할 수 있다.[19]

이 경우 리듬은 시상thalamus과 시각피질 사이의 상호연결과 반향에 밀접하게 관련되어 있다. 척추동물의 시상과 피질에 존재하는 뉴런들의 활동은 전前 시냅스 입력presynaptic input의 자극을 통일적으로 10밀리세컨드 간격을 두고 따른다는 증거가 있다.[20] 게다가 알파리듬은 시상과 피질 사이의 동시화된 반향과 동시적으로 반응하는 뉴런 군들의 활동의 결과라는 점이 일반적으로 인정되고 있다.[21] 이런 사실들은 두뇌의 시간 단위에 대한 몇 가지 예일 뿐이다. 다음 장에서 자기조직적 체계에 바탕을 두는 시視 지각을 보다 자세히 검토할 것이다.

0.15초의 간격은 기술가능하고 인지가능한 지각이 일어날 수 있는 최소한의 시간단위인 것처럼 보인다는 사실을 잊지 말아야 한다. 물론 복잡한 개념화의 통일적 특성은 이 최소한을 넘어서서 보다 긴 시간(0.5초까지)을 필요로 한다. 이 제약은 ERPevent-related potential(자극연계뇌파)로 드러나는 두뇌활동의 한 측면을 통해 밝혀진다. 역시 여기서도 기본적인 방법은 시간적 간격이 정해진 자극과 두피의 전기적 활동을 측정할 수 있는 전극을 쓰는 것이다. 멀리 떨어져 있는 많은 뉴런 군群도 감지하기 때문에 익히 예상할 수 있는 일이지만 이런 ERP는 잡음투성이다. 의미있는 관계만을 추적하는 알고리즘을 이용하는 최근의 방법은 이 '사고 그림자'의 형태를 제공하기 시작했다.[22]

예를 들어 그림 4.6은 피험자의 머리에 꽂힌 15개의 전극의 위치를 보여준다. 이 연구에서는 주어진 화살의 궤적이 과녁을 맞히기 위해 과녁을 얼마나 움직여야 하는가를 생각하는 것이 피험자에게

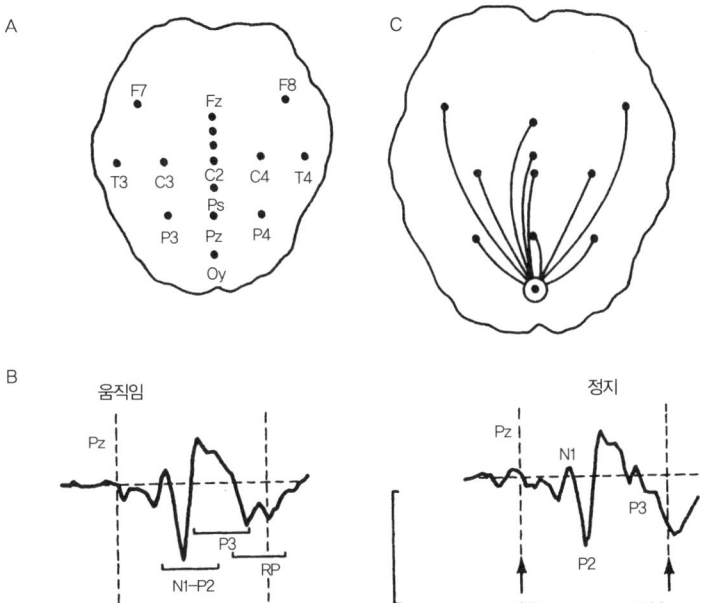

그림 4.6
(a) 단순한 시각-운동 작업을 수행하게 했을 때 피험자의 머리에서 나타나는 ERP를 측정하기 위해 부착된 15개 전극들을 나타낸 그림. (b) 뇌 측면부에서 얻어낸 ERP의 한 가지 예는 0.5초 동안 벌어진 일련의 전기적 사건을 보여준다. 두 작업은 300~500밀리세컨드 부분에서만 차이가 발견된다. (c) 전체적인 전기적 패턴은 마치 '사고의 그림자'처럼 이 시간의 영역 내에서 움직이며 변화한다. 여기서 실선은 움직임 실험에서 나타난 전극들 간의 강한 연결관계를 나타낸다. 정지 실험에서 드러나는 전극들 간의 연결관계는 다른 패턴을 보여준다(이 그림에서는 나타나 있지 않음). Gevins et al, Shadows of Thought.

주어진 과제다. '움직임move' 실험에서 피험자는 그 거리가 일정수준 이상 증가하면 오른쪽 손가락 아래에 놓인 단추를 누르도록 되어 있다. 반면에 '정지no move' 실험에서는 화살이 직접 과녁에 조준되어야 하고 단추를 누르는 것은 생략된다. 따라서 전체적 자극조건은 매우 비슷하지만 공간적 판단과 반응은 두 경우 서로 다르다. 그림 4.6은 두 실험의 ERP를 나타낸다. 이 두 결과는 그 이전도 그 이후도 아닌 300~500밀리세컨드 사이에서만 차이를 보인다. 게다가 그림 4.6은 시간과 작업에 따라 두뇌의 집단적 활동은 전기적 활동의 움직이는 구름, 즉 경험적 찰나성의 전기적 그림자와 같다는 점을 보여준다.

경험의 분절은 지관의 수행자가 느끼는 온에 자연스럽게 상응하기 때문에 이런 신경생리학적 시각은 우리의 목표와 관련하여 시사하는 바가 있다. 사실 경험분절의 현상은 신경생리학자에게나 수행자에게 첫눈에 금방 알려지는 것이 아니다. 그러나 이런 경험의 분절은 지관과 같은 훈련된 방식을 통해 분명히 드러난다.

온이 순차적으로 일어나는 요소들의 관찰에 대한 직접적인 표현인지(각각의 요소들이 그 주어진 순서를 따르는 순차적인 발생의 계열이 있는지), 아니면 그들 몇몇이 순간순간 동시적으로 일어나는 것인지(결과적으로는 요소들의 순서를 주어진 현상에서부터 추리, 분석해서 얻은 것인지) 하는 것은 지관의 수행의 입장에서는 흥미 있는 문제다. 이 문제는 주의집중과 관찰의 습관 혹은 맥락적 성격이(누가, 무슨 이유로 온들을 학습하는가의 맥락이) 마음에 관한 설명을 변화시킨다는 고전적인 예를 제공한다. 어떤 사람들은 때때로 온들이 순차적이라고 주장하는 것 같다.[23] 그러나 다른 설명들은 이 문제에 관해 분명한 입장을 취하지 않는다(특별히 텍스트가 보다 고전적일수록 이 문제에 덜 민감하다).[24] 불교적 논의에서 온에 대한 설명이 하는 역할을 고려할 때 이 맥락의존성은 잘 이해될 수 있다.

온들이 순차적인지 혹은 동시적인지의 여부를 탐구의 목표로 삼았지만, 온들은 현상적으로 너무도 빨리 일어나서 대부분 사람들은 그것을 일일이 구분할 수 없다. 경험단위의 짧은 시간간격에 대한 신경생리학적 관찰과 합치되는 한 가지 사실은 온들은 묶음으로 일어나는 듯이 보인다는 것이다. 예를 들어 현대인지심리학의 정보처리적 입장에서조차 지각형태form와 지각구분discernment은 상호규정되는 듯이 보인다. 형태는 배경으로부터 구분되는 어떤 것(배경으로부터 구분되는 모양)으로부터 나타나는 것으로 이해될 수 있다. 그러나 구분은 단순한 차이점들의 기록이 아니다. 그것은 구분될 형태의 분별도 가능하게 하는 능동적인(하향적) 개념화 작용이다. 형태나 구분 둘 중 어떤 것도 독립적으로 미리 주어지지 않는다. 이미 논의했듯이 우리는 지향적 존재로서 지각을 만들어내고 있는 것이다.

반면에(그림 4.6에 나타나 있듯이) 지각조직화의 최초 단계는 보다 인지적인 의미를 지니는 단계의 전기적 반응들 보다 100~200밀리세컨드 앞선다는 점을 신경생리학적 관찰은 보여준다. 훈련을 통해 이 차이를 지각할 정도로 충분히 안정된 주의집중이 가능한 경우를 제외하고는 이 시간 차이는 세밀한 관찰을 하기에는 너무도 순간적인 것이다. 그럼에도 불구하고 이런 관찰의 미세한 차이들이 수 세기 이전 수행자들에 의해 경험되고 보고되고, 반복적으로 확인될 수 있었다는 점은 이런 명상을 통한 분별과 신경생리학적 증거를 비교 가능하게 하고 그런 비교를 흥미 있게 만든다는 측면에서 매우 놀랄만한 것이다.

잘 훈련된 명상가들에게 가능한 것들이 초보자들에게 반드시 가능한 것은 아니다. 특별히 온들의 이런 분석의 예는 지관 방법의 개방성을 통해 우리의 지관 명상이 겪는 변화의 과정을 강조한다. 2장에서 대략적으로 살펴보았듯이 지관 수행의 근본은 앉아 있는 동안이든지(지관의 '실험실적' 조건) 일상생활을 하는 동안이든지 경험이 일어나는 각 순간들에 긴장 없는 집중을 함으로써 마음의 극치를 이루는 것이다. 체험된 상황에 계속적으로 집중함으로써 마음속에서 일어나고 있는 것에 대한 자각은 더욱 더 자연스런 것이 된다. 처음에는 사고나 정서의 작은 반짝거림에 지나지 않았던 것이 그 발생의 세부적인 측면에서 보다 선명하고 명백하게 드러난다. 계속적인 발전을 통해 마음의 움직임을 향한 집중은 충분히 세밀하고 신속한 것이 되어서 하나의 독립된 태도로서의 집중 자체도 실제로 사라져야 할 단계에 이른다. 이런 단계에서 집중은 자동적으로 나타나야 하며 그렇지 않으면 그것은 진정한 집중이 아니다. 내적 상태의 자각과 내적 상태의 움직임 사이의 불가분리성이 더욱 확고해지면 찰나적 온들의 (순차적이든 동시적이든) 미세한 움직임에 대한 관찰이 가능하게 된다.

이런 주의집중의 발전은 불교적인 전통에서 보다 깊고 세밀한 검토를 받는다. 그러나 이 책에서 우리의 목표와 관련한 기본적인 발전은 충분히 검증받았다. 우리가 처음 제시한 주제 즉 자아의 본성으로 다시 돌아감으로써 이 장을 마무리짓도록 하자.

자아 없는 온蘊

온들에서 자아를 찾아내려고 했던 노력은 헛수고로 끝나는 것처럼 보인다. 우리가 붙잡으려고 한 모든 것들은 의지할 것은 아무것도 없다는 느낌을 남긴 채 손가락 사이로 빠져나가는 것 같다. 이 시점에서 도대체 발견할 수 없었던 것은 무엇인지 잠시 다시 생각해보는 것이 중요하다.

나의 신체라고 하는 것은 우리의 시각에 매우 의존적이기는 하지만, 그렇다고 우리가 물리적 신체를 발견하는 데 실패하지는 않았다. 또한 우리는 이 온들에서 우리의 느낌과 감각들을 발견하는 데 실패하지 않았을 뿐 아니라, 여러 가지 지각들을 찾아내기도 했다. 성향, 의지, 동기, 간단히 말해 인격과 정서적 자아감을 구성하는 모든 것을 발견했다. 시각, 청각, 후각, 미각, 촉각뿐만 아니라 자신의 사고과정에 대한 의식까지도 포함해서 의식할 수 있는 모든 다양한 형식들을 또한 발견했다. 결국 발견하지 못한 유일한 것은 진정으로 존재하는 자기 또는 자아였다. 하지만 경험을 발견했다는 점에 유의하자. 실제로 경험이라는 폭풍 속으로 잠입했지만, 폭풍의 눈, 즉 자아도 '나'도 찾아낼 수 없었던 것이다.

왜 허전한 마음을 갖게 되는가? 이유는 처음부터 존재하지 않았던 어떤 것을 잡으려고 하기 때문이다. 이런 집착은 항상 나타난다. 이것은 우리의 모든 행동을 통제하고 우리가 살아가는 모든 상황들을 형성하는 뿌리 깊은 정서적 반응 바로 그것이다. 바로 이런 이유 때문에 오온을 통째로 '집착의 온取蘊, upadanaskandha'이라고 한다. 우리의 성향에 의해 형성된 인격인 '우리'는 실제로 자아를 결여sunya하고 있는 데도 진짜 자아가 온들인 양 그것들에 매달린다. 그런데 이 자아의 결여에도 불구하고 온들은 경험으로 가득 차 있는 것이다. 이

것이 어떻게 가능한가?

 통찰력의 점진적인 개발은 고유한 마음의 상태를 증진시키고 모든 경험을 포괄할 수 있도록 경험의 공간을 확대시킨다. 이런 수행이 발전해가면서(단순한 사후수습에 머물지 않고) 우리의 깨달음은 이런 경험(사고, 성향, 지각, 느낌 그리고 감각)들이 하나의 통일적 실체를 갖는 것이 아니라는 사실에 차츰 집중하게 된다. 그것들에 습관적으로 매달리게 되는 것은 그 자체가 하나의 또 다른 느낌, 즉 우리 마음의 또 다른 습관이라는 점이 밝혀진다.

 이런 경험의 변화무쌍한 출몰은 경험의 온들에서 나타나는 자아의 공백을 드러낼 뿐이다. 다시 말해 경험이 온들로 가득 차 있다는 사실 자체는 온들에는 자아가 없다는 사실을 의미하는 것이다. 만일 진정으로 존재하는 굳건한 자아가 온들 배후에 존재한다면, 자아의 불변성은 경험을 차단할 것이다. 자아의 정적靜的인 본성은 끊임없는 경험의 출몰에 급제동을 걸 것이다. (따라서 이런 자아의 존재를 전제하는 명상의 기법이 감각을 끊고 세계에 대한 경험을 부정하는 것에서부터 출발하는 것은 놀랄 일이 아니다.) 하지만 이런 경험적 출몰의 순환은 계속되며, 자아가 없기 때문에 그런 순환이 계속될 수 있는 것이다.

 이 장에서 우리는 인지와 경험이 진정으로 존재하는 자아를 드러내지 못한다는 점뿐만 아니라 그런 자아에 대한 습관적 믿음과 계속적인 집착이 인간의 고통과 습관적 패턴의 기원과 계속적 반복의 기반이 된다는 점을 보았다. 과학은 이런 고정된 자아의 환상을 제거하는 데 기여했지만 이런 사실을 너무도 먼 곳에서 기술했다. 과학은 고정된 자아가 마음에 반드시 필요한 것이 아니라는 점을 밝혔지만, 더 이상 필요없는 이 자아가 모두가 집착하고 가장 애타게 매달리는 바로 그 자아라는 기본적인 사실을 드러낼 어떤 방도도 마련하지 못했다. 현상에 관한 일정한 기술記述방식에 의존적인 과학은 단순히 비인격적, 가정적, 이론적으로 구성된 자아뿐만 아니라 많은 사람들이 실제로 매달리는 자아라는 것이 없이도 마음에 대한 경험이 자기변형적일 수 있다는 생각을 일깨울 과제를 안고 있다.

아마도 과학에 더 이상의 기대를 한다는 것은 공평한 일이 아닐지도 모른다. 메를로 퐁티의 말을 빌리자면, 과학의 강점은 사물들 사이에서 생활하기를 포기하고 대신에 그것들을 이용하기를 선호하는 태도에 있다.[25] 그런데 이런 점이 과학의 강점이 된다면 이것은 또한 과학의 약점을 나타내는 것이기도 하다. 경험 사이에서 생활할 것을 포기함으로써 과학자들은 그들이 발견한 것에서 상대적으로 영향을 받지 않고 지낼 수 있게 되었다.[26] 아마도 이런 상황은 과거 300년 동안 허용되었을지 모르지만, 현대 인지과학 시대에서는 금지될 것이다. 과학이 책임성 있고 계몽적인 방식으로 사실상 권위의 자리를 계속 유지하려면, 집중적이며 개방적인 경험분석을 포함하도록 그 지평을 넓혀야만 한다. 인지론은 연역논리의 방식을 따르는 기호계산으로 인지를 규정하는 좁은 인지 개념 때문에, 당분간은 이런 방향을 향한 발걸음을 디딜 수 없다. 제우스의 머리에서 튀어나온 아테나 여신과 같이 인지과학이 완성된 채로 나타난 것이 아니라는 점을 잘 기억해야 한다. 단지 소수의 주창자들만이 태동기 인지론의 기본적 방향과 방법론에 영향을 미친 결정들에 대해 민감한 반응을 보일 뿐이다. 그러나 이 태동기의 사고는 생물학적 자기조직의 속성들이 중요한 역할을 하는 새로운 인지 접근법에 다시 영감을 주는 원천이 되고 있다. 이 새로운 접근법은 우리가 지금까지 다루었던 모든 주제들에 새로운 빛을 비추고 있으며 3부의 탐구로 우리를 인도한다.

Varieties of Emergence
3

다양한 창발론

Chapter 5

창발적 속성과 연결론

자기조직화: 새로운 대안의 근원

우리는 인지과학과 깨달음의 반성을 바탕으로 하는 인간경험의 탐구 사이에서 벌어지는 대화의 두 번째 단계를 이제 시작하려고 한다. 첫 단계에서 표상의 묶음으로서 규정되었던 인지적 행위자의 개념이 최근 인지론뿐만 아니라 경험에 대한 허심탄회하면서도 깊은 깨달음을 주는 탐구에서 중심적인 역할을 하는 것을 보았다. 이제 두 번째 단계에서 '창발적 속성'이라는 개념에 초점을 맞춰보자. 이 중심개념은 복잡한 역사를 통해서 우리 앞에 나타났는데 여기서 그 논의를 시작해보자.

인지과학의 주된 전략, 즉 기호조작에 대한 대안은 사이버네틱스의 초창기부터 제안되고 논의되었다. 예를 들어 메이시 학술대회Macy Conference[1]에서는 인간 두뇌에는 어떤 규칙도 어떤 중앙처리장치도 없고 특정한 정보를 저장하는 규정된 저장소도 없다는 것이 중심논

제였다. 일반적인 생각과는 달리 두뇌에는 대량의 상호연결체가 분산된 형태를 띠고 있어서, 새로운 사실을 경험함에 따라 뉴런들 사이의 연결 강도가 변한다는 것이다. 간단히 말해 이런 뉴런들의 연합체는 기호조작이라는 인지과학의 전통에서는 찾아볼 수 없는 자기조직의 능력을 우리에게 보여준다. 1958년 프랭크 로젠블랫Frank Rosenblatt는 '퍼셉트론(지각자)Perceptron'라는 장치를 만들었다. 이 간단한 장치는 뉴런과 비슷한 역할을 하는 작은 부분들로 구성되어 있는데 이 장치가 보여주는 지각능력은 뉴런에 비견되는 이 구성요소[2]들의 연결 강도 변화에 전적으로 의존한다. 같은 맥락에서 애슈비Ashby는 임의적 상호연결구조를 지닌 거대체계의 변화를 최초로 연구했는데 그는 이 체계에서 매우 조직적인 변화를 목격했다.[3]

이런 대안적인 견해들은 3장에서 논의된 바처럼 계산론적인 전통을 옹호하는 당대의 지적 풍토 때문에 인지과학의 역사에서 거의 자취를 감추었다. 1970년대 후반에 와서야 이런 견해들에 대한 재고찰이 일어나게 된다. 이것은 25년 동안 (데닛이 '원조계산론'이라 비유한) 인지론적 정설이 득세한 후에 나타난 재고찰이었다.[4] 이런 새로운 관심을 자극한 주된 요인들 중 하나는 초고속 컴퓨터의 개발뿐만이 아니라, 물리학과 비선형수학에서 동시적으로 나타난 자기조직화라는 개념의 재발견이다.

자기조직화를 재고찰하려는 최근의 움직임은 널리 알려진 인지론의 두 가지 결점에 근거한다. 첫째로 '폰 노이만 병목현상Von Neumann bottleneck'은 (화상처리나 일기예보 같은) 매우 많은 수의 독립적 직렬연산이 필요한 작업에서 특히 심각한 문제를 야기한다. 하지만 계산론의 전통을 전적으로 거부한다는 이유 때문에 병렬처리 알고리즘에 대한 연구는 성공을 거두지 못했었다.

두 번째 중요한 제약은 기호처리가 특정한 연산장치에 국부적으로 집중된다는 데 있다. 때문에 기호의 부분 또는 규칙에 여하한 손실이나 고장은 연산장치 전체에 심각한 고장을 야기한다. 이와는 대조적으로 분산된 연산은 외부손상에 잘 대처하는 듯이 보인다. 상대적으로 이런 분산체계는 외부적인 손상에 대해 부분들이 균등하게 대처할 만반의 준비가 되어 있다.

처음 20년 동안의 인지론 득세 기간 동안 나타난 이 모든 관찰들이 시사하는 바는 연구자들의 모임에서 꾸준히 일어난 다음과 같은 확신을 살펴보면 가장 잘 알 수 있다. 즉 실행이라는 측면에서 볼 때, 전문가와 철부지 아기를 바꾸어 생각하는 것이 필요하다는 것이다. 전문가적 입장을 취하는 첫 번째 시도는 가장 일반적인 문제를 해결하는 것, 즉 자연언어의 이해나 '일반해결장치General Problem Solver'의 구성 문제를 해결하는 것이었다. 매우 잘 훈련된 전문가들의 지능에 도전하는 이런 시도는 흥미롭지만 어려운 것으로 간주되었다. 그런데 보다 평범하고 국지적인 문제로 관심을 돌려볼 때, 보다 기본적인 인지능력은 매일 매일 이것저것 주어들은 말에서 언어를 습득하고 수만 가지 광선으로 드러나는 물체에서 의미 있는 대상을 식별할 줄 아는 아기 수준의 지적 능력이라는 점이 분명해졌다. 인지론적 접근은 생물학적 영감에서 너무 멀리 벗어나 있었던 것이다. 인지론적인 것들을 생물학적인 것과 바꾸길 원하는 이는 없지만, 매우 일상적인 문제에 관해서는 인지론적 전통에서 제안된 계산론적인 전략이 아니라 작은 곤충의 기능이 더 효과적일 수 있다는 점을 명심해야 한다. 마찬가지로 두뇌가 뇌 손상에 대처하는 정도 또는 새로운 환경에 적응할 수 있는 생물학적 인지능력의 유연성은 생물학자들에게는 당연한 것이지만 계산론적 전통에서는 고려되지 않은 능력이다.

연결론적 전략

인지과학에서 나타난 이 새로운 방향전환에서도 역시 두뇌가 비교와 새로운 발상의 기본대상이 된다. 이제 새 이론과 모델은 추상적 기호의 서술에서 출발하지 않고, 오히려 상호연결되어 거시적 인지속성을 갖게 될 조직체에서, 즉 뉴런과 흡사한 단순한 요소들의 협동체에서 출발한다. 이 거시적 속성들은 우리가 추구하는 인지능력을 구체화시키고 발현시키는 것들이다.

 이런 이론적 접근법은 단순한 요소들의 적절한 연결양상을 어떻게 바람직하게 변화시키느냐에 그 성패가 달려 있다. 가장 널리 연구된 학습규칙은 '헵Hebb의 규칙'이다. 1949년 도널드 헵Donald Hebb은 학습은 뉴런들 사이의 상호연결 정도에 의존하는 두뇌의 상태 변화에 기초할 것이라 제안했다. 즉 두 뉴런들이 똑같이 활동상태에 있다면 그 둘 사이의 연결은 강화되고 그렇지 않으면 약화된다. 따라서 뉴런체계의 연결양상은 각 뉴런활동의 시간적 변화에서 분리해서 생각할 수 없으며, 또한 이 체계 전체가 담당할 인지활동의 종류와도 관계된다. 뉴런들의 연결과 같은 작은 단위 조직체들의 연결에서 실질적인 인지활동이 일어난다는 점을 주장하는 ('신연결론'이라고도 불리는) 연결론connectionism은 이런 방향으로의 연구를 위해 제안된 전략이었다.[5]

오늘날 이런 접근법에 대한 폭발적인 관심을 불러일으킨 중요한 요인들 중 하나는, 신경망체계에서 일어나는 변화를 통제하는 효과적인 방법의 발견이었다. 이런 신경망 체계를 최종적인 안정상태에 도달하게 하는 총체적 에너지 함수를 제공하는 통계적 수단의 발견에 많은 관심이 집중되었다.[6]

한 가지 예를 생각해보자. N 뉴런과 같은 방식으로 기능하는 요소들이 있고, 그것들이 상호연결되었다고 생각해보자. 이 요소들 중 몇 개를 감각 말단기관이라(예를 들어 망막이라) 생각하고 그것에 물리적인 자극의 일련의 패턴을 입력한다고 해보자. 각각의 입력이 있은 후에 체계가 헵의 규칙에 따라 그 요소들의 연결양상을 재구성하도록 해보자. 다시 말해 입력이 주어졌을 때 함께 활성화되는 뉴런들의 연결이 강화되는 것을 보자. 패턴들의 입력은 전체적으로 체계의 학습과정을 유도한다.

학습이 끝난 후, 체계에 학습에 사용된 패턴들 중 하나가 다시 주어질 때 이 체계는 그 학습된 입력 표상에 상응하는 내적인 조직화 또는 내적 상태에 돌입한다는 의미에서 그 입력 패턴을 인지한다. 이런 파악은 주어진 학습 패턴의 수가 체계의 구성요소의 수보다 작을 때도(약 15% 정도인 경우에도) 가능하다. 게다가 체계는 패턴에 방해잡음이 가해진다든가 체계 자체가 부분적으로 마비된다고 해도 주어진 패턴을 올바로 파악할 수 있다.[7]

창발과 자기조직화

앞서의 예는 앞으로 다룰 신경망 또는 연결론 모델 전체에 대한 한 가지 예일 뿐이다. 그런데 이런 신경망체계 연구의 당면과제가 무엇인지 이해하기 위해, 먼저 논의를 좀더 확장시킬 필요가 있다. 이미 논의한 바대로 이러한 연구의 전략적 목표는 기호와 규칙에서가 아니라 대략적이지만 시간에 따라 상호연결을 바꾸어가는 단순한 요소들에서 시작하는 인지체계를 구성하는 것이다. 이 전략에서 각 요소는 오로지 그 자신들의 주어진 환경에서만 작동하기에 체계 전체로 보아서는 외적인 통제자, 즉 체계의 전반적인 움직임을 지배할 외부통제자가 없다. 하지만 이런 신경망 구조의 특성상 이 체계에 참여하는 모든 뉴런들이 상호충족 상태에 도달하면 전체적인 상호협력이 자발적으로 나타난다. 이런 체계에서는 전체적인 움직임을 통제할 중앙처리장치가 필요없다.[8] 단순한 요소에 국한되는 규칙에서 전체적인 협력으로의 변화는 사이버네틱스가 유행하던 시절 자주 언급되었던 자기조직화라는 것의 핵심이다.[9] 오늘날 이런 현상은 창발적 또는 총체적 속성, 연결망동력학, 비선형연결망, 복합체계 또는 심지어는 상호공조체계synergetics라 일컬어진다.

이런 창발적인 속성에 관한 통일적인 수학이론은 없다. 그러나 창발적 속성은 많은 영역, 즉 소용돌이, 레이저, 화학적 요동, 유전자 연결망, 발전 패턴, 집단 유전학, 면역체계, 환경학, 물리지리학 등에서 널리 발견되었다는 점은 확실하다. 이 모든 현상들의 공통점은 주어진 물리적인 조건 아래 연결망이 예상치 못한 새로운 속성을 만들어낸다는 점인데, 과학자들은 그 일반적인 특징을 파악하려고 하고 있다.[10] 이 체계들이 공통적으로 가지고 있는 창발적 속성들을 파악할 수 있는 한 가지 유용한 방법은 동역학체계이론에서 거론되는 '끌개attractor'라는 개념을 이용하는 것이다. 앞으로 우리의 논의에서 이 개념은 중요한 역할을 하기 때문에, 예를 통해서 이 개념을 고찰해보기로 하자.[11]

세포자동자細胞自動子, cellular automata라는 단순한 요소, 즉 직접 연결된 두 요소에서 입력을 받고 그 자신의 내적 상태를 연결된 다른 요소에 곧바로 전달하는 장치를 생각해보자. 이 세포 또는 요소가 오직 두 상태(0 또는 1, 활성화 또는 비활성화)만을 가질 수 있고 각 자동자의 변화의 규칙은 오직 두 자변수argument의 불리언Boolean 함수('and 연언' 또는 'exclusive-or 배타적 선언')라 가정해보자. 세포자동자의 두 상태에 대해 이런 함수를 선택할 수 있기 때문에 각 세포의 작동은 이 불리언 함수의 쌍으로 규정된다.

복잡한 연결망을 구성하기보다는 단순히 이 초보적인 요소들을 둥글게 나열하여 서로 연결해보자. 이렇게 하면 전체적 원환체의 입력이나 출력 같은 것은 없고 오직 각 세포의 내적인 활동만이 있게 된다. 그런데 내적인 요소를 보다 잘 드러내기 위해서는, 이 원환체를 1의 상태에 있는 세포는 검은 사각형으로 그 반대 상태에 있는 것은 텅 빈 사각형으로 표시하는 것이 좋다. 이렇게 해서 그림 5.1에 있는 것처럼 세포들의 위치는 왼쪽에서 오른쪽으로(원환구조에 따라 마지막 세포는 첫 번째 것에 연결되도록) 이어진다. 무작위적인 상태에서 시작하여 각각의 세포가 (비연속적) 과정을 통해 동시적인 구조의

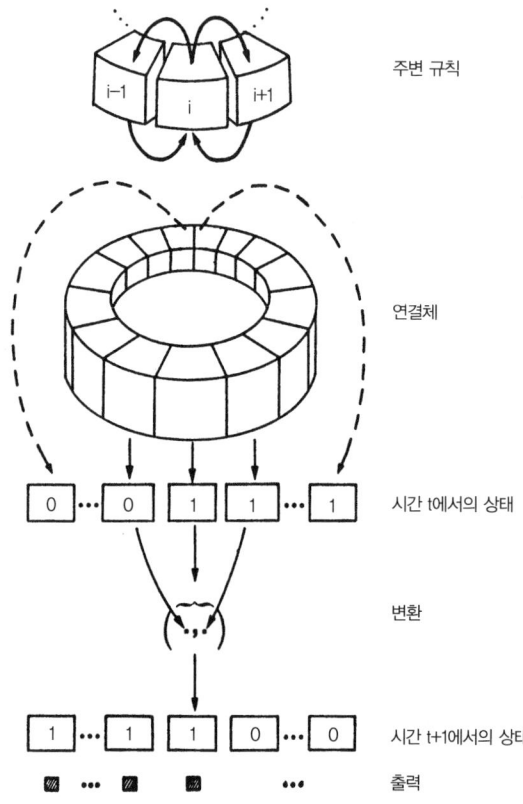

그림 5.1
단순세포자동자의 구성.

변화를 야기하며 새로운 상태에 돌입함(모든 세포가 동시에 각각의 새로운 상태에 놓이게 됨)으로써, 이 세포자동자들의 원환체는 동적인 변화를 겪게 된다. 그림에서 우리는 최초의 상태를 가장 윗줄에 그리고 연속되는 순간들을 그 다음 줄에 표시했다. 따라서 한 세포의 연속적인 상태는 세로줄에서 그리고 모든 세포들의 동시적인 상태는 가로줄에서 읽어볼 수 있다. 그림 5.2에 나타나 있는 시뮬레이션들은 그 초기 상태가 무작위적으로 정해진 8개의 세포로 구성된 원환체에서 나온 것이다.

이 단순하고 최소한의 구조를 지닌 연결망에서 풍부한 자기조직화의 능력이 나타나는 것을 관찰하는 것은 놀라운 일이다. 최근 울프람Wolfram은 이런 능력에 대한 세밀한 조사를 수행했다.[12] 그가 수행한 조사를 다시 확인할 필요는 없지만, 우리의 목적을 위해서 이런 원환체들은 그림 5.2에서 나타난 것처럼, 각각 4개의 대표적인 유형으로 혹은 끌개로 변화해간다는 점을 명심하는 것이 중요하다. 첫 번째 것은 단순한 끌개를 나타낸다. 이것은 모든 세포들을 똑같이 활성화시키거나 비활성화시킨다. 보다 흥미 있는 두 번째 원환체의 집합에서 주어진 규칙은 공간적 한계순환periodicities이다. 즉 어떤 세포는 활동적인 상태에 머물고 다른 것은 그렇지 않은 상황으로 변화한다. 원환체에 주어진 세 번째 종류의 규칙은 둘 또는 그 이상의 길이를 갖는 시공간적 주기를 야기한다. 이 종류의 원환체는 주기적 끌개에 해당되는 변화를 보여준다. 마지막으로 몇 가지 규칙들은 원환체의 시간적인 변화에 혼돈끌개가 나타나도록 즉 아무런 시공적인 규칙을 발견할 수 없는 변화가 나타나도록 한다.

여기서 우리가 설명하려고 하는 요점은 상호작용하는 요소들의 체계에서 나타나는 전체적인 패턴이나 조직화의 창발성은 일부 희귀한 사례에 국한되거나 신경망체계에만 적용되는 특수성에 기인하는 것이 아니라는 점이다. 실제로 대략적으로 연결된 모든 집합체에

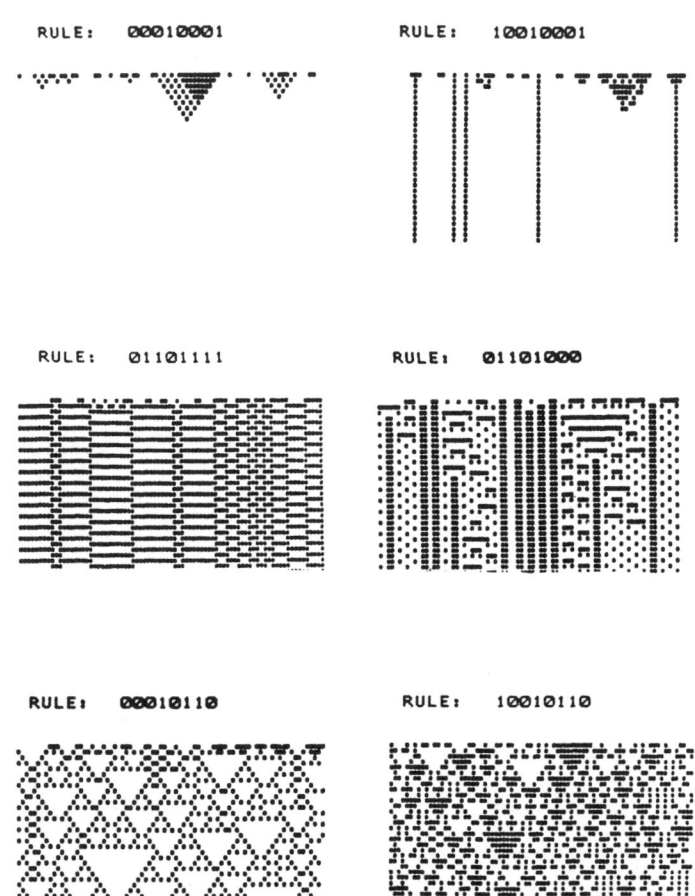

그림 5.2
세포자동자에서 나타나는 창발적 협동패턴(또는 끌개).

는 이 창발적인 특성이 항상 나타나게 된다. 따라서 이런 창발적 속성들에 관한 이론들은 물리적 인지적 현상들에 관한 다양한 단계의 기술을 꿰뚫어 종합하는 자연적인 연결고리가 된다. 자기조직화에 대한 이런 전반적인 이해를 가지고 신경망과 연결론으로 우리의 논의를 옮겨보자.

연결론의 현재

연결론 이론은 매우 빠른 지각, 연상기억, 범주 일반화 등등의 흥미 있는 인지능력에 관한 실험적 모델을 매우 능숙하게 제공한다. 최근에 나타난 이런 이론적인 양상에 대한 열광적 지지는 몇 가지 이유로 해서 정당화될 수 있다. 첫째, 인지론적인 전통에 서 있는 인공지능과 신경과학은 위에서 소개되었던 것과 같은 인지과정들을 설명할 수 있는 (또는 재구성할 수 있는) 설득력 있는 결과를 제시하지 못했다. 둘째 연결론 모델들은 다른 모델들보다 생물학적 체계에 훨씬 가깝다. 그리하여 지금까지 생각하지 못했던 인공지능과 신경과학 사이의 심도 있는 연합이 가능하게 되었다. 셋째로 실험심리학에서 연결론 모델은 행태론적 입장으로의 복귀를 손쉽게 했다. 이 입장은 상위수준의 일상언어적, 내성적 용어로 구성되는 (인지론은 이를 정당화했지만 심리학은 이에 대해 중립상태 유지하는) 이론들을 차단한다. 마지막으로 이 연결론 모델들은 약간의 수정만 거치면 시각 또는 음성인식과 같은 다양한 영역에 적용될 정도로 포괄적이다.

눈동자의 움직임 또는 급격한 도약을 위한 근육운동과 같은 학습이 필요없는 행동을 뒷받침하는 창발적인 신경상태의 예는 허다하다. 분명히 우리가 이해하려고 하는 대부분의 인지행위들은 경험을 바탕으로 하는 변환을 포함한다. 따라서 앞서 첫 번째 예로 소개했던 헵의 규칙과 같은 학습규칙들에 대한 관심은 당연하다. 이런 규칙은 신경망체계가 창발적으로 조직되도록 할 뿐 아니라(이것은 그토록 단순한 세포자동자에서조차 당연한 것이었다), 학습에 따라 새로운 구조를 구축하는 능력을 갖도록 한다.

여기서 새로 발전하고 있는 이 연구분야가 유연성을 갖춘 신경망체계의 출현으로 이어지고 그것이 두뇌와 인공지능의 연구에 적용되어가는 과정을 훑어보지는 않을 것이다.[13] 우리의 논의를 위해서는 현재 연구되고 있는 두 개의 중요한 학습의 규칙이 있다는 것을 지적하는 것으로 충분하다. 첫 번째 것은 두뇌 구조에 영감을 받아 헵이 개발한 상호연결correlation에 의한 학습이다. 체계에 여러 입력이 학습사례로 주어지고, 체계는 그 입력을 통해서 새로운 사례들을 감당할 성향을 습득하게 된다. 두 번째 대안은 복사copying에 의한 학습이다. 모범적 사례를 모델로서 제공받음으로써 학습하게 되는 방식이다. 실제로 이 전략은 예전에 로젠블랫이 그의 퍼셉트론에서 제창한 것이다. 그 현대판은 '역확산backpropagation'이라 알려진 것이다. 이 학습기법에서는 신경망의 내부를 구성하는 신경단위들('막후단위 hidden unit'라 하는 것들)의 연결의 변화가 신경망 전체의 출력과 우리가 기대하는 출력 사이의 차이가 최소화되도록 조정된다.[14] 여기서 학습은 마치 어떤 사람이 시범자를 모방하려고 하는 것과 같다. 이 방법의 멋진 사례로 지목되는 넷톡NetTalk은 표기소(글자)에서 음소(발음)를 출력해주는 장치인데, 이 장치는 학습기간 동안 몇 페이지의 영어문장과 발음을 모방함으로써 이 작업을 수행한다. 결과적으로, 넷톡은 이전에 입력되지 않았던 새로운 영어문장들을 완벽하게는 아니더라도 그럭저럭 읽어낼 수 있다.[15]

뇌세포와 창발

최근의 연구는 창발적 속성이 두뇌의 작용에 근본적인 것이라는 점을 지지하는 구체적 증거를 제공한다. 두뇌의 해부학적 구조를 살펴본다면 이런 사실은 이상할 것이 없다. 실제로 셰링턴Sherrington과 파블로프Pavlov 시대 이래로 두뇌의 총체적인 분산적 속성에 대한 이해는 신경과학의 입장에서는 꿈의 세계 즉, 도달하기 어려운 세계였다. 이런 두뇌의 분산성에 대한 이해의 한계는 기술적인 제약과 개념적인 제약 모두에서 연유한다. 기술적인 제약은 두뇌에 흩어져 있는 수만의 뉴런들이 동시에 하는 일이 무엇인지 알아내기 어렵다는 것이다. 최근에 이르러서야 몇 가지 방법이 실질적 효과를 거두고 있다.[16] 그러나 이 한계는 개념적인 제약도 가지고 있다. 60년대와 70년대를 거치면서 신경과학자들은 인지론의 안경으로 두뇌를 보아왔던 것이다. 따라서 당시에는 두뇌가 폰 노이만 식 컴퓨터로 설명된다는 정보처리적 접근이 신경망에 대한 창발적인적 접근보다 훨씬 보편적이었다.

그러나 정보처리의 비유를 무제약적으로 사용할 수는 없다. 예를 들어 시각피질에 있는 뉴런들은 시각정보의 특정한 속성에 반응하지만 이 반응은 매우 통제된 내적, 외적 환경에서 마취된 동물에게서나 얻을 수 있는 반응이다. 보다 정상적인 감각환경이 주어지고 실험동물이 자유롭게 움직이게 된다면, 이 단순한 뉴런들의 활동은 환경에 매우 민감해진다. 예를 들어 신체의 평형상태나 청각자극은 시각정보처리에 영향을 미친다는 점이 보고되었다.[17] 게다가 이 뉴런들의 반응은 감각 영역과는 관계없는 뉴런으로부터도 직접 영향을 받는다.[18] 동일한 감각자극의 영향 아래서도 자세의 변화는 1차 시각피질에 존재하는 뉴런의 반응을 다르게 만든다. 이런 사실은 사소한 운동변화라도 감각변화의 차이를 야기할 수 있다는 점을 보여준다.[19] 두뇌의 작동을 기호에 바탕을 둔 순차적인 처리과정으로 포착하려는 시도는 이런 두뇌작용의 근본적인 개방적 통합성에 어울리지 않는 것이다.

따라서 거대한 연합체의 구성요소로서의 뉴런을 연구할 필요가 있다는 점이 신경과학자들 사이에서 점차적으로 분명해졌다. 뉴런으로 구성된 연합체에서 협동적 상호작용은 끊임없이 출몰하고 맥락의존적인 방식으로 반응을 증가시키고 변화시킨다. 두뇌 구성의 기본원칙은 다음과 같다. 두뇌의 한 부분(두뇌의 핵이나 층) A가 B에 연결되면, B는 상호적으로 A와 다시 연결된다. 이 상호성의 원칙은 두세 가지 정도의 예외 밖에 허용하지 않는다. 따라서 두뇌는 매우 상호협력적인 체계다. 그 구성요소들 사이의 밀접한 상호연결은 궁극적으로는 두뇌에서 벌어지는 모든 일은 구성요소들의 작용 함수라는 점을 함축한다.

　이런 종류의 상호협력은 국부적으로 그리고 총체적으로 벌어진다. 상호협력은 두뇌의 부분들뿐만 아니라 이 부분들이 연합된 상위 수준에서도 나타난다. 두뇌 전체는 시상, 해마, 피질 등과 같이 세포의 종류와 지역에 따라서 몇 개의 부분으로 나누어진다. 이 하위 부분들은 복잡한 세포망들의 집합으로 구성되어 있다. 하지만 세포망 자체도 상호가 그물망 형식으로 연결되어 있다. 결과적으로 전 체계는 우리가 그 자세한 내막을 당장 알 수는 없지만, 세밀한 패턴의 조화로 구성되어 있다. 예를 들어 고등동물의 시각체계를 임의적으로 조절하면 그 동물은 깨어 있는 상태에서 잠드는 상태로 행태적 변화를 겪는다. 이 변화는 그러나 망막체계가 깨어 있는 상태를 통제하고 있음을 의미하지는 않는다. 이 체계는 오히려 체계를 구성하고 있는 요소들 사이의 어떤 내적인 조화가 나타나도록 꾸며진 두뇌 구조의 일부일 뿐이다. 그런데 이런 협동적 조화가 막상 일어나고 나면 이 조화는 어떤 특정한 체계의 통제에 놓이는 것이 아니다. 망막체계는 각성상태와 수면상태와 같은 어떤 협동적 조화가 일어나는 상태들의 발생에 필요조건이 될 수는 있어도 충분조건이 되지는 않는다. 깨어 있거나 잠자고 있는 것은 망막뉴런들이 아니라 동물 자신이다. 실제로 이런 뉴런체계의 창발적 속성을 고찰할 수 있는 기술의 단계는 세포들의 단계에서부터 두뇌 전체에 걸쳐 여럿이 존재하는데 각 단계의 세부적 사항을 탐구하기 위해서는 다른 방법이 필요하다.[20]

　시지각의 말단부에서 어떤 일이 벌어지고 있는지 살펴보자. 그림

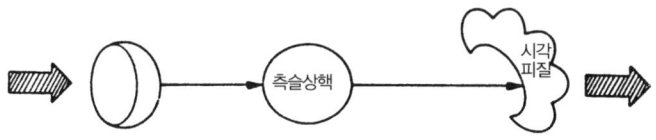

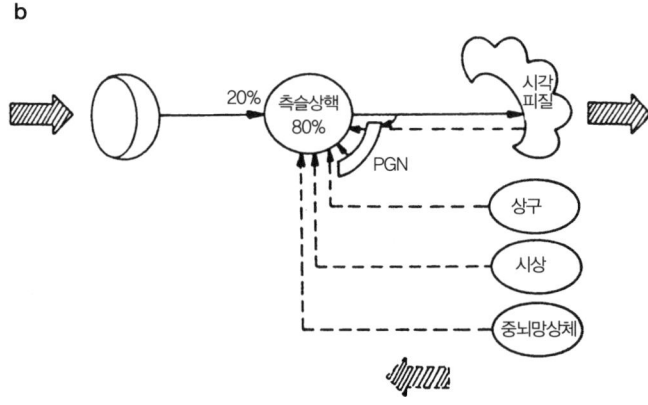

그림 5.3
시상 단계에서 나타나는 시각경로의 연결 형태.

5.3의 첫 그림에서는 두뇌의 시각통로가 나타나고 있다. 시신경은 안구와 외측슬상핵外側膝狀核, lateral geniculate nucleus, LGN이라 불리는 시상의 한 부분으로 그리고 측슬형체에서 시각피질로 연결되어 있다. 이런 시각 구조에서 나타나는 정보처리에 대한 교과서적 설명은 다음과 같다. 시각정보는 안구를 통해 순차적으로 시상을 거쳐 '보다 세부적인 처리'가 일어나는 두뇌시각피질VC로 전달된다. 그런데 만일

우리가 이 시각의 전 체계가 엮어져 있는 모양새를 보다 자세히 들여다본다면, 이 순차적 정보의 흐름에 대한 설명은 근거가 없는 것임을 알 수 있다. 그림 5.3의 두 번째 그림은 LGN이 두뇌연결망에 놓여 있는 위치를 보여주고 있다. LGN 세포가 담당하는 80% 정도의 신호는 망막이 아니라 다른 두뇌 부분들에서 주어지는 것이라는 점은 분명하다. 게다가 피질에서부터 LGN으로 들어가는 신경섬유가 보다 많다는 것도 알 수 있다. 이로 인해 시각통로를 순차적 정보처리의 단계로 이해하는 것은 전적으로 잘못된 것처럼 보인다. 순차적인 처리 방향과는 반대의 정보흐름을 명백히 볼 수 있다.

따라서 시각체계의 말단부에서 조차도 안구로부터 두뇌가 받는 영향보다는 피질의 활동으로부터 두뇌가 받는 영향이 더 크다. 이 두 종류의 두뇌 활동의 연합은 상호공명 작용resonance 또는 활동적 연결반발active match-mismatch 과정의 특수한 조건에 의해 결정되는 새로운 협동적 조화상태 발생의 한 사례가 된다.[21] 그러나 1차시각피질은 LGN 단계에서 국부적으로 나타나는 특정한 두뇌회로의 한 요소일 뿐이다. 망막위치정보, 상위 콜리쿨러스colliculus, 즉 상구上丘로부터 신경섬유, 또는 눈동자의 움직임을 통제하는 뉴런들의 보조적인 작용들과 같은 다른 비시각적 요소들도 똑같은 정도로 시각정보처리에 중요한 역할을 한다.[22] 따라서 전체 체계의 활동은 일련의 순차적 명령 실현의 단계가 아니라, 분산적이며 상호작용적인 칵테일파티의 잡담과 같다고 할 수 있다.

LGN과 시각에 관해 지금까지 논의했던 것은 분명히 시각에만 한정된 설명이 아니라 두뇌 전체에 걸쳐 적용될 수 있는 통일적인 원칙에 관한 것이다. 단지 시각계통은 두뇌의 다른 핵nucleus이나 피질 구역들에 비해 그 세부적인 사항이 더 잘 알려져 있기 때문에, 사례연구로 적합했던 것이다. 각각의 뉴런들은 하나씩 따로 떼서 생각하면 미미한 것들이지만 두뇌활동의 여러 총체적인 패턴에 분명히 참여하고 있다. 이 점에서 시각 대상 또는 시각정보 파악의 기본적 기재는 '뉴런들의 조화적 협력체의 총합적 상태'의 창발이라 할 수 있다.

실제로 스티븐 그로스버그Stephen Grossberg는 누구보다도 먼저 그런 적응성을 지닌 반향적 신경망에 대한 세밀한 분석을 수행했다.[23] 적응반향이론adaptive resonance theory, ART이라 알려진 것의 구조가 그림 5.4에 나타나 있다. 이 모델들은 우리가 금방 기술했던 시각통로의 전반적인 구조에 꼭 맞기 때문에 흥미롭다. 또한 ART는 수학적으로도 정확해서 모의가 가능하고 물리적으로 작동할 수 있도록 제작할 수도 있다. ART는 여러 가지 무작위적인 입력 패턴들에 대해서 자기조직화, 자기안정화 그리고 자기조절화를 통해 지각부호(안정화된 내적 변수)를 산출할 능력을 가지고 있다. ART의 핵심은 단기기억에 주어지는 활성화 패턴에 반응하는 두 가지 연속적 단계(그림 5.4에서 F1과 F2로 이름 붙여진 단계들, 즉 LGN과 시각피질을 상기시키는 것들)에 있다. 이 상향적bottom-up 흐름은 장기기억 내용의 활성화에서 기인하는 하향적top-down 기억과 만난다. ART의 나머지 부분은 단기기억STM과 장기기억LTM의 작용을 미세조정 또는 파형재조정과 같은 방식으로 조정한다. 카펜터Carpenter와 그로스버그Grossberg는 자기조직의 단계에서는 '자각적' 기재가 학습에 매우 중요한 것임을 발견했다. 이 기재는 상향적 패턴과 하향적 패턴 사이에 반발mismatch이 있을 때 나타난

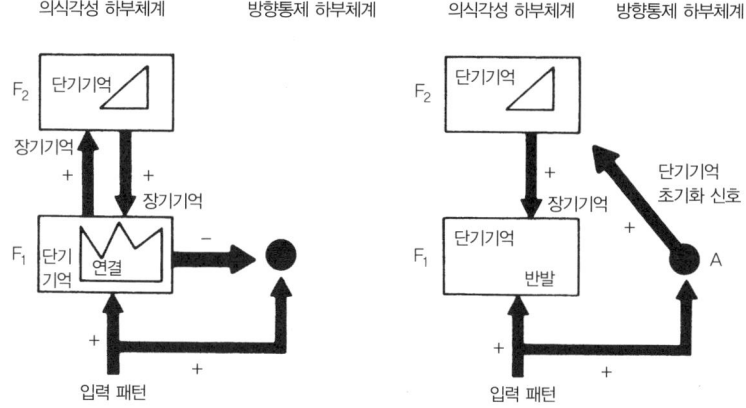

그림 5.4
각성-인도(attentional-orienting) 하위체계를 이용하는 시각처리과정의 ART 모델. 자세한 내용은 카펜터와 그로스버그의 '자기조직적 신경 기재를 위한 총체적 평행구조 연구(A massively parallel architecture for a self-organizing neural recognition machine)'를 참고할 것.

다. 이런 반향적 신경망은 여러 다양한 입력신호를 분류하는 작업을 즉 여러 형태의 낱글자들을 각각의 그룹으로 분류하는 것과 같은 일을 미리 정의된 규칙 없이 매우 빠르게 학습할 수 있음이 증명되었다.

이제 창발적, 생물학적 정보처리와 앞 장에서 논의한 오온에 관한 논의로 돌아가보자. 우리는 앞 장에서 오온이 순차적으로 발생하게 되는지 동시적으로 발생하게 되는지를 논의했다. 전통 불교경전에서는 이 논의가 제기되지 않는데, 이유는 오온이 정보처리이론과는 관계없는 것이기 때문이다. 오온은 오히려 (자아중심적인 경험의) 자아-마음을 심리학적으로, 현상학적으로 기술하는 역할을 맡고 있으며, 또한 자아-마음의 경험을 일차적으로 분류하는 일련의 범주의 역할을 맡고 있다. 그러나 이 오온 발생의 순차성 문제는 논의할 가치가 충분히 있다. 경험을 분석하는 데 관심을 기울이는 것은 인지과학과 지관 전통의 연합에 있어 매우 중요한 것이기 때문이다. 오온에 대해 순차론을 취하는 것은 두뇌활동을 순차적으로 이해하는 것과 비슷하게 여겨진다. 망막과 측슬형체의 단계에서 형태는 각성 이전의 형태분절작용에 의해 먼저 나타나게 되고, 그리고 나서 망막과 소구 입력에 의해 감각과 지각이 일어나게 된다. 반면 개념과 의식은 V4(제4시각 구역), MT(중간측두시각 Middle Temporal 구역 혹은 제5시각 구역) 또는 하위측두엽 inferotemporal cortex 같은 '상위' 두뇌 센터의 다른 단계에서 첨가되는 것이다. 그러나 만일 지각 활동이 단선적인 순서로 분명히 분석될 수 없다면 '하위' 단계의 작용을 감각이나 분별 같은 상위단계의 작용에서 분리하는 것은 어려운 일이 될 것이다. 형태의 판별은 우리 두뇌가 지닌 성향 때문이다. 다발 또는 온들의 묶음을 신경망의 창발적 연결구조에 대한 비유로 생각할 수 있다면, 오온을 창발의 한 단계에서 나타나는 반향적 패턴으로 간주할 수 있을 것이다. 이 창발적 반향 패턴은 체계에 참여하고 있는 부분 신경망들 사이의 밀고 당기는 활동의 많은 단계를 거쳐야 하기 때문에 나타나는 데 시간이 걸린다. 앞에서 이 패턴의 순간적인 출현이 한 시간단위에서 계속적으로 그리고 전기적으로 관찰될 수 있음을 논의했다. 또한 그런 출현을 관찰할 어느 정도의 숙달된 능력을 가정했을 때 심적 현상에 대한 보다 더 세밀한 시간적 구분의 가능성에 대해서도 논의했다. 이런 순간적인 구조들의 변화가 창출하는 '집체성 chunkiness'은 두뇌와 같은 연결망이 지니는 창발적 속성의 피할 수 없는 결과인 것처럼 보인다.

  따라서 비유로서의 다발 또는 묶음의 개념을 우리가 지금 논의하는 자기조직화의 과정으로 이해하는 것이 가능하다. 오온은 창발적 변화의 한순간에 일어나는 것이다. 이것은 마치 동시성(창발적인 패턴은 전체적으로 일어나기 때문)과 순차성(전체적인 출력 패턴이 나타나기 위해서는 신경망에 참여하는 구성요소들 사이에 밀고 당기기가 필요하기 때문)의 완벽한 분리가 엄밀한 의미에서 불가능한 반향적 신경망resonating network에서의 창발 현상과 같다. 물론 위에서 말한 것처럼 오온은 정보처리이론을 구성하는 요소는 아니다. 그럼에도 불구하고 신경심리학적 접근은 지관의 명상에 바탕을 두는 마음에 대한 직접적 관찰과 양립가능하다. 따라서 지관의 전통이 경험의 마디를 창발의 조화적 순간과 연결시키는 데 성공했다는 점은 우리를 경탄케 한다.

기호의 퇴장

이 대안적 방안들, 즉 연결론, 창발, 자기조직, 연상이론, 연결망 역학 들은 아직도 초보단계에 있으며 다양한 발전의 가능성을 보여준다. 그런 대안에 참여하는 구성원이라고 자처하는 학자들의 대부분은 인지과학의 현재가 어떠하고 미래가 어떨지에 대해 매우 다양한 견해를 가지고 있다. 이런 다양한 견해를 염두에 두면서, 인지론이 제기한 문제들에 대해 이런 대안적인 입장이 제시하는 답이 무엇인지를 짚어보자.

물음: 인지란 무엇인가?

답: 단순한 구성단위들의 연결망에서 통일된 전체 상태가 창발되는 것.

물음: 어떻게 그것이 가능한가?

답: 각 구성단위들의 작동을 규정하는 국부적인 규칙 그리고 단위들 사이의 연결 강도를 조정하는 규칙에 의해서.

물음: 어떤 인지체계가 적절히 기능하는지 어떻게 알 수 있나?

답: 창발적 속성(그리고 그것에서 귀결되는 구조)이 특정한 인지능력에 상응한다고 간주될 때. 그리고 주어진 작업에 대해 성공적인 해답을 제시할 때.

인지과학의 이런 대안적인 접근이 지니는 가장 흥미로운 특징을 대략적으로 말한다면 이 접근에서는 기호가 아무런 역할을 하지 않는다는 것이다. 연결론적인 접근에서 기호조작은 수의 연산으로, 예를 들어 역학체계를 지배하는 미분함수와 같은 것으로 대치되었다. 이 연산은 기호를 이용하는 정보처리보다 더 세분화되어 있다. 달리 말해서 연결론 모델에서는 하나의 단일한 연산은 그물망을 구성하는 단순한 단위들의 집합적 연산의 결과로써 설명된다. 그런 체계에서는 의미를 지닌 대상이 기호가 아니다. 그것은 신경망의 많은 구성단위들 사이에서 나타나는 단위활동의 복잡한 패턴이다.

이 비기호적 접근법은 인지현상의 설명에 있어 뚜렷이 구분되는 기호의 단계가 있어야 한다는 인지론의 기본적인 가정을 포기한다. 인지론에서는 궁극적으로 의미론적 단계나 표상적인 단계가 물리적 단계에 의존해서 존재함이 인정되었고, 이 의미의 단계를 따로 인정할 필요 때문에 기호가 도입되었다. 기호는 의미의 담지자인 동시에 물리적인 존재다. 컴퓨터는 그 기호들의 물리적 형태에 대해서만 작용하지만, 그러면서도 동시에 기호들의 의미에 관여한다. 기호의 형태와 그 의미의 이런 평행적 관계는 인지론적인 접근을 탄생시킨 주된 원동력이었다. 실은 이 원동력은 현대 논리학을 탄생시킨 원동력과 동일한 것이다. 하지만 이 근본적인 힘은 인지현상을 보다 깊은 단계에서 연구하려 할 때 사라지고 만다. 기호는 어떻게 그 의미를 얻게 되나?

분명히 규정되고 완전히 구분되는 표상 가능한 대상들의 전체 집합이 존재할 때(예를 들어 시각자극의 집합에 관해 컴퓨터 프로그램이 만들어지거나 실험이 행해질 때) 의미의 부여는 분명하다. 각각 구분되는 물리적 또는 기능적 대상들은 외부대상들(그들의 지시의미)과 상응하도록 되어 있다. 이 관계는 외적 관찰자가 쉽게 지적할 수 있는 상응관계다. 이런 지시관계의 제약을 제거하면, 기호는 형태만 남게 되어 그 의미는 마치 우리가 컴퓨터의 패턴을 설명서 없이 이해해야 할 때처럼 종잡을 수 없는 것이 된다.

그러나 연결론적 접근에서는 의미가 특정한 연결론적 정보처리 단위에 부여되는 것은 아니다. 의미의 부여는 체계의 전체적인 상태의 함수이며, 지각 또는 학습과 같은 주어진 조건에서 나타나는 전반적인 작동행태와 관계가 있다. 기호보다 더 세분화된 작은 요소들이 모인 연결망에서 전체적인 통합 상태가 나타나기 때문에 어떤 연구자들은 연결론을 '하위기호적 범형 subsymbolic paradigm'이라고 부른다.[24] 이 연구자들은 연결론적 인지의 형식적 원칙은 이 하위기호적 영역 즉 인지론적 범형에서 논의되는 기호적인 단계보다 생물학적인 단계에 가까운 그러나 생물학적인 단계보다는 상위인, 하위기호적 영역에 속한다고 주장한다. 하위기호적 단계에서 나타나는 인지현상에 대한 기술은 상위단계에서 나타나는 의미론적인 분절을 따르는 기호와 상호비교되는 단위unit라는 요소에 의해 구성된다. 그러나 의미는 이런 단위 그 자체에는 없다. 의미는 이런 단위들의 상호작용에서 나타나는 복잡한 행동 패턴에 존재한다.

기호와 창발의 연결

기호의 단계와 하위기호적 단계의 차이 때문에 우리는 인지현상 연구에서 나타나는 다양한 설명 단계들의 관계에 관한 문제로 되돌아 갈 수밖에 없게 된다. 하위기호적 창발과 기호적 계산이 어떻게 연결되는가?

  가장 손쉬운 대답은 이 창발과 계산이 상호보완적인 상향적-하향적 접근법이라고 하거나, 아니면 이 둘이 실제적으로 어떤 혼합 형태로 연합되어서 다른 단계나 과정에 연결되어 사용될 수 있을 것이라 가정하는 것이다. 이런 가정의 대표적인 예는 형태상으로 1차시각피질까지 연결된 초기 시각과정을 하위측두엽 피질단계에서 기호적 프로그램으로 기술할 때 나타난다. 그러나 이런 두 범형의 개념적 배경은 분명하지 않으며 구체적인 예도 발견되지 않았다.

하위기호적 창발과 기호적 계산 사이에서 나타나는 가장 흥미 있는 관계는 포함inclusion의 관계다. 이 관계에서 기호는 인지현상의 기반인 분산체계에 궁극적으로 귀속되는 속성들에 대한 상위단계의 기술이라 생각할 수 있다. 유전자 기호를 하나의 예로 생각해보자. 이것을 구체적인 사례로 이용하여 이 상위관계의 기호적 기술을 설명해보자.

수 년 동안 생물학자들은 단백질 분자들의 결합 양태를 DNA에 새겨진 지시사항이라 간주했다. 그런데 DNA의 삼중체는 세포의 대사작용에 참여할 경우에만 즉 복잡한 화학연결망에서 나타나는 수천 가지 효소들의 규제 아래서만, 단백질 아미노산을 완전히 규정할 수 있다는 점을 분명히 이해해야 한다. 체계 전체가 가지고 있는 창발적 규칙성의 배경을 통해서만 이 대사의 과정이 존재할 수 있고 이에 따라 DNA의 삼중체가 아미노산의 코드로 간주될 수 있는 것이다. 다시 말해 기호적 기술은 이 대사 과정에 속하지 않는다. 물론 우리는 여기서 나타나는 기호적 속성을 그 자체로서 다룰 수 있다. 그러나 이런 경우에도, 기호적 기술이 제공하는 규칙성의 이론적 성격과 해석은 그 규칙성을 액면 그대로 받아들여서 마치 그 규칙성이 자신이 창발되어 나오는 기반에서부터 독립적인 것처럼 다루어졌을 때의 상황과는 분명 다른 것이다.[25]

유전정보의 예는 신경과학자들과 연결론자들의 연구대상인 인지 연결망에 곧바로 적용된다. 실제로 어떤 연구자들은 최근에 이런 견해를 분명히 밝혔다.[26] 예를 들어 폴 스몰렌스키Paul Smolensky는 그의 조화이론Harmony Theory에서 단편적 '원자'들이 분산된 통계적 알고리즘에 의해 연결되어 전자회로에 대한 지식을 표상하는 한 가지 모델, 즉 직관적 추리의 한 가지 모델을 제공하고 있다고 주장한다. 이 체계의 전체적인 능력은 기호적 규칙에 근거하는 추리의 진행으로 기술할 수 있지만 그 실질적인 작동은 다른 방식을 따르는 것이며 이 방식은 기호적 해석으로 이해될 수 있는 것이 아니다.

이 포함론inclusive view은 설명의 단계에 대한 인지론적인 개념과 어떻게 다른가? 차이점은 실제로 매우 미묘한 것이며 이론적인 시각을 바꾸는 문제와 관계가 있다. 모든 연구자들이 공감하는 기본적인 사실은 인지적 설명에 필요한 이론적 일반화를 제공할 때 연구자들은 적절한 유형의 용어와 분류법을 따라야 한다는 점이다. 우리가 지금껏 상대해온 인지론은 이 분류법이 기호의 단계에서의 분류법을 따라야 한다는 가정에 근거하고 있다. 이 기호적 단계의 분류법은 인지체계의 가능한 행태들을 제한하며 따라서 독립적이며 설명적인 이론적 지위를 가지는 것으로 간주되었다. 포함론에서도 기호적 단계가 필요하다는 것은 인정되었다. 그러나 그 단계가 보다 실질적인 작업에 대한 대략적인 해석에 지나지 않는다는 점이 문제로 남는다. 달리 말해서 기호들은 액면 그대로 받아들여지지 않는다는 것이다. 이 경우 기호의 주된 기능은 하위기호단계에 속하는 작동을 상위단계에서 대략적으로 기술하는 것에 지나지 않는다.

이 가능한 기호단계와 하위단계의 연합을 통해 해결될 많은 문제들 가운데 특별히 두 가지 문제에 주의를 기울일 가치가 있다. 첫째, 기호와 그 의미의 기원의 문제(왜 ATT 유전자 코드는 알라닌을 의미하는가)는 보다 분명히 설명될 수 있다. 둘째, 여하한 기호적 단계의 인지현상도 그 발전단계뿐만 아니라, 그 물리적 실현에 있어 바탕이 되는 연결망의 속성과 특징에 크게 의존적이다. 발전단계와 인지현상의 물질적인 바탕에서 독립된, 인지현상에 대한 순수절차적인 설명은 심각하게 도전받을 것이다.

확실히 인지론자들의 대답은 이런 혼합론 또는 포함론은 유전기호와 같은 하위단계의 과정을 다룰 때는 별 문제가 없다는 것이다. 그러나 우리가 문장들에 대한 구문분석과 그 연결관계를 추리하는 것과 같은, 상위단계의 과정을 다룰 때는 독립적인 기호단계가 필요하다고 한다. 인간의 자연언어와 같은 고도의 회기적인 구조를 다룰 경우, 기호의 단계는 실질적인 인지 작용에 대한 대략적 기술이 결코 아니라는 것이다. 기호의 단계는 예를 들어 창조성과 체계성을 갖는 표상 형태인 자연언어에 대한 유일한 기술이라는 것이다.[27]

이런 유형의 논증에 대한 많은 논의가 있었다. 하지만 이런 논증들에 대한 답변으로, 기호단계는 인지의 영역을 부당하게 상위단계의 과정으로 제한한다는 주장을 고려해보자. 예를 들어 제리 포더 Jerry Fodor와 제논 필리신 Zenon Pylyshyn은 최근의 논문에서 다음과 같이 쓰고 있다. "증명이론의 방법을 사고의 모델에 적용하려는 연장된 시도로 (그리고 마찬가지로 일차적으로 학습과 지각 같은 심리과정들도 모두 정보의 추론적 과정으로 간주하는 시도로) 고전적 인지과학(인지론)을 묘사하는 것은 부당한 것은 아니다. 핵심은 논리적인 증명이 그 자체로서 인간의 사고에 중요하다는 것이 아니라, 그런 증명을 다루는 방법이 지식의존적인 정보처리를 전반적으로 다루는 데 있어서 우리에게 좋은 실마리를 제공한다는 데 있다."[28] 그러나 이 제한에도 불구하고 논문 후반에서 그들의 논조는 연역적 논리가 인간의 사고에 더 나아가 아마도 인지 전반에 걸쳐 유일한 표준이 될 것임을 요청하는 것이 되었다.

우리는 이 협소한 인지현상에 대한 이해를 뒷받침할 어떤 근거도 발견할 수 없다. 이 장에서 기술된 신경망처럼 그 작용이 인지적이라 간주되지만 체계성과 창조성을 결여한 많은 종류의 연결망체계들이 있다. 실제로 비신경적인 연결망, 예를 들어 면역체계 같은 것도 인지적인 속성을 드러내고 있다고 주장할 수 있다.[29] 이런 유형의 비신경적 체계의 인지적 행태도 포함할 수 있도록 우리의 시각을 넓혀본다면 기호의 계산은 단지 협소한 그리고 고도의 전문화된 형태의 인지현상일 뿐이다. 비록 이 전문화된 형태의 인식이 (그 체계가 속한 더 큰 체계를 무시함으로써) 고도의 자율성을 지닐 수 있다고 하더라도, 인지연구는 그 자체의 고유한 영역을 가지고 있는 많은 인지과정들의 연결체도 다룰 수 있을 정도로 광범위한 것이다.

하나의 독자적 연구 영역을 구축하려는 목적에서 바라볼 때 인지론은 이런 폭넓은 시도에 저항한다. 반면 자기조직화체계 연구의 초기 단계에서 나타난 창발론 그리고 현재의 연결론적 형태를 취하고 있는 창발론은 매우 다양한 인지적 영역에 대해 개방되어 있다. 따라서 포함론이나 혼합론은 우리가 추구할 자연스런 전략인 것처럼 보인다. 보다 융통성 있는 인지론과 창발론의 성과 있는 연결, 즉 병렬분산적인 과정과 기호적인 규칙성의 연결은 인공지능, 특히 기술적이고 실질적인 관심이 주도하는 인공지능 분야에서 매우 구체적인 발전 가능성을 보여준다. 이 상호보완적인 노력은 분명 괄목할 만한 결과를 산

출할 것이며 인지과학의 미래에 주된 접근법이 될 것이다.[30]

이 문제는 미래로 향해 개방된 문제이며 장래 연구성과에 따라 해결을 볼 문제이기 때문에 우리는 더 이상 이 문제를 논의하지 않으려 한다. 단지 우리는 인지과학과 인간경험 사이의 대화라는 맥락에서만 이 문제를 제기한다.

Chapter 6

자아 없는 마음

사회로서의 마음

이제까지 두뇌가 매우 협동적인 체계라는 점을 자세히 살펴보았다. 그럼에도 불구하고 두뇌는 완전히 조직화된 연결체가 아니다. 두뇌는 그 자체가 다양한 방식으로 구성된 많은 연결망들로 구성되어 있기 때문이다. 시각체계를 훑어보면서 이미 알게 된 것이지만 두뇌는 깔끔하게 통일적으로 짜인 디자인에 바탕을 두는 체계라기보다는 복잡한 짜깁기 과정에 의해 조합된 하위연결망들의 조각보처럼 보인다. 이런 종류의 체계에서 우리는 모든 연결망의 기능을 통합하는 대단위의 통일적 모델을 추구하는 대신에 일정한 인지활동에 특화된 연결망의 능력을 살펴보고 그 연결망들을 연결하는 방식에 보다 관심을 가져야 한다.

   인지체계에 대한 이런 입장은 다양한 방식으로 인지과학자들에게 중요한 시각이 되기 시작했다. 이 장에서는 이런 견해가 어떻게 인지과학과 인간경험 사이의 연결을 한 단계 높이는 계기가 될 수 있는지 살펴보려고 한다. 논의를 분명히 하기 위해서 우리는 마빈 민스키와 시모어 파펫Seymour Papert의 견해, 즉 마음을 하나의 사회로 간주해야 한다는 이들의 최근 제안에서 출발하고자 한다. 이 제안은 여러 요소가 다양하게 결합된 조각보의 형태를 띠는 인지체계를 핵심적으로 논의하고 있다.[1]

민스키와 파펫는 매우 제한된 능력을 가진 대행자agent들로 구성된 체계로 마음을 이해한다. 대행자들 각각은 하위단계의 작은 문제들의 체계 또는 사소하고 손쉬운 문제의 영역에서만 작동하기 때문에, 문제들은 하위단계에 속하는 손쉬운 것들이어야만 한다. 만일 그 문제들이 수준을 높여 복잡한 것들이 된다면 한 연결망의 능력으로는 감당할 수 없다.[2] 이 점은 인지과학자들 사이에서도 아직 분명한 합의가 이루어지지 않은 것이지만 수많은 세월 동안 복잡한 문제(일반해결자General Problem Solver, GPS가 해결할 유형의 문제)의 해결에는 실패를 거듭한 반면, 보다 국소적인 문제(특정한 영역을 벗어나서는 일반화 될 수 없는 문제)들의 해결에는 성공을 거둔 인공지능 연구의 역사가 보여주는 전체적인 모습이다. 따라서 우리의 과제는 이 작은 특수화된 영역에서 작동하는 대행자들을 엮어서 효율적인 보다 큰 체계, 즉 '대행체agencies'를 구성하고, 이 대행체들이 궁극적으로 보다 상위체계를 구성하도록 하는 것이다. 그렇게 함으로써 마음은 하나의 정합적 사회로서 존재하게 된다.

여기서 우리는 이 입장이 두뇌를 자세히 관찰한 결과 나타난 입장임을 인정하지만 마음의 참모델인지는 따져보아야 한다. 이 모델은 신경망 또는 신경사회의 모델이 아니다. 두뇌의 신경구조에 대한 추상적 인지모형일 뿐이다. 따라서 대행자와 대행체는 특정한 대상 또는 물리적인 과정을 지칭하는 것이 아니라 추상적 과정이거나 기능들이다. 독자들은 분명 지금쯤 여러 다른 맥락에서 논의되는 이런 종류의 주장에 익숙해져 있을 것이다. 그러나 특별히 민스키와 파펫이 가끔 두뇌의 인지과정에 대해 이야기하고 있는 듯한 인상을 주기 때문에 그들의 이론이 추상적 인지모형이라는 점은 재차 강조할 필요가 있다.[3]

수많은 대행자들의 모임으로서 마음을 이해하는 이 모델에는 분산형태의 자기조직적 신경망에서부터 국부적, 순차적 기호처리의 고전인지론의 개념에 이르기까지 인지현상 연구의 다양한 접근법을 모두 포괄하고자 하는 의도가 담겨 있다. 따라서 집합적 사회로서의 마음은 현재 인지과학에 대해 중관론적인 입장과 같은 것을 취한다. 이 인지중관론은 분산신경망이라는 한 극단이든 기호처리라는 다른 극단이든 마음에 대한 일방적 모델을 거부한다.

이 중관론은 민스키와 파펫이 분산뿐만 아니라 절연insulation, 즉 여러 가지 인지과정을 따로 분리시키는 것에도 장점이 있음을 주장했을 때 분명해졌다.[4] 대행체에 속한 대행자들은 분산연결망과 같은 형태로 연결될 수도 있지만, 대행체들 자체도 같은 방식으로 연결된다면 그 결과는 기능이 총괄적으로 분산된 대단위 연결망이 된다. 그러나 이런 전체성은 개별적 대행자들의 작업을 효율적으로 통합시키는 데 큰 장애가 될 뿐이다. 이 대행자들의 작업이 분산되면 될수록 서로가 방해를 받지 않고 동시에 연결되기가 더욱 어려워진다.

그러나 각 대행체들은 서로를 절연시켜주는 기재가 존재하므로 상호간섭의 문제는 발생하지 않는다. 이 대행체들은 그럼에도 불구하고 서로 상호작용할 것이다. 하지만 이 경우 대행체들은 순차적 기호처리에서 나타난 것과 같은 보다 제한적인 연결을 유지할 뿐이다.

물론 세부사항으로 들어가면 이 입장은 확실하게 지지되기가 어려워진다. 그러나 통일적이며 균질적인 존재로서 혹은 요소들의 집합으로서의 마음이 아니라 인지연결망들의 비통일적이고 비균질적인 집합으로서의 마음의 이해는 단순히 매력적일 뿐 아니라, 인지과학의 모든 영역에서 나타나는 실질적 상황에 매우 잘 합치하는 것처럼 보인다. 이런 집합적 사회로서의 마음은 분명히 한 수준에서만 관찰되는 것이 아니다. 즉 대행자들의 집합으로서 대행체라 간주될 수 있는 것은 시점을 바꿔보면 보다 큰 대행체의 한 대행자에 지나지 않게 된다. 마찬가지로 한 대행자라 간주되는 것도 시점을 바꾸어 보다 세밀한 단계에서 본다면 수많은 대행자들로 구성된 대행체로 간주될 수 있다. 이런 이유로 집합적 사회라고 간주할 수 있는 존재들은 시각 의존적인 것이 된다.

예를 들어보자. 민스키는 장난감 블록으로 탑을 만드는 재주를 지닌 대행자의 예를 가지고 그의 저술인 《사회로서의 마음 The Society of Mind》을 시작한다. 그런데 주어진 체계가 탑을 쌓기 위해서는 어떻게 시작해야 하고 어떻게 새 블록을 쌓고 언제 끝내야 할지가 결정되어야 한다. 따라서 이 탑돌이라고 불리는 대행자는 시작, 공급, 마침이라는 보조대행자의 도움을 필요로 하게 되고, 이 보조대행자들은 찾기, 집어들기와 같은 보다 더 많은 대행자를 필요로 한다. 이 모든 대행자들의 활동은 하나로 엮어져서 탑돌이를 만들어내게 된다. 만일 이 탑돌이를 단일한 대행자라고(혹시 행위 실행의 의지를 가지고 있는 경우라면, 난쟁이 인간이라고) 생각한다면 탑돌이는 이 모든 대행자들의 작동 스위치를 넣어주는 바로 그런 역할을 할 것이다. 그러나 창발적 입장에서는 이 모든 보조대행자들이 탑 쌓는 대행자로서의 탑돌이를 만들어내는 주인공인 셈이다.

민스키와 파펫의 사회로서의 마음이라는 이론은 물론 직접적 경험을 바탕으로 하는 이론이 아니다. 하지만 민스키는 아이들과 함께 탑을 쌓는 경험에서부터 시작해서 자각하고 반성할 능력을 갖춘 인간 개체의 경험에 이르기까지 폭넓은 인간경험에 관심을 가지고 있다. 여러 가지 방식으로 민스키의 저술은 인지과학과 인간경험에 대한 연장된 성찰, 다시 말해 하위의식의 수준에 기반을 두지만 자아와 경험단계의 기술에도 관심을 잃지 않고 있는 성찰이라 할 수 있다. 어느 단계에 이르러 민스키는 그의 몇 가지 아이디어와 불교 전통에서 나온 사상 간의 동질성을 느끼기에 이른다. 그의 《사회로서의 마음 The Society of Mind》의 처음 여섯 페이지에는 부처님의 말씀이 인용되어 있다.

하지만 민스키는 인용된 부처님 말씀이 제시하고 있는 길을 따르지는 않았다. 그는 대신에 인지과학에서 진실로 존재하는 자아라는 것은 없지만 자아에 대한 확신을 포기할 수는 없다고 주장한다. 이리하여 《사회로서의 마음》의 마지막 부분에서 결국 과학과 인간경험은 다른 길을 걷게 된다. 두 가지 길 중 하나를 선택할 수는 없는 것이므로 우리는 결국 자기모순적 상황에 빠지게 된다. 그 상황에서 우리는 (인간의 본성적인 조건 때문에) 진정 진리라고 생각하지 않는 것을(자아의 존재를) 믿도록 "저주받았다".

이런 식의 결말은 민스키의 이론에 국한되는 것이 아님을 강조하고 싶다. 실제로 재켄도프의 이론을 논의하는 과정에서도 보았듯이 인지론은 표상으로서의 인지를 경험적 의식으로서의 인지로부터 분리하도록 강요하며 그렇게 함으로써 불가피하게 재켄도프가 이야기한 것처럼 '의식은 아무짝에도 쓸모없다'고 한 견해로 우리를 몰고 간다. 따라서 계산적 마음과 현상학적 마음 사이에 참된 연결을 구상하는 대신에 재켄도프는 후자를 전자의 단순한 '투사체 projection'로 간주한다. 하지만 재켄도프가 주장하듯이 '쓸모없다'고 하기에는 의식의 역할이 우리 생활에서 너무도 흥미롭고 중요하다.[6] 결국 다시 과학과 인간경험이 갈라서게 된다.

인지과학의 지평을 넓혀 인간경험에 대한 허심탄회한 분석을 포함하도록 하는 길만이 이런 난제를 해결하는 유일한 길이다. 앞으로 민스키적인 접근법이 도달한 막다른 골목을 보다 더 자세히 다루려고 한다. 그러나 우선 우리는 두 학문적 체계에서 사회라는 개념과 창발의 속성들이 어떻게 논의되는지를 살펴보려고 한다. 정신분석이론을 짧게, 지관의 전통에 서 있는 참선參禪을 보다 깊게 다루어보자.

대상관계들의 사회

정신분석 전통 내에서 프로이트 이론과 너무도 판이하게 달라서 범형이전paradigm shift이라고까지 불리는 새로운 학파가 나타났다.[7] 이것은 대상관계이론object relation theory이다. 프로이트는 이미 이 이론의 초기 발생적인 형태를 예견했었다. 프로이트에 따르면 초자아super ego는 부모의 모습을 취하고 있는 전통 도덕의 '내재화'에서 나타난다. 프로이트는 우는 과정과 같은 특정한 심리적 상태를 논의하기도 했는데, 이 우는 과정은 자아와 내재화된 부모 사이의 관계로 설명되었다. 대상관계이론은 이 관계의 개념을 모든 심리발달을 포함하는 이론으로 그리고 성인들의 심리적 기능을 설명하는 틀로써 이용한다. 예를 들어 멜라니 클라인Melanie Klein[8]의 저술에서 이 이론은 기본적 정신발달 단계를 다양한 측면의 인간관계 배열을 내재화하는 과정으로 설명한다. 페어베언Fairbairn은 동기의 개념을 대상관계 용어로 재개념화하는 데까지 나아간다. 페어베언에게 있어 인간의 기본 동기는 쾌락원칙이 아니라 관계를 형성하고자 하는 필요다.[9] 호로비츠Horowitz는 내재화된 대상관계를 대인관계의 스키마들로 기술함으로써 대상관계이론을 인지과학에 도입한다.[10] 이런 스키마들과 하위 스키마들은 민스키적인 대행자들과 매우 비슷하게 기능한다.

정신분석과 인공지능에서 마음을 집합적 사회로 보는 개념이 대상관계이론으로 수렴하는 것은 매우 놀랍다. 터클은 이 수렴이 양자에게 모두 이익이 될 것이라고 주장한다.[11] 대상관계이론은 상호의존적이며 유동적인 심리과정들을 독립적이며 정적인 심리구조로 물화시켰다는 이유로 많은 비판을 받아왔다.[12] 그러나 집합적 사회로서의 마음에서 묘사되는 대행자로부터의 대행체의 창발은 앞서 탑돌이에 대한 묘사에서처럼 우리가 어떻게 그런 개념적 체계를 구성할 수 있는지를, 즉 대상관계이론이 지적하는 마음의 분열을 어떻게 통일할 수 있는지를 물화 없이도 매우 분명하게 보여주고 있다.

정신분석은 단순한 이론이 아니라 실천이다. 대상관계이론 치료가들을 찾는 환자들은 대상관계의 개념을 통해 그들의 마음, 행위 그리고 감정들을 탐구하는 법을 배운다. 내적인 대행자들의 개념을 통해 그들의 반응을 알게 된다. 이런 훈련이 자아에 대해 그들이 지니고 있는 기본적인 감각을 모두 의심스럽게 만드는지 우리는 궁금할 뿐이다. 이런 일은 분명 몇몇의 열성적인 환자와 자질 있는 치료사 사이에서 일어난다. 그러나 보다 일반적으로 이런 일은 정신분석이 정신병리학과 깊이 있게 협동작업을 벌이는 영국과 미국의 문화적 맥락에서는 일어날 수가 없다.[13] 따라서 정신분석은 자주 마음의 본성에 대한 지식을 얻는 수단이 아니라 치료제로 간주되는 것이다. 다른 모든 분석과 마찬가지로 성공적인 대상관계의 분석은 환자가 더 좋은 상태, 개선된 대상관계와 더 좋은 정서적 안정과 더불어 더 좋은 기능적인 상태에 놓이게 되는 것을 목표로 진행된다. 따라서 이런 분석은 환자가 다음과 같은 철학적 질문을 던지게 하는 것을 목표로 하지 않는다. "사실 나는 대상관계 스키마들의 한 집합일 뿐인데 나의 대상관계와 나의 안정에 대한 추구가 너무 집요한 것이 이상하지 않은가요? 도대체 무슨 일이 벌어지고 있나요?"

일반적으로 말해서 다른 명상적 전통에서처럼 대상관계 분석이,

이 분석이 드러내는 자아의 결여와 우리가 늘 지니고 있는 자아의 느낌 사이의 모순을 밝혀냈다는 점은 분명하다. 그러나 대상관계이론의 형태를 띤 정신분석이 이런 모순을 발견하고 그것을 완전히 인정했는가는 불분명하다. 오히려 대상관계이론은 자아에 대한 지속적인 느낌의 기본적 동기(기본적인 집착)를 액면 그대로 받아들이고 지속적인 자아의 요구에 부응하기 위하여 자아의 분열에 대한 분석적 발견을 이용한다. 물론 모든 정신분석에서 나타나기는 하지만, 특별히 대상관계 요법은 이런 기본적인 모순, 즉 경험에서 드러나는 통일적 자아의 결여와 지속적인 자기집착의 느낌의 대립 문제에 체계적으로 접근하지 않았기 때문에 개방적인 측면이 분석에서 제한되었다. 유럽에서 라캉적 분석은 예외가 될 수 있으며 이런 측면 때문에 이 분석은 그 장점과 단점을 모두 가지고 있다.[14] 정신분석과 인지과학의, 궁극적으로는 명상적 전통도 포함하는 이런 환상적인 결합에 대한 보다 완전한 논의는 이 책의 범위를 넘어서는 것이므로, 우리는 다시 지관 그리고 아비달마의 주장으로 돌아가고자 한다.

상호의존적 발생

우리가 자아를 가지고 있지 않다면 우리 생활에 일관성은 어떻게 존재할 수 있는가? 우리가 자아를 지닌 존재가 아니라면 어떻게 마치 자아를 지닌 것처럼, 발견할 수 없고 경험할 수 없는 자아를 방어하고 확장하려고 끝없이 노력하면서 계속 생각하고, 느끼고, 행동할 수 있는가? 경험의 요소들 즉 오온과 심소心所들이 어떻게 그리고 왜 서로를 따라 반복되는 패턴을 형성하면서 순간순간 나타나는가?

깨달음을 얻기 전날 부처님은 온들의 덧없음뿐만 아니라 경험을 고정적이며 영속적인 자아에 안착시키려는 끝없는 노력으로 점철된 인생의 전 체계, 즉 이런 순환패턴을 구성하는 인과의 전 체계, 각각이 서로에 의해 구속되고 서로를 구속하는 습관적 패턴의 순환적 구조, 다시 말해 우리는 제약하는 사슬 또한 발견했다고 한다. 이런 깨달음은 산스크리트어로 프라티아사무파다pratītyasamutpāda, 연기緣起인데, 글자 그대로의 의미는 "여러 방식으로 발생samutpāda하는 조건들에 의존함pratītya"이다. 이 용어가 우리의 생각을 가장 잘 표현하며, 사회로서의 마음의 맥락에 그리고 변화하며 반복적인 온들의 창발성 맥락에 가깝기 때문에 우리는 상호의존적 발생이라는 용어를 쓰겠다.[15]

이 순환적 구조를 인생 바퀴Wheel of life 그리고 업의 바퀴Wheel of Karma라고 부른다. 업業, Karma은 불교 발생 이전, 이후를 막론하고 엄청난 양의 학문적 연구가 집중된 긴 역사를 가진 주제다.[16] 업이라는 말은 또한 현대 영어 어휘에서도 발견되는데, 이 말은 영어에서 보통 운명fate 또는 예정predestination이라는 말과 동의어로 쓰인다. 이것들은 분명 불교에서 쓰이는 업이라는 말의 의미는 아니다. 업은 심리적 인과성, 다시 말해 습관이 어떻게 형성되고 긴 시간 동안 지속하는가 하는 것을 기술하는 데 쓰이는 말이다. 인생 바퀴의 묘사는 업의 인과성이 어떻게 작용하는가 하는 것을 보여줄 의도로 만들어진 것이다. 인과성에 대한 강조는 지관의 전통에 핵심적인 것이며 우리의 현대과학적 감각에도 잘 맞는 것이다. 그러나 지관 전통에서는 법칙

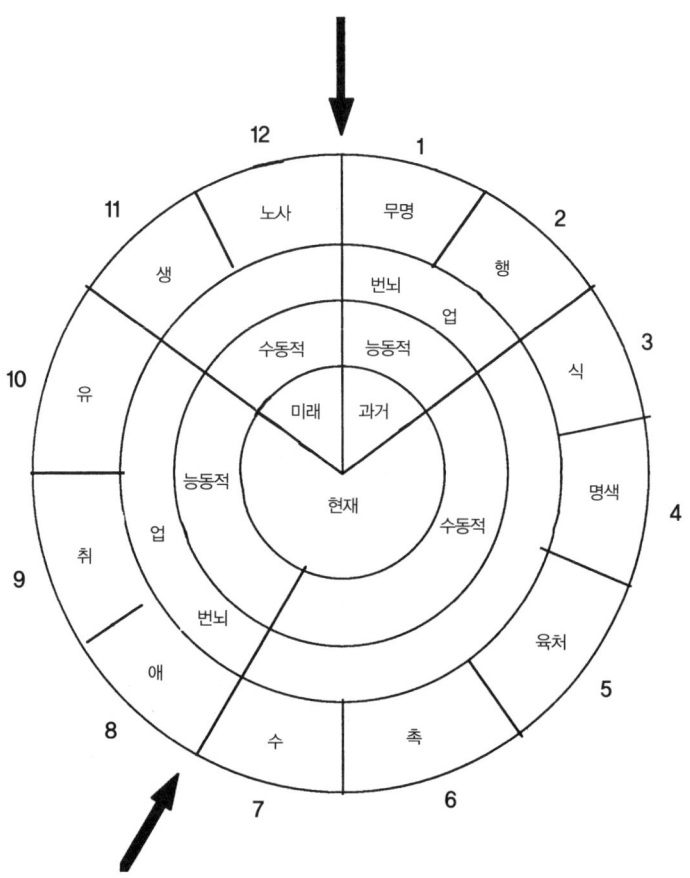

그림 6.1
인생 바퀴의 상호의존적 발생.

성이라는 외적인 인과성이 아니라 직접적 경험에 대한 인과적 분석에 관심이 집중된다. 이 관심은 또한 실천적이다. 인과성에 대한 이해가 어떻게 조건화된 마음의 구속을 부수고(이것은 예정된 운명으로서의 업의 통상적인 개념과는 사뭇 다른 개념이다) 자기집중과 통찰을 증진시키는 데 이용될 수 있는가?

순환적 사슬에는(패턴화된 상태는 그림 6.1 참조) 12개의 (니다나스 nidanas라고 하는) 연결고리가 있다. 이 원은 불교적인 관점에서 한순간에서부터 일생 동안 혹은 여러 생生 동안에 일어나는 사건들을 기술하는 데 쓰이는 분석의 구조다. 비유적으로 우리는 이런 연속적 성향이 프랙탈fractal적 특징을 지니고 있다고 말할 수 있다. 즉 관찰의 척도를 변화시킨다고 해도 같은 패턴이 계속 나타나는 듯이 보인다는 것이다. 12개의 독립적인 고리들에 대한 기술은 다음과 같다.

1. 무명

무명無明은 업의 모든 인과적 작용의 기반이다. 무명은 우리가 마음과 실재의 본성에 대한 진리를 모르고 있는 상태를 의미한다. 지금껏 논의한 자료에서 이 점은 자아가 존재하지 않음을 개인적으로, 경험적으로 모르는 것을 의미한다. 또한 이런 무지에서 발생하는 혼동, 다시 말해 자아의 존재를 기대하는 감정이나 그 존재를 믿는 잘못된 견해를 의미한다. 따라서 무명은 혼란으로 이해되기도 한다(후대에 와서는 이 무명에 다른 종류의 무지도 포함되었다).

2. 행

무명으로 인하여 우리는 자아에 기반을 두고 행동하게 된다. 말하자면 자아가 없는 상태에서는 자기중심적인 의도란 어디에도 존재하지 않는 것이다. 자아의 비존재에 대한 무지 때문에 습관적이며 반복적인, 자아중심적 행동에 대한 욕구가 생기는 것이다. 무명과 행行은 과거의 조건으로서 뒤따르는 연기의 마디에 대해 선행조건의 역할을 한다. 즉 이들은 여덟 가지(세 번째에서 열 번째까지)의 연기의 마디를 일으키는 기반이 된다. 이런 분석의 틀이 순차적으로 이어지는 연기의 마디에 적용될 수 있다면, 이 여덟 가지 마디들은 현재의 상태를 구성하고 있는 것이라고 말할 수 있을 것이다.

3. 식

식識은 우리가 다섯 번째의 온에 관해 말했던 이원적인 상태, 즉 의식적인 느낌 일반을 말한다. 이것은 살아 있는 존재의 의식의 시작을 의미하거나 주어진 순간에서 의식의 최초의 상태를 의미한다. 의식이 지식의 유일한 형태가 아님을 유의하자. 무명을 바탕으로 나타난 행으로 인하여, 지혜가 아니라 의식의 순간 혹은 의식의 일생을 살도록 태어난 존재가 우리 자신이다. 의식이 일어나는 일정한 순간에 관해 말하는 경우, 의식의 구체적인 형태는 (그것이 유쾌한 것이든 불쾌한 것이든 육감 중 어떤 것에 바탕을 두고 의식이 나타나는지의 여부는) 이전의 고리인 행에 의해 만들어진 조건에 제약된다.

4. 명색

의식은 몸과 마음 모두를 필요로 한다. 주어진 상황에서의 의식의 순간은 명색明色의 양 극점 중 하나로 이끌려간다. 의식은 기본적으로 감각적이거나 아니면 심적이다.

5. 육처

몸과 마음이 의미하는 바는 우리는 육처六處를 가지고 있다는 점이다. 예를 들어 과일 한 조각을 먹는 매우 짧은 순간이라 하더라도 이 순간에는 각 육처의 의식의 순간이 포함되어 있다. 우리는 보고, 듣고, 맛보고, 냄새 맡고, 만지고 그리고 생각한다.

6. 촉

여섯 가지의 감각(육처)을 가지고 있다는 것은 각 감각의 영역과 즉 그 적절한 대상과 접촉한다는 점을 의미한다(촉은 편재遍在하는 마음의 요소다. 부록 B). 촉觸이 없이는 감각경험이란 존재하지 않는다.

7. 수

유쾌한, 불쾌한 혹은 중립적인 느낌인 수受는 촉에서 일어난다. 모든 경험은 느낌의 정도를 가지고 있다(느낌도 편재하는 마음의 요소다). 느낌은 적어도 그 기반으로 육처 중 하나를 지니고 있다. 느낌을 갖는 순간 우리는 실질적으로 세계와 맞닥뜨리게 된다. 현상학적인 용어로 말하자면 이 느낌은 자신을 세계에 던져진 존재로 발견함을 의미한다.

8. 애

애착愛은 느낌에서 일어난다. 수만 가지 종류의 애착이 있지만(한 종류에 8만 4천 가지), 애착의 기본적인 형태는 유쾌한 것을 좋아하고 불쾌한 것을 싫어하는 것이다. 애착은 근본적이고 자동적인 반응이다.

애착은 이 연기의 고리에서 매우 중요한 이음매다. 이 지점까지는 연기의 고리들이 과거의 조건에 따라 자동적으로 나왔다. 하지만 이 지점부터는 깨달은 사람이 무엇인가 변화를 일으킬 수 있다. 그런 사람은 인과의 연쇄를 중단시키거나 현재의 고리를 다음의 고리로 이어지게 할 수 있다. 이 애착의 조절이 계속적인 인과의 지속과 변화의 가능성 중 하나를 결정하는 것이다.

전진뿐만 아니라 후진의 양방향으로 상호의존적인 발생의 연쇄를 명상하는 것은 전통적인 훈련이다. 이런 훈련이 이 인과분석의 상호의존적인 창발적 속성을 잘 드러내기 때문에, 애착의 순간에서부터 뒤로 역추리를 할 때 어떤 일이 벌어질지 우리는 잘 알 수 있다. 쾌락에 대한 애착愛은 감각적인 느낌受을 요청한다. 이런 느낌을 가지기 위해서는 감각의 대상과 접촉觸하는 것이 필요하다. 감각의 대상과 접촉하기 위해서는 육처六處가 있어야 한다. 육처가 존재하기 위해서는 몸과 마음明色을 지닌 생명체가 필요하다. 이런 명색이 존재하기 위해서는 지각知覺이 필요하다.

9. 취

애착은 보통 즉각적으로 집착과 고착을 귀결한다. 취取란 우리가 가지고 있지 않은 것에 집착하는 것뿐만 아니라 우리가 가지고 있지만 없어졌으면 하고 바라는 것들에 대한 혐오도 의미한다.

10. 유

취는 유有를 향한, 즉 미래에 새로운 상황을 만들어보고자 하는 희망을 향한 반응을 자동적으로 낳는다. 무명에 바탕을 두고 행에 의해 야기되는 일곱 가지 과거의 동기들은 그 누적적인 효과를 통해 새로운 성향과 가설을 낳는다. 유는 미래 상황으로 넘어갈 새로운 인과 패턴을 만들기 시작한다.

11. 생

주어진 상황에서의 새로운 형태의 생生뿐만 아니라 새로운 상황 자체가 결과적으로 생에서 나타나게 된다. 우리가 인과연쇄를 느끼고 그것에 무엇인가 변화를 일으키려고 하는 것은 보통 이 시점이다. 서양의 철학자들이 아크라시아akrasia, 의지의 연약함에 대해 말하게 되는 것은 아마도 이 시점일 것이다. 상황에 변화를 일으킬 수 있는 지점이 지나고 나서야 스스로가 놓인 상황을 깨닫게 된다는 것은 우리 일상생활에서 자주 발생하는 역설이다. 새로운 상황에 탄생한다는 것은 아무리 좋은 것이라 하더라도 불확실한 측면을 가지고 있다.

12. 노사

태어남이 있는 곳에는 항상 죽음이 따른다. 어떤 발생의 과정이든 소멸은 불가피하다. 순간이 사라지고, 상황도 없어지고 나면 인생은 끝을 맺는다. 이런 탄생의 불안함보다 훨씬 분명한 것은 어떤 상황이나 우리의 신체가 성장하고 나이가 들어서 쇠약해져 죽을老死 때 경험되는 고통(말하자면 비탄)이다. 이런 인과성의 순환적 연쇄에서 죽음은 다음 주기의 연쇄로 넘어가는 마디다. 인과성의 불교적 분석에서 경험의 한순간이 사멸하는 것은 실제로 다음 순간이 발생하는 인과적인 선행조건이 된다. 무명과 혼동이 이어진다면 이 인과의 수레바퀴는 같은 방식으로 끝없이 돌게 될 것이다.

　제약된 일상세계의 순환하는 원은 삼사라samsara(고통과 괴로움의 속세적 인간 삶, 윤회의 삶)라고 하는 데, 이것은 무자비한 인과성이 움직이는 바퀴, 즉 불만에 가득 찬 채 끝없이 돌아가는 존재의 바퀴로 시각화된다. 전통적으로 삼사라에 대한 선명한 이미지의 예, 즉 폭풍에 삼켜 표류하는 배, 사냥꾼의 그물에 빠져 허우적대는 사슴, 일어나는 산불을 피해 도망치는 산짐승들 등의 예는 많다. 전통적인 이야기에 따르면, 깨달음을 얻기 전날 밤 부처님은 인과연쇄에 끊어진 자리가 없는지 이 12개의 연쇄의 고리를 하나하나 살펴보았다고 한다. 과거에 대해서는 어떻게 할 수 없다. 즉 과거로 돌아가서 무명과 행을 없앨 수는 없다. 또한 우리는 살아 있는 몸과 마음을 가진 생명체이기 때문에 육처의 영역과 그 영역에서 대상들과 맺는 접촉은 불가피한 것이다. 감각이 일어나고 애착이 발생하는 수의 상태 역시 불가피하다. 그렇다면 애착이 집착이 되어야 하는가?

　어떤 전통에 따르면 바로 이 순간이 부처님이 집중의 기법을 고안한 순간이다. 각 순간에 대해 정확하고 잘 조정된 집중을 함으로써 자동적인 조건화의 연쇄를 중단시킬 수 있다. 우리는 애착에서 집착과 그 나머지 것들로 곧바로 나아가지 않을 수 있다. 습관적인 패턴의 중단은 더 큰 집중으로 이끌며 결과적으로는 수행자로 하여금 자각의 보다 넓은 가능성으로 나아가게 하며 또한 인과적인 발생과 그것에 동반되는 경험적인 현상에 대한 통찰을 개발할 수 있게 해 준다. 이것이 바로 집중이 모든 불교적인 전통에 기본적 바탕이 되는 이유다.

여기서 우리의 논의로 잠시 돌아가보자. 자아가 없는데 어떻게 생활이 시간적인 정합성을 유지할 수 있는지를 우리는 질문했다. 사회로서의 마음의 시각을 따른다면 그 대답은 창발이라는 개념에 있다. 개별적인 대행자들의 활동에 의해 대행체가 창발되는 것처럼 12지연기十二支緣起의 연합적인 활동에서 습관적 행위의 반복적인 패턴이 창발된다. 각 대행자들의 행동이 다른 대행자들의 행위와 관련해서만 정의될 수 있는 것처럼, 상호의존적 인과연쇄의 각 마디들의 작용은 각각의 다른 마디들의 작용에 의존적이다. 대행체들의 경우에서와 마찬가지로 12개의 대행자적 성향 외에는 어떤 것도 존재하지 않는다. 뿐만 아니라 전체적인 순환적 체계의 작동과 독립해서는 대행자적 성향이라는 것은 존재할 수 없다.

우리의 인생에서 나타나는 행동의 여러 패턴과 성향의 시간적 형성이 바로 불교도들이 보통 말하는 업이라는 것이다. 이런 형태의 시간적 누적물이 일상적인 비반성적 생활에서 나타나는 자아, 즉 자신의 감각에 영속성을 주는 것이다. 이런 자아 지속성을 이끌고 유지시키는 주된 요소는 의도라는 편재하는 심적 요소다(부록 B 참조). 말하자면 행의 형태를 지닌 의도는 순간순간 나머지 심적 요소들에 그 흔적을 남긴다. 그 결과 이 의도는 경우에 따라 건전하기도, 불건전하기도 한 성향, 즉 반응의 시간적 누적물을 남긴다. 업이라는 단어가 대략적으로 쓰이면 이런 누적물과 그 영향을 의미하는 것이 된다. 하지만 엄밀히 말해 업은 제약된 인간경험 누적의 주된 조건이 되는 의도 자체의 과정이다.

통일적이고 시간적으로 발전하는 체계가 반드시 그 기반적 실체를 가질 필요는 없다는 주장을 과학의 여러 분야에서 발견할 수 있다. 진화의 역사에서 (개체군의 유전적 분포를 통해 가장 분명히 드러나는) 동물개체군의 패턴은 과거와 현재의 행동(후손을 생산하는 생식행위와 유전자적 재결합)을 바탕으로 새로운 개체들을 만들어낸다. 이런 과정이 남긴 결과는 종種과 하위종subspecies으로의 세분화다. 그러나 진화에 관한 다윈의 설명과 경험을 상호의존적 발생으로 분석하는 불교적 입장의 근본논리에서 우리는 과거가 영속적 실체성이 없이 중간적 전이 형태를 통해 미래로 이어지는 점진적인 변형에 관심을 가질 뿐이다.

조건화된 발생의 연쇄에서 대행자들의 기능은 매우 복잡한 과정을 통해 실현된다. 각각의 과정들은 하위대행자들로 또는 보다 정확히 말해 대행자들로 구성된 대행체들로 구성된 것이라 생각할 수 있다. 물론 지관의 전통에서 이런 논리는 직접적인 경험에 집중된다. 인과성의 집합체의 분석에서 대행체의 층을 증가시키려는 시도를 경험적으로 또는 실천적으로 정당화할 수 있는가?

기본요소 분석

의식의 한순간이 주관, 대상 그리고 그 둘을 묶는 심적 요소를 통해 분석될 수 있는지를 앞에서 살펴보았다. 이런 분석의 틀은 초기 아비달마 사상에 나타나지만, 대상관소dharma의 분석이라고 하는 기법에 의해 크게 다듬어졌다.[17] 이 분석의 기법은 바슈반두Vasubandhu, 伐蘇

磐度의 아비달마논서Abhidharmakosa, 阿毗達磨俱舍에서 완성된다(부록 B의 심적 요소의 분류는 바로 이 책의 분류를 따르고 있다).[18]

대상관소라는 단어는 산스크리트어 '다르마dharma, 法, 現象'에서 왔다. 심리학적인 맥락에서 이 단어의 가장 일반적인 의미는 '현상'이다. 이 말은 칸트적인 의미에서 예지계noumena와 대립되는 현상계phenomena를 나타내는 말이 아니라 단순히 일상적인 의미에서 우리의 경험에서 발생하고 성장하여 발견되는 어떤 것을 나타내는 말이다. 보다 전문적인 의미에서 이 말은 심리상태의 분석적 검토를 통해 도달되는, 궁극적인 개별자, 입자, 혹은 요소를 지시한다. 대상관소 분석에서 달마라는 것은 분석에 의해서 더 이상 분석될 수 없는 궁극의 요소로 간주된다. 이것들은 실제로 궁극적인 실재라 불린다. 반면 이런 요소들로 구성된 일상생활의 통일적 존재들인 한 개인, 집 등은 관습적 실재라 불린다.

경험 또는 현상학자들이 생활세계라고 부르는 것 혹은 우리가 경험하는 것들이 이런 구성요소들의 보다 기본적인 집합으로 분석될 수 있다는 생각은 후설 현상학의 중심적인 계획이기도 했다. 이 계획은 실패했는데, 그것은 무엇보다도 이 계획이 순수하게 이론적이고 추상적이었기 때문이다. 반면 불교적 대상관소 분석은 개방적이며 체화된 반성에서부터 발전된 것이기 때문에 매우 성공적이었다. 이 불교적 분석은 지관의 입장에서 경험을 검사한 결과를 해석하고 정식화시키려는 시도에 기반을 둔다. 따라서 용수와 같은 철학자들로부터 맹렬한 비판을 받기도 했지만, 이런 분석은 그럼에도 불구하고 다른 시각에서 보았을 때는 가치 있는 시도로 남는다.

보다 이론적인 단계에서 철학자들은 이런 대상관소 분석과 라이프니츠, 프레게, 러셀 그리고 초기 비트겐슈타인에 의해 대표되는 서양의 분석적, 합리론적 전통 사이의 평행관계를 알게 될 것이다. 두 전통 모두에서 세계든, 언어적 혹은 논리적 기술이든, 심적 표상이든 직접적 경험이든 그것이 복합적인 집합체라면 단순하고 궁극적인 구성요소로 분석하는 것은 중요하다. 예를 들어 민스키가 "마음의 대행자들은…… (마음의) 이론이 필요로 하는 궁극적 미세 '입자'들일 것"[19]이라고 했을 때, 그는 이런 분석적 전통을 지지한 것이다. 이런 환원적 입장은 항상 실재론을 동반한다. 이 분석적 입장을 통해 우리는 궁극적인 근거로 간주되는 요소에 대해 실재론적인 입장을 취하게 되는 것이다.

그러나 여기서 서양의 합리론과 아비달마에서 드러나는 합리론 사이의 흥미 있는 차이점을 발견하게 된다. 후자의 입장에서는 기본적인 요소를 궁극적인 실재라고 하는 것은 이 요소들이 실체로서의 존재성을 지닌 대상임을 주장하는 것이 아니라고 한다.[20] 분명히 이런 차이는 흥미 있는 사례연구가 될 것이다. 우리는 여기서 환원의 바탕이 되는 요소들이 궁극적인 실재로 상정되기는 하지만 그런 궁극적 실재에 일상적인 의미의 존재론적 지위를 부여하지 않는 철학적 체계 즉 독특한 환원적 체계를 마주하고 있다. 어떻게 이런 일이 가능한가? 물론 창발적 속성들은 존재론적인 대상(실체)의 지위를 지니지 않는다. 그렇다면 대상관소들 자체도 다른 것에서 창발된 체계인가?

이 대상관소 분석은 단순히 추상적이며 이론적인 시도가 아니므로 이 문제는 더욱 더 흥미롭다. 이 분석은 기술적記述的인 동시에 실용적인 동기를 지닌다. 명상가의 관심은 조건화된 발생의 수레바퀴를 부수고 자각적이며 지혜롭고 자유스럽게 되는 데 있다. 명상가는 실제로 경험 속에서 그 자신의 집착의 순간에 (12가지 인과고리의 바퀴에서 창발된 사회 속에 생활하는) 스스로를 자제하고 조건화를 중단시킬 수 있게 된다는 말을 듣는다. 대상관소 분석은 이런 명상 작업에 도움을 줄 수 있는 명확성을 제공하는가?

대상관소 분석에서 각각의 요소들 즉 각 의식의 순간들은 (이 체계에서 일차적 마음이라 불리는) 의식 그 자체와 그것의 심적 요소들로 구성되어 있다는 점을 기억할 수 있을 것이다. (순간적인) 심적 요소는 (순간적인) 대상(분명히 여섯 가지 감각의 영역 중 항상 하나에 속하게 되는 대상)을 결정하는 것이다. 의식의 각 순간의 특정한 속성들과 미래에 나타나는 업의 결과는 어떤 심적인 요소가 나타나는가에 달려 있다.

의식과 심적 요소들 사이의 관계는 민스키적인 대행체와 대행자 사이의 관계와 놀라울 정도로 흡사한 것처럼 보인다. 티베트 학자인 게세 랍텐Gesche Rabten은 다음과 같이 말했다. "'일차적인 마음'이라는 말은 다양한 심적 요소로 구성된 감각상태 혹은 심리상태의 총체를 의미한다. 일차적인 마음은 손과 같으며 심적 요소는 개별적인 손가락, 손바닥 등과 같다. 일차적인 마음의 속성은 따라서 그 구성 요소인 심적 요소들에 의해 결정된다."[21]

손은 손가락, 손바닥 등을 대행자로 가지고 있는 대행체다. 그것은 또한 동시에 신체 전체에 대해서는 대행자다. 이런 관계는 서로 다른 차원의 기술로 드러난다. 대행자나 대행체는 혼자 독자적으로는 존재할 수 없다. 손의 경우에서처럼 일차적인 마음을 창발적인 대상이라 할 수 있다.

다시 다섯 가지 편재적 심적 요소들, 접촉, 느낌, 분별, 의도 그리고 집중을 살펴보기로 하자.

1. 접촉

접촉(觸)은 감각과 그 대상 간의 관계의 한 형태 즉 감각의 영역에서 감각과 그 대상 사이의 감도의 조화다. 이것은 세 개의 요소, 즉 여섯 가지의 감각 중 하나, 물질적 혹은 정신적 대상 그리고 이 두 개의 항에 기반을 두는 의식으로 구성된 관계적 속성이다. 이런 감도가 창발을 일으키는 동적인 과정이란 점을 지지하는 증거가 있다. 그 증거란 하나의 과정으로서의 접촉이 원인인 동시에 결과로 기술된다는 점이다. 원인으로서의 접촉은 세 가지 다른 요소인 감각, 대상 그리고 자각의 가능성이 함께 모이는 것이다. 결과로서의 접촉은 이런 모이는 과정, 다시 말해 세 요소들의 연계 또는 조화의 조건의 결과다. 이 연계는 감각, 대상, 또는 자각 각각의 자체적 속성이 아니다. 연계는 이 세 항들이 상호작용하는 과정들의 결과인 창발된 속성이다. 인과적 조건화는 접촉, 즉 감각기관, 감각의 영역 그리고 감각의식이 자아를 함축하는 것이라 생각하게 만든다. 이 분석에서 접촉은 중립적이며 '과학적인' 조명 아래 창발로서 드러난다.

이런 접촉의 개념은 매우 놀라운 것이다. 이 개념은 통일적인 현상으로서의 시각에 관한 우리의 분석에 거의 축자적으로 적용될 수 있다. 순환적 인과성, 역방향처리feedback/순방향처리feedforward, 창발적 속성의 과학적 개념 더 나아가 자기지시self reference를 처리할 수 있는 논리적 형식체계를 지니지 못한 문화에서 창발성을 표현할 유일한 방법은 어떤 과정이 원인인 동시에 결과라고 말하는 것이다. 초기 불교는 상호의존적 발생의 (상대적으로) 총체적인 단계와 접촉의 (상대적으로) 국부적인 단계 모두에서 이 창발의 개념을 발전시켰다. 이 발전은 자아 없이 일어나는 경험을 분석하는 데 있어서 핵심적인 중요성을 갖는다. 이런 사실은 창발에 대한 최근의 정식화가 현상의 개념화로 즉각 대치될 수 있는 단순한 논리적인 속임수가 아니라는 점에서 중요하다. 오히려 현대적인 창발의 형태들은 인간경험의 기본적인 측면에 대한 재발견이 될 것이다.

2. 느낌

이미 느낌受을 두 번째 온과 상호의존적 발생의 일곱 번째 고리로 논의한 바 있다. 일반적으로 느낌은 우리를 업의 조건화를 영속화시키는 반응으로 곧바로 인도한다. 그러나 순수한 느낌은 중립적이다. 심적 요소 분석에 따르면, 이것은 건전하거나 불건전한 우리의 반응이다. 마음은 너무 빨리 반응으로 넘어가기 때문에 일반적으로 느낌 자체를 경험하지 못한다. (자아와 관련이 없기 때문에 불쾌한 느낌보다 더 자아감에 위협을 가하는) 중립적인 느낌도 권태로움이나 물리적, 심리적인 관심 대상을 찾아 급히 사라진다. 명상가들은 집중의 수행에서 처음으로 느낌을 경험하는 것이 어떤 것인지를 알게 되었다고 보고한다.

3. 분별

지각(분별)/충동은 세 번째 온으로 논의된 바 있다. 일반적으로 분별想은 느낌과는 독립적으로 발생한다. 그러나 집중을 통해 명상가는 정열과 공격성의 충동 그리고 (행동으로 반드시 이어질 필요가 없는) 충동들에 대한 무시를 목격하게 된다. 따라서 심적 분석에 따르면 우리는 불건전한 행위보다는 건전한 행위를 선택할 수 있다(궁극적으로 습관적인 패턴에서부터 충분한 자유가 획득될 때, 지각/분별은 후세의 이론에 따르면 자아에 기반을 두는 충동, 즉 정열, 공격성 그리고 무시의 충동이 아니라 지혜와 자비의 행동을 자동적으로 일으킨다).

4. 의도

의도思는 (다른 심적 요소들과 더불어) 순간에서 순간으로 이어지는 의식의 활동을 일으키고 지속시키는 역할을 하는 매우 중요한 과정이다. (두 번째 고리인) 의지적 행위로의 성향이 주어진 일정한 순간 마음에서 드러나는 방식이다. 의도가 없는 의지적 행동이란 존재하지 않는다. 따라서 업은 가끔 미래의 습관들의 기반이 될 흔적을 남기는 의도의 과정 그 자체라고 이해된다. 일반적으로 우리는 너무도 빠르고 자동적로 행동하기 때문에 의도를 보지 못한다. 집중의 단련을 강조하는 학파는 불편할 때 자리를 바꾸는 것과 같은 아주 사소한 의지적 활동의 경우라고 그 활동에 앞서는 의도를 명상가들이 잘 자각할 수 있도록 상당한 시간 동안 활동을 천천히 하는 연습을 할 것을 그들에게 권장한다. 의도의 자각은 따라서 애착의 고리에서 조건화된 발생의 연쇄를 중단하는 데 직접적인 도움이 된다.

5. 주의집중

다섯 가지의 편재하는 심적 요소 중 마지막 요소인 주의집중^{作意}은 의도와의 상호작용에서 나타난다. 의도는 의식과 다른 심적 요소들을 일정한 일반 영역으로 이끌어가며, 이 영역에서 집중은 이들을 일정한 속성으로 인도한다(탑돌이라는 대행체에 대한 민스키의 설명에서 나타나는 대행자들의 상호작용을 상기해보라). 집중은 의식을 특정한 대상에 집중시키고 모은다. 통각과 동반하는 경우 집중은 긴장이라는 적극적인 심적 요소뿐만 아니라, 기억과 집중의 대상확정 요소가 나타날 기반으로 작용한다(부록 B 참조).

대상확정 요소와 (부록 B에 나열되어 있는) 다른 다양한 요소들이 함께 연합할 때, 이런 다섯 가지의 요소들은 의식의 각 순간의 성격을 규정한다. 주어진 순간에 나타나는 심적 요소들은 서로 상호작용함으로써 귀결되는 의식뿐만 아니라 각 요소들의 특징이 창발적인 것이 되도록 한다.

결국 자아-자신은 순간순간의 창발적인 형성물들이 시간을 두고 축적된 패턴이다. 과학적인 은유로 표현하자면 그런 축적된 흔적들^{業}은 (학습을 포함하지만 학습에 제한되는 것은 아닌) 경험적 개체발생이라고 말할 수 있다. 여기서 개체발생이란 한 상태에서 다른 상태로의 변이의 연속이 아니라 과거의 구조에 의해 조건 지어진 생성의 과정 그리고 순간순간 구조적 통일성을 유지하는 과정으로 이해된다. 우리 종의 누적적이며 집합적인 역사를 통해 경험이 조건 지어지기 때문에, 업은 보다 큰 단위에서 볼 때 계통발생을 또한 드러낸다.

이런 심적 요소들의 목록과 정의를 너무 강제적인 것으로 이해해서는 안 된다. 학파에 따라 다른 요소들의 목록이 제시된 경우도 있다. 또한 각 학파들은 (오늘날까지도) 수행자들이 그런 목록을 연구하는 것이 얼마나 중요한지(선 불교에서는 전통적으로 그 목록을 불태워 버린다), 일반적으로 (아비달마를 반드시 연구해야 한다는 가정하에) 수행자가 아비달마를 연구할 단계는 어떤 단계인지, 그런 목록이 명상적인 숙고에 필요한지 그리고 필요하다면 어떻게 이용되어야 할지에 관해 서로 의견의 차이를 보이고 있다. 그러나 지관명상의 학파들은 마음 속에서 순간순간 벌어지는 것에 깊이 집중하는 것이 업의 조건화를 중지시키기 위해서 반드시 필요한 것이라는 점에 모두 동의한다.

집중과 자유

우리는 계속 경험에 대한 자기집중적이며 개방적인 분석에 대해 즉 분석을 진행함에 따라 분석가들의 마음에 나타나는 변화를 포함하는 분석에 대해 이야기해왔다. 자기집중을 통해 지관의 실행자들은 조건화된 행동의 자동적인 패턴을 중단시킬 수(특별히 욕망이 나타났을 때 자동적인 집착을 털어버릴 수) 있게 된다. 이런 집착의 털어버림은 자기집중의 능력의 증진과 궁극적으로는 무지의 뿌리를 꿰뚫어 보기 시작하는 자각으로 집중의 영역을 확대하도록 우리를 인도한다. 이런 자각은 경험의 본성에 대한 발전된 통찰로 우리를 이끄는데, 이런 통찰은 무지와 자기 중심적인 의지적 행동에 기반을 둔 맹

목적이며 습관적 패턴의 전체적인 순환을 끊으려는 더욱 발전된 의욕과 능력을 배양해준다.

사람들은 자주 집착과 욕망을 잡는 힘이 느슨하게 될까, 욕망이 사라질까 그리고 긴장을 못하거나 감각이 무딘 바보가 될까 걱정한다. 실제로 그 정반대가 사실이다. 자기 집중을 잃고, 자각하지 못하는 마음의 상태가 바로 그런 방황하는 사고, 속단 그리고 고독한 묵상의 두터운 막에 싸여 있는 무지의 상태다. 자기 집중이 증가함에 따라 경험의 구성요소에 대한 지각이 증가한다. 지관의 요점은 현상적 세계에서 마음을 분리하는 것이 아니라 마음이 진정으로 세계를 향하도록 만드는 것이다. 목표는 행동을 피하는 것이 아니라 행위가 보다 호응적이며 자각적인 것이 되도록 완전히 행동에 마음을 쏟는 것이다.

현대사회에서 자유란 보통 원하는 것을 뭐든지 할 수 있는 능력으로 간주된다. 하지만 상호의존적 발생의 시각에서 자유는 전혀 다른 것을 의미한다(현대의 한 불교지도자는 《자유라는 신화The Myth of Freedom》[22]라는 제목의 책을 펴냈다). 이 상호발생의 체계에 의하면 자아의 감각을 지니고 원하는 것은 뭐든지 하는 것(의지적 행동)은 가장 덜 자유스러운 행동이다. 이것은 조건화의 순환에 의해 과거에 얽매여 있는 행동이며, 미래에도 습관적인 패턴에 행위자를 계속적으로 속박시키는 행동이다. 발전적으로 보다 자유스럽다는 것은 행위자가 현재 상황의 진정한 가능성과 조건들에 민감해지는 것을 말하며 자기중심적인, 집착하는 의욕에 의해 제약되지 않고 개방적인 방식으로 행동할 수 있는 것을 말한다. 이런 개방성과 민감성은 우리의 직접적인 지각의 영역만을 포괄하는 것은 아니다. 이 개방성과 민감성은 타인을 이해할 수 있게 하며, 그들의 문제들에 대해 자비의 통찰력을 기를 수 있게 한다. 수행자들에 의해 보고되는 이런 인간생활의 개방성과 진실성에 대한 반복적인 통찰들은 지관 전통의 생명력을 설명해준다. 이런 수행자들의 보고는 또한 풍부한 이론적 전통이 인간적인 관심과 자연스럽게 연결될 수 있는 방식을 보여준다.

자아 없는 마음들: 분열된 대행자들

이리하여 현대적인 관점에서 아비달마는 무자아의 시각에서 본 직접적인 경험의 창발적인 형성에 관한 연구처럼 보인다. 아비달마의 몇 가지 주장들의 전체적 논리구조가 창발적 속성과 집합적 사회로서의 마음에 관한 현대과학의 논리적 구조와 잘 맞아들고 있다는 점은 놀라울 뿐이다(아마도 우리는 이 점을 그 역인 후자가 전자와 잘 맞는다고 말해야 할 것 같다). 그러나 이 후자, 즉 현대의 과학적 관심은 인간경험에 대한 직접적인 검토와 체계화된 분석과는 별도로 추구된 것이다. 독자들은 아직도 과학과 인간경험은 서로 떼어놓을 수 없는 동업자라는 점에 회의를 금치 못하고 있으리라 짐작된다. 따라서 이런 동업관계가 일방적일 경우 어떤 일이 벌어질 것인지에 관해 이제 우리는 보다 자세히 논의하려고 한다. 마음이 자아를 결여하고 있다는 점이 과학의 핵심에서부터 밝혀졌지만, 이 점이 인간의 다른 경험과는 아직 연결되지 못하고 있다면 어떤 일이 벌어질 것인가?

자아 없는 마음에 관한 견해가 어떻게 의식과 지향성의 분리라는 인지론적 입장을 취하게 되었는지 우리는 이미 살펴본 바 있다. 이제 자기조직적, 분산 그물망체계에서 창발적 현상으로서의 인지가 어떻게 연구될 수 있는지 살펴보려고 한다. 이 장에서 인지과정과 인간경험에 대한 '통합된' 기술이 지닌 유용성을 살펴보았다. 그렇다면 중심적 대행자 혹은 자아의 개념이 지닐 의미는 무엇인가?

대부분의 현역 인지과학자들 그리고 심지어 인지과학에 관심을 가지고 있는 몇몇의 철학자들은 이 문제를 제쳐놓는다. 민스키의 사회로서의 마음과 재켄도프의 의식과 계산론적 마음 모두가 지닌 장점들 중 하나는 각각이 이 문제를 초기에 인식하고 각 저술의 중심적 주제로 삼는다는 점이다. 특별히 민스키는 그의 저술에서 '일반적인 의미에서의 전 인격'을 의미하는, 소문자로 표기되는 자아self와 '보다 신비적인 의미에서의 자아의 정체성'을 의미하는 대문자로 표기되는 자아Self, 自我를 구분한다. 그리고 나서 그는 다음과 같이 묻는다. "이 자아Self라는 개념은 진실로 어떤 의미인가?" 이 질문에 그는 "사실 중요한 의미를 갖는다. 우리가 자아를 중앙집중적인 전권을 행사하는 실체로서가 아니라, 마음이 무엇이며 마음이 어떤 것이 되어야 하는지에 관한 우리의 이상, 이 두 가지를 모두 포함하는 집합적 개념으로 자아를 생각한다면"[23]

이런 구절에서 민스키가 시도한 구분은 특별히 시사하는 바가 있다. 이런 구분은 우리가 한 인격이라고 간주하는 의존적으로 발생하는 습관의 정합적 패턴으로서의 자아와 실제로 존재하지 않지만, 우리가 존재한다고 믿고 있는 끊임없는 집착으로서의 자아에 관한 불교적 구분과 매우 흡사하다. 즉 자아라는 단어는 일정한 정도의 인과적 정합성과 통일성을 통시적으로 지닌 일련의 육체적, 정신적 사건과 구조의 형성을 지시하는 손쉬운 방법이다. 그러나 대문자로 표기되는 자아Self는 이런 변화하는 구조 속에서 반드시 보호되어야 하는 본질, 즉 정체성의 근원인 참다운 불변의 본질이 존재한다는 우리의 생각을 나타내는 것이다. 그러나 이미 논의한 것처럼 바로 이런 자아Self에 대한 확신은 근거가 없는 것 같으며, 민스키가 통찰력 있게 지적했듯이 이런 확신은 실제로 해害가 될 수 있다.

그러나 이와 마찬가지로 우리의 흥미를 끄는 것은 민스키의 구분이 혹은 같은 문제에 관하여 재켄도프 같은 다른 인지과학자들이 제시하는 구분이 불교적 구분과 잘 맞아들지 않는다는 것이다. 이런 부조화는 두 가지의 연관된 문제들에 궁극적인 뿌리를 두고 있다. 첫째, 현대인지과학은 자아Self의 관념 또는 자아의 표상과 그것과 대비되는 자아에 대한 개인적인 집착의 원천인 자아 표상의 실질적인 기반을 구분하지 않는다. 인지과학에서는 전자가 적용되는 진정한 대상이 존재하는가 하는 점을 논하고 있지만 후자에 대해서는 아직 아무런 연구가 진행되고 있지 않다. 둘째로, 인지과학에서는 이미 확인된 자아Self의 결여에 대한 발견이 아직 심각하게 취급되고 있지 않다.

이런 두 가지 문제는 인간경험을 연구에 포함하고 그것을 검토할 체계적 방법이 인지과학에 결여되었다는 점에서 파생하는 문제이다. 이런 결여의 결과가 의미하는 바는 이 책의 서두에서부터 함께한 문제, 즉 인지과학은 단지 순수한 이론적인 발견만을 제공하기 때문에 자아 없는 마음의 실질적인 인간경험으로부터 분리되어 있다는 점이다.

예를 들어 민스키는 앞의 문제가 제기된 같은 페이지에서 다음과 같이 쓴다. "아마도 그것은 우리의 머리 속에 존재하며 우리가 원하는 일을 하게 만드는, 혹은 원하는 것을 원하게 만드는 사람이 존재하지 않기 때문에 우리가 마음속에 자신이 존재한다는 신화를 만들어낸 것이다." 이런 그의 주장은 우리가 계속 구분한 자아 없는 마음의 두 측면을, 즉 자아의 결여와 자아의 집착을 혼동하고 있다. 우리는 자아가 존재한다는 믿음 혹은 내적인 설명에 관해 논했다. 자아 존재의 믿음은 마음에는 궁극적으로 자아가 존재하고 있지 않기 때문이 아니라, 일상적으로 조건화된 마음은 집착으로 가득 차 있기 때문에 나타나는 것이다. 지관의 용어로 표현한다면 자아에 대한 우리의 믿음은 집착과 욕망을 강화시키는 불건전한 정신적 요소들을 순간순간 발생시키는 축적된 성향에 뿌리를 가지고 있다. 이렇게 계속되는 자아에 대한 믿음과 사적인 독백의 근원은 자아의 결여가 아니라, 그런 결여에 대한 정서적인 반응이다. 자아가 존재한다고 습관적으로 가정하기 때문에 확신하는 대상을 이론적으로 발견할 수 없을 때 드러나는 직접적 반응이 상실감이다. 우리는 마치 귀중하고 낯익은 어떤 것을 잃은 것과 같은 느낌을 받으며 즉각적으로 이 결여를 자아에 대한 믿음을 가지고 보충하려 한다. 그러나 우리가(잠정적으로 창발적인 '우리들이') 결코 가져본 적이 없는 것을 어떻게 잃는단 말인가? 또한 일차적으로 자아를 가져본 적이 없다면, 자신에게 각각의 내부에 자신이 존재한다고 말함으로써 그런 자아를 계속적으로 유지하려고 하는 시도는 무슨 의미를 지니는가? 그런 대화에서 말을 거는 대상이 자신이라면 도대체 이 모든 것을 왜 자신에게 말해야 하는가?

논의가 과학적 추론 단계에서는 부담스럽지 않았던 이런 결여감은 자아의 결여라는 발견이 순수하게 이론적인 단계로 상승하면서 더욱 강조되며 확대된다. 경험에 대한 자기집중적이며 개방적인 탐구를 진행하는 전통에서는 자아를 결여한 마음에 대한 최초의 개념적 깨달음이 직접적이며 개인적인 방식으로 확인되는 수준까지 깊어진다. 이 깨달음은 단순히 추론의 단계에서 지관의 실질적인 실천이 핵심적인 역할을 하는 과정을 통해 직접적인 경험의 단계로 변화해간다. 또한 여러 명상가들은 직접적인 경험으로서의 자아결여의 경험은 새로운 믿음이나 내적인 대화로 보충되어야 할 필요가 있는 결여감에 대한 경험이 아니라고 증언한다. 오히려 이런 자아결여의 경험은 자기 자신과 자기 발전 가능성의 개방적 공간을 명백히 제공하기 때문에 잘못된 믿음에서 탈출하는 자유의 시작이라고 간주된다.

그러나 민스키는 "언어적 의식이 드러내는 마음에는 너무도 많은 부분이 감추어져 있기"[24] 때문에 우리는 자아 Self의 개념을 인정하고 있다고 제안한다. 마찬가지로 재켄도프도 다음과 같이 주장한다. '자각은 사고와 실제 세계 모두가 마음에 주는 영향들의 종합적 결과만을, 즉 그런 영향들이 일어나게 되는 구체적 수단들을 완전히 가려버리고 그 결과만을 반영한다."[25] 이런 입장에는 두 가지 문제가 있다. 첫째는 우리가 의식하지 못하는 가정된 심리과정들, 즉 마음의 인지과학적 정보처리모델에 의해 가정된 과정과 관계된 문제다.

마음 그 자체에 대한 경험이 아니라, 다수의 하위인격 단계의 감추어진 과정들과 활동들을 요청하는 것이 바로 이 인지과학의 접근법이다. 개인적으로 자아를 지니고 있다는 믿음으로 인해 우리가 비난받는 것은 이런 인지과학의 끊임없이 변화하는 감추어진 과정들에 대한 이론들 때문은 분명 아니다. 그렇게 생각하는 것은 논의의 단계를 혼동하는 것이다. 둘째는 의식에서 감추어진 하위인격 단계에 많은 심리활동이 존재한다고 하더라도 이런 사실이 어떻게 자아에 대한 우리의 믿음을 설명할 수 있는가? 마음에 대한 재켄도프와 민스키의 모델의 복잡한 구조를 잠시 훑어본다면 마음이 이 모든 기재들을 가지고 있다고 할 때, 이런 기재들에 대한 의식이 중요하거나 필요하다는 생각은 누구도 하지 않을 것이다. 집중의 결여 자체는 문제가 아니다. 문제는 우리가 의식할 수 있는 집착의 습관적인 경향에 대한 분별과 자기 관찰의 결여다. 불연속적이며 비균질적인 경험의 본성 때문에 이런 유형의 집중은 세밀한 관찰을 통해서만 개발될 수 있다(이런 순수성의 결여와 불연속성이 어떻게 현대인지과학과 조화될 수 있는지 이미 살펴보았다. 또한 이제 이런 경험의 특징들 중 몇 가지를 신경생리학적 측면에서 관찰할 수 있게 되었다), 그런 세밀한 정확성의 개발은 단순히 수련의 형식적 과정뿐만 아니라 일상생활에서도 가능하다. 수많은 문화적 다양성과 접근방법을 포괄하는 종합적 전통은 탐구와 경험의 이런 인간적인 역정의 가능성과 실재성을 증거하고 있다.

민스키와 재켄도프에 대한 논의에서 알 수 있었지만, 인지과학은 기본적으로 이런 가능성을 간과하고 있다. 이런 무관심한 태도는 두 가지 중대한 문제를 낳는다. 첫째는 이런 간과를 통해 인지과학은 인간경험의 전 영역에 대한 탐색을 포기하게 된다. 특별히 지각의 경우 나타나는 경험의 '변형 가능성' 같은 것은 철학자들과 인지과학자들 사이에서 논의의 주제가 되기도 하지만,[26] 지관과 같은 실천을 통해 의식적인 자각의 변형 방식을 연구하는 학자는 아무도 없다. 반면 지관의 전통에서는 그런 변형의 가능성이 마음에 대한 전 연구의 주춧돌이 된다.[27]

둘째는 이 책의 서두에서부터 우리가 제기해온 문제다. 과학은 인간의 경험에서 멀어져가고 있으며, 인지과학의 경우 과학은 구조적으로 받아들일 수 없는 것처럼 보이는 결과들에 우리가 동의하도록 하는 분열된 입장을 낳고 있다. 이런 간격을 좁히려는 분명한 시도는 체화된 존재인 현존재Dasein를 뒷받침할 수 있는 신경망체계는 무엇인가 하고 질문하는 고든 글로버스Gordon Globus[28]나, 인지과학과 정신분석 사이의 가능한 연결을 탐색하고 있는 셰리 터클[29]과 같은 소수의 학자들에 의해서만 시도될 뿐이다. 그러나 인식주관에 대한 소박한 개념에 대한 더욱 더 많은 수정(소박한 주관에서 순수성을 결여한, 분열적 역동성을 지닌 그리고 무의식적 심리과정에 의해 산출된, 복합적 주관으로의 수정)을 인지과학이 요청하는 한, 인지과학과 인간경험에 대한 개방적이며 실천적인 접근 사이를 잇는 연결의 필요성은 더욱 필수적일 뿐이다. 실제로 이런 연결의 필요성을 거부하는 것은 인지과학이 이론과 발견에 등을 돌리는 것과 같은 것이다.

20세기 과학과 같은 매우 강력하며 동시에 기술적으로 발전된 영역에서 자아 없는 마음에 대한 순수이론적 탐구가 야기하는 심각한 문제는 이런 과학적 입장이 허무주의를 피할 가능성이 없다는 것이다. 인간이 사물들과 함께 살아갈 방식에 대한 점진적인 이해를 결여한 채 과학이 대상들을 조작하기만 한다면 설사 실험실에서 연구되는 마음이 자아를 결여한 그 마음과 같은 것이라고 하더라도 자아를 결여한 마음에 대한 발견은 실험실 밖에서는 아무런 생명력을 지니지 못할 것이다. 이런 마음은 스스로 자아의 근거를 결여하고 있음을 알게 되지만(물론 이것은 깊고 놀라운 발견이지만), 이런 깨달음을 체화할 수단을 아무것도 지니지 못한다. 그런 체화의 수단을 상실한 채, 우리는 부정한 것에 대한 습관적인 욕망을 결코 포기하지 않으면서 자아를 통째로 부정하고 있을 뿐이다.

허무주의라는 말로 의미하는 바는 정확히 니체의 정의가 나타내는 바와 같다. 니체의 정의는 다음과 같다. "근본적 허무주의radical nihilism는 우리가 인정하는 가장 높은 가치에 대하여 그 존재의 절대적 부당성을 확신하는 것이다."[30] 다시 말해 허무주의적 난제는 가장 귀중하게 여기는 가치들이 합당하지 않다는 점을 알고 있지만 그런 가치들을 포기할 수 없다는 역설이다.

이런 허무주의적 난제는 재켄도프의 책과 민스키의 책 모두에서 매우 분명히 나타난다. 재켄도프는 한편으로 "의식은 아무 짝에도 쓸모없다"고 주장하지만 다른 한편으로는 의식이 "아무 쓸모가 없다고 말하기에는 우리 인생에서 의식이 너무도 중요하고 재미있는 것"이라고 주장한다. 따라서 재켄도프에게 있어서 의식의 인과적 유효성은 터무니없는 것이지만, 그 역시 그런 유효성을 포기할 수 없었다.

비슷한 허무주의적 난제가 민스키 책의 마지막 부분에 나타난다.

사회로서의 마음의 마지막 페이지에서 민스키는 결정론과 우연 사이의 "제3의 대안이라는 신화"라고 그가 부르는 자유의지의 개념을 검토한다. 과학에 의하면 모든 과정들은 결정되어 있거나 우연에 부분적으로 의존한다. 따라서 "시간 흐름의 모든 분기점에서 우리가 해야 할 것이 무엇인지를 우리가 선택하도록 하는 자아, 자신, 또는 통제의 궁극적 중심"이라고 민스키가 말하는 '자유의지'라는 신비스러운 제3의 가능성의 여지는 없다.

그러면 이런 난제에 대한 민스키의 답은 무엇인가?

물리적 세계는 자유의지를 결코 제거할 수 없다는 점, 즉 자유의지의 개념은 정신 영역의 본질이라는 것은 우리의 모델의 핵심이다. 그것을 포기하기에는 우리의 마음이 그것에 너무도 깊은 뿌리를 내리고 있다. 이 자유의지에 대한 믿음이 거짓이라는 것을 우리는 알고 있지만, 마음에 평화를 주고 기분을 북돋아 주는 결과에도 불구하고 우리가 지닌 믿음에 결점을 발견하려고 작정하는 경우를 물론 제외하고는 우리는 이런 믿음을 가지도록 거의 강요당하고 있다.

우리의 관심을 끄는 것은 민스키 딜레마의 분위기다. 민스키는 위의 인용문에 이어 "무엇인가 나타날 때마다 항상 사고의 다른 영역이 존재하는 것"이라는 보다 낙관적인 태도로 《사회로서의 마음》을 끝맺고 있기는 하지만, 이 자유의지에 대한 인용은 인간경험과 과학 사이의 관계에 대한 그의 마지막 전망을 실질적으로 보여주는 것이다. 재켄도프의 경우에서처럼 과학과 인간경험은 분리되며 그 둘을 다시 결합시킬 방도는 존재하지 않는다. 이런 상황은 서양문화의 난제에 대한 100년이나 된 니체의 분석에서 완전하게 나타난다(인용한 니체의 주장은 1887년에 출판된 것으로 기록되어 있다). 우리는 결코 참이 될 수 없다고 우리가 알고 있는 것을 믿도록 강요, 저주받았다.

민스키와 재켄도프의 저술을 그토록 길게 논의한 이유는 이들이 각각의 방식으로 우리 모두가 대면하고 있는 난제를 분명히 보여주기 때문이다. 실제로 민스키와 재켄도프는 두뇌 내에 비밀스러운 장소에 감추어진 자아가 존재하고 있다고 상상하거나,[31] 양자적 단계의 확률과 불확정성이 자유의지의 본거지라고 가정하는[32] 다른 과학자들과 철학자들처럼 주어진 문제를 피하지 않았던 점에서 많은 도움을 준다.

그럼에도 불구하고, 민스키와 재켄도프에 의해 논의된 문제는 매우 공허하게 해결되었다. 이 두 학자들 모두는 인지과학과 인간경험 사이에는 해소할 수 없는 모순이 존재한다고 말하고 있다. 인지과학에 따르면, 우리는 인과적인 힘을 지닌 자유로운 자아自我를 가지고 있지 않다. 그러나 자아에 대한 그런 믿음을 버릴 수 없다. 이 믿음을 유지하도록 '강요'받고 있다. 반면 지관의 전통에 따르면 우리가 그런 믿음을 유지하도록 강요받고 있지 않다는 사실은 매우 확실하다. 이 전통은 네 번째의 대안, 즉 일상적인 자유의 개념과는 극단적으로 다른 행동의 자유에 대한 전망을 제공한다.

이 대안이 자유의지에 대한 철학적 문제가 아니라는 점을 분명히 하고자 한다(이 시점에서 우리는 물리적 결정론 대 구조적 결정론, 예측 그리고 민스키와 재켄도프의 주장에 대한 많은 다른 철학적 반응들을 논하고자 하는 충동을 억누르기 위해 갖은 힘을 다하고 있다). 여기서 논의의 중심은 경험 안에서 이런 문제들을 다루는 것을 그 핵심적인 특징으로 하는 전통이 존재한다는 점이다. 사실상 불교적 방법의 전체는 자아에 대한 정서적인 집착을 초월하는 것과 관련이 있다. 명상의 기법들, 연구와 명상의 전통, 사회활동 그리고 전 공동체의 조직은 이런 목적을 위해 마련된 것들이다. 역사적, 심리적 그리고 사회적 기록들은 이런 전통에 관해 기술하고 (또한 기술할 수) 있다. 여러 번 설명한 것이지만 인간 존재는 이런 방식으로 점진적인 자기변화를 달성해왔다(또한 이런 사람들은 그들 자신이 변화될 수 있다고 확실하게 믿는다). 이런 세계관이 주장하는 것은 진정한 자유는 '자아'의 '의지'의 결정에서가 아니라 어떤 자아도 포함하지 않는 행동에서부터 나온다는 것이다.

자아 없는 마음에 대한 인지과학의 주장은 인간경험의 이해에 중요하다. 인지과학은 현대사회에서 권위를 지닌 주장인 것이다. 그러나 인지과학자들이 흄의 주장을 따르는 것은 위험하다. 자아 없는 마음의 발견, 즉 인간경험에 근본적인 의미를 지니는 발견을 멋지게 정식화하기는 했지만, 그런 발견을 경험변형과 함께 조화시킬 방법을 알아내지 못했기 때문에 이들 인지과학자들은 어깨를 으쓱하고는 현대판 주사위놀이로 돌아설 수밖에 없다. 하지만 우리는 포기하지 않고 인간의 경험으로 다시 돌아갈 수 있는 연결고리를 찾아보려고 한다.

자아와 함께 사라지는 세계

이 책의 처음 세 부분은 자아를 발견하는 데 할당되었다. 그런데 자아를 발견할 수 없는 경우에도 우리는 결코 세계의 안정성을 의심하지 않았다. 모든 탐구의 배경을 제공하는 것처럼 보이는 데 어떻게 그것을 의심할 수 있겠는가. 그러나 자아의 무근거성을 발견하고 나서 세계로 눈을 돌렸을 때, 세계를 발견할 수 있는지 어떨지 우리는 더 이상 확신할 수 없게 되었다. 즉 우리는 고정된 자아를 버리고 난 이상 세계를 어떻게 찾아야 할지 더 이상 알 수 없게 되었다고 말해야만 할 것이다. 결국 자아가 아닌 것으로서, 자아와 다른 것으로서 세계를 규정하지만, 기준점으로서의 자아를 더 이상 발견할 수 없게 되었을 때 세계 역시 규정할 수 없게 됨을 우리는 깨닫게 된다.

다시 우리는 뭔가를 놓치고 있다는 느낌을 갖게 된다. 실제로 이 순간 대부분의 사람들은 신경이 날카로워져서 유아론, 주관론, 그리고 관념론과 같은 글자 그대로의 자기중심적 견해들의 기준점 역할을 하는 자아를 발견할 수 없다는 점을 이미 알고 있음에도 불구하고 이런 견해들을 향한 망령의 조짐을 보게 된다. 우리는 아마도, 개인적인 자아에 대해 가지고 있는 생각들보다도 세계가 고정되고 궁극적인 근거를 지니고 있다는 생각에 보다 더 강하게 결속되어 있는 것 같다. 이리하여 짧은 순간이나마 다양한 인지적, 창발적 실재론의 바탕에 놓인 이런 불안을 의식하게 된다. 이런 과제는 이 여정의 다음 단계로 우리를 이끈다.

THE EMBODIED MIND
Cognitive Science and Human Experience

Steps to
A Middle Way
4

중도를 향한 발걸음

Chapter 7

데카르트적 불안

불만감

세계는 표상되는 것이며, 확정된 속성들을 지닌 것이라는 생각에 이의를 제기하는 것은 왜 그리도 두려운 것일까? 세계는 '저기 밖에' 우리의 인식에 독립해서 존재하고, 인식이란 단지 독립적인 세계의 재현일 뿐이라는 생각에 의문을 제기할 때 왜 우리는 당혹감을 느끼게 되는가?

  우리의 즉각적이며 비반성적인 상식은 '도대체 그렇지 않다면 세계와 마음은 어떻게 연결될 것일까?' 하고 생각하면서 세계의 독립성과 표상에 의문을 제기하는 것은 과학적인 논쟁거리가 될 수 없을 것이라 주장한다. 우리 마음속에 있는 타고난 실재론적 성향은 그런 물음은 단지 '철학적'인 물음일 뿐이라고 한다. '철학적'이라는 말은 결국 흥미 있기는 하지만 전혀 중요하지 않다는 점을 단지 공손하게 표현한 것일 뿐이다. 이 문제가 부분적으로 철학적이라는 점은 사실이다. 그러나 이 문제는 인지과학의 문제로 제기될 수 있다. 마음은 고정된 외부환경의 속성들에 선택적으로 반응하는 일종의 정보처리 장치라는 생각의 과학적인 근거는 도대체 무엇인가? 왜 우리는 인지과학이 이 표상 그리고 정보처리의 근본문제를 철학적으로 뿐만 아니라 매일 매일의 연구에서 논의할 수 없다고 생각하게 되는 것일까?

이런 근본문제를 제기할 수 없다고 생각하는 것은 이 시대의 상식이 보여주는 맹목성인데 이것은 서양의 지적인 전통에 깊이 뿌리박고 있으며 최근에는 정통 인지론에 의해 더욱 강화된 것이다. 따라서 표상과 정보처리의 핵심적 개념은 연결론, 자기조직 그리고 창발적 속성의 발견을 통해 상당한 변화를 겪는다고 해도 실재론적 가정을 여전히 포함한다. 정통 인지론에서 실재론은 분명히 자신의 주장을 펼쳤으며 이 주장은 방어되었다. 반면 창발론적 접근에서 실재론은 암묵적으로 인정되었고 표면화되지 않았다. 이 비반성적인 입장은 인지과학이 직면하고 있는 가장 부담스런 위험 중 하나다. 이 암묵적인 실재론의 인정은 이론들의 한계를 미리 정해서 인지과학의 보다 넓은 지평과 미래를 가로막고 있다.

인지과학에서 발견되는 여러 종류의 실재론에 대해 불만을 표시하고 있는 인지과학자들의 숫자는 점차적으로 증가하고 있다. 이 불만은 기호처리이론 또는 심지어 '사회로서의 마음' 이론에 대한 새로운 대안을 찾고자 하는 의도보다 더 깊은 근원을 가지고 있다. 이것은 표상체계라는 개념 자체에 대한 불만이다. 이 개념은 인지의 수많은 본질적 차원들을 즉 단순히 인간경험에서 나타나는 것들뿐만 아니라 인지현상을 과학적으로 설명할 때 필요한 것들도 포함하고 있지 않다. 이 인지현상의 다양한 차원들은 진화와 생존의 연구 뿐만 아니라 지각과 언어에 대한 이해를 포함하고 있다.

  이제까지의 논의는 과학과 인간경험의 두 개의 극점의 연결이라는 문제에 집중되었다. 4부에서 이 논의는 인지과학의 내부에서부터 비표상론적 대안을 발전시키는 것으로 이어진다. 이제 잠시 논의를 중단하고 표상이라는 개념 자체의 과학적 철학적 뿌리에 대해 되새겨보자. 우리는 계산과 정보처리에 관한 인지과학의 최근 개념들뿐만 아니라 마음을 '자연의 거울mirror of nature'[1]로 보는 철학적 전통 전체를 문제 삼아야 한다.

표상, 재고찰

정통 인지론에 관한 논의에서 표상이라는 개념에 대한 두 가지 의미를 구분했는데 그것을 다시 고려할 필요가 있다. 한편으로는 표상을 해석이라는 개념으로 보는 확고한 견해가 있다. 인지현상은 늘 세계를 일정한 방식으로 해석하거나 표상함으로 가능하다. 반면에 인지체계는 표상을 바탕으로 해서, 즉 일정한 자극을 바탕으로 해서 작동한다는 의미로서 표상을 이해하는 견해가 있다. 이 두 가지 견해는 결국 같은 것처럼 보이기 때문에 구분을 보다 정확히 할 필요가 있다.

  간단하고 분명한 방식으로 말한다면 개념이란 것은 순수하게 의미론적 대상이다. 개념은 그 자신이 아닌 다른 것과 관련을 맺는 것으로 간주될 수 있는 모든 체계에 대해 적용될 수 있다. 이것이 표상을 해석으로 간주하는 개념의 의미다. 즉 어떤 식으로든 해석이 가해지지 않고서는 어떤 것도 다른 것과 관계를 맺을 수 없다는 것이다. 예를 들어 지도는 특정한 지리적 지역과 관련을 맺고 있다. 이 지도는 일정한 지역의 지리적 특징들을 표상함으로써 그 구역을 일정한 방식으로 해석한다. 마찬가지로 낱말들은 서로 조합되어서 한 언어의 문장들을 표상하고 이 문장들은 계속해서 문장이 아닌 다른 것과 관련을 맺거나 그것을 표상한다. 이런 표상의 개념은 보다 정확하게 정식화될 수 있다. 예를 들어 형식구조를 가진 언어가 있다고 해보자. 이 경우 형식언어의 진술들은 그것들의 만족의 조건들을 표상한다고 말할 수 있다. 예를 들어 '눈은 희다'라는 진술은 글자 그대로의 의미로 눈이 흴 때 만족된다. '네 신발을 집어라'라는 진술 역시 글자 그대로의 의미로 이 진술이 건네진 사람이 신발을 집는 경우 만족된다.[2]

특정한 존재론적 또는 인식론적 가정을 필요로 하지 않는다는 점에서 이런 정의는 표상의 약한 의미를 드러낸다. 따라서 이 경우 어떻게 지도가 의미를 얻게 되는지를 논하지 않고도, 지도가 어떤 지역을 표상한다고 말하는 데 아무런 하자가 없다. 또한 언어의 전체적 작동방식에 관한 가정 그리고 언어에 의해 표상되지만 언어와는 독립적으로 존재하는 외부세계를 가정함이 없이도 한 진술이 진리조건들의 한 집합을 표상한다고 생각하는 데는 아무 문제가 없다. 또한 우리는 경험적 표상들에 대해서도 이야기할 수 있다. 심상image의 구체적인 발생과정을 가정하지 않고서도 나는 내 동생의 심상을 마음속에 간직할 수 있다. 다시 말해서 표상의 이런 약한 의미는 형이상학적이거나 심리적인 것과 관련되는 것이 아니라 실용적 사용에 관계된다. 우리는 이 말을 아무 부담 없이 항상 쓰고 있다.

그러나 이런 약한 표상 개념의 명백한 속성은 강력한 존재론적 인식론적 연관을 함의하는 훨씬 강한 표상의 의미로 전이된다. 이 약한 개념을 바탕으로 우리가 지각, 언어, 또는 인식 일반의 작용에 관해 보다 발전된 이론을 구성하려고 할 때, 이 표상의 강한 의미가 나타나게 된다. 존재론적, 인식론적 연관은 기본적으로 두 갈래로 나뉜다. 우리는 세계가 미리 완성된 것이라 가정한다. 즉 세계의 속성들은 어떤 인지활동보다 먼저 확정된다. 이후 이 인지활동과 세계 사이의 관계를 설명하기 위해 인지체계 내에 심적 표상의 존재를 (그것이 심상이든, 기호든, 체계 전체에 분산된 하위기호적 패턴의 활동이든, 구분하지 말고) 가정한다. 그런 다음에 완성된 이론을 본다. (1) 세계는 미리 주어진 것이다. (2) 인지활동의 대상은, 세계의 부분에 지나지 않지만 이 세계다. (3) 미리 주어진 세계를 인식하는 방법은 세계의 속성들을 표상하는 것이고, 그리고 나서 이런 표상들을 바탕으로 우리는 행동한다.

그래서 앞서의 비유로, 즉 미리 주어진 세계에 낙하하는 인지적 행위자의 비유로 돌아가야 한다. 이 행위자는 지도를 가지고 있고, 그 지도에 따라 행동하는 것을 학습하는 한 생존할 수 있다. 인지과학적으로 이 말을 이해하자면 지도는 본구적으로 규정된, '사고思考언어'라 불리는 표상의 체계다. 반면 지도 이용법을 학습하는 것은 인지행위자들 각각의 경험을 통한 개체 성숙의 문제다.

많은 인지과학자들은 우리가 인지현상을 단순화해서 설명했다고 항의할 것이다. 인지체계의 내적인 구조에 대한 풍부한 세부사항들을 무시하는 정태적 표상 개념을 전제하고 있는 것은 아닌가? 그리하여 표상을 단순한 거울과 같은 것으로 부당하게 간주하고 있는 것은 아닌가? 시각 경험은 망막의 활동을 표현하는 에너지의 물리적인 패턴을 시각적으로 주어진 외부환경에 연결mapping시킨 결과라는 사실이 널리 알려졌다. 또한 이 결과는 추론과정을 통하여 결과적으로 지각판단을 일으키는 것이라는 사실도 널리 알려졌다. 결국 지각은 능동적인 가설 형성의 과정이며 미리 주어진 외부환경에 대한 단순한 반영mirroring이 아닌 것으로 간주된다.

물론 정당하기는 하지만 이런 반론은 요점을 놓치고 있다. 우리의 문제는 복잡한 연구과제를 단순하게 기술하는 것이 아니라 단지 몇몇의 암묵적인 인식론적 가정들을 가능한 한 분명한 방식으로 밝히려는 것이다. 따라서 많은 사람들이 표상이 복잡한 과정이라는 점에 동의하기는 하지만, 그럼에도 불구하고 결국 표상이란 표상체계 외부에 독립적으로 존재하고 있는 세계의 속성들을 복구하고 재구성하는 작업의 일종인 것이다. 따라서 예를 들어 시각 연구에서 연구자들은 '그림자에서 형태의 복구' 또는 '밝기에서 색의 복구'에 관해 논의한다. 여기서 그림자나 밝기 같은 속성들은 환경의 외부적 속성들로 간주되는데 이들은 형태나 색 같은 시각적 상황의 '고차적' 속성들을 복구해내는 데 필요한 정보를 제공하고 있다.[3]

만일 우리가 철학에서의 실재론과 관념론 같은 고전적인 이론과 비교하여 인지적 실재론이 지니는 정교함과 세련됨을 간과하지 못했다고 한다면, 우리가 단순한 설명을 했다는 불만은 정당화될 수 있다. 인지적 실재론 덕분에 표상 개념은 돌연변이적 변화를 겪었다. 이 변이의 결과로 고전적인 실재론과 관념론의 대립에 대한 한 가지 해결이 가능하게 되었다.

이 대립은 표상을 우리와 세계 사이에 놓인 '관념의 장막'으로 간주하는 전통적 해석에 근거하고 있다. 한편으로는 실재론자들은 관념 또는 개념들과 그것들이 표상하는 것, 즉 세계는 구분되는 것이라고 자연스레 생각한다. 우리가 지닌 표상의 타당성을 판정할 수 있는 궁극적인 법정은 이 독립적으로 존재하는 세계다. 물론 각각의 표상들은 많은 다른 표상들과 정합적이어야 한다. 그러나 이 내부적인 정합성의 조건은 표상들이 외부에서 독립적으로 존재하는 세계와 일정한 수준의 상응관계 또는 적합성의 확률을 증가시키는 의미를 지닐 뿐이다.

반면 관념론자들은 표상을 통하지 않고서는 그런 독립적인 세계에 대한 접근통로가 존재할 수 없음을 즉시 지적한다. 우리는 표상이 세계와 어느 정도로 상응하고 있는지를 판정하기 위해서 자신 바깥으로 나갈 수 없다. 실제로 외부세계가 표상의 가설적 대상이라는 점을 제외하고는 외부세계가 어떤 것인지 전혀 알지 못한다. 이 점을 극단으로 몰고 가서 관념론자들은 표상에서 독립한 세계라는 생각은 그 자체가 우리가 가지고 있는 또 다른 표상(이차 표상 또는 고차적 표상)에 지나지 않는다고 주장한다. 외부적인 존재에 대한 직접적인 파악은 이리하여 사라지고 마는 것이며, 우리는 마치 표상들이 믿을 만하고 지속적인 좌표점이나 되는 것처럼 내적인 표상들을 더

듣고 있을 뿐이다.

현대적 인지과학은 처음부터 이 전통적인 철학적 난제에 해결책을 제시하는 것처럼 보인다. 크게 보아서 인지과학 때문에 이 철학적 논의는 선험적a priori 표상(세계에 관한 우리 지식의 비우연적 기반들을 제공하는 표상)에 관한 논의에서 경험적a posteriori 표상(환경과의 인과적 상호작용에 의해 그 내용이 규정되는 표상)에 관한 논의로 변화되었다. 이 자연화된 표상의 개념은 전통적인 인식론의 동기가 되는 회의론적 의문을 제기하지 않는다. 실제로 이런 방식으로 유기체-환경 관계로 논의를 변경하는 것은 인지과학과 심리학의 자연화된 과제를 위해 전통적인 선험인식론의 과제를 버리는 것과 다름이 없다.[4] 그런 자연화된 입장을 취함으로써 관념론을 끊임없이 위협한 유아론solipcism이나 주관론에 빠지지 않고, 초월적 또는 형이상학적 실재론에 내재한 이율배반을 피할 수 있다. 이리하여 인지과학자들은 마음과 인지현상의 세부사항을 연구대상으로 삼으면서도 경험적 세계에 대해서는 굳건한 실재론자들로 남을 수 있다.

인지과학은 따라서 마음을 자연의 거울로 보는 철학적 전통의 부담을 느끼지 않고도 표상을 이야기할 수 있는 길을 제시하는 것처럼 보인다. 그러나 인지과학이 주는 이런 인상은 잘못된 것이다. 리처드 로티Richard Rorty가 말했듯이 인지과학이 전통 인식론에서 논의되는 회의론적 의문을 제기하지 않는다는 점은 옳다. 인지와 지식의 가능성에 관한 총체적 회의론global skepticism은 경험과학의 작업과는 아무런 관련이 없다. 그러나 그렇다고 해서 로티가 생각한 것처럼, 자연화된 표상의 개념이 자연의 거울이라는 마음의 전통적 이미지와 아무런 관련이 없다는 주장은 곧바로 도출되지 않는다.[5] 오히려 마음의 전통적 이미지의 핵심적인 특징, 즉 표상의 처리과정을 통해 복구되는 세계라는 개념, 이미 완성된 속성을 지닌 채 표상 외부에 존재하는 것으로 알려지는 세계와 환경의 개념은 현대인지과학에 여전히 살아 남아 있다. 어떤 점에서 인지론은 데카르트와 로크에 의해 창시된 마음에 관한 표상적 견해의 매우 강력한 주장이다. 확실히 인지론을 이끄는 가장 열렬한 옹호자의 한 사람인 제리 포더는 인지론이 18, 19세기의 표상론보다 발전된 유일한 측면은 인지론이 마음의 모델로서 컴퓨터를 사용한다는 점 그것밖에 없다고 말하기까지 한다.[6]

그러나 우리가 이미 보았듯이 인지론은 오직 인지적 실재론의 한 갈래일 뿐이다. 마음을 창발적 구조로 보는 접근법과 마음을 사회로 보는 접근법(그리고 우리 탐구의 경험적 극점을 형성하는 대상관소분석 basic element analysis 학파)에서는 표상 개념은 점점 더 문제거리가 된다. 우리는 인지론적 실재론에 대한 다양한 논의에서 이 개념의 문제를 분명하게 다루지는 않았다. 그러나 논의의 과정을 되돌아볼 때, 우리는 마음을 정보처리의 입출력장치로 보는 생각에서 점차적으로 거리를 취해왔음을 알 수 있다. 환경의 역할이 분명한 전경에서 배경으로 자꾸만 후퇴하고 있는 반면, 관계에 대한 창발적이며 자율적인 체계로서의 마음이라는 개념이 점차 중심적 위치를 차지했다. 이제 이런 표상적인 체계는 도대체 무엇에 관여하는가라는 질문을 제기할 시간이 되었다.

이 질문을 보다 접근하기 쉬운 것으로 만들기 위해 민스키의《사회로서의 마음》의 마지막 논의를 다시 살펴보자. 그는 다음과 같이 말한다. "마음에 대해 말할 때는 항상 두뇌의 한 상태를 다른 상태로 바꾸는 과정에 대해 말한다.…… 마음에 대한 관심은 사실 그런 상태들 간의 관계에 대한 관심이며, 이것은 상태들 그 자체의 본성과는 아무런 상관이 없다."[7] 그러면 이런 관계를 어떻게 이해할 것인가? 그런 관계들이 마치 마음처럼 보이게 되는 것은 무슨 이유에서일까?

 물론 이 질문의 답으로 보통 제시되는 것은 이 관계들이 환경에 대한 표상을 구체화하거나 지지하는 것으로 보인다는 것이다. 그러나 이런 과정의 기능이 독립적인 환경을 표상하는 것이라고 주장한다면, 이 과정을 외부적인 것에 의해 움직여지는, 즉 외부적인 통제의 기재에 의해 규정되는 체계(타율적 체계)의 부류에 속하는 것이라고 이해할 수 있다. 따라서 정보를 미리 규정된 양이라고, 즉 외부세계에 독립적으로 존재하며 인지체계에 대해 입력으로서 작용하는 것이라고 생각할 수 있다. 이 입력은 체계가 행동(출력)을 계산하여 산출하는 데 필요한 최초의 재료를 제공한다. 그러나 인간의 두뇌와 같이 고도로 협동적이며 자기조직적인 체계의 입력과 출력을 어떻게 규정할 수 있을까? 물론 밀고 당기는 에너지의 흐름은 어디에도 존재한다. 그러나 어디서 정보가 끝나고 행동이 시작되는가? 민스키는 이 문제에 대해 우리에게 귀띔을 해주는데, 그의 주장은 길게 인용할 만하다.

　왜 과정들은 분류하기가 이리도 어려운가? 우리는 먼저 원재료가 완성된 가공품으로 변형되는 단계를 가지고 기계들과 과정들을 규정할 수 있었다. 그러나 공장에서 차를 생산하듯이 두뇌가 생각들을 생산해낸다고 말하는 것은 아무 의미가 없다. 그 차이는 두뇌가 과정 자체를 변화시키는 기재를 사용하고 있다는 것이다. 이 점은 이 기재들이 만든 생산품과 그 기재들 자체를 우리가 분리할 수 없다는 것을 의미한다. 특별히 두뇌는 우리가 앞으로 생각하는 방식 자체를 바꾸는 기억을 가지고 있다. 두뇌의 주요 활동은 그 자신 안에서 변화를 일으키는 것이다. 자기를 변화시키는 과정이라는 생각 자체가 우리에게는 새로운 것이기 때문에 이런 문제에 대한 우리의 상식적 판단을 아직 믿을 수 없다.[8]

여기서 발견한 놀라운 사실은 표상이라는 개념을 전혀 발견할 수 없다는 것이다. 민스키는 두뇌의 주요 활동은 외부세계를 표상하는 것이라고 말하지 않았다. 그는 오히려 그 활동은 연속적인 자기변화라고 말한다. 표상이라는 개념은 어떻게 되었는가?

사실 포괄적이며 중요한 변화가 인지과학 내부에서 일어나기 시작했다. 이런 변화는 세계를 독립적이며 외재적인 존재로 보는 입장에서부터 멀어져서 세계를 자기변화 과정의 구조와 분리할 수 없는 존재로 보는 입장을 향해 옮아가게 한다. 이 입장의 변화는 단순한 철학적 취향의 변화를 나타내는 것이 아니다. 이 변화는 인지체계를 그 입력 출력 관계에서가 아니라, 조작적 자기폐쇄성operational closure[9]에서 이해해야 할 필요성을 드러내는 것이다. 과정들의 결과가 그 과정들 자체로 통합되는 그런 체계가 조작적 자기폐쇄성을 지닌 체계다. 따라서 조작적 자기폐쇄성의 개념은 자발적인 그물망체계 구성을 위한 자기조직의 과정을 규정하는 하나의 분류기준이다. 이런 그물망체계는 외부적인 통제 기재에 의해 정의되는 (타율적) 체계들의 부류에 속하는 것이 아니라, 자기조직의 내적인 기재에 의해 규정되는 (자율적) 체계의 부류에 속한다.[10] 이런 자율적 체계들은 표상에 의해 조정되는 것이 아니라는 점에 주목하라. 이런 자율체계들은 독립적 세계를 표상하기보다는 인지체계에 의해 체화되는 구조에서 분리될 수 없는 각각의 특수한 세계를 발제發製해낸다.

우리가 이런 마음의 개념을 심각하게 고려하기 시작하면서 세계는 이미 고정된 것이고, 인지는 표상이라는 생각을 문제삼을 수밖에 없게 된다는 점을 지적하고자 한다. 이 점은 인지과학에서 정보취식자informavore라는 인지론적 개념이 분명하게 보여주듯 정보는 미리 만들어져서 세계에 존재하며, 이 정보는 입력을 바탕으로 인지체계의 의해 계산된다는 생각에 문제를 제기해야 한다는 점을 주장한다.

그러나 논의를 더 진행하기 전에 왜 미리 주어진 특징들과 미리 만들어진 정보를 지닌 세계라는 개념이 그리도 당연시 되었던가를 물어볼 필요가 있다. 왜 우리는 이 생각에 그토록 집착하여 극단적 주관론, 관념론 또는 인지적 허무주의에 빠져들기 전에는 이 생각을 포기할 생각조차 하지 않는가? 이 뚜렷한 딜레마의 원인은 무엇인가? 고정되어 있는 안정된 기준점으로서의 세계를 더 이상 신뢰할 수 없다고 생각할 때 발생하는 느낌을 직접 조사해보아야 한다.

데카르트적 불안

우리가 느끼는 초조감은 리처드 번스타인Richard Bernstein이 말한 '데카르트적 불안the Cartesian anxiety'[11]이라고 부를 만한 것에 뿌리를 두고 있다. '불안'이라는 말은 대략 프로이트적 의미로 쓰이고 있으며, '데카르트적'이라고 하는 것은 데카르트가 이 점을 엄밀하게 그리고 극적으로 그의 《명상Meditations》에서 정리했기 때문이다. 이 불안은 다음과 같은 딜레마로서 가장 잘 표현된다. 이것은 인식적 자아가 고정되고 안정적인 지식의 기반, 즉 지식이 출발하며 기반을 두고 근거를 지니는 지점을 가지든지 아니면 모종의 어둠, 혼돈 그리고 혼란에 빠지든지 두 가지 가능성 사이에서의 선택해야 하는 딜레마다. 절대적인 근거나 기반이 존재하거나 아니면 모든 것이 무너지거나 둘 중 하나다.

데카르트적 불안의 힘을 소개하는 멋진 구절이 칸트의 《순수이성비판》에 있다. 이 책 전체를 통해 그는 지식의 기반이 되는 선험적 기본범주를 인간이 가지고 있음을 주장함으로써 그의 인식론체계를 구성한다. '선험적 분석론Transcendental Analytic'의 막바지에 이르러 칸트는 다음과 같이 쓴다.

> 우리는 순수오성(순수범주)의 영역을 탐구하고 조심스럽게 각 부분을 검토했을 뿐 아니라 그 한계를 정하고 그 오성에 속한 모든 것들에 올바른 위치를 부여했다. 이 영역은 본성상, 불변하는 경계에 둘러싸인 섬이다. 이것은 착각의 근원인 폭풍의 넓은 바다에 둘러싸인, 매혹적인

이름을 지닌 진리의 섬이다. 그 바다에는 많은 안개의 제방과 매끄럽게 녹아내리는 빙산이 늘 새롭지만, 이것들은 공허한 희망으로 항해자를 유혹하여 결코 포기할 수도 끝장을 볼 수도 없는 일에 몰두하게 만들면서 먼 곳에 육지가 존재하는 듯한 환영을 만들어낸다.[12]

여기서 우리는 두 가지의 극단을 즉 데카르트적 불안의 양자 선택의 문제를 만난다. 모든 것이 분명하며 궁극적인 근거를 지닌 매력적인 섬이 존재하지만 이 작은 섬을 떠나면 착각의 본거지인 어둠과 혼란의 넓은 폭풍의 바다가 존재하는 것이다.

이런 불안감은 절대적인 근거에 대한 갈망에서 기인하는 것이다. 이런 갈망이 만족되지 않으면 유일한 가능성은 허무주의나 무정부주의다. 근거를 찾으려는 노력은 여러 형태를 취하는데 표상론의 기본논리를 놓고 볼 때, 주된 경향은 '세계에서 외적인 근거를 찾거나 아니면 마음에서 내적인 근거를 찾거나'다. 마음과 세계를 주관적인 극과 객관적인 극의 대립적인 양 극으로 간주함으로써 데카르트적인 불안은 지식의 근거를 찾아 이 양극단 사이를 끝없이 진동한다.

주관과 객관의 이런 대립은 미리 주어진 것이거나 미리 만들어진 것이 아니라는 점을 깨닫는 것이 중요하다. 이 생각은 1장에서 언급한 인간 마음의 역사와 본성에서 유래한다. 예를 들어 데카르트 이전에는 관념idea이라는 용어는 신神의 마음이 생각하는 내용만을 가리키는 것으로 이용되었다. 데카르트는 이 말을 인간 마음의 작용에 적용하여 사용한 최초의 인물이다.[13] 이 언어적, 개념적 전환은 "자연의 거울로서의 마음의 발명", 즉 이질적인 이미지와 개념들과 언어적 사용법을 함께 꿰어맞춘 결과로 나타난 발명이라고,[14] 로티가 말한 것의 한 측면일 뿐이다.

이런 데카르트적인 근원은 거울이라는 비유의 적절성을 문제삼기 시작할 때 더욱 분명해진다. 우리가 다른 사고방식을 찾기 시작할 때, 데카르트적 불안은 끝까지 우리를 따라다니며 괴롭힌다. 그러나 궁극적 근거를 발견할 가능성이 점점 줄어들기 때문에 우리의 현대적 상황은 데카르트의 상황과는 다르다. 따라서 오늘날 불안이 나타난다면 허무주의에 빠지는 것을 막을 길이 없다. 그것은 근거를 갈망하도록 이끈 사고, 행동 그리고 경험의 형태들을 떨쳐버리는 법을 우리가 배우지 못했기 때문이다.

앞의 논의에서 인지과학은 이 허무주의적 성향에 대해 면역성을 가지고 있지 않다는 점을 알게 되었다. 예를 들어 허무주의와 데카르트적 불안 사이의 관계는 사회로서의 마음에서 민스키가 주관에서 완전히 독립적인 세계를 발견할 능력이 우리에게 없다는 사실에 직면했을 때 매우 분명히 나타난다. 그가 지적하듯이 세계는 대상, 사건 또는 세계 내의 과정들이 아니다.[15] 오히려 세계는 배경(모든 경험의 환경과 터전이 되는 그러나 우리의 구조, 행동 그리고 인지에서부터 분리된 채 존재할 수 없는 배경)에 더욱 가깝게 보인다. 이런 이유로 세계에 대해 우리가 말하는 것은 세계 자체에 대해서 만큼이나 자신과도 관련을 갖는 것이다.

이런 깨달음에 대한 민스키의 반응은 복합적인 것인데, 한편으로는 자아의 비존재에 대한 그의 반응과 비슷하다. 그는 다음과 같이 말한다. "어떤 대상에 대해 무엇을 말하든 간에 우리는 단지 자신의 믿음을 표현하고 있을 뿐이다. 그러나 이런 비관적 생각도 하나의 깨달음이 될 수 있다. 세계에 대한 우리의 모델이 전체로서의 세계에 대해 좋은 답을 제공할 수 없다고 하더라도 그리고 그런 모델들의 다른 대답들도 역시 잘못된 것이라 하더라도 이런 답들이 우리 자신에 대해 무엇인가 말해줄 수는 있을 것이다."[16] 민스키는 완전히 독립적이며 미리 완성된 세계를 발견할 수 없다는 점을 자신에 대한 통찰력을 증진시키는 기회로 이용한다. 그러나 반면에 이런 통찰력은 우리가 처한 상황에 대한 비관론에 바탕을 두고 있는 것이다. 왜 이래야만 하는가?

우리는 민스키의 세계를 통해 이런 비관적 사고를 묘사했다. 그것은 그가 뛰어난 현대의 인지과학자이며 충분히 성숙한 사상을 지닌 학자이기 때문이다. 그러나 그는 혼자가 아니다. 이 문제에 관하여 많은 사람들은 우리가 세계에 대해 진정한 지식을 지니지 못하고 있음을 인정할 것이다. 우리는 우리가 지닌 세계의 표상에 대한 지식을 지니고 있을 뿐이다. 일상적인 경험에서 표상이 세계에 대한 직접적 경험인 것처럼 간주되는 것을 볼 때, 우리는 우리 자신이 표상과 세계를 쉽사리 동일시하는 인지구조를 지니도록 저주받은 존재임을 느낀다.

이런 상황은 실제로 비관적으로 보인다. 그러나 이런 비관적 허무주의는 오직 미리 주어진 독립된 세계, 하지만 우리가 그 본성을 결코 알 수 없는 (외적 기반으로서의) 세계가 존재할 때만 나타난다는 사실에 주의하자. 이런 상황에서 우리는 내적인 표상에 의존하여 마치 이 표상들이 우리에게 안정된 기반을 제공하는 것들인 양 생각할 수밖에 없다.

이리하여 데카르트적 불안과 자연의 거울로서 마음이라는 이상理想에서 이 비관적 상황이 발생하게 되는 것이다. 이 데카르트적 불안의 이상에 따르면 지식은 이미 존재하는 독립적인 세계에 관한 것이 되어야 하며 이 세계는 정확한 표상에 의해 묘사되어야만 하는 것이다. 이런 이상이 실현될 수 없을 때, 내적인 기반의 추구에 매달리게 된다. 이런 진동을 무엇이라고 말하든 간에 그것은 우리 믿음의 표현일 뿐이라고 한 민스키의 주장에서 분명히 나타난다. 생각하는 것이 단지 주관적 표상의 문제일 뿐이라고 말하는 것은 내적인 근거의 이상, 즉 그 내적인 표상의 사적인 공간에 고립된 고독한 데카르트적 자아에 의지한다는 것을 정확히 의미한다. 민스키는 일차적으로 내적인 근거의 역할을 하는 자아가 존재한다고 믿지 않기 때문에 이런 특수한 전회는 더욱 역설적이다. 결국 데카르트적 불안에 대한 민스키의 개입은 우리로 하여금 발견할 수 없는 자아의 존재를 믿게 만들 뿐만 아니라 접근할 수 없는 세계의 존재를 믿게 만든다. 이리하여 이 난제가 드러내는 논리는 다시금 우리를 필연적 허무주의로 이끈다.

중도를 향한 발걸음

우리가 추구하는 지관적 경험 탐구의 시각에서 보았을 때, 근거에 대한 집착은 자아의 본질적이며 지속적인 갈등의 근원이다. 그리고 내적인 근거에 대한 이런 집착 자체는 세계를 미리 만들어진 독립체로 간주하는 사고에서 드러나는 외적인 근거에 대한 우리의 집착을 포함하는 보다 큰 집착 패턴의 일부라는 점을 이제 이해하게 되었다. 내적이든 외적이든 근거를 향한 집착은 갈등과 불안의 깊은 근원이다.

이런 깨달음은 불교 전통의 중관론 혹은 '중도' 학파의 이론과 수행의 핵심이다. 궁극의 근거를 마음 안에서 찾든 바깥에서 찾든 이런 사고의 기본적 동기와 패턴은 동일하다. 즉 집착의 성향이 그것이다. 중관론에서 이런 습관적 성향은 '절대주의'와 '허무주의', 양극단의 뿌리로 간주된다. 처음에 집착하는 마음은 절대적 근거를 찾아나서게, 즉 내적이든 외적이든 스스로의 '독립성'으로 인해 다른 모든 것들의 기반과 지지대 역할을 하는 것을 찾아나서게 만든다. 그런데 그런 궁극적 근거를 찾아낼 수 없음을 깨닫게 되면서 집착하는 마음은 절대적 근거의 이상에서 뒤로 후퇴하여, 다른 모든 것을 환상으로 취급함으로써 오히려 근거의 부재에 매달리게 된다.

중관론이 제공하는 철학적 분석은 두 가지 근본적인 측면에서 난제에 직접 관련된다. 첫째로, 오늘날 기반론의 계획 project of foundationalism이라고 부르는 궁극적 기반을 향한 추구는 주관이라는 개념과 자아라고 부르는 기반에 국한되는 것이 아니라는 점을 중관론의 분석은 분명히 한다. 그런 기반에 대한 추구는 미리 주어진 혹은 미리 만들어진 세계의 존재에 대한 믿음 또한 포함한다. 수세기 전에 인도에서 시작하여, 티베트, 중국, 일본 그리고 동남아시아의 다양한 문화적 배경에서 다듬어진 이런 깨달음은 서양철학에서는 100여 년 전에야 체대로 이해되기 시작했다. 실제로 대부분의 서양철학에서는 어디서 궁극적 근거가 발견될 것인가 하는 문제에만 관심을 기울였지 근거에 매달리는 성향 자체를 문제 삼거나 그것에 집중하지는 않았다.

둘째로, 중관론에서는 절대론과 허무주의의 관계가 분명히 파악되고 있다. 우리는 우리의 서양중심적 사고에 따르면 허무주의에 대한 관심은(정확히 니체적인 의미에서) 다른 무엇보다 19세기의 유신론의 붕괴와 모더니즘의 발생에 기인하는 서양적 현상이다. 불교 이전 시대에서부터 나타난 인도철학의 허무주의에 대한 깊은 관심은 허무주의가 오직 서양적인 현상이라는 시각에 도전한다.

안정적 자아를 추구하려는 시도의 결과로 나타난 집착의 형태인 절대주의와 허무주의를 직접적이고 지속적인 방식으로 이해하고자 하는 동기가 지관의 명상 전통에서 시작되었는데, 이것으로 인하여 우리가 살아가는 세계가 고통과 좌절의 경험으로 묘사되었다. 이런 집착의 성향들을 떨쳐버리는 법을 점진적으로 배움으로써 우리는 모든 현상은 결코 절대적 근거를 지니지 않았으며 이런 '무근거성空, sunyata'이 의존적 상호발생의 구성요소 그 자체라는 사실을 진정으로 이해하기 시작할 수 있다.

이 무근거성을 다양한 의미를 지닌 상호의존적 경험 세계의 조건 자체라고 말함으로써 다소간 비슷한 점을 현상학적으로도 주장할 수 있다. 바로 1장에서 우리는 우리의 모든 활동은 어떤 궁극적인 확정성과 최종성을 가지고도 결코 규정할 수 없는 배경(지평)에 의존한다고 말함으로써 이 점을 이미 언급한 바 있다. 결국 무근거성은 우리의 일상생활과는 거리가 먼, 심오한 철학적 분석에서가 아니라 경험변형에서 발견되어야 할 것이다. 실제로 무근거성은 '상식'을 통해 인식에서, 즉 고정되고 미리 주어진 것으로의 세계에서가 아니라 우리가 취하는 행동에 따라 끊임없이 구성되는 세계에서 우리가 어떻게 살아나갈지를 알게 됨으로써 드러난다.

모든 경험의 형태를 기껏해야 '통속심리학'으로, 즉 마음에 대한 표상이론에 의해 학문화될 수 있는 초보적 설명 형태로 간주하길 선호하는 인지과학은 이런 견해에 반대했다. 따라서 인지과학의 일반적인 경향은 인지를 미리 주어진 문제에 대한 해결로 계속 간주하는 것이다. 그러나 살아 있는 인지의 가장 큰 능력은 다양한 조건 아래서, 각 순간에 해결되어야 할 필요가 있는 적절한 문제를 제기할 수 있는 능력에 있다. 이런 문제들과 관심들은 미리 주어진 것이 아니라 행동의 배경에서부터 발제된 것인데 그런 배경에서 무엇이 적절한가 하는 문제는 상식에 의해 맥락의존적 방식으로 제기되고 해결된다.

Chapter 8

발제: 체화된 인지

상식의 회복

다양한 인지실재론(인지론, 창발론 그리고 마음이라는 사회)의 배후에 존재하는 암묵적인 가정은 세계는 불연속적인 요소와 기능의 영역들로 나누어져 있다는 것이다. 인지는 문제의 해결에 존재하는 만큼 그것이 성공적이려면 이런 미리 주어진 영역 내의 요소들, 속성들 그리고 관계들이 올바로 파악되어야 한다.

문제 해결로서 인지를 이해하는 이런 접근법은 문제의 가능적 조건을 완전히 규정하는 것이 비교적 쉬운 영역에서 어느 정도 성공적이다. 체스게임을 생각해보자. '체스공간'의 구성요소들, 즉 체스판에 놓인 말들의 위치와 말들을 움직이는 규칙, 교대로 두는 순서 등이 모두를 규정하는 것은 쉽다. 이 체스공간은 분명히 규정된다. 사실 이 공간은 완벽한 규정이 가능한 세계다. 따라서 컴퓨터로 체스를 두는 것이 고도의 기술이라는 점은 놀라운 사실이 아니다.

그러나 보다 덜 분명한 한계를 지니거나 잘 규정되지 않는 문제의 영역에 대해서는 이 접근법이 상당히 비효율적인 것으로 밝혀졌다. 예를 들어 운전하는 로봇이 한 도시 안에서 자동차를 운전하는 일을 생각해보자. 이 '운전공간'을 바퀴와 몸체, 적색신호등, 그리고 다른 차량 등의 불연속적인 요소들로 규정할 수도 있을 것이다. 그러나 체스의 세계와는 달리 대상들 사이의 운동은 분명히 구분되는 요소들의 공간으로 분석되는 것이 아니다. 이 로봇이 보행자들에게 신경을 써야 하는가? 이 로봇은 기상 조건을 염두에 두어야 하는가? 이 도시가 속한 나라나 그 나라의 고유한 운전습관도 염두에 두어야 하는가? 이런 질문은 끊임없이 이어진다. 운전공간은 어떤 일정한 지점에서 끝나지 않는다. 이 공간은 끝없이 나타나는 세부 조건들을 통해 불특정한 배경과 연합되는 구조를 지니고 있다. 실제로 운전과 같이 연속적으로 통제되는 운동은 습득된 운동기술과 상식 또는 주어진 배경조건에 관한 전반적인 운용 기술의 계속적인 활용에 의존적이다.

그런 상식적인 지식은 대체로 엄청난 양의 사례들에 관한 경험의 축적에 기반을 두는 즉각적인 반응 또는 '기술적 지식knowledge how'의 문제이기 때문에 분명한 명제적인 지식, 철학적 용어로 '선언적 지식knowledge that'으로 정리해내기가 어렵거나 아니면 불가능하다. 기술 습득 방식에 관한 최근의 연구는 이런 점을 확증하고 있다.[1] 게다가 문제의 영역을 인공적인 극미의 세계에서 거시세계로 확대하면, 수행되는 행동과 독립된 대상이 무엇인지 규정할 수 있는지조차 불분명하다. 대상, 속성 그리고 사건의 분류는 주어진 인지적 작업에 의

존적이다.[2]

그 중요성이 이제 막 드러나기 시작했지만, 이런 문제의 개방적 복합성은 인지과학 분야에서 드러난 새로운 사실이 아니다. 실제로 20년 동안의 느린 발전을 겪고 난 후, 70년대에 이르러 우리에게는 너무도 당연한(눈에 띄지 않을 정도로 단순한) 인지행위를 해결하기 위해 무한에 가까운 지식의 단순입력이 컴퓨터에게 필요하다는 점을 많은 인지과학 연구자들이 발견했다고 말하는 것은 과장이 아니다. 일반문제해결자general problem solver에 향해진 초기 인지론자들의 희망은 프로그래머가 그 자신의 배경지식을 되도록 많이 기계에 입력할 수 있는 그런 영역으로 그리고 작은 단위의 문제들이 해결될 수 있는 영역으로 즉 국소적 지식 영역에서 작동하는 프로그램들에 대한 관심으로 대체되었다. 마찬가지로 현재의 연결론적인 전략은 세계의 알려진 속성들에 관한 가정을 통해 규제과정regularization[3]을 부가적으로 제약함으로써 끝개의 가능한 공간을 제한하거나 아니면 최근에는 외부모델을 모방하는 학습을 지지하는 역확산back propagation 방법을 이용하는 것이다. 따라서 인지론과 연결론 모두에서, 배경상식의 감당할 수 없는 애매성은 궁극적으로는 그런 애매성이 명백히 밝혀지리라는 잠정적인 희망과 함께 탐구의 주변부로 밀려나 더 이상 심도 있게 연구되지 않고 있다.[4]

그러나 만일 우리가 체험하는 세계가 미리 정해진 한계를 지니지 않는다면 표상의 형태로 즉, 미리 주어진 세계를 다시 재현한다는 강한 의미에서의 표상[5]의 형태로 상식적인 이해를 포착하려고 기대하는 것은 비현실적이다. 실제로 상식을 회복하려고 한다면, 맥락의존적인 비명제적 기술적 지식을 보다 복잡한 규칙으로 대체될 인공적 산물이 아니라 창조적인 인지의 본질로서 간주함으로써 우리의 표상주의적 태도를 바꿔야 한다.

상식에 대한 우리의 태도는 인지과학의 영역 특별히 인공지능에 영향을 미친다. 그러나 이 태도의 철학적 근원은 현대 유럽철학 특별히 초기 마르틴 하이데거Martin Heidegger와 그 제자인 한스 가다머Hans Gadamer의 철학에 바탕[6]을 두는 철학적 해석학에서 발견된다는 점에 주목해야 한다. 해석학Hermeneutics이라는 말은 원래 고전의 원문을 해석하는 연구를 의미했는데 이제는 이해의 지평에서부터 의미를 이끌어내거나 정립하는 전체적 해석과정을 의미한다. 일반적으로 대륙철학자들은 해석학의 많은 가정들에 분명한 반대를 표명하지만 우리의 신체, 언어, 사회적인 역사, 간단히 말해 인간의 체화의 조건[7]들과 세계내존재의 분리불가능성에 의존하는 지식에 관한 세부적인 논의를 끊임없이 해오고 있다.

다수의 인지과학자들이 최근 새로운 영감을 얻기 위해 이런 논의에 참가했지만, 인지과학의 본래적인 철학은 이런 반객관론적인 방향에 계속적으로 반대해왔다. 다양한 형태의 인지실재론은 특별히 분석철학과 강한 연대를 가지고 있는데, 이 철학은 통속심리학을 잠정적인 대상으로 즉 궁극적으로 환원되거나 대치[8]될 대상으로 간주하는 성향을 지니고 있다. 일반적으로 분석철학은 체화된 이해로서의 인지의 개념에 반대하는 입장이라고 말하는 것이 올바를 것이다. 따라서 마크 존슨Mark Johnson이 최근 저술에서 말했듯이,

우리가 세계를 만나는 사건으로 이해를 규정하는 것 혹은, 보다 적절히 말하자면, 우리의 세계를 구성하는 의미연관적 사건들의 계속적 생성으로의 이해를 규정하는 입장은 유럽철학 특별히 하이데거와 가다머의 철학에서 오래 전부터 주목되어왔다. 그러나 영국과 미국의 분석철학에서는 이런 입장이 단어들과 세계 사이의 고정된 관계로 의미를 해석하는 입장에 밀려 강한 저항을 받았다. 인간의 체화, 문화적 환경, 상상적 이해 그리고 역사적으로 발전하는 전통을 넘어서는 시각만이 객관성의 가능성을 보장할 수 있다는 잘못된 가정이 분석철학 내에 존재했다.[9]

이 반객관론적 성향의 중심적 통찰은, 지식은 우리의 이해능력에서부터 나타나는 계속적인 해석활동의 결과라는 견해다. 이 이해의 능력은 우리의 생물학적 체화의 구조에 그 뿌리를 가지고 있지만 문화적 역사와 합의적 활동의 영역 내에서 성장하고 체험되는 것이다. 이 능력은 우리로 하여금 이 세계를 감각하게 한다. 혹은 보다 현상적인 언어를 쓴다면, 이 능력은 우리가 '세계를 지닌다'는 방식으로 존재할 수 있도록 하는 구조다. 존슨의 저술을 다시 인용한다면,

> 의미는 체화된 경험의 패턴과 우리의 감각 가능성의 선지각적 구조(인간의 지각 방식, 신체운동 방식, 다른 대상이나 사건 또는 사람들과의 상호작용 방식)를 포함한다. 이 체화된 패턴은 이 패턴을 체험하는 당사자에게만 고유하거나 그 사람의 사적인 문제로 남는 것이 아니다. 인간사회는 우리의 체험된 패턴을 정식화하고 해석하는 것을 돕는다. 이런 패턴들은 경험의 공유된 문화적 양상이 되며 우리의 '세계'에 대

한 의미 있고 정합적인 이해의 본성을 규정한다.[10]

이런 주제는 유럽철학에서 유래한 것이지만 유럽철학의 논의들 중 대부분은(메를로 퐁티의 초기 저작이 가장 큰 예외가 되겠지만) 인지에 관한 과학적인 탐구를 고려하지 않고 진행되었다. 유럽철학에서의 인지 논의에 대한 인지과학 측에서의 도전은 문화적인 배경을 지닌 인간의 경험에 관한 연구를 신경과학, 언어학 그리고 인지심리학에서의 인지연구와 연결하는 것이다. 인지과학 측의 이런 도전은 매우 깊이 뿌리를 박고 있는 과학적 전통 중 하나, 세계는 인식주체로부터 독립되어 있다는 전통적 입장에 대해 문제를 제기하는 것이다. 인지는 상식에 관한 이해 없이는 이해될 수 없는 것이고, 상식이란 우리의 신체적, 사회적 역사 외에 다른 것이 아니라는 점을 우리가 인정한다면, 인식주관과 인식의 객체 그리고 마음과 세계는 상호규정 또는 의존적인 상호발생을 통해 서로 관계를 맺게 된다는 점은 피할 수 없는 결론이 된다.

이런 비판이 타당하다면 인지이해에 관한 과학적 발전은 '바깥에' 미리 존재하면서 내적으로는 표상으로 재발견되는 세계라는 개념이 아니라, 다른 바탕에서 출발해야 할 것이다. 최근 몇 년 동안 인지과학 분야의 일부 연구자들은 이런 철학적 성격을 띤 비판을 그들의 실험과 인공지능의 특정한 연구에 도입했다. 이들 연구자들은 창발적인 접근보다 더 극단적인 방식으로 인지론으로부터의 이탈을 시도하고 있으며, 비인지론적 맥락에서 발전한 방법과 개념들을 그들의 연구에서 실제로 사용하고 있다.

자기조직화, 재고찰

앞에서 우리는 어떻게 인지과학이 정보를 처리하는 입출력장치로서의 마음의 개념에서 떠나서 창발적이며 자기조직적인 그물망체계로서의 마음의 개념을 향해 나아갔는가 하는 점을 논의했다. 자율적인 체계라고 하는 것의 구체적인 예를 제시함으로써 우리는 이 새로운 개념을 보다 구체적으로 이해해보려고 한다.

이 구체적인 예는 단순한 세포자동자인데, 이것은 체계가 그물망의 구조를 취할 때 어떻게 창발적 속성들이 나타나게 되는가 하는 점을 예시했을 때 소개한 것이 바로 그것이다. 앞서의 설명에서 이 세포자동자는 각각이 완전히 독립된 요소들로 구성된 것이었기 때문에 이들의 창발적 상태들은 적절한 환경과의 연합의 역사에 의해 제한되지 않는 것들이었다. 구조적 연합의 차원을 도입해서 자동자에 관한 설명을 보충함으로써 우리는 복잡한 체계가 세계를 발제하는 능력을 이해할 수 있다.[11]

우리의 순환체는 수많은 형태의 결합이 가능하다. 하지만 이 순환체를 화학적인 환경에 놓인 세포들처럼 무작위적인 0과 1의 환경에 놓았다고 가정해보자. 이 자동자의 한 세포가 두 가지의 가능태(0 과 1) 중 하나와 만나게 되면, 이 세포의 상태는 그것이 만나게 되는 교란신호에 의해 다른 것으로 변화한다(그림 8.1). 논의를 단순히 하기 위해서 주어진 환경에 대해 일정한 연합의 구조를 지닌 이 특정 세포자동자의 원환체를 비토리오Bittorio라 부르자.

그림 8.2에서 왼쪽의 화살표는 하나의 세포에 하나의 교란신호가

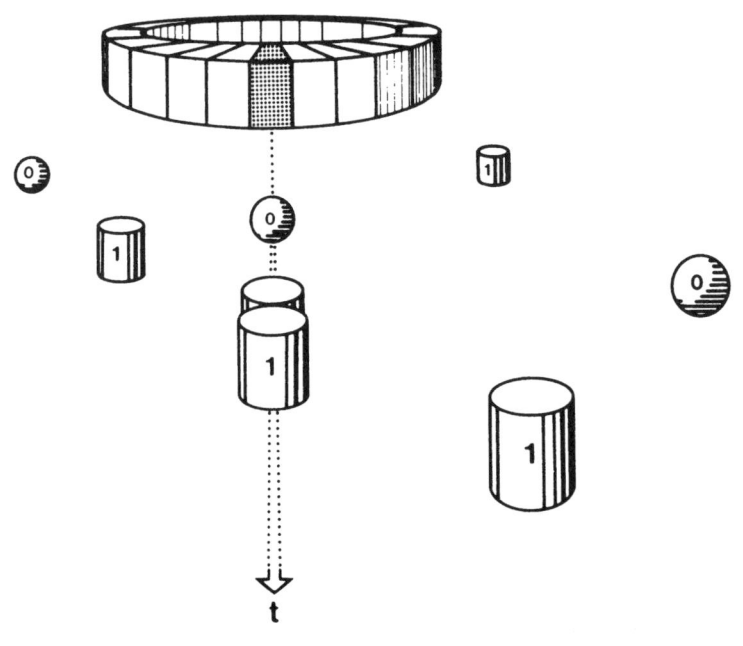

그림 8.1
1과 0의 무작위적 환경에 놓인 세포자동자 비토리오.

도달하는 순간을 나타낸다. 뒤따르는 변화는 그런 교란신호에 의해 귀결되는 변화(또는 불변상태)를 나타낸다. 즉 비토리오가 이 교란을 응답하는 방식을 나타낸다. 비토리오의 규칙이 첫 번째나 네 번째 종류에 (단순규칙 또는 혼돈규칙에) 해당되면 교란의 결과는 아무것도 없다. 즉 비토리오는 그 이전의 상태, 균질적인 상태로 돌아가거나 무작위적인 상태로 남는다.

따라서 오직 두 번째와 세 번째 종류의 규칙만이 우리가 의도한

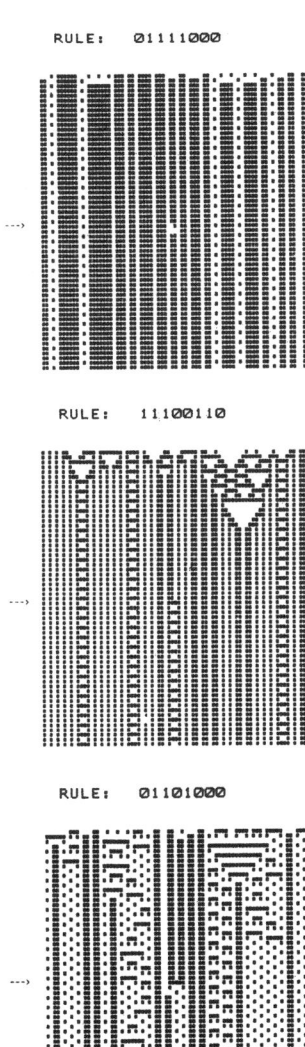

그림 8.2
교란으로 야기된 변화의 과정을 보여주는 비토리오의 생활사.

흥미 있는 구조적 결과를 일으킬 동적인 변화를 비토리오에게 제공한다. 그림 8.2가 보여주듯이 이런 규칙을 지닌 비토리오라는 원환체에서 하나의 단일한 교란은 한 구조에서 다른 시공간적 구조로의 변이를 야기한다. 이 두 가지 구조 모두는 안정되고 구별가능한 것들이다.

그림 8.3에 나타난 규칙 10010000을 지닌 비토리오의 경우는 보다 자세히 설명할 필요가 있다. 곧 이해가 가겠지만, 하나의 교란만으로도 하나에서 다른 안정된 구조로 공간주기성을 바꿀 수 있다. 그러나 같은 세포에 두 번째 교란을 가하면 이전의 변화와 같은 것이 나타나지 않는다. 따라서 비토리오에 대해서는 같은 세포에 대한 홀수열의 교란만이 상태 구조의 변화를 야기할 수 있다. 반면 짝수열의 교란은 비토리오를 변화시키지 않기 때문에 눈에 띄는 효과가 나타나지 않는다. 다시 말해 일정한 규칙과 일정한 구조연합의 형태를 지닌 채, 비토리오는 '홀수열 인지자'가 된다.

이런 창발적인 의미의 또 다른 예는 그림 8.4의 비토리오 규칙 01101110에 나타난다. 여기서는 연속되는 두 가지 교란만이 비토리오의 상태 구조에 변화를 일으킬 촉매자가 된다. 이 점은 비교를 쉽게 하기 위해서 다른 세포 위치에 다수의 교란들을 중첩시킨 그림 8.4에서 쉽게 알 수 있다. 하나의 세포에 이중의 교란이 가해지는 경우가 아니면 비토리오는 변화하지 않는다.

동시적인 교란과 보다 복잡한 연합의 형태에 관한 탐구는 비토리오 같은 세포자동자들의 풍부하고 흥미 있는 행위를 드러내줄 것이다. 그러나 이미 논의된 이러한 예들은 우리의 주장을 뒷받침하기에

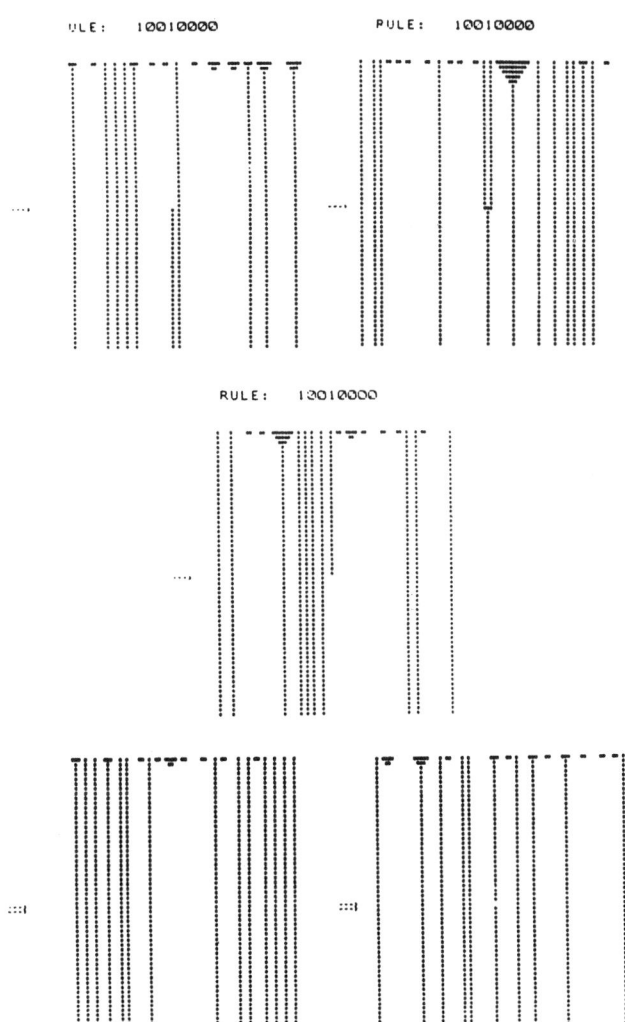

그림 8.3
오직 홀수열의 교란만을 선택하는 비토리오의 규칙 10010000.

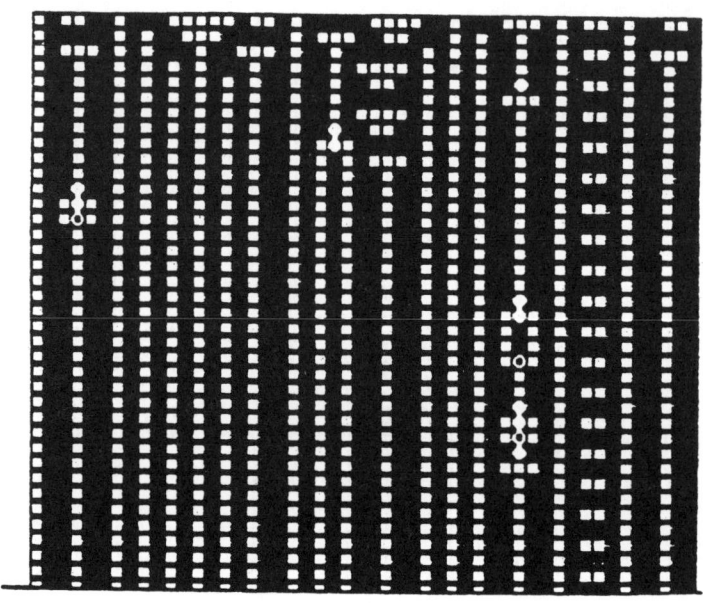

그림 8.4
연속적인 이중교란에 대한 비토리오의 반응.

충분한 것이다.

특별히 이 두 가지 예(그림 8.3과 그림 8.4)에서 비토리오에게 '홀수열' 또는 '두 개의 연속되는 교란'을 구별할 프로그램을 우리는 제공하지 않았다는 점을 강조하고 싶다. 대신 한편으로 체계의 내적인 규정 양식(그물망체계의 동적인 내적 창발)을 규정했고, 다른 한편으로 체계가 주어진 환경(무작위적인 0과 1의 환경에서 만나는 교란을 통해 각 세포의 상태의 변화)과 연합하는 방식을 규정했다. 그러나 결과는 이 결합이 시간이 지남에 따라 무작위성의 세계에서 체계의 구조와 관련 있는 분별의 영역('홀수열' 또는 '두 개의 연속적인 교란')을 선택하고 발제했다는 것이다. 다시 말해 자율성을 바탕으로 체계는 의미있는 영역을 선택하고 발제했다.

우리는 의미 그리고 관련성이라는 말을 의도적으로 사용했는데 이 두 단어들은 외적인 교란에 대한 모종의 해석이 존재한다는 점을 함의한다. 비토리오의 경우에 이 해석은 경험에 의존하는 해석과는 분명히 다르다. 그럼에도 불구하고 최소한의 해석이 비토리오에게 존재한다고 말할 수 있으며, 이때 해석은 배경에서부터 구분의 영역을 개발해내는 것을 폭넓게 의미하는 것으로 이해된다. 따라서 비토리오는 그 자율성을 (내적인 규정을) 바탕으로 무작위적인 환경의 배경에서부터 의미있는 영역을 이끌어내거나 선택한다는 의미에서 해석을 행한다.

이러한 예에서 나타난 홀수열과 같은 비토리오의 선택적 구분은 비토리오가 발제한 공변화적 규칙성을 드러낸다. 이 규칙성들은 비토리오의 세계라고 부를 수 있는 어떤 구조를 구성한다. 이 세계는 미리 주어진 것이 아니고 표상을 통해 회복되는 것이다. 우리는 비토리오를 홀수열 인지자로 디자인한 것이 아니다. 단지 비토리오에게 일정한 내적인 동적 규칙을 부여하고 무작위적인 환경에 떨어뜨린 것이다. 그럼에도 불구하고 내적인 동적 규칙과 환경 간의 연합의 역사로 인해 홀수열은 비토리오에게 의미 있는 구분이 된 것이다. 이런 이유로 우리는 비토리오의 세계를 구조적 연합의 역사를 통해 발제된 것으로 기술한다.

그리하여 비토리오는 내적인 규칙과 환경과의 연합이 주어진 체계의 관련성 세계를 구성하는 방식에 대한 한 가지 범형을 제공한다. 물론 이 범형은 매우 단순하다. 그러나 우리의 의도는 어떤 특정한 현상의 모델을 제공하는 데 있는 것이 아니며, 또한 이같이 단순한 내적인 규정과 연합이 세계를 경험하는 체계에 충분하다는 것을 제안하는 것도 분명히 아니다. 오히려 자율적인 체계가 배경으로부터 의미를 이끌어내는 방식에 관한 최소한의 예를 제시하는 것이다. 이 예의 단순성 바로 그것 때문에 우리는 인지적 구별이 만들어지는 전 과정의 세부적 사항을 짚어볼 수 있게 되었다.

이 예가 단순한 것이었지만, 이것이 드러내는 교훈을 과소평가해서는 안 된다. 우리는 비토리오에게 주어진 단순한 형태의 자율성과 (내적인 규정과) 연합에서 최소한의 의미가 나타남을 이미 알아냈기 때문에 두뇌나 면역체계와 같은 복잡한 분자그물망체계에서 나타날 수 있는 혹은 살아 있는 세포들에서 나타날 수 있는 복합적이며 다양한 의미를 상상할 수 있다. 그럼에도 불구하고 이런 실질적인 생물학적 체계는 (조작적인 내적 규정을 가진다는 점에서) 훨씬 복잡하고 정교하기는 하지만 자율성과 환경과의 구조적 연합의 측면에서 비토리오와 공통점이 많다.[12]

이런 자율적인 체계는 환경과의 결합이 입력/출력 관계로 결정되는 체계와 분명한 대조를 이룬다. 디지털컴퓨터는 후자의 종류에 속하는 체계 중에서 가장 널리 알려진 사례다. 이 체계에서 주어진 문자판 순서열의 의미는 항상 공학자에 의해 규정되어 있다. 그러나 살아 있는 체계들은 이런 종류의 체계와 거리가 멀다. 우리는 매우 제한된 상황에서만 입력/출력 관계를 통해 세포나 생물체의 기능을 규정할 수 있다. 그러나 일반적으로 살아 있는 체계에 있어 특정한 상호작용의 의미는 외부로부터 미리 정해지는 것이 아니라, 그 체계 자체의 구조와 역사의 결과인 것이다. 이런 맥락에서 이제 우리는 실제로 살아 있는 체계의 몇 가지 예를 들어보고자 한다.

색, 사례연구

자율성과 구조적 연합에 관련하여 우리가 깊이 탐구하고자 한 것들 중에서 가장 좋은 예는 아마도 색 지각일 것이다. 색에 관심을 집중하고자 결정한 데에는 두 가지 이유가 있다. 그림 1.1에서 보듯이 각각의 연구 영역, 즉 신경과학, 심리학, 인공지능, 언어학 그리고 철학은 색에 대한 우리의 이해에 중요한 기여를 하기 때문에, 색 연구는 인지과학의 소우주를 보여준다. 실제로 유전학이나 인류학과 같은 다른 연구분야도 마찬가지의 기여를 했다. 둘째로 색은 인간경험에 있어서 직접적인 지각적, 인지적 중요성을 갖는다. 이런 두 가지 이유로 인해 색은 과학과 인간경험에 대한 두 가지 중요한 관심이 자연스럽게 만나는 시범 영역이 된다.

색에 관한 우리의 논의는 여러 단계를 걸쳐 진행될 것이다. 먼저 색이란 것 자체가 어떻게 현상적으로 나타나게 되는가 하는 것, 소위 색 현상 구조라고 하는 것을 논의할 것이다. 그리고 나서 대상들에 부여된 속성으로서의 색을 논의할 것이다. 마지막으로 실험적인 범주로서의 색을 논의할 것이다. 그런데 이런 각 단계들은 색 경험과 분리되어 존재하는 것들이 아님을 강조하고 싶다. 경험은 이 세 단계가 동시에 구성한 것이다. 그러나 색 이론은 그 출발점으로서 색의 이 세 측면 중에서 어떤 하나를 취하게 된다. 따라서 잠정적이긴 하지만 우리의 단계적 논의는 자의적인 것이 아니다.

색 현상

시각체계나 색을 지닌 대상들에서가 아니라 단순히 색 그 자체에서 논의를 시작해보자. 색 현상의 구조에는 두 가지의 중요한 속성들이 있다. 첫째, 우리가 보는 모든 색들은 여섯 가지 기본적인 색(적색, 녹색, 황색, 청색, 흑색 그리고 백색)의 일정한 조합으로 기술될 수 있다. 예를 들어 오렌지색은 적색과 황색의 조합이고, 옥색은 청색과 녹색의 조합이며, 보라색과 남색은 적색과 청색의 조합이다. 둘째로, 색 현상은 세 가지의 차원, 색조, 채도, 명도에 따라 변화한다. 색조hue는 주어진 색의 빨간 정도, 녹색인 정도, 노란 정도 또는 파란 정도를 나타낸다. 적, 녹, 황, 청은 네 가지의 기본적인 색조 혹은 심리학적으로 고유한 색조인데, 이런 것들이 결합하여 복잡한 색조 혹은 심리학적으로 이차적인 색조를 만든다. 예를 들어 적색과 황색은 발그스레한 황색 그리고 노르스름한 적색(오렌지색)을 만드는 반면, 청색과 적색은 푸르스름한 적색 그리고 발그스레한 청색(자주색)을 만든다. 각각의 고유한 색조에는 서로 함께 모여서 이차적인 색조를 만들 수 없는 색조가 존재한다. 따라서 적색은 녹색과 함께 존재할 수 없으며, 황색은 청색과 함께 존재할 수 없다. 따라서 적색과 녹색은 청색과 황색의 경우처럼 보색이라고 알려져 있다. 모든 색이 어떤 일정한 색조를 지녀야 하는 것은 아니라는 점을 주의해야 한다. 중간적 회색과 더불어 백색과 흑색은 색이기는 하지만 색조를 지니지 않는다. 이런 색들은 따라서 무채색(0 단위의 색조를 지닌 색)들이라고 알려져 있다. 반면에 색조를 지닌 색들은 유채색이다. 유채색들은 그 색조의 강도 또는 채도에 있어서 각각 다를 수 있다. 채도가 높은 색들은 매우 강한 정도의 색조를 가지지만, 채도가 없는 색들은 회색에 가깝다. 명도는 색 현상의 마지막 차원이다. 이 차원을 따라 색들은 현란한 빛을 발하는 것에서 부터 거의 보일까 말까 한 것에 이르기까지 변화한다.

왜 색들은 이런 구조를 지닐까? 예를 들어 왜 색조들은 상호보색관계를 가지거나 배타적인 관계를 지닌 짝으로 연결되어 있는가? 색 현상의 구조에서 출발하여 이런 문제들에 관한 답을 구하려고 시도하는 색 시각 모델에는 대립과정 opponent-process 이론으로 알려진 것이 있다. 이 이론은 18세기 생리학자 에발트 헤링 Ewald Hering 의 연구에서 출발해서 1957년 레오 허비치 Leo Hurvich 와 도로시아 제임슨 Dorothea Jameson 에 의해 현대적인 형태로 제안되었다.[13] 이 이론에 따르면 시각체계에는 세 가지 색의 '경로'가 있다. 한 경로는 무채색의 경로이며 이곳에는 명도의 차이를 나타내는 신호들이 존재한다. 다른 두 경로는 유채색의 경로이며 이곳에는 색조의 차이를 나타내는 신호가 존재한다. 이 경로들은 신경생리적 실험이 아니라 심리–물리 실험을 통해 규정된 것이라는 점에 주의하자. 이런 경로들의 생리적 실체의 정확한 본질은 아직도 논쟁거리다. 그럼에도 불구하고 이 경로들은 망막세포들과 망막 다음 단계의 신경조직 사이의 복잡한 상호연결에 일정한 방식으로 대응된다는 점이 인정되고 있다.

망막에는 상호연결된 원추세포들의 모자이크들이 세 개 존재하는데, 이 세 개의 모자이크들은 각각 560, 530 그리고 440나노미터에서 최정점에 도달하는 상호부분중첩되는 광색소흡수곡선을 지닌다. 이 세 가지의 원추모자이크들은 소위 장파L 중파M 그리고 단파S 수신장치를 구성한다. 후기 망막세포의 홍분과 억제 과정들은 이 수신장치들로부터 산출되는 신호들을 비교하여 이들을 가감하도록 한다. 대립-과정 모델에서 세 개의 수신장치들 모두로 나온 신호들이 더해지는 것은 무채색(명도)의 경로를 산출한다. L과 M수신장치들로부터 발생하는 신호들의 차이는 적-청 경로를 구성하며, L과 M 수신장치들로부터 발생하는 신호들의 합과 S 수신장치의 신호의 차이는 황-청 경로를 구성한다. 이 두 개의 유채색 경로들은 대립적이다. 적색이 증가하면 녹색은 감소하며 그 반대도 역시 참이다. 황색이 증가하면 청색은 감소하며 그 반대도 역시 참이다.

이 대립-경로 이론은 유채색과 무채색 경로들의 반응의 차이에서 색들이 어떻게 나타나는지를 드러냄으로써 색 현상의 구조를 설명한다. 따라서 색조들이 상호배타적이거나 적대적인 짝으로 조직되어가는 것은 그 바탕에 보색관계를 반영하는 것이다. 유채색의 경로들은 동시에 '적'과 '녹'의 또는 '청'과 '황'의 조합신호를 내보낼 수 없기 때문에, 우리는 적과 녹의 조합이나 청과 황의 조합을 결코 경험한 적이 없다. 대립-과정 이론은 또한 왜 어떤 색조는 고유하며 어떤 것은 이차적인지를 설명한다. 고유 색조들은 하나의 유채색 경로에서 나온 것들인데 이때 다른 유채색 경로들은 중립적이거나 상쇄

당한 상태에 있는 것이다. 반면에 이차색들은 두 개의 유채색 경로들의 상호작용에 의한 것이다. 따라서 오렌지색은 적-녹 경로가 '적'이라는 신호를 내고 황-청 경로가 '황'의 신호를 낸 결과다.

색 현상이 산출되는 방식에 관해 이제 기본적인 이해를 하게 되었으니 만큼 우리의 두 번째 탐구인 지각된 대상의 속성으로서의 색에 관한 논의로 넘어가자.

지각 속성으로서의 색

우리는 색을 대상에 속한 것으로 지각하기 때문에 어떤 공간적인 부분에서 지각된 색은 그 부분에 반사하는 광선과 대응될 것이라 쉽게 가정한다. 따라서 만일 어떤 부분이 다른 부분보다 희게 보이면 그것은 보다 많은 광선이 그 부분에 반사되기 때문이다. 또 어떤 부분이 녹색을 띠면 그 부분이 주로 중파의 광선을 반사하고 있음에 틀림없다. 그런 상황에서 그 부분을 녹색으로 볼 수 없다면, 지각은 잘못된 것이며 우리가 보고 있는 것은 환상일 뿐이다.

그러나 상황을 보다 자세히 살펴보면 우리는 놀라움에 빠지게 된다. 주변세계에서 반사되는 광선을 실제로 측정해보면, 다양한 파장의 반사광과 지각된 색 사이에 일대일 대응관계를 전혀 발견할 수 없다. 예를 들어 어떤 부분을 녹색으로 지각한다고 생각해보자. 녹색으로 지각되는 부분은 보통 대부분 중파광과 작은 비율의 장파, 단파광을 반사한다. 따라서 우리는 그 부분이 눈에 중파광을 보다 많이 반사하기 때문에 녹색으로 보인다고 생각하게 된다. 그러나 이 생각은 그 부분이 지각된 다른 부분과 분리되어 독립적으로 제시되는 특수한 상황, 즉 시각장에서 다른 모든 대상들이 제거된 상황에서만 올바른 주장이 된다. 이 지각된 부분이 복잡한 시각환경의 한 부분인 경우에는 그곳에서 중파광보다는 장파광이나 단파광이 더 많이 반사되는 그런 경우에도 그 부분은 녹색으로 보일 수 있다. 다시 말해 복잡한 시각환경의 한 부분을 지각하는 경우 그 부분에 반사되는 광선은 그 부분의 색을 완전히 결정하지 못한다. 따라서 지각된 색과 국부적인 반사광 사이에 일대일 대응관계란 존재하지 않는다.

이런 지각된 색과 반사광 사이의 상대적인 차이점은 아주 오래 전부터 시각 과학자들 사이에 알려져 있었다.[14] 이 차이점은 두 가지의 상호보충적인 현상들을 통해 드러난다. 첫째로 지각된 대상들의 색은 조명의 큰 변화에도 구애받지 않고 상대적인 항상성을 유지한다. 이 현상은 대략적 색 항상성 approximate color constancy이라고 알려져 있다. 둘째로, 같은 스펙트럼 구성을 지닌 광선을 반사하는 두 부분들은 그들이 놓인 주변환경에 따라 다른 색을 지닐 수 있다. 이 현상은 동시적 색 대조 simultaneous color contrast 혹은 색 유도 chromatic induction라고 알려져 있다.[15]

이 두 가지 현상 때문에 우리는 반사광의 강도와 파장의 구성에 의존해서 대상의 색 경험을 설명할 수 없다고 결론내릴 수밖에 없다. 대신에 주어진 망막상을 바탕으로 다수의 신경구조들 사이의 협조적 비교과정이라 간주되는 복합과정을 통해 창발적이며 총체적 방식으로 대상에 색을 부여하는 과정을, 즉 주어진 망막상에서부터 시작하여 창발적이며 총체적인 상태에 이르기까지 대상의 색 경험을 인도하는 다수의 신경복합체의 과정을 고려해볼 필요가 있다.

다음의 예화를 살펴보자. 하나의 스크린에 겹치는 광선을 내도록 환등기들을 설치하고 각각에 회색, 백색, 흑색의 체크무늬를 가진 슬라이드의 쌍을 채운다. 두 개의 슬라이드는 중첩되어서 완전히 같은 것으로 배열되게 한다. 또한 적색 필터를 이들 중 한 환등기에 넣어서 전체적인 결과가 핑크색의 계열을 나타내도록 만든다. 이제 한 슬라이드를 90도 돌려놓는다. 그 결과는 적색과 핑크색뿐만 아니라 황색, 청색 그리고 녹색의 작은 사각형을 포함하는 전체적으로 다양한 색의 이미지다.[16]

이 실험의 결과는 매우 놀랍다. 이 다양한 색의 이미지는 물리적 조건을 통해 예상한 여러 종류의 핑크색과는 매우 다른 것이었다. 이런 색 효과는 한 슬라이드를 회전시킴으로써 나타난 작은 사각형 내부의 백색 대 백색 그리고 적색 대 적색의 비율로 기술될 수 있다. 어떻게 이런 일이 일어날 수 있는가?

대립-과정 이론을 논의할 때 언급했듯이, 눈에 도달하는 광선은 세 개의 연결된 원추체들을 자극한다. 이 원추체들은 세 개의 망막 영역 즉 S, M, L의 수신장치를 구성한다. 여기에 덧붙여 망막의 내적인 구조 때문에 세 개의 수신장치의 영역에서 나타나는 국부적인 활동의 차이들은 망막의 다른 부분들에서 일어나는 사건들에 의존한다. 이런 방식으로 내적인 상대치가 산출된다. 국부적인 활동에서 나타나는 이런 기준치의 갑작스런 변이는 색 변화를 일으키기에 충분한 차이를 야기한다. 하지만 그런 변이의 경계선 내에서는 일정한 색만이 지각된다.

이런 설명은 특별히 망막의 단계에서 나타나는 창발적 조직화를 강조하는데, 이것이 색지각의 창발적 조직화의 모든 것은 아니다. 색의 지각에 참여하는 시각경로의 모든 단계에는 구조가 존재한다. 원인류猿人類의 색 지각에 기여하는 뉴런의 하위복합체들은 시상, 일차시각피질과 이차시각피질, 하위측두엽피질 그리고 전두엽이다.[17] 가장 놀라운 점은 개별적인 뉴런들의 반응이 시각장의 색 항상성과 대략적으로 상응하는 것으로 드러난 두뇌 이차피질의 V4 영역에서 나타나는 뉴런들의 집합체다.[18] 이 뉴런들의 구조는 색의 하위그물망을 구성하는데, 민스키의 용어를 빌리자면 일종의 지각 '대행자'를 형성한다. 따라서 우리의 색 지각은 대규모의 분산된 그물망체계와 거의 다를 바 없는 구조를 가지고 있다.

색은 물론 주어진 다른 속성들, 형태, 크기, 질감, 운동 그리고 방향과 분리되어 지각되지 않는다. 예를 들어 예술가 칸딘스키는 색과 운동의 관계에 대해 다음과 같이 설명했다. 한 논문에서 그는 "두 개의 원을 그리고 황색과 청색으로 각각 색칠한다면 얼마 지나지 않아 우리는 황색 부분에서 바라보는 우리를 향해 중심에서 바깥으로 솟아오르는 움직임을 느낄 수 있다. 반면에 청색은 마치 달팽이가 껍질 속으로 움츠리듯이 바라보는 사람에게서 멀어져서 그 자신 속으로 파고든다. 우리의 눈은 첫 번째 원에서 튕겨나가는 느낌을 받지만 두 번째 원에서는 흡수되는 느낌을 받는다."[19]

여기서 칸딘스키가 말한 움직임은 그림의 물리적 공간에서 벌어지는 운동을 말하는 것이 분명 아니다. 오히려 그것은 우리의 지각공간에서 벌어지는 운동을 말한다. 마크 존슨이 칸딘스키의 이 구절에 관한 논의에서 말했듯이, "'운동'이란 우리가 지닌 지각의 상호작용의 구조를 말하는데 이것은 작품의 통일적인 이미지를 구성하고 작품의 다양한 요소들 사이의 관계를 이해하게 한다."[20]

생리학 연구의 최근 경향은 이런 '지각의 상호작용의 구조'의 바탕이 되는 신체적인 구조를 이해할 수 있게 해준다. 최근 몇 년 동안 생리학 연구는 적어도 형태(모양, 크기, 단단함의 정도), 표면의 속성(색, 질감, 시각 반사율, 투명도), 삼차원 공간 관계(상대 위치, 공간에서의 삼차원 조작, 거리) 그리고 삼차원 운동(궤적, 순환)들을 포함하는 시각 양상들의 독립적 상호연합체를 통해 나타나는 시각 연구를 지향하고 있었다. 이 다른 시각 양상들은 동시적으로 작용하는 하위그물망체계들의 창발적 속성들이다. 이 하위그물망체계들은 서로 어느 정도 독립되어 있고 해부학적으로 분리되어 있지만 항상 시지각이 정합적일 수 있도록 상호연결되어 있고 함께 작용한다(이런 종류의 구조는 또 다시 민스키가 논의한 대행자들의 집합을 강하게 상기시킨다).[21] 그림 8.5는 이런 시각의 하위그물망체계와 상응하는 것으로 확인된 해부학적 요소들을 나타내고 있다. 시각 양상들 중, 색 탐지 과정은 오직 광도와 대조 단계에만 바탕을 두고 기능하는 것이기 때문에 색 지각은 시지각의 보다 단순한 양상들 중 하나에 해당된다. 그러나 이 단순성은 항상 포괄적인 시각적 맥락 내에서 색 지각이 가능하다는 명백하고도 중요한 사실 때문에 사라지고 만다. 모든 하위그물망체계는 협동작업을 한다. 우리는 색을 결코 고립된 단위로 지각하지 않는다.

게다가 시지각은 다른 지각 양상들과 적극적인 방식으로 연결되

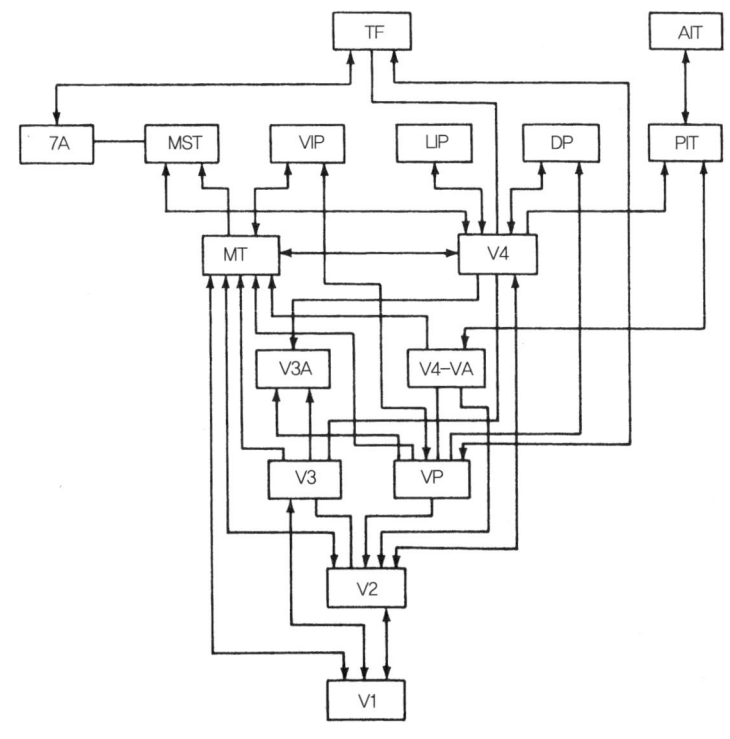

그림 8.5
시각경로의 병렬적 흐름. DeYoe와 Van Essen의 '원숭이 시각 피질에 존재하는 동시적 시각 처리 과정 Concurrent processing streams in monkey visual cortex'. (V1, V2, V3, V4: 시각피질의 구역들/ MT: 중간 측두엽/ AIT: 전 하위측두엽/ PIT: 후 하위측두엽/ TF: 해마 주변/ MST: 내측 상위측두엽/ VIP: 배측 내두정엽/ LIP: 측면 내두정엽/ 7A:브로드만 지역/ VP: 후배측 지역/ DP: 등측 prelunate지역)

어 있다. 예를 들어 (방향과 균형의 감각을 포함해서) 색과 수평/수직 지각뿐만 아니라 색과 소리의 연합은 신경생리학자들에 의해서는 많이 연구되지 않았지만 예술가들 사이에는 널리 알려진 현상이다. 물론 이런 양상들 간의 관계를 넘어서면 다양한 형태의 인지적 기대와 기억이 존재한다. 측슬형체와 시각피질 사이의 관계처럼 그림

8.5에 그려져 있는 연결경로들은 모두 양방향을 지닌 것들이기 때문에 이런 '하향적' 의존성을 기대할 수 있다. 따라서 핵심적 요점을 다시 반복하면, 신경그물망은 지각에서 행위로의 일방통행식 기능을 갖지 않는다는 것이다. 연속적으로 창발적이며 상호적으로 지각내용을 결정하는 패턴으로서 지각과 행위, 감각중추와 운동중추는 함께 연결되어 있다.

색 지각이 시각의 다른 양상들과 다른 감각 양상들 모두와 상호작용한다는 점을 확실히 설명하기 위해서 훨씬 극적인 예, 즉 색 지각의 완전한 상실의 예를 살펴보기로 하자. 올리버 색스Oliver Sacks와 로버트 와서먼Robert Wasserman은 최근 논문에서 사고로 인해 완전히 색맹이 된 한 환자의 경우를 다루었다.[22] 후천성뇌색맹증이라고 하는 이 특별한 경우는 현란한 색채의 추상예술로 유명한 한 예술가에게 나타난 일이라서 매우 놀랍다. 자동차 사고로 인해, '미스터 I'라고 불리는 이 환자는 색을 전혀 볼 수 없게 되었다. 그는 흑백텔레비전 화면과 같은 시각세계에 살게 된 것이다.

색 지각이 경험의 다른 양상들과 상호작용한다는 점은 사고 수주일 후에 행해진 그의 진술에서 분명히 나타났다. 색이 존재하지 않기 때문에 그의 경험의 전체적인 성격은 극적으로 변화했다. 그가 보는 모든 것들은 "역겨웠고 '더러워' 보였으며 흰색은 눈부셨지만 탈색된 회색빛이었으며, 검은색은 동굴 같이 어두침침했다. 모든 것은 잘못된 것으로 비정상적이고, 때 묻었으며, 불결한 것으로 보인다."[23] 결과적으로 그는 입맛을 잃었고 성생활도 불가능해졌다. 그는 더 이상 시각적으로 색을 상상할 수 없었으며, 색이 든 꿈을 꿀 수도 없었다. 더 이상 음색音色의 경험을 색의 조화로 변형시킬 수 없기 때문에 그의 음악감상 능력도 쇠퇴했다. 결과적으로 미스터 I는 그가 지닌 이전의 색 세계를 완전히 상실했다. 그의 습관, 행위 그리고 행동은 그가 점차적으로 '야행성 인간'이 되면서 변화했다. 그는 말하길 "나는 밤 시간을 좋아한다.…… 나는 밤에 일하는 사람들을 동경한다. 그들은 결코 햇빛을 보는 일이 없다. 그들은 오히려 그것을 원한다. 그것은 다른 세상이다. 그 밤의 세계에는 충분한 공간이 있고, 거리며 사람들에 둘러싸일 일도 없으니,…… 이것이야말로 정말 새로운 세상이다. 조금씩 나는 야행성 인간이 되었다. 한때 나는 색을 좋아하고 그것에서 즐거움을 느꼈다. 하지만 처음부터 나는 아주 기분이 나빴고 색을 잃고 말았다. 이제 나는 색이 존재하는지조차 모른다. 이제 색은 환상도 아니다."[24]

　이런 진술은 우리가 항상 당연한 것으로 간주하는 지각된 세계가 복잡하고 교묘한 감각활동의 패턴에서부터 구성되는 방식을 보여주는 드문 예다. 색의 세계는 구조적 연합의 복잡한 과정에 의해서 나타난다. 이런 과정이 변화되면 어떤 형태의 행위들은 더 이상 불가능한데 그 이유는 새로운 조건과 상황에 적응하는 것을 배우면서 우리의 행위가 변화하기 때문이다. 또한 우리의 행동이 변화하면서 세계에 대한 우리의 감각도 변화한다. 이런 변화가 급격하면, 색 지각을 상실한 미스터 I의 경우처럼 다른 지각 세계가 발제된다.

　앞서의 예는 부여된 속성으로서의 색이 어떻게 지각 세계의 다른 속성들과 밀접하게 연결되어 있는가를 보여준다. 지금까지 논의는 지각능력과 독립해서 존재하는 세계에서 색을 찾으려는 방식으로는 색이 설명될 수 없다는 점을 보여주었다. 반면 우리는 구조적 연합의 역사에서부터 나타난 지각의 세계 혹은 경험의 세계에서 색을 설명해야 할 것이다. 실제로 이 점은 색을 경험적 범주로 간주할 때 보다 분명해진다. 그러나 색에 관한 논의의 세 번째 단계로 넘어가기 전에 잠시 논의를 중단하고 한 가지 반론을 다루어보자.

색은 어디에?

우리의 주장에 대해 어떤 사람이 "조명의 변화를 보상하여 대상의 일정한 속성을 이끌어내는 일 말고 도대체 이 복잡한 두뇌의 과정들의 기능이란 무엇인가?"라고 따져 묻는다고 생각해보자. 어떤 대상의 표면반사율을 예로 들어보자. 이 표면반사율이라는 속성은 그 대상이 반사하는 광선이 가진 파장 분포율에 대응된다. 이 백분율 또는 비율은 대상의 물리적 속성이 주변의 광선을 변화시키는 방식을 나타낸다. 따라서 이 비율은 대상의 일정한 속성, 즉 조명의 변화에도 불구하고 일정하게 유지되는 속성이다. 그러므로 우리는 두뇌활동의 창발적 패턴을 통해 색이 구성되는 과정을 드러냄으로써 색 경험을 설명해야만 하지만 동시에 이 경험은 표면반사율을 재건하는 정보처리의 문제를 해결한 결과로서 나타나는 것이라고 말해야 할 필요가 있지 않을까?"

색 경험에 관한 최근의 계산론 모델은 이 노선의 입장을 지지하는 듯이 보인다. 주변세계, 벽돌, 풀밭, 건물 등에 존재하는 대상들의 표면반사율은 매우 제한된 수의 일반적 함수들로 표시될 수 있다.[25] 따라서 세 가지의 색 경로들을 주어진 장면에 적용시키고 이 경로들의 활동으로 표면반사율을 결정하는 것이 시각체계가 할 일의 전부인 것처럼 보인다. 이 모델을 바탕으로 몇몇의 철학자들뿐만 아니라 다수의 시각 과학자들은 색 시각의 기능은 표면반사율의 재건일 뿐만 아니라 색 자체가 표면반사율의 속성일 뿐이라 주장했다.[26]

이 객관론적인 제안에는 다수의 심각한 문제들이 존재하는데 이 문제들은 우리가 지각하는 색은 미리 주어진 세계가 아니라, 구조적인 연합을 통해 유도되는 지각된 세계에서 찾아야 한다는 입장을 강화시키는 것들이다. 색이 단지 표면반사율이라는 생각을 먼저 고려해보자. 색들은 일정한 속성들을 지니며 상호 간에 일정한 관계를 가지고 있음을 우리는 이미 알고 있다. 또한 색은 색조, 채도 그리고 명도의 세 가지 차원을 따라 변화하며 색조는 일차적이거나 이차적이며 보색관계의 쌍으로 연결된다는 것도 우리는 알고 있다. 만일 색이 단지 표면반사율이라면, 우리는 이런 색의 속성들을 상응하는 표면반사율의 속성들과 대응시킬 수 있어야 한다. 그러나 그런 상응하는 속성들은 존재하지 않는다. 표면반사율은 주어진 대상의 표면이 장파, 중파, 단파의 스펙트럼 부분에 속하는 광선 중에서 어느 광선을 더 많이 혹은 더 적게 반사하느냐에 따라 결정되지만, 결코 일차 색조, 이차 색조 혹은 다른 반사율과 대립적인 관계를 지닌 것으로 분류되지 않는다. 뿐만 아니라 이런 일차성, 이차성 그리고 대립성 같은 속성들은 광선의 물리적 구조에는 결코 발견되지 않는다. 이런 이유로 색의 본질을 구성하는 이런 속성들에 대해 비경험적, 물리적 대응물이 존재하지 않는다.[27]

둘째로, 색은 단순히 표면의 지각된 속성이 아니다. 색은 하늘과 같은 양감volumn의 지각된 속성이기도 하다. 게다가 우리는 색을 잔상의 속성으로 경험하며, 꿈에서 기억에서 그리고 공감각 synesthesia에서 경험한다. 이런 현상들의 공통점은 색들이 물리적 구조에서 발견되는 것이 아니라, 두뇌활동의 창발적 패턴을 통해 구성되는 경험의 한 형태로서 규정된다는 점이다.

이제 색 시각의 기능은 표면반사율을 표상하고 그에 따라 반사율을 재발견하는 것이라는 주장을 살펴보자. 먼저 주의해야 할 점은 이 주장이 색에 관한 생물학적, 환경적 탐구에서부터가 아니라, 조명의 변화를 적절히 고려하여 주어진 장면의 불변반사율을 재건함으로써 대상 포착의 기능을 수행하는 체계를 고안하려는 공학적 시도에서부터 나타난 것이라는 점이다. 물론 이 공학적 연구프로그램이 시각에 관한 보다 추상적인 원칙을 이해하는 데 상당한 중요성을 가지는 것이기는 하지만 자연적인 색 시각이 기여하는 생물학적, 환경적 목적에 관해 어떤 결론을 이끌어낼 수는 없다. 실제로 이런 생물학적, 환경적 목적에 대한 관심은 색 시각이 표면반사율과 같은 일정하게 유지되는 속성들만큼이나 광선, 기상 조건 그리고 하루 동안의 시간 같은 변화하는 속성에도 관련을 갖는다는 점을 보여준다.[28]

마지막으로 색 시각에 관한 객관론적 입장의 심각한 잠재적 문제가 존재한다. 객관론자들은 표면반사율은 우리의 지각능력 그리고 인지능력에서 독립한 미리 주어진 세계에서 발견되는 것이라고 단순히 주장한다. 한 대상이 주어졌을 때 우리가 어떻게 그 대상의 표면을 규정하는가? 어떻게 모서리, 경계선, 질감 그리고 방향들이 그것들을 의미있게 구분하는 지각자와 관련을 맺지 않고서 규정될 수 있는가?

표면반사율은 미리 주어진 것이라는 객관론자의 가정은 표면반사율은 물리적 속성이므로 완전히 물리적 방식으로 측정되고 규정될 수 있다는 생각에 의존하고 있다. 주어진 장면의 어떤 지점의 반사율이 물리적 방식으로 규정될 수 있다고 하더라도 무엇이 표면으로 간주되어야 하는가 하는 문제는 실제로 지각자의 주관적 조건과 암묵적인 관계를 가진다. 이 점은 제한된 영역 내의 자연발생적 반사율에만 초점을 맞추는 계산론적 모델에서는 분명히 고려되지 않고 있다. 이런 계산론적 모델을 실제로 검토한다면, 우리는 자연반사율이 매우 다른 시각체계를 지닌 동물들의 환경과 대비되는 인간의 시각 환경의 대표적인 대상들의 반사율에 상응한다는 사실뿐만 아니라 이런 대상들은 시각 인지과정이 시작되기 이전에 이미 확정되고 규정된 것들이라는 사실을 알게 될 것이다. 다시 말해서 이 모델은 시각체계를 이미 확정적으로 존재하는 대상들과 마주하여 그 대상들의 반사율들을 재건하는 체계로서 이해한다.

이런 접근은 우리 인간의 실질적인 지각 상황에 대한 심각한 오해이며 인위적인 단순화다. 시각체계는 결코 미리 주어진 대상들과 대면한 적이 없다. 반면에 표면경계, 질감 그리고 상대적 방향(즉, 지각된 속성으로서의 색에 관한 전체적인 맥락)뿐만 아니라, 대상이 어떤 것이고 어디에 존재하는지에 관한 규정은 시각체계가 반드시 계속적으로 달성해야 하는 복합적인 과정이다. 이런 복합과정의 달성은 시각의 조각보 구조에 관한 논의에서 말했듯이, 모든 시각 조건들 간의 능동적인 대화를 포함하는 복합적 협동과정의 결과다. 실제로 색 지각은 주어진 장면이 구역화된 표면들의 집합으로 분할 규정되는 협동적 과정을 포함한다. 구라스P. Gouras와 즈렌너E. Zrenner에 따르면, "색의 대비 그 자체가 대상을 만든 것이기 때문에 지각된 대상과 그 색을 분리하는 것은 불가능하다."[29] 따라서 색과 표면은 함께 존재한다. 이 둘은 모두 우리의 체화된 지각능력에 의존한다.

범주로서의 색

지금까지 논의는 그 내재적 속성(경험된 색)이나, 사물의 부여된 속성(표면 색, 양감 색 등)으로 간주된 색의 지각에 집중되었다. 그러나 색에 대한 경험은 지각적인 것만은 아니며 인지적이기도 하다. 우리는 지각하는 색조/채도/명도의 모든 다양한 조합들을 모아서 제한된 수의 색 범주들을 구성하며 이런 범주들에 이름을 붙이기도 한다. 이제 논하게 될 테지만, 색 범주들은 색이 나타나는 방식에 관한 또 하나의 극적인 사례를 제공한다.

> 색의 언어학적 측면: 색에 해당되는 다양한 영어 이름들을, 즉 빨강, 노랑, 오렌지, 녹색, 파랑, 자주, 보라, 남색, 핑크, 옥색, 하늘색, 담자주색, 연두색 등을 생각해보자. 이런 다양한 색 단어들과 다른 언어의 다양한 색 이름들을 고려할 때, 색 범주들은 궁극적으로 자의적인 것이라는 것, 즉 어떤 것도 한 가지 방식의 색 범주를 다른 언어에 강제하지 않는다는 점을 쉽게 생각해볼 수 있다. 실제로 이런 견해는 언어학과 인류학의 영역에서 한 때 주도적인 위치를 차지한 적이 있었다.[30]

이 견해는 이제는 고전이 된 브렌트 베를린Brent Berlin과 폴 케이Paul Kay의 논문[31]이 1969년에 발표되면서 갑작스럽게 도전을 받았다. 이 논문에서 베를린과 케이는 주어진 언어의 단어들이 '기본적' 색 단어 인지를 결정하는 일군의 언어적 준거를 개발했다. 이 기본적 색 단어들은 주어진 언어의 기본적 색 범주의 이름들이다. 90가지의 언어를 조사한 후에 베를린과 케이는 모든 언어가 열한 가지를 모두 가지고 있지는 않지만, 어떤 언어든 최대한 11가지의 기본적 색 범주가 존재한다고 확정했다. 이 기본적 범주들은, 적색, 녹색, 청색, 황색, 흑색, 백색, 회색, 오렌지색, 자주색, 갈색 그리고 핑크색이다. 베를린과 케이는 또한 여러 다른 언어의 사용자들에게 표준화된 색 카드들을 보여주고, 주어진 색 단어가 지시하는 색의 가장 정확한 예와 다른 색과의 경계선에 놓인 불명확한 예를 선택해보라고 요청했다. 언어사용자들은 주어진 색 범주의 경계에 관해 상당한 이견을 가지고 있었지만, 주어진 색 범주를 대표하는 색의 경우에는 거의 항상 일치를 보여주고 있다는 점을 베를린과 케이는 발견했다. 게다가 서로 다른 언어에서 공통적 기본적 색 단어들이 존재하는 경우, 예를 들어 청색에 관한 단어가 다수의 언어에 존재하는 경우, 화자들은 어떤 언어를 말하고 있든지 간에 범주를 대표하는 주어진 색의 대표적인 예로서 거의 같은 것을 선택한다. 하지만 베를린과 케이는 어떤 색 범주들의 오직 특정한 색들만이 주어진 범주의 중심색이 되기 때문에, 기본적 색 범주들은 모두 공통의 구조를 지니고 있지는 않는다고 주장했다. 그러나 핵심적 범주들은 보편적으로 일치하는 것들이므로, 베를린과 케이는 '11가지의 기본적 색 범주는 범인간적 지각보편자' 라고 결론을 지었다.[32]

어떤 언어에서는 이 11가지의 기본적 색 범주가 모두 발견되지는 않지만, 그런 색 범주들이 이 언어의 화자들에게 결여되었다고 가정해서는 안 된다. 오히려 주어진 언어의 기본적 색 단어들의 집합은 항상 색의 전 영역을 포괄하는 것이다. 예를 들어 뉴기니의 다니Dani족의 언어에는 단지 두 개의 색 단어만이 존재한다. 다니 언어의 연구에서 (나중에 하이더Heider로 개명한) 로쉬Rosch는 이전에 '백색'과 '흑색'으로 번역된 이 두 단어들은 '백-온白-溫색'과 '흑-냉黑-冷색'으로 번역되는 편이 나을 것이라 주장했다. 그것은 전자가 백색과 모든 따뜻한 색(적, 황, 오렌지, 불그스레한 자주, 핑크)을 포함하는 반면, 후자는 흑색과 모든 차가운 색들(청, 녹)을 포함하기 때문이다.[33]

색과 인지: 이제까지 논의한 것은 색 언어에 관한 것이었다. 언어와 인지가 연관되는 방식을 논의하고 연구하는 언어와 인지라고 불리는 심리학의 한 하위분야가 존재한다. 베를린과 케이 이전에도 색 기억(인지변수)은 색 이름붙임(언어적 변수)의 함수라는 점이 널리 알려진 일련의 실험에서 드러났다.[34] 이름붙임은 문화상대적이라고 가정되었기 때문에 인지가 문화상대적이라는 점이 확정적으로 주장되었으며 널리 인정되었다. 그러나 만일 색 언어와 색 인지가 제3의 기반적 요인, 예를 들어 색 생리학의 함수라면 어떨까? 이런 질문들을 검토할 천혜의 실험실은 뉴기니의 다니족에 의해서 제공되었는데, 그것은 그들의 언어에는 거의 모든 색 단어들이 존재하지 않기 때문이다. 일련의 실험에서 로쉬는 다음의 사실을 발견했다. (1) 중심색의 이름이 없는 다니족 언어의 화자들에게도 기본색 범주의 중심색

들은 색 경계선에 놓인 주변색들에 비해 지각적으로 보다 두드러지고, 보다 빠르게 학습되었으며 단기기억과 장기기억에서 모두 쉽게 기억되었다. (2) 다니족 언어의 색 이름과 영어 색 이름에서 유래하는 색 공간의 구조들은 매우 다르다. 그러나 다니족 화자들과 영어의 화자들의 색 기억에서 유추된 색 공간의 구조는 매우 흡사하다. (3) 다니족 사람들에게 기본색 범주들을 가르치는 경우, 보편적인 방식으로 조직된(중심색들이 중심에 놓이는 구조를 지닌) 범주들을 가르치는 것은 매우 쉽지만, 비정상적인 방식(푸르스름한 녹색이 중심색이 되고 청색과 녹색이 주변색이 되는 식으로 즉 주변색이 중심색이 되는 방식)[35]으로 조직된 범주를 가르치는 것은 매우 어렵다. 매우 비슷한 결과가 서구사회의 어린아이들이 색 단어를 배워가는 단계에서도 발견되었다.[36] 이런 모든 결과들로부터 우리는 색 범주들의 인지적, 언어적 측면 모두는 기반적(아마도 생리학적) 요소와 관련을 갖는다는 점을 강하게 주장할 수 있다. 따라서 색 범주는 범인간적인, 인간 종 특유의 보편적 현상인 것 같다.

이제까지 우리의 논의는 색 범주들은 인간의 시각 체계에 존재하는 뉴런 활동의, 즉 앞서 살펴본 색 그물망 체계의, 창발적 패턴들에 의해 전적으로 결정된다는 점을 주장한다. 따라서 핵심색인 적색, 녹색, 청색, 황색, 흑색 그리고 백색은 색 지각의 대립-과정 이론에서의 세 가지 색 경로의 반응에 직접적으로 연결되는 것이라는 점을 명심해야 한다. 그런데 오렌지색, 자주색, 갈색 그리고 핑크색 같은 중심색들은 어떻게 되는가? 최근의 연구는 이런 두 번째 그룹의 중심색들의 산출에 다른 인지과정이 가담하고 있음이 밝혀졌다. 따라서 이런 색 현상에 관련하여 두 종류의 인지적 조작이 있다. 하나는 인간 종에 보편적인 것이며 다른 하나는 특정한 문화에 의존적인 것이다.[37]

1978년 폴 케이와 채드 맥대니얼Chad McDaniel은 뉴런반응의 일정한 집합과 종 특수적 인지과정으로부터 색 범주가 산출되는 모델을 제시했다.[38] 이 뉴런반응은 적–녹, 황–청 그리고 흑–백의 뉴런 집단들의 반응에 상응하는데, 이 집단들은 인간과 매우 흡사한 색 지각을 지닌 마카크Macaque 원숭이의 측슬형체에서 드발루아R. DeValois와 제이콥G. Jacob이 발견한 것과 흡사하다.[39] (우리는 물리심리적psychophysical 색 경로를 이용하여 모델을 구성할 수도 있다. 실제로 이런 경로들의 뉴런적 기반에 관해서는 아직도 논쟁이 계속되고 있으므로, 물리심리적 모델 구성 방법을 쓰는 것이 나을지도 모른다.) 이런 인지과정은 퍼지집합론Fuzzy Set Theory으로 알려진 수학적 방법을 이용하여 모델화될 수 있는 조작을 포함한다. 표준집합론과는 달리 퍼지집합론은 원소의 자격에 정도 차이가 존재하는 집합에 관한 이론이다. 한 집합에서 원소자격의 정도는 각 원소에 0과 1 사이의 값을 부여하는 함수에 의해 규정된다. 따라서 색에 관해서 말하자면 중심색은 주어진 색 범주에서 원소자격 1의 정도를 지니지만, 비중심색은 0과 1 사이의 원소자격의 정도를 지닌다. 케이와 맥대니얼의 모델에서 적–녹, 황–청 그리고 흑–백의 뉴런반응들은 직접적으로 기본범주들인 적, 녹, 황, 청, 흑, 백을 결정한다. 그러나 오렌지색, 자주색, 갈색 그리고 핑크색은 기본색들에 대한 뉴런반응의 인지적 조작에 의해 '계산'되거나 '산출'된다. 이 인지적 조작들은 퍼지 교집합의 조작에 상응한다. 따라서 오렌지색은 적색과 황색의, 자주색은 적색과 청색의, 핑크색은 흰색과 적색의 그리고 갈색은 흑색과 황색의 퍼지교집합이다. 이런 색 범주들은 기본색으로부터의 인지적인 파생과정을 필요로 하므로 케이와 맥대니얼은 이 색 범주들을 파생된 기본색 범주들이라고 불렀다.

색과 문화: 마지막으로 색 범주들은 문화특수적인 인지과정에 의존한다. 다른 연구에서, 폴 케이와 윌렛 켐프톤Willett Kempton은 색의 언어적 분류는 색들 간의 유사성에 관한 주관적 판단에 영향을 미친다는 사실을 발견했다.[40] 예를 들어 영어에는 녹색과 청색을 각각 나타내는 단어들이 존재하지만 타라후마라tarahumara 언어(멕시코 북부의 우토-아즈테카 언어)에는 '녹색 또는 청색'을 의미하는 하나의 단어만이 존재한다. 이 언어적 차이는 두 언어사용자들 사이에 나타나는 색들 간의 유사성에 대한 주관적 판단의 차이와 상응하는 것처럼 보인다. 영어 화자는 청-녹 경계선에 가깝게 존재하는 색들의 차이를 강조하는 경향이 있으나, 타라후마라 화자들은 그런 경향을 가지고 있지 않다.

문화특수적인 인지과정의 다른 증거는 맥로리R. E. MacLaury의 연구에서 찾을 수 있다. 그는 자주색이 어떤 때는 완전히 차가운 색 영역(청, 녹) 내에서 발견되지만, 어떤 때는 차가운 영역과 적색 영역의 사이의 경계선 사이에서 발견되기도 하며, 갈색은 어떤 때는 황색 범주에 완전히 속하지만, 어떤 때는 흑색 영역에 속한다는 사실을 발견했다.[41] 맥로리는 또한 태평양 북서 연안에 분포하는 미국 원주민들의 여러 언어에는 매우 보기 드문 '푸르죽죽한 노란색yellow-with-green'이 기본범주가 되고 있다고 보고하고 있다.[42]

이런 예들은 색 범주 전체가 어떤 것은 종 특수적이고 어떤 것은 문화특수적인 지각인지과정의 복잡하게 얽힌 계층적 구조에 의존한다는 점을 보여준다. 또한 이 예들은 색 범주들은 우리의 지각인지 능력과 독립한 미리 주어진 세계에서 발견되는 것이 아니라는 점을 밝히는 데 이용되었다. 적색, 녹색, 황색, 자주색, 오렌지색-밝음/따뜻함, 어두움/차가움, 푸르죽죽한 황색 등도 포함한 모든 범주들은 경험적이고 합의적이며 체화적인 것이다. 이 범주들은 우리의 구조적 연합의 생물학적, 문화적 역사에 의존한다.

이제 우리는 미리 주어졌거나 표상된 것이 아니라 경험적이고 발제된 인지영역의 시범적 사례를 색 지각이 어떻게 보여주고 있는가 하는 것을 이해할 수 있다. 색이 미리 주어진 것이 아니라는 주장은 색이 보편적인 것이 아니거나 색이 과학적 분석을 받을 수 없음을 주장하는 것이 아님을 명심하는 것이 중요하다. 색은 발제성에 관한 모범적 사례이므로 이 점을 여러 맥락에서 다시 확인할 것이다. 그러나 이제 지각과 인지 일반에 대한 이해에 색이라는 인지영역이 제공하고 있는 교훈을 한걸음 물러서서 살펴볼 시간이 되었다.

체화된 행위로서의 인지

'무엇이 먼저인가, 세계인가, 이미지인가?'라는 질문을 생각해보자. 대부분의 시각 연구에는 인지론적이든 연결주의적이든 탐구되는 인지기능의 이름이 분명히 붙여진다. 따라서 연구자들은 '그림자에서 부터 형태의 구성' '운동 심도' 또는 '변화하는 광도에서 나타나는 색'에 관해 말한다. 이런 입장을 닭의 입장이라 부른다.

    닭의 입장: 밖에 존재하는 세계는 미리 주어진 속성을 가지고 있다. 이 속성들은 인지체계에 던져질 이미지보다 먼저 존재한다. 이때 인지체계의 역할은 이런 외부세계의 속성을 적절히 (기호를 통하든 하위기호단계의 종합적 상태들을 통하든) 재현하는 것이다.

이 입장이 얼마나 합당하게 보이며, 이와 다른 식으로 생각하는 것이 얼마나 어려운지 주의해서 보기 바란다. 유일한 대안은 알의 입장이다.

    알의 입장: 인지체계는 그 자신의 세계를 투사한다. 이 세계의 명백한 실재는 이 체계의 내적 법칙의 단순한 반영일 뿐이다.

색에 관한 논의는 이 닭과 알의 두 극단 사이에 존재하는 중도를 제안한다. 색이 '바깥에서' 우리의 지각, 인지능력에 독립된 채 존재하는 것이 아님을 보았다. 또한 색이 '여기서' 우리를 둘러싼 생물학적, 문화적 세계에서 독립한 채 존재하고 있는 것이 아님도 알게 되었다. 객관론적 견해와는 달리 색 범주는 경험적이다. 주관적 견해와는 달리 색 범주는 우리가 공유하는 생물학적 문화적 세계에 속한다. 따라서 하나의 연구사례로서 색 현상을 관찰한다면 색이 닭과 알 즉 세계와 지각자가 상호규정하는 것이라는 명백한 사실을 이해할 수 있다.

바로 이런 상호규정의 강조가 미리 주어진 외부세계의 재현으로서의 인지(실재론)와 미리 주어진 내적 세계의 투사로서의 인지(관념론) 사이의 진퇴유곡의 상황에서 중도를 찾아나갈 수 있도록 해준 장본인이다. 이 두 극단은 모두 표상을 그 중심개념으로 삼는다. 첫 번째 경우 표상은 외부에 존재하는 것을 재현하는 데 이용된다. 두 번째 경우 표상은 내적인 것을 투사하는 데 이용된다. 우리의 의도는 재현이나 투사가 아니라 체화된 행동으로서의 인지를 연구함으로써 이런 내부 대 외부의 논리적 형세를 정확히 벗어나는 것이다.

체화된 활동이라는 표현이 무엇을 의미하는지 설명해보기로 하자. '체화된'이라는 말을 씀으로써 우리는 두 가지 사실을 강조하고자 한다. 첫째 우리는 여러 가지 감각 운동 능력을 지닌 신체를 통해 나타나는 경험에 의존하는 것이 인지현상이라는 점을 강조하고자 한다. 둘째, 이 개별적 감각 운동 능력들은 그 자체가 보다 포괄적인 생물학적, 심리학적, 문화적 맥락에 속한 것임을 강조하고자 한다.[43] 활동이라는 말을 씀으로써 우리는 다시 감각운동의 과정들 그리고 지각과 활동은 살아 숨쉬는 인지에서 근본적으로 분리불가능한 것이라는 점을 강조하고자 한다. 실제로 이 두 가지는 개별적 인지체계에서 단순히 우연하게 연결되어 있는 것들이 아니라 함께 진화하는 것들이다.

이제 우리가 발제enaction라고 한 것에 대한 기본적인 정식화를 시도할 수 있다. 핵심부터 말하자면 발제적 접근은 두 가지 사항으로 구성된다. (1) 지각은 지각을 통하여 인도되는 행동으로 구성되며 (2) 인지구조는 주어진 행동이 지각을 통해 인도되도록 하는 반복되는 감각운동의 패턴으로부터 창출된다. 이 두 가지 주장은 아마도 약간 모호하게 보일지도 모른다. 그러나 그 의미는 앞으로 논의를 진행함에 따라 보다 분명해질 것이다.

지각을 통해 인도되는 행위라는 개념에서부터 시작하자. 지각이해의 표상론적 출발점에는 세계의 미리 주어진 속성을 재현하는 정보-처리의 문제가 존재한다는 것을 이미 알고 있다. 반면에 발제적 접근의 출발점에는 지각자가 주어진 환경에서 그의 행위를 조절하는 방식에 관한 연구가 존재한다. 지각자에게 주어진 이런 환경은 지각자의 행위의 결과로 끊임없이 변화하므로, 지각이해의 기준점은 미리 주어진, 지각자 독립의 세계가 아니라 지각자의 감각운동구조(신경체계가 감각과 운동을 연결하는 방식)다. 미리 주어진 세계가 아니라 이 구조, 즉 지각자가 체화되는 방식이 지각자가 행동하는 방식과 지각자가 환경에서 벌어지는 사건에 의해 조절되는 방식을 결정한다. 따라서 지각에 대한 발제적인 접근의 전체적인 관심은 지각 독립적인 세계가 재현되는 방식을 결정하는 것이 아니다. 오히려 그것은 지각 의존적인 세계에서 행동이 지각을 통해 인도되는 방식을 설명하는 감각체계와 운동체계 사이의 법칙적 연결 또는 공통의 원칙을 결정하는 것이다.[44]

이런 지각에 대한 접근은 사실은 메를로 퐁티의 초기 저작에서 그가 시도한 분석의 중심적인 통찰들 중 하나다. 따라서 인용할 가치가 있는 그의 영감 넘치는 구절들 하나를 소개해본다.

외적 자극의 형태 자체의 구성에 참여하고 있다는 단순한 이유로 인해 생물체는 외적인 자극이 연주하거나 외적인 자극의 고유한 형태가 묘사되는 건반으로 정확히 비교될 수 없다.…… "대상의 속성과 주관의 의도는 상호연결되어 있을 뿐 아니라 새로운 전체를 구성한다." 눈과 귀가 날아가는 동물을 따라가고 있을 때, 자극과 반응의 주고받음에서 "어떤 것이 먼저 시작되었다"고 말하는 것은 불가능하다. 생물체의 모든 운동은 항상 외적인 영향에 조건화되므로, 원한다면 우리는 즉각적으로 행위를 환경의 효과라고 간주한다. 마찬가지로 생물체가 받아들이는 모든 자극들은 감각 수용기가 외적인 영향을 향해 열려지는 지점을 향해 치닫는 이전의 운동들에 의해서만 가능하므로 우리는 또한 행위는 모든 자극의 일차적인 원인이라고 말할 수 있다.

따라서 자극의 형태는 생물체 자체에 의해, 즉 외부로부터의 행동에 그 자신을 맡기는 적절한 방식을 통해 창조되는 것이다. 생존하기 위해서, 생물체는 주변에서 일정한 수의 물리적 화학적 인자들을 만나야 한다. 그러나 수용체들의 본성과 신경센터의 역치threshold와 기관들의 운동들에 따라서 민감하게 반응할 자극을 물리적 세계에서 선택하는 것은 생물체 자체다. "생물체가 세계 내에서 적절한 환경을 찾아내는 데 성공했을 때만 생존이 가능하다고 가정한다면, 생활환경Umwelt은 생물체의 존재 또는 자기실현을 통해 세계에서부터 창발되는 것이다." 생물체는 변화하는 리듬에 따라 스스로 단조로운 운동을 하는 외부망치에게 그 자신을 들어대는 방식으로 기능하는 건반인 것이다.[45]

따라서 이런 접근법에서 지각은 단순히 주변세계에 속해 있고 그것에 의해 제약을 받는 것이 아니다. 지각은 이 주변세계의 발제에 기여하는 것이기도 하다. 따라서 메를로 퐁티가 주장하듯이 생물체는 환경을 이끌며 동시에 환경에 의해 구성되는 것이다. 이리하여 상호규정과 선택을 통해 서로 묶여진 것으로 생물과 환경을 보아야 한다는 점을 메를로 퐁티는 분명히 파악한 것이다.

이제 지각을 통해 인도되는 행동의 몇 가지 예를 들어보기로 하자. 헬드Held와 하인Hein의 고전적 연구에서 그들은 어두운 곳에서 고양이를 키우면서 통제된 조건 아래서만 고양이에게 빛을 줬다.[46] 첫 번째 집단의 고양이들은 정상적으로 움직일 수 있도록 허용되었으나, 두 번째 집단의 고양이들 각각은 단순한 운반대와 바구니에 묶여 있었다. 따라서 두 집단의 고양이들은 같은 시각 경험을 공유하게 되었지만 두 번째 집단은 완전히 수동적이었다. 이런 상황에서 몇 주일 지난 후 이 고양이들이 풀려났을 때, 첫 번째 집단의 고양이들은 정상적인 행동을 했다. 그러나 운반대에 묶여 있던 고양이들은 마치 눈이 먼 고양이들처럼 행동했다. 이 고양이들은 물건에 부딪혀 넘어지고 모서리에서 아래로 굴러떨어졌다. 이 연구는 대상의 속성들이 시각적으로 추출됨으로써 대상이 보이는 것이 아니라 행동의 시각적 인도를 통해 대상이 지각된다는 발제적 견해를 지지한다.

이런 예가 고양이들에게는 타당한 것이지만 인간에게는 거리가 먼 것이라 생각하는 독자들을 위해 다른 예를 생각해보자. 바흐 이 리타Bach y Rita는 전기적인 진동을 통해 피부의 여러 지점들을 자극할 수 있는 맹인들을 위한 비디오 카메라를 고안했다.[47] 카메라에 형성된 상은 이 기술技術을 통해 피부자극의 패턴에 상응하도록 만들어졌고 이것으로 인하여 시각장애는 극복되었다. 하지만 맹인들 자신이 머리 운동, 손 운동 또는 신체적 운동을 통해 비디오카메라의 방향을 조절함으로써 적극적으로 행동하지 않는다면 이런 피부에 투사된 패턴들은 어떤 '시각적' 내용도 가질 수 없다. 어떤 맹인이 이런 방식으로 적극적으로 행동한다면, 수 시간의 경험으로 놀라운 창발이 나타날 것이다. 이 맹인은 피부감각을 더 이상 신체와 관련된 것으로 해석하지 않고 신체를 통해 인도되는 비디오카메라의 '시선'에 의해 탐지되는 시각 상으로서 해석한다. '바깥에 존재하는 진짜 대상'을 경험하기 위해서, 이 맹인은 (머리나 손으로) 적극적으로 카메라를 움직여야 하는 것이다.

지각과 행동의 관계를 볼 수 있는 다른 지각 양상은 후각이다. 수년간의 연구를 통해, 월터 프리먼Walter Freeman은 토끼가 자유롭게 움직일 때, 전체적인 후각활동의 작은 부분을 측정할 수 있도록 토끼의 후각샘에 전극망을 집어넣을 수 있게 되었다.[48] 그는 토끼가 특정한 냄새를 여러 번 맡지 않는 한, 후각샘의 전체적인 활동에 어떤 분명한 패턴도 나타나지 않는다는 점을 발견했다. 게다가 그런 활동의 창발적 패턴은 비정합적이거나 혼란스러운 활동의 배경에서 정합적인 끌개가 나타나는 과정에 의해 창출되는 것처럼 보였다.[49] 색의 경우에서처럼 냄새도 외부속성에 대한 수동적인 분류에 기반을 두는 것이 아니라 동물의 체화 역사에 기반을 두는 발제적 의미를 지닌 창조의 형태로 간주되어야 한다.

실제로 이런 종류의 굳건한 역학관계는 뉴런조직체들의 구조로 실현될 수 있다는 증거가 증가하고 있다. 고양이와 원숭이의 시각피질이 시각자극의 조절과 연결되어 있다는 점이 보고되고 있다. 조류의 뇌와 무척추동물인 허미센다Hermissenda의 신경절ganglia과 같은 극단적으로 다른 뇌 구조에서도 이런 사실이 발견되고 있다.[50] 이런 보편성은 중요한데, 그것은 이 보편성이 감각-운동의 결합 그리고 결과적으로는 발제의 보편적 유형이 지닌 기능적 구조의 근본적 본성을 나타내는 것이기 때문이다. 이런 유형의 기능적 구조가 종 특수적인 과정에서만, 즉 특별히 포유류의 피질에서만 발견되었다면, 이 보편적 성격은 작업가설로서 훨씬 약한 설득력을 가지게 되었을 것이다.[51]

인지구조는 지각을 통해 인도되도록 하는 모종의 반복되는 감각운동패턴에서 창발되는 것이라는 생각을 이제 검토해보자. 이 분야의 개척자이며 대표적 사상가는 장 피아제다.[52] 피아제는 그가 발생적 인식론genetic epistemology이라고 부르는 프로그램을 제창했다. 그는 미성숙한 생물학적 체계로 태어난 아이에서 추상적인 사고를 구사하는 어른으로 가는 인지발달과정을 설명하는 작업에 몸바쳤다. 어린아이는 오직 감각운동체계에서 시작하는데, 피아제는 이런 감각운동지능이 어린아이들이 갖게 되는 외부세계의 개념으로, 즉 영속적인 대상이 시공간상에 위치하고 있는 외부세계의 개념으로 어떻게 발전하여 가는지 그리고 여러 대상들 사이의 한 대상이지만 동시에 하나의 특별한 존재인 내적인 마음, 즉 자신이라는 존재의 개념으로 어떻게 발전해가는지를 알고 싶어한다. 피아제의 체계 내에서는 새로 태어난 아기는 객관론자도 관념론자도 아니다. 아기는 오직 그 자신의 행동만을 의지하며, 대상에 대한 가장 단순한 파악조차도 오직 그 자신의 행동을 통해서만 달성한다. 이런 행동을 통해서 아기는 법칙과 논리를 지닌 현상적 세계의 전체적 구조를 구성해야 한다. 이 발달과정은 인지적 구조가 감각운동활동의 반복되는 패턴(피아제의 용어로는 '순환적 반응' circular reactions)에서부터 창발되는 것이라는 주장의 분명한 예가 된다.

그러나 이론가로서의 피아제는 미리 주어진 세계의 존재와 인지발달의 미리 확정된 논리적 극점을 지닌 독립적 인지자의 존재를 의심한 적이 없었던 것으로 보인다. 감각운동의 단계에서조차도 인지발달의 법칙은 미리 주어진 세계에 대한 적응과 조화인 것이다. 따라서 우리는 피아제의 저작에 관해 흥미 있는 긴장감을 느끼게 된다. 피아제는 그의 연구대상인 아이들을 발제적인 행위자, 즉 객관론적 이론으로 급하게 발전해가는 발제적 행위자로 가정하는 객관론자다. 몇 가지 분야에서 이미 영향력을 지니고 있는 피아제의 저작은 비非피아제 이론가들로 부터 더 많은 관심을 끌게 될 것이다.

모든 생물체가 실행하는 가장 근본적인 인지활동 중 하나는 범주화다. 이 수단을 통해 각각의 고유한 경험은 인간과 다른 생물체들이 반응하게 되는 제한된 수의 의미있는 학습범주로 변형된다. 심리학의 행태주의 시대에는(그 시절은 인류학에서는 문화상대론의 시대였다) 범주는 임의적인 것으로 간주되었으며, 심리학에서 범주화 작업은 학습의 법칙을 발견하는 방책으로 이용되었을 뿐이다(여기서 임의성의 의미는 모든 경험에서 해석의 요소를 강조하는 현대적 사고의 주관적 성향을 반영한다).[53] 발제적 견해에서는 비록 마음과 세계가 발제를 통해 함께 나타나지만 주어진 상황에서의 발생의 방식은 임의적인 것이 아니다. 여러분이 걸터앉아 있는 대상을 생각해보고 그것이 무엇인지 스스로에게 물어보라. 그것의 이름은 무엇인가? 여러분이 의자에 앉아 있다면 여러분은 가구나 안락의자가 아니라 의자를 생각했을 가능성이 높다. 왜 그런가? 로쉬는 생물학, 문화 그리고 정보의 내용과 효율성을 모두 만족시키는 구체적 대상들의 분류법[54]에 범주의 기본단계가 존재한다고 제안했다. 일련의 실험에서 로쉬와 연구자들은 범주의 기본단계는 범주에 속한 원소들이 (1) 비슷한 신체운동에 의해 이용되거나 상호작용되는, (2) 비슷한 지각형태를 지니고 시각 상을 떠올릴 수 있는, (3) 인간에게 구별가능한 의미있는 속성을 지닌, (4) 어린아이들에 의해 분류되는, (5) (여러 의미에서) 언어적 우선성linguistic primacy을 지니는 가장 포괄적인 단계라는 점을 발견했다.[55]

따라서 범주화의 기본단계는 인지와 환경이 동시적으로 발제되는 지점인 것처럼 보인다. 대상은 지각자에게는 일정한 종류의 상호작용을 허용하는 것으로 보이며, 지각자는 그의 신체와 마음을 통해 그 대상을 그런 허용된 방식으로 이용한다. 일반적으로 반대되는 속성이라고 알려진 형태와 기능은 같은 과정의 다른 측면일 뿐이며, 생물체들은 이 두 가지 속성의 조화에 매우 민감하다. 지각자/행위자에 의해 기본단계 대상들에 가해지는 활동(기본단계 활동)들은 인간과 대상이 놓여 있는 공동체에서 합의를 통해 타당성을 지니는, 문화적인 삶의 부분이다.

마크 존슨은 매우 흥미있는 기본범주 과정의 또 다른 예를 제공했다.[56] 그는 인간은 예를 들어 용기容器 스키마, 부분-전체 스키마, 그리고 수단-경로-목표 스키마와 같은 소위 운동이미지 스키마schema 라고 하는 매우 일반적인 인지구조를 가지고 있다고 주장한다. 이 신체 경험에서 유래하는 스키마들은 일정한 구성적 요소로 정의될 수 있고, 기본논리를 지니며, 매우 다양한 인지영역에 적용될 수 있는 비유적인 투사가 가능하다. 따라서 용기 스키마의 구조적 요소들은 '내부, 경계, 외부'이며 그 기본적 논리는 '안으로, 바깥으로'이고, 이 스키마의 비유적 투사는 시각 장visual field(시선에 들어오고 나가는 대상들), 인간관계(관계를 맺고 있거나, 끊어진 사람들), 집합의 논리(원소를 포함하는 집합들) 등에 관한 우리의 개념화에 구조를 제공한다.

 존슨은 이런 종류의 예들에 관한 상세한 연구를 바탕으로 이 이미지 스키마들은 감각 운동 활동과 상호작용의 기본적 형태에서 창발되어 나오며, 우리 개념의 선개념적 구조를 준다고 주장했다. 우리의 개념적 이해는 경험에 의해 구성되므로 우리는 이미지 스키마적인 개념들도 가지고 있다고 그는 주장한다. 이런 스키마적인 개념들은 기본 논리를 가지고 있는데 이 논리는 스키마가 상상을 통해 투사될 인지영역에 구조를 준다. 마지막으로 이 투사들은 임의적인 것이 아니라 신체 경험의 구조에 의해 움직여지는 비유적이며 환유적인metonymical, 換喩的 연결과정에 의해 성립된다. 스위처Sweetzer는 언어학에서 이런 과정에 대한 특정한 사례연구를 제공한다. 그녀는 여러 언어에서 나타나는 언어 의미의 역사적 변화는, 예를 들어 '보다see'가 '의미하다understand'를 의미하게 되는 경우와 같은 변화는 기본단계 범주들과 이미지 스키마들의 확장으로, 즉 구체적이며 신체적인 의미들에서 보다 추상적 의미로의 확장으로 설명될 수 있다고 주장한다.[57]

범주화에 집중하여 레이코프Lakoff는 객관론적 입장에 도전하는 것으로 간주되는 현상들의 일람표를 만들었다.[58] 최근 레이코프와 존슨은 인지의 경험적 접근이라고 하는 선언문을 만들었다. 그들 접근법의 중심적 주제는 다음과 같다.

> 의미있는 개념적 구조는 두 가지 근원, (1) 사회적, 신체적 경험의 구조화된 본성과 (2) 신체적, 상호작용적 경험의 잘 구성된 조직에서 추상적 개념 구조로의 투사를 가능하게 하는 우리의 본구적 능력에서 유래한다. 합리적 사고는 집중하기, 훑어보기, 중첩시키기, 배경-주제의 역전 등의 일반적인 인지과정들을 그런 구조에 적용시킨 결과로 나타난 것이다.[59]

이 주장은 우리가 제기하고 있는 발제로서의 인지라는 입장과 일맥상통하는 것처럼 보인다.

발제로서의 인지를 주장하는 입장에서 가능한 한 가지 매우 적극적인 확장은 인류학에서 논의되는 문화적 지식의 영역에서 발견될 수 있다. 민담folktales, 물고기 이름, 농담과 같은 문화적 지식의 기반은 무엇인가? 이런 지식은 각 개인의 마음에 존재하는가? 아니면, 사회규칙에 속하는 것인가, 문화적 구성물에 속하는 것인가? 이런 지식에 관련하여 시간과 전달자들이 보여주는 변형태를 우리는 어떻게 설명할 것인가?[60] 인류학적 지식의 굳건한 바탕은 마음, 사회, 문화 사이의 상호연결체에서 즉 그 중 어느 하나 혹은 그들 모두가 아니라 그들이 연합된 형태에서 발견되는 지식을 고려함으로써 얻을 수 있다. 이 지식은 어떤 장소에 혹은 어떤 형태로 미리 존재하는 것이 아니라 특정한 상황에서, 즉 민담이 말해지고, 물고기들의 이름이 붙여질 때 발제되는 것이다. 이런 가능성에 대한 탐구는 인류학에게 미룬다.

하이데거적 정신분석

프로이트적인 접근이나 객체관계 이론과는 근본적으로 다른 정신병리학의 한 입장은 하이데거 철학에 바탕을 둔 칼 야스퍼스Karl Jaspers, 루드비히 빈스와그너Ludwig Binswagner 그리고 메를로 퐁티에 의해 제안되었다. 프로이트적 분석의 강점인 히스테리적이거나 강압적인 증후보다는 보다 일반적이고 보다 범주적인 심리 이상의 설명을 목표로 하기 때문에, 이 입장은 프로이트의 표상적, 인지적, 인식적 입장과는 대조되는 존재론적 입장이라고 불린다.[62] 존재론적 입장에서 특정한 심리 이상은 세계 내에서의 한 개인의 전체적인 존재방식을 통해서만 이해될 수 있다. 열등성과 지배성 같은 주제들은 한 개인이 그의 세계를 규정하는 데 사용하는 여러 차원들 중 단지 하나에 지나지 않는 초기의 경험을 통해 고착되며 그리하여 그 개인이 세계 내에서 그 자신을 경험하는 유일한 방식이 된다. 이런 방식은 마치 대상들을 밝혀주는 광선(그 자체는 하나의 대상으로 나타날 수 없는 광선)과 같은 것이며, 따라서 세계 내의 다른 존재방식과는 비교가 불가능한 것이다.[63] 실존적 정신분석은 이런 종류의 분석을 성격 이상과는 다른 증세에 적용했으며, 이와 동시에 소위 실존적 선택으로서의 정신병이라고 하는 것을 재규정했다.[64]

그러나 이런 정신병에 대한 현상학적 기술이 치료에 있어서 구체적 방법을 결여하고 있다는 점은 널리 알려져 있다. 환자는 한 가지 원인의 전체적 모습을 제공하는 최초의 사건을 기억하려고 시도하고, 발제하고 그리고 이 주제를 치료자와 상호전이를 통해 검토하려고 시도하거나 주제의 체화된 상태를 발견하고 완화시키기 위해 신체활동을 감행하려 할지 모른다. 그러나 이 모든 것은 프로이트적, 대상관계적, 혹은 다른 이론적 방식으로 정신이상을 이해하는 입장들이 제공하는 치료법과 별반 다른 특징을 지니고 있지 않는다.

우리가 기술해온 경험에 대한 자기 성찰적, 개방적 접근법에 본래적으로 내재하는 전인격의 새로운 체화가능성은 실존적, 체화적 정신분석의 실체화를 위해 필요한 도구와 구조적인 틀을 제공할 수 있을 것이다. 실제로 수행과 불교의 가르침 그리고 치료, 이들 간의 관계는 서양의 지관의 전통을 따르는 명상가들 사이에 큰 관심과 논의를 불러일으킨 주제다.[65] 서양적 의미에서의 심리치료는 역사적으로, 문화적으로 독특한 현상이다. 불교적 전통에서는 이와 비교할 만한 것을 발견할 수 없다. 많은 서양의 명상가들은 (그들이 스스로를 불교도들이라고 생각하든 말든 간에) 정신요법가들이거나 정신요법가가 될 것을 생각하고 있는 사람들이며, 이보다 훨씬 많은 이들이 정신요법을 행한 경험을 가지고 있다. 그러나 이 책에서 주장한 바를 독자들은 다시 확인해야 할 것이다. 이 문제를 다 논의하자면 이 시점에서 너무 깊은 곳으로 들어가게 된다. 재체화reembodying를 가능하게 하는 정신분석의 형태가 어떤 것이 될지 독자들 스스로가 생각해 보기를 권한다.

자연선택으로 돌아감

다음 장을 준비하는 의미에서 인지과학 내에서 지배적인 한 가지 견해, 즉 지금껏 제시한 인지과학에 관한 입장에 대립되는 한 가지 견해를 고려해보고자 한다. 우리의 주장에 대한 다음과 같은 반론을 생각해보자. "인지는 단순히 표상의 문제가 아니라 행동을 위한 체화된 능력에 의존한다는 점을 당신들이 밝혔다는 것을 본인도 기꺼이 인정합니다. 본인은 예를 들어 색에 대한 지각 범주화 전체는 지각을 통해 인도되는 행위와 분리될 수 없다는 점 그리고 이 자극 범주화는 구조적 연합의 역사에 의해 발제된 것이라는 점 또한 기꺼이 인정합니다. 이런 사실은 크게 보아 생물학적 진화와 자연선택이라는 진화 기재의 결과인 것입니다. 따라서 지각과 인지는 생존가치를 지니며 이로 인해 이들은 세계에 대한 다소간의 최적적응optimal fit을 드러내는 것들이어야만 하는 것들입니다. 색을 하나의 사례로 들어봅시다. 왜 인간의 방식으로 우리가 색을 보게 되는지를 설명하려면 우리와 세계 간의 이 최적적응이라는 시각이 반드시 필요할 것입니다."

우리는 이런 입장이 인지과학 내의 특정한 이론에서부터 나온 것이라 생각하지 않는다. 오히려 이런 입장은 인지과학 내의 거의 모든 분야에서 발견할 수 있다. 시각 연구에서 이 입장은 마Marr와 포기오Poggio의 계산이론[66]과 깁슨J. J. Gibson과 그의 추종자들의 '직접이론direct theory'[67] 모두에서 찾아볼 수 있다. 이 입장은 '자연화된 인식론naturalized epistemology'이라는 철학적 연구계획의 거의 대부분을 차지하고 있다. 인지에 관한 체화적, 경험적 접근을 주장하는 사람들조차 이 입장을 옹호하고 있다.[69] 이런 이유로 이 입장은 인지의 진화 기반에 대한 인지과학적 연구에서 '합의된 입장'이라 간주할 만한 것이다.

낯익은 색 연구의 경우로 돌아가 논의를 시작해보자. 색 지각의 바탕을 이루는 협동적인 뉴런활동은 원인류primate group의 길고 긴 생물학적 진화에서 나타난 것이다. 이미 알고 있듯이 이런 뉴런활동은 모든 인간에게 공통적인 기본색 범주들을 부분적으로 결정한다. 기본색 범주들의 두드러진 성격으로 인해 우리는 이 범주들이 미리 주어진 세계를 반영하지 않는다 하더라도 진화의 측면에서 최적상태에 있는 것이라 가정하게 된다.

그러나 이 결론은 타당성이 없다. 오히려 우리의 생물학적 계보가 계속되고 있기 때문에 색 범주는 단지 지속가능하거나 효과적인 것이라고 결론을 내릴 수 있을 뿐이다. 그러나 다른 종들은 다른 뉴런들의 협동작업을 바탕으로 하는 다른 지각된 색 세계에서부터 진화해왔다. 실제로 인간의 색 지각의 바탕을 이루는 뉴런들의 과정들은 인간이 속한 원인류가 지닌 매우 독특한 특징이라고 말하는 것은 옳은 것이다. 대부분의 척추동물(어류, 양서류 그리고 조류)들은 매우 다르며 복잡한 색 지각 기재를 지니고 있다. 곤충들은 그들의 겹눈과 조화되는 완전히 다른 몸체 구조로 진화해온 것이다.[70]

이런 비교연구를 수행하는 한 가지 흥미 있는 방법은 색 시각의 차원들을 비교하는 것이다. 색 시각은 삼원적trichomatic이다. 이미 알고 있듯이, 시각체계는 세 가지의 색 경로에 서로 얽혀 연결되어 있는 세 가지 종류의 광선수신장치photoreceptors로 구성되어 있다. 따라서 우리의 시각체계를 설명하기 위해서는, 즉 우리가 구사하는 종류의 색 구분을 나타내기 위해서는 세 개의 차원이 필요하다. 삼원체계는 분명 인간에만 고유한 것은 아니다. 실제로 거의 모든 동물집단이 일정한 유형의 삼원시각체계를 갖추고 있다. 그러나 보다 흥미 있는 사실은 어떤 동물들은 이원체계dichromats를, 어떤 다른 동물들은 사원체계tetrachromats를 그리고 어떤 동물들은 심지어 오원체계pentachromats를 지니고 있다는 것이다(이원체계를 지닌 동물은 다람쥐, 토끼, 나무 두더지, 일부 어류들, 고양이 그리고 일부의 신대륙 원숭이들이다. 사원체계를 지닌 동물들은 금붕어와 같이 수면 근처에 서식하는 어류, 비둘기처럼 낮에만 활동하는 조류 그리고 오리다. 낮에만 활동하는 조류 중에는 오원체계를 지닌 것들도 있다[71]). 이원시각체계를 가능하게 하는 데는 두 가지의 차원이 필요하지만, 사원체계를 위해서는 네 가지의 차원이 그리고 오원시각체계를 위해서는 다섯 가지의 차원이 필요하다(그림 8.6). 특별히 흥미 있는 것은 사원체계를(혹은 오원체계를) 지닌 새들의 경우 그들의 시각체계를 뒷받침하는 뉴런들의 기능은 인간 뉴런들의 기능과는 극단적으로 다른 것처럼 보인다는 점이다.[72]

사원체계에 관한 증거를 접할 때 사람들은 다음과 같은 물음을 던지며 반응한다. "이 동물들은 어떤 다른 색을 볼 수 있는가?" 이 질문은 이해할 만하지만, 이 질문이 사원체계는 삼원체계나 이원체계보다 색 시각에 더 유리한 것이라는 점을 가정하고 있다면 이것은 바보스런 질문일 뿐이다. 네 개의 차원을 지닌 색 공간은 세 개의 차원을 지닌 공간과는 근본적으로 다르다는 점을 잊지 말아야 한다.

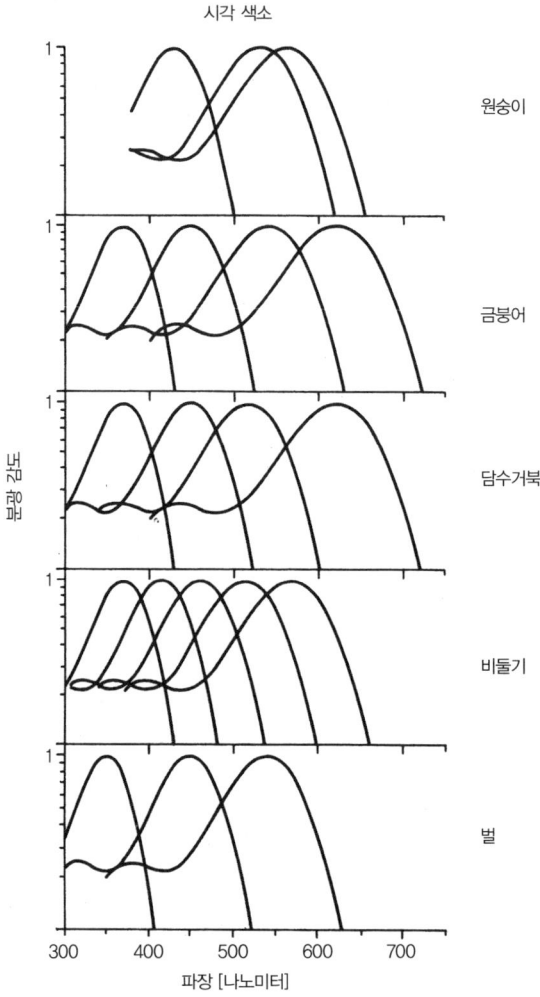

그림 8.6
사원시각체계와 삼원시각체계의 기재들의 차이가 여러 동물들이 지닌 망막색소들의 차이를 바탕으로 여기에 소개되어 있다. 노이마이어의 《금붕어의 색 시각Das Farbensehen des Goldfisches》에서.

엄밀히 말해 이 두 가지 색 체계는 불가통약적incommesuarble이다. 그것은 사차원의 색 공간에서 가능한 종류의 구분들을 삼차원의 색 공간에서 가능한 구분으로 남김없이 체계적으로 재배열하는 것이 불가능하기 때문이다. 물론 그런 고차원의 색 공간에 대해 비유적 상상을 할 수는 있다. 예를 들어 우리는 색 공간에 부가적인 시간의 차원이 포함된 것을 상상할 수 있다. 이 경우 색은 반짝거리는 정도의 차이라는 네 번째 차원을 추가할 수 있다. 따라서 예를 들어 사차원의 색 공간 내의 한 위치를 지시하는 것으로서 핑크색이라는 용어를 쓰는 것은 이 공간에서 하나의 색을 규정하는 데 충분하지 못하다. 빠른-핑크rapid-pink 등의 용어를 써야 할 것이다. 주간에만 활동하는 새들의 색 공간이 오원체계라 밝혀졌다면(그렇게 생각해 보는 것이 가능하다면), 그 새들의 색 경험이 어떤 것일지 머리에 떠올릴 수조차 없을 것이다.[73]

이리하여 조류, 어류, 곤충류 그리고 원인류들이 지닌 구조적 연합의 매우 다른 역사들이 서로 다른 지각된 색 세계를 발제하거나 발생시킨다는 사실을 우리는 이제 명백하게 깨달아야 한다. 따라서 우리의 지각된 색 세계는 진화를 통해 제기된 어떤 '문제'에 대한 최적의 '해결'로 간주되어서는 안 된다. 오히려 우리의 지각된 색 세계는 살아 있는 존재들의 진화의 역사에서 실현된 많은 다른 경로들 중 하나의 가능한 그리고 존속가능한 계통발생적 경로의 결과인 것이다.

인지과학 내에서 진화에 관한 '합의된 견해'를 옹호하는 사람들은 이렇게 반응한다. "좋다, 지각된 색의 매우 다양한 세계가 존재하기 때문에 지각된 속성으로서의 색은 단순히 최적적응으로는 설명될 수 없다는 점을 인정한다. 따라서 색 지각의 바탕에 놓인 다양한 뉴런의 기능적 구조들은 진화를 통해 제기된 같은 문제에 대한 다른 해결들이 아니다. 그러나 이런 사실에서 내릴 수 있는 유일한 결론은 우리의 분석이 보다 정확하게 수행되어야 한다는 것뿐이다. 이런 다양한 색의 세계는 다양한 서식 환경에 대한 다양한 형태의 적응을 반영한다. 각 동물집단은 세계의 다른 규칙성들을 가장 적절하게 이용하고 있는 것이다. 따라서 이런 적절한 이용은 여전히 세계에 대한 최적적응의 문제다. 즉 각 동물집단은 그 집단의 고유한 최적적응을 드러내고 있는 것이다."

이런 반응은 진화에 관한 처음 주장보다 훨씬 잘 다듬어진 것이다. 이 견해에서 최적화는 주어진 종에 따라 다른 것으로 간주되지만, 지각적, 인지적 작업이 세계에 대한 최적적응의 형태로 이해되는 입장은 바뀌지 않았다. 이 견해는 세련된 신실재론neorealism을, 즉 최적화optimalization를 중심적인 설명도구로 삼는 입장을 표현하고 있다. 이리하여 진화론적 설명의 맥락에서 이런 견해를 보다 자세히 검토하지 않고서는 우리의 논의를 더 진행시킬 수 없게 되었다. 예술의 경지에 이른 오늘날의 진화생물학을 요약하려고 하는 것이 우리의 목표는 아니다. 다만 진화생물학의 몇 가지 고전적 기반들과 그 현대적 대안들을 탐구할 필요를 우리는 느낀다.

Chapter 9

진화의 경로와 자연부동

적응론: 변모하는 사고

우리가 논의할 진화론의 주제들은 인지에 관한 논의에서 우리가 추구한 것들과 실제로 많은 유사성을 지니고 있다. 앞서 우리는 (강하게 해석된) 표상 개념은 현대 인지과학의 거의 모든 작업에서 핵심적인 위치를 차지하고 있다는 사실을 알게 되었다. 마찬가지로 적응adaptation이라는 개념은 최근의 진화생물학의 거의 모든 영역에서 핵심적인 위치를 차지하고 있다. 그런데 최근에는 소위 적응프로그램에 대한 많은 비판자들 때문에 통일적으로 인정된 견해의 전면적인 수정이 나타나게 되었다.[1]

오늘날 변화를 겪고 있는 정통적 견해는 신다윈주의Neo-Darwinianism의 용어로 정식화된 유기체 진화의 이론이다. 신다윈주의가 현대진화론에 대해 갖는 의미는 여러 가지 의미에서 인지론이 인지과학에 대해 갖는 의미와 같다. 인지론처럼 신다윈주의의 연구프로그램은 상대적으로 축약정리하기가 쉽다.

 신다윈주의가 일어나게 되는 바탕에는 물론 다윈 자신이 존재한다. 다윈이 남긴 유산은 다음의 세 가지로 요약될 수 있다.

1. 유전을 통해 나타나는 유기체의 점진적인 변화로 인해 진화는 발생한다. 즉 유전을 동반하는 생식이 있다.
2. 이 유전 요소는 끊임없는 다양성(변이, 재통합)을 지향한다.
3. 이런 변화가 어떻게 일어나는 지를 설명할 중심적 기재가 존재하는데 그것은 자연선택이다. 이 기재는 주어진 환경에 가장 잘 적응하는 구조(표현형phenotypes)를 선택함으로써 그 임무를 수행한다.

 고전적 다윈주의는 1930년대에 나타난 종합의 결과로, 즉 한편으로 다윈의 사상에 바탕을 두는 동물학, 식물학 그리고 체계론과 다른 한편으로는 분자유전학과 통계유전학의 발전하는 지식의 종합의 결과로, 소위 체계적인 종합의 결과로 나타났다. 이 종합은 유전 요소의 변화, 즉 유전자에 의해 규정되는 유기체의 특징의 작은 변화에 의해 진화가 나타난다는 기본입장을 확정했다. 유전형질의 조합에 영향을 주는 유전자 구조는 번식률reproduction rate에 영향을 주어서, 수 세대에 걸쳐 동물군의 유전자 구조에 변화를 일으킨다. 간단히 말해서 진화는 교배가능한 생물군에서 나타나는 이런 유전자 변화의 총체다. 진화의 속도는 유전자의 적응도의 변화를 통해 측정될 수 있다. 따라서 주어진 환경에서 동물들이 보여주는 가시적 적응의 양적인 차이를 말하는 일이 가능하다. 물론 이런 개념들은 우리 모두에게 낯익은 것들이다. 그러나 이런 개념들의 다양한 과학적 역할을 정당화하기 위해 우리는 이 개념들을 한층 더 명확히 할 필요가 있다.

적응이라는 개념을 살펴보자. 가장 상식적인 의미에서 적응은 주어진 물리적 상황에 가장 잘(적어도 매우 잘) 들어맞는 조직이나 구조의 일정한 형태를 의미한다. 예를 들어 물고기의 지느러미는 수중생활에 적합한 반면 발굽은 초원에서 달리기에 적합하다. 이런 적응의 개념은 매우 일반적이기는 하지만 대부분의 전문 진화이론가들은 적응을 이런 방식으로 해석하지 않는다. 대신 적응은 생식과 생존 즉 적응하는 것에 연결되어 있는 과정을 특별히 의미한다. 이 과정은 자연에서 관찰되는 겉으로 드러나는 구조의 적응 정도를 설명하는 것(혹은 설명할 것이라 생각되는 것)이다.

그러나 이 적응이라는 개념을 이론적으로 활용하기 위해 우리는 유기체의 적응성을 분석할 모종의 방법을 강구할 필요가 있다. 바로 이 상황이 적응도fitness라는 개념이 도입되는 지점이다. 적응성의 관점에서 볼 때 진화의 역할은 유전의 전략 즉 번식률에 상당한 영향을 주는 상호연결된 유전자의 집합을 발견해내는 것이다. 만일 유전자가 변화하여 이런 작업에 도움이 되면 이런 변화는 적응도를 증가시킨다. 이런 적응도의 개념은 다산多産의 정도로 정식화된다. 이런 정도는 보통 개인적 다산(잉여 자손의 수)의 정도로 이해되지만, 집단적 다산(집단의 성장에 미치는 유전자의 효과)의 정도로도 이해된다.

그러나 이런 방식으로 적응도를 다산의 정도로서 측정하는 것은 개념적 실질적 난점을 안고 있다는 점이 점차 분명해졌다. 무엇보다도 먼저 드러나는 난점은 대부분의 동물군에서 생식의 성공률은 생식가능한 짝을 찾을 가능성에 의존한다는 점이다. 둘째로 한 유전자의 기여도는 항상 다른 많은 유전자와 연결되어 있기 때문에, 개별적 유전자의 기여도를 따로 분별해내기가 늘 가능한 것은 아니다. 셋째로, 유전자들이 발현하는 환경은 매우 다양하고 시간의존적이다. 결국 이 환경은 주어진 동물의 전체적인 생활 주기와 생태계의 맥락에서 고려되어야 한다.

적응도는 또한 지속persistence의 정도로 이해될 수 있다. 여기서 적응도는 시간을 두고 나타나는 생식영속성의 확률로 측정된다. 진화를 통해 극대화되는 것은 자손의 수가 아니라 자손들이 죽지 않고 살아남을 확률이다. 분명 이 입장은 보다 장기적인 효과에 초점을 맞추고 있으며, 적응을 다산의 개념으로 이해하는 좁은 시각에 보다 진보된 것이다. 그러나 측정이라는 측면에서 볼 때 이 입장 역시 골치 아픈 문제들을 안고 있다.

이런 세련된 입장과 더불어 지난 수십 년 동안의 진화론의 주된 정통적 입장은 진화를 '역학관계의 장field of forces'으로 보는 것이었다.[2] 자연선택의 압력selective forces, 즉 적응의 물리적 압박은 개체군에서 유전자의 다양성에 작용하며 적응의 가능성을 최대화하는 방향으로 장시간에 걸친 변화를 이끌어낸다. 적응론 혹은 신다윈주의의 기본입장은 이런 자연선택의 과정을 유기체 진화의 주된 요인으로 간주하는 것이다. 정통 진화론은 이런 주된 요인 말고도 진화에 다수의 다른 요인들이 작용한다는 것을 부정하지는 않는다. 단지 정통론은 이런 다른 요인들의 중요성을 심각하게 고려하지 않으며 관찰된 생물체의 진화 현상을 주로 적응의 최적화라는 기반에서 설명하려고 시도한다.

이런 진화에 대한 정통론 혹은 신다윈주의 이론이 바로 진화와 인지 사이의 관계에 대한 우리의 논의에서 특별히 고려될 이론이다. 이 이론적 입장은 인지과학 내에서는 진화에 관해 널리 인정된 입장이다. 이 장에서 우리가 할 일은 이 정통적 입장에 대해 비판적 검토를 실시하는 것이다. 그런데 미리 분명히 밝혀둘 필요가 있는 것은 우리의 비판이 적응론이라는 과학적 프로그램의 학문적 타당성을 검토하는 것을 목표로 하는 것은 아니라는 것이다. 인지론과 마찬가지로 적응론이라는 연구프로그램은 여하한 다른 연구프로그램과 같은 정도의 타당성을 가질 것이다. 이 연구프로그램은 순수하게 논리적인 이유에서 혹은 몇몇의 단편적인 관찰로 부정될 수 있는 것이 아니다. 우리는 시간을 가지고 이 정통 이론이 지닌 심각한 경험적 난점을, 즉 진화생물학자들이 그 해결을 위해 폭넓은 대안적 설명과 이론을 추구할 수밖에 없었던 그런 난점들을 탐구해야 한다.

그 다음으로 이 대안적 설명의 시도를 야기한 몇 가지 중요한 질문들과 논쟁점들을 개괄할 것이다. 이런 문제들이 모두 모여서 자연부동론natural drift, 自然浮動論이라고 하는 진화의 한 입장으로 우리를 이끌어간다.[3] 자연부동물浮動物로서의 진화는 인지과학에서 발제적 행위로서의 인지와 비교가능한 관점인데, 이 입장은 생물학적 현상으로의 인지를 연구하는 데 있어서 보다 포괄적인 이론적 맥락을 제공한다.

복수 기재의 지평

이제 논의할 문제들은 상호연결되어 있다. 그러나 이 문제들은 모두 자연선택의 중심적 해석에 나타나는 하나의 근본적 제약에 집중된다.

유전적 연계와 다형질발현

유전자들은 분명히 서로 연결되어 있다. 그래서 생물체를 특징이나 형질들의 집합체로 보는 것은, 그렇게 보는 것이 어떤 측면에서는 도움이 된다고 해도 가능한 일이 아니다. 생물학자들 사이에서 유전적 연계linkage와 다형질발현pleiotrophy이라고 알려진 현상이 있는데, 이것은 한 유전자의 출현은 몇 가지의 특별한(눈동자의 색과 같은) 경우를 제외하고는 하나의 독립적인 형질에 직접적으로 영향을 받는 것이 아니라는 점을 보여준다. 다형질발현의 효과는 몇몇의 매우 복잡한 형질들이 지니는 예외적인 속성이 아니다. 유전자들의 상호의존성은 게놈(인간의 유전적 형질을 구성하는 기본단위)이 형질들을 발현시키는 독립적 유전자들의 선형적 조합이 아니라 억제인자repressors, 억제해제인자depressors, 엑손exons과 인트론introns, 도약성 유전자jumping genes 그리고 구조단백질structural proteins조차 매개된 다층적 상호작용의 고도의 복합적 연결체라는 사실을 직접적으로 보여준다. 예를 들어 좌수성左手性과 복강염coeliac disease(겨 단백질에 대한 장의 이상반응으로 설사를 하게 되는 병) 사이의 유전자적인 연결을 어떻게 다른 방식으로 설명할 수 있다는 말인가.[4] 이런 종류의 연계는 알려진 모든 신진대사 경로와 신체에서 나타나는 장기의 기능 모두에 대해 적용된다.

(개체발생 보다는 거대진화에서) 게놈의 전체성을 드러내는 가장 극적인 경우는 아마도 단속평형punctuated equilibria,[5] 즉 시간적인 계기를 두고 종들이 매우 불규칙적인 양상으로 변화하는 경우일 것이다. 요즘 자주 논의되는 이 입장은 진화의 점진성evolutionary gradualism(진화는 변이를 거쳐 선택된 요소들의 단계적인 집합을 통해 점진적으로 달성된다는 생각)을 근본적으로 부정하는 입장이다. 이 입장에 서면 화석 증거들은 불완전하게 보이지 않는다. 진화의 중간단계의 형태들은 종종 상상할 수 없는 것들일 뿐이다. 예를 들어 어떻게 등과 배가 비대칭적인 한 종을 오른쪽과 왼쪽이 비대칭인 종으로 만들 수 있을까? 모든 내장이 유기체의 중심선에 모여 있는 생물은 존재하지 않는다. 변화는 상호협력적인 효과와 유전자 교환을 포함하는 총체적인 재배열의 문제임에 틀림없다. 이런 현상은 자연선택이 존재하지 않는 단순한 경우들에서도 나타난다.[6]

다형질발현은 적응론이 지니는 명백한 난점을 드러낸다. 만일 하나의 유전자가 다수의 유전적 효과를 산출한다면 그리고 그 효과들이 반드시 같은 방식으로 적응도를 증가시키지 않거나 혹은 더 나아가 같은 목표를 가지고 적응도를 증가시키지 않는다면, 어떻게 하나의 유전자가 독립적으로 선택되어 최적화될 수 있는가? 자연선택은 어떤 특정한 유전자의 출현빈도를 낮게 할 수 있다. 그러나 다형질발현은 유전자의 빈도를 증가시키거나 일정하게 유지할 수 있다. 이런 대조적 과정들의 종합적인 결과는 단순히 자연선택의 힘이라고는 말할 수 없는 모종의 타협이다.

과학이론에서 보통 있는 일이지만, 이런 난점들은 반드시 심각한 결함으로 간주되는 것은 아니다. 이 난점들은 앞으로 설명되어야 할 문제들로 간주되기도 한다. 확고한 신다윈주의적 입장에서도 유전자들의 상호의존성은 인정된다. 하지만 보다 세련된 측정기술이 다형질발현과 자연선택을 구분하리라는 확신, 아니면 자연선택 자체가 유전자들이 지닌 역효과들을 제거할 것이라는 확신이 여기에 존재한다. 그럼에도 불구하고, 유전적 형질에 대한 고전적인 적응도 측정이 다형질발현 효과들에 관해 분명한 대답을 주지 못하고 있다는 사실은 문제로 남는다.

따라서 형질적응도 최적화trait fitness optimization로서의 진화를 연구하는 프로그램 자체가 근본적인 결함을 지니고 있는지 물어볼 이유가 있다. 반면 아무리 많은 장점들을 설명할 수 있다고 해도,[7] 우리는 형질들의 집합체를 통해서가 아니라 총합적인 전체계로서의 생물체와 그 사회를 강조하는 이론을 통해 진화를 연구할 수 있다.

발생

생물체를 독립적인 형질들의 집합체로 보는 견해에 바탕을 두는 입장의 약점은 진화과정에서 나타나는 발생의 역할을 고려할 때 극명하게 나타난다. 대부분의 교과서에 아직도 남아있는 진화의 고전적인 시각은 유전자와 유전자 빈도에서 표현형과 생식가능한 생물체로 확대된다. 하지만 이 입장에서는 탄생에서 성체에 이르는 성장과정이 그 존재가 인정되기는 하지만 즉시 관심 밖으로 밀려난다.[8]

그러나 진화생물학자들은 그들 자신의 영역 내에서 패턴형성과 형태발생이라는 것이 변화가능성의 영역을 극단적으로 제약하는 고

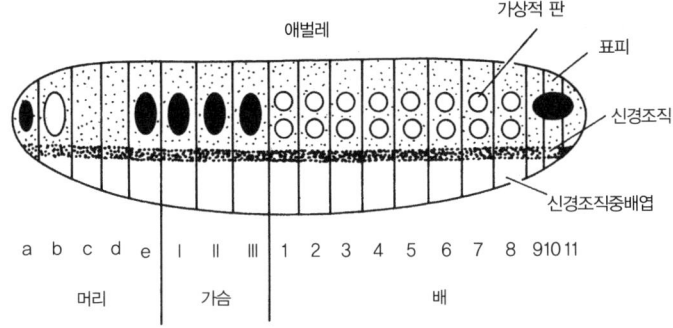

그림 9.1
초파리의 배(embryo)에 나타난 분절 구조.

도로 규제된 분자통제술이라는 것을 증명하기에 여념이 없다. 드 비어de Beer의 고전적 원문을 빌리자면, "발생학 연구에서 점진적으로 나타난 매우 분명한 사실은 구조가 형성되는 과정은 진화 형태morphology와 상동성homology, 相同性[9]의 시각에서 볼 때 구조 자체만큼이나 중요"하다.

예를 들어 발생학 연구에서 자주 선택되는 사례인 초파리Drosophila의 배胚에 나타난 서로 다른 마디의 성장과정을 살펴보자(그림 9.1).[10] 수정란은 등과 배 등 각각의 영역으로 성장할 부분들을 담당할 마디를 성공적으로 분절해낸다. 초기에 배엽Blastoderm, 胚葉이라고 하는 것에는 주어진 생물체의 신체구조에 관한 완전한 발생의 설계도가 존재한다. 이 설계도는 유한수의 대안적인 발생 경로와 그 경로들에서 나타나는 제한된 수의 변형체를 확정한다. 예를 들어 더듬이와 생식기는 이 발생적 조건에서 상호적으로 매우 밀접하게 연결되어 있다.

이 사실은 배엽의 서로 멀리 떨어진 지점에서 변형태를 일으키는 소위 이형화 돌연변이 homeotic mutant, 異形化突然變異라고 하는 것의 존재와 매우 잘 들어맞는다. 이런 모델은 형태발생적 변화 과정에 기반을 두는 분산된 처리 기재를 통해 연결론자들이 추구하는 방식의 분석과 비슷한 것을 통해 더욱 깊이 분석될 수 있다. 실재로 핵심은 동일하다. 여기서도 역시 우리는 복잡한 그물망체계(신경체계든, 유전자의 체계든, 분자체계든)에서 나타나는 창발적 속성의 중요성을 깨닫는다. 같은 방식으로 줄무늬나 털의 색은 정해진 패턴의 제한된 조합에 의해 결정된다. 예를 들어 '점박이' 무늬는 꼬리 같은 좁은 말단부에 가서는 줄무늬로 바뀐다.

발생적 변화의 전체적인 모습과 유전자들의 그물망체계가 보다 잘 알려짐에 따라 분명해지는 핵심적 사실은 발생 현상의 성공적 설명을 위해 우리는 그런 체계들의 본래적인 자기조직적 속성에 보다 더 많이 의존해야 한다는 점이다.

따라서 이런 요소들은 진화의 내재적 요인들이라 불린다. 그러나 이 내부/외부의 이분법은 진화를 이해하려는 시도에 결코 도움이 되지 않기 때문에 자연선택을 외재적인 것으로 간주하여 내재적인 발생적 제약과 대립시키는 손쉬운 결정을 피하는 것이 우리에게는 중요하다.

무작위적인 유전자의 부동

다형질발현과 발생 말고도 적응프로그램의 기본적인 논리에 도전하는 요소가 또 있다. 이것은 무작위성의 등장이다. 상당한 정도의 무

작위적인 유전자부동genetic drift이 동물개체군의 유전자 구성에 존재
한다는 것은 현재 널리 알려진 사실이다. 단순한 근접성 효과가 무
작위성의 첫 번째 기반이다(이 점은 진화가 자연적인 부동이라는 우리의
입장과는 구분되어야 한다). 하나의 유전자가 확실하게 자연선택된다
면 그 유전자는 무임승차hitchhiking 효과를 통해 가까운 다른 유전자를
함께 동반한다. 유전자의 염색체 내에서의 위치는 발생적 효과와 별
상관이 없으므로, 그런 유전자들의 근접 효과는 놀라운 결과를 일으
키는 중요한 요인이 된다.

둘째로, 만일 어떤 생물체 군락이 일정한 규모로 유지된다면, 그
유전자와 유전형의 빈도는 한 세대에서 다음 세대에 걸쳐 '부동'할
것이다. 이런 부동은 서로 다른 자손 번식의 확률적 차이로 인해 선
택된 선조의 유전형의 빈도가 선조 다음 대의 유전형 빈도를 대표하
지 못할 수도 있다는 점에서 기인한다. 다음 세대의 유전자와 유전
형의 빈도는 그 이전 세대의 것들과는 다른 것일 수 있다는 것이다.
따라서 우리가 유전형의 변화로 진화를 해석한다고 하더라도(우리는
그런 해석과는 다른 대안적인 해석을 찾고 있다), 통계학자들이 '표본오
류sampling error'라고 하는 것 때문에 진화는 어떤 선택압으로부터도 독
립해서 존재할 수 있다. 이런 부동浮動이 사소한 현상이 아니라는 점
은 다수의 관찰로부터 분명히 밝혀졌다.[11] 이들 관찰 중에는 약 40%
의 게놈이 생물학적으로 표현되지 않거나 단순 반복적인 것이라는
놀라운 내용도 있다. 이 40%라는 숫자는 쓸모없는 잡동사니를 뜻하
는 '정크junk' DNA라고 알려진 것의 비율이다. 고전적인 진화의 관
점에서 본다면 이런 많은 양의 유전물질은 전적으로 아무 역할도 하

지 않는 불필요한 것이다.

정체

다음 세대의 증가된 자손들의 수로 측정되는 고전적 적응은 장기적 진화의 영속성이나 생물체 계보의 생존과는 실질적으로 아무런 관계가 없다. 동물군이 진화의 어떤 과정에서 고착되거나, 혹은 환경이 우리 입장에서 보았을 때 완전히 변화했음에도 불구하고 전혀 변화하지 않고 남아 있는 동물군들이 존재한다는 사실과 관련하여[12] 동물학자들은 일정한 동물군들 사이에서 널리 펴져 있는 정체현상 stasis을 익히 알고 있다.

예를 들어 척추동물 사이에 잘 알려진 플레토돈티데 과plethodontidae, 科의 도마뱀들에 관한 연구를 보면 이들 도마뱀들은 5000만 년 동안 거의 변화하지 않고 지속적으로 존재해왔다는 사실을 알 수 있다. 이 과의 도마뱀들은 색이나 크기의 작은 변화를 제외하고는 놀라운 공통점을 지니고 있다. 특별히 화석 기록에서 가장 잘 보존되어 있는 두개골의 구조는 더욱 그러하다. 그러나 현존하는 이 과의 도마뱀들은 어느 모로 보나 상당한 유전자변이를 나타내고 있다. 6000만 년 전에 플레토돈티데 과와 더불어 존재했었던 다른 척추동물들은 현재는 절멸하고 남아 있지 않다. 먹이의 공급처와 포식동물들의 다양성을 놓고 볼 때 환경은 분명 근본적으로 변화했다. 그러나 (같은 형태에서 여러 다른 변이가 가능하다는 점은 분명하지만) 이 도마뱀들의 형태는 기본적으로 변화하지 않은 채 같은 모습을 유지하고 있다.

진화적 정체의 기반에 존재하는 유전형의 유연성은 끊임없는 유전자들의 교환이 놀라운 수준의 정체와 나란히 공존하는 미생물의 세계에서도 분명히 드러난다. 이런 사실과 다른 부수적 관찰을 통해 우리는 다산보다는 지속성에 초점을 맞추는 것이 적응을 이해하는 보다 나은 길이라는 점을 알 수 있다.

선택의 단위

적응론의 입장은 개체가 진화와 선택의 유일한 단위라는 거의 자명한 전제로 인해 비판받는다. 반면에 선택의 독립적 다층성이나 다양한 선택의 단위를 강조하는 이론들은 전적으로 합당한 것이며 선택이 개체의 단계에서만 작용한다고 가정한 사람들을 혼란에 빠뜨린 많은 현상들에 관해 수정된 해석을 제안한다. 한 극단에는 이기적인 selfish DNA의 가정이 있다. 이 견해는 유전자 자체를 선택의 기본단위로 간주한다.[13] 다른 극단에는 이타적利他的 형질의 존재를 설명하기 위해 도입된 윈과 에드워즈Wynne-Edwards의 집단선택group selection, 集團選擇의 개념이 있다.[14] 진화 단위의 전체적인 목록은 DNA의 작은 연결체들, 유전자, 유전자의 전체적 집단, 세포 그 자체, 종의 게놈, 개체, 교류집단, 실질적 교배가능집단, 종 전체(잠재적 교배가능집단), 실질적 상호작용을 하는 종의 생태계 그리고 전 생물계 등으로 매우 복잡하다. 상호작용과 선택이라는 제약의 양태에 기반을 두고 있는 각 진화의 단위들은 고유한 자기조직적 속성들을 가지고 있으며, 따라서 스스로의 창발적 지위를 각 단계의 기술記述들을 통해 나타내 보인다.[15]

우리는 여기서 각각의 선택의 단위가 속한 고유 단계에서 다른 단계가 무의미하게 보이는 정도로까지 발전[16]한 이 복잡한 논의를 정리하지는 않을 것이다. 이 편가르기 식의 논의에도 불구하고 진화에 관한 앞으로의 이론은 어떤 방식으로든 다양한 진화의 단위와 그 단위들 간의 관계를 분명히 밝히는 일을 포함하게 되리라는 사실은 분명하다.

인지와 진화의 대표이론들을 넘어서

앞서 논의의 요점은 적응론적 접근을 매우 설득력 없는 것으로 만들기에 충분한 것이었다. 논의의 핵심을 분명히 정리해보면 다음과 같다. 관찰된 생물학적 규칙성을 이미 주어진 환경에 대한 최선의 적응 혹은 최적의 상응으로 설명하는 것은 논리적인 그리고 경험적인 측면 모두에서 더욱 더 타당성을 잃고 있다. 이런 고전적인 입장에 대한 최근의 비판에서 리처드 르원틴Richard Lewontin이 말한 것처럼 "이런 현상들(발생론적인 제약들, 다형질발현 등)이 언급되지 않았다는 것이 문제가 아니라 그런 현상들이 하나의 큰 사건으로부터의 일탈을 의미한다는 점, 즉 론 피셔Ron Fisher와 그의 충직한 셰르파들이 정복했다는 적응이라는 산에서 우리를 하산하게 했다는 점이다."[17] 점차적으로 진화론적 생물학자들은 적응이라는 산에서 멀리 떨어져서 보다 개방적이지만 아직 분명히 정돈되지 않은 새 이론을 향해 나아가는 일에 가담했다.[18] 우리의 임무는 성장하고 있는 새로운 시각의 주된 주장들 몇 가지를 우리 입장에서 대략적으로 정리하는 것이다.

 진화와 인지의 문제는 적어도 두 가지 노선에서 일치하는데, 이 일치점들은 오늘날 인지과학에서는 분명히 정식화되지는 않았지만 영향력을 지닌 것들이다.

1. 진화는 우리 인간이나 다른 동물들이 현재 지니고 있는 인지능력에 관한 설명에 자주 등장한다. 이런 진화의 개념은 지식의 적응적 가치와 관계를 가지며, 그런 관련은 보통 고전적, 신다윈주의적 노선을 따라 성립된다.
2. 진화는 보통 인지이론을 구성하는 과정에서 개념적, 비유적 바탕으로 이용된다. 이 경향은 두뇌의 기능과 학습에 관한 소위 자연선택 이론의 제안에서 분명히 드러난다.

 이 두 가지 중 어떤 경우든, 생존과 번식의 최적 조건이라는 제약에 의해 통제되는 생물체와 환경 간의 상응적 관계가 존재한다고 가정하는 표상적 개념으로의 진화과정이 가능한가 하는 점은 핵심적인 문제로 남는다. 좀더 과감하게 주장한다면 인지과학에서의 표상론과 진화이론에서의 적응론은 최적성이 각각의 영역에서 중심적인 역할을 하기 때문에 정확한 상동관계를 형성한다. 적응론의 입장을 약화시키는 모든 증거는 자동적으로 인지현상에 관한 표상적 접근에 남점을 제기한다.

 5장과 6장에서 우리는 어떻게 인지과학자들이 국부적 요소들에 작용하는 하위체계들의 연구에 그들의 기본적인 탐구전략을 무자비하게 강요하는지를 보았다. 이런 하위체계들은 복잡하게 얽힌 그물망의 형태로 즉 민스키의 말을 빌리자면 대행자들의 조직을 형성하면서 상호작용한다. 우리가 현재 가지고 있는 문제들의 목록을 보면 분명히 알게 되겠지만 진화를 연구하는 학자들도 거의 같은 결론에 독자적으로 도달했다. 생존과 번식에 관한 제약들은 생물체의 구조가 어떻게 발생하고 변화하는지 설명하기에는 역부족이다. 따라서 총체적인 최적적응이라는 개념은 진화의 과정을 설명하는 데 충분하지 않은 것으로 보인다. 예를 들어 산소호흡이나 깃털의 성장을 조절하는 국부적 대행자 같은 것들이 존재한다. 우리는 이들의 최적성을 추측할 수 있는 비교가능한 척도를 도입할 수도 있지만, 단일한 척도로는 모든 과정을 측정할 수 없는 것이다.[19]

이 핵심적인 문제를 비유적으로 표현할 수 있다.[20] 철수는 정장 한 벌이 필요하다. 완전히 기호론적이며 표상론적 세계에서 철수는 재단사에게 그의 신체치수를 재고 그 치수에 따라 멋진 양복을 만들도록 할 수 있다. 그러나 이 경우에 재단사에게 너무 부담을 주지 않는 다른 가능성이 존재한다. 철수가 여러 백화점을 다니면서 여러 양복들 중에서 가장 잘 맞는 것을 선택하는 가능성이다. 물론 이런 양복들은 철수에게 정확히 맞지는 않지만 나름대로 괜찮은 것들이며, 철수는 이들 중에서 크기와 취향에 맞는 최적물을 선택하는 것이다. 여기서 우리는 고전적 자연선택에 대한 대안, 적응의 최선의 조건을 이용하는 훌륭한 대안적 가능성의 한 가지 예를 보고 있다. 그러나 이 비유는 더 발전할 수 있다. 다른 사람들과 마찬가지로 철수는 그의 직업을 고려하지 않고 양복을 살 수는 없다. 양복을 사면서 철수는 그의 직장상사가 어떤 반응을 일으킬까 그리고 여자친구는 어떻게 생각할까를 생각할 것이며, 정치적, 경제적 요인들도 고려할지 모른다. 실제로 양복을 사야 한다는 결정 자체는 처음부터 하나의 문제로 주어졌다기보다는 철수의 인생의 총체적 상황에서 자연스레 이끌어져 나온 것이다. 철수의 마지막 결정은 매우 느슨한 제약요건들(잘 입어야 한다는 막연한 생각)의 만족이라는 형태를 띠고 있지만, 최적성은 두 말할 필요도 없이 이런 요건들 어느 것에 대해서도 완벽한 적합성을 보장하지 않는다.

이 비유의 세 번째 단계에서 우리는 인지과학에서 뿐만 아니라 진화이론에서 제기된 문제들, 국부적 해결에서 전체적인 실행 능력으로 나아가는 단순한 '척도상승scaling up'의 불가능성과 관련되는 문제들을 다시 대면한다. 이 비유는 보다 포괄적인 진화이론에서 논의되어야 하는 문제들로 우리를 더욱 가깝게 인도한다. 이 문제들을 생물학적으로 보다 자세히 다루어보자.

진화: 생태와 발생의 조화

고전적인 적응론을 넘어서서 나아갈 때 생기는 어려움 중 하나는 기본적인 설명으로 자연선택을 버리고 난 후에 우리가 추구할 것이 무엇인가를 결정하는 일이다. 즉 모든 기재, 형질, 또는 속성이 생존가치에 기여하는 것으로 설명되는 것을 막는 일이다. 그렇게 설명하고픈 유혹이 많다. 그러나 생존에 아무런 기여도 하지 않는 것들이

버젓이 존재하는 것이 아닌가. 진화생물학의 과제는 설명대상들 사이에 나타나는 복잡하게 얽힌 순환적 조화의 관계circular relations of congruence를 연구함으로써 논의의 논리적 환경을 바꾸는 것이다.

첫 번째 단계는 제약적prescriptive 논리에서 가능적proscriptive 논리로의, 허용되지 않은 것은 금지된 것이라는 사고에서 금지되지 않은 것은 허용되는 것이라는 사고로 전환하는 것이다. 진화의 맥락에서 이 전환은 적응도 증가를 인도하고 지시하는 제약적 과정으로의 자연선택을 우리가 인정하지 않는다는 것을 의미한다. 반면에 가능적 맥락에서 자연선택은 진화과정에 작용하는 것으로 간주되기는 하지만 새로운 방식으로 작용한다. 자연선택은 생존 혹은 번식과 양립할 수 없는 것들을 제거하는 역할을 할 뿐이다. 생물체와 개체군은 다양성을 제공한다. 자연선택은 생존과 번식이라는 두 가지의 기본적인 제약을 만족하는 것만 나타나도록 한다.

이 가능적 논리로의 방향전환은 모든 단계에서 나타나는 생물학적 구조의 놀라운 다양성으로 우리의 관심을 인도한다. 실제로 현대 생물학적 사고의 중심적 논점들 중 하나는 이런 놀라운 정도의 다양성이 생물체의 연속적인 계보를 유지하게 하는 기본적 제약과 단순히 양립할 뿐 아니라 실질적으로 밀접한 관계를 맺고 있다는 것이다. 실제로 적응론적 입장의 난점으로서 우리가 논의한 모든 문제들은, 대안적 시각이 제공하는 설명의 기반이 되고 있다. 그 이유는 유전자 수준의 과정과 진화과정의 모든 단계에서 끊임없이 생성되는 놀라운 다양성은 환경과 상호연합에 의해 형성될 뿐 아니라 그 자체가 상호연합을 형성하는데, 바로 이런 형성 방식을 이런 문제들이 강조하기 때문이다. 이런 창발적 속성들은 신경과학적 탐구 그리고 자기조직적 체계와 비선형그물망에 관한 연구에서부터 얻은 핵심 교훈들 중 하나라는 사실을 우리는 이미 여러 번 지적했다. 실제로 신경생물학자들, 발생생물학자들, 면역학자들 모두는 어떻게 그 많은 쓸모없는 듯이 보이는 요소들이 주어진 외적인 기준의 궤적을 따라 선택됨으로써가 아니라 적절히 조직됨으로써 다양한 발전의 가능경로를 위한 기반을 제공하는지 이해하려고 하는 시점에 놓여 있다.[21]

따라서 두 번째 단계는 진화의 과정을 최적화의 과정이라기보다는 (만족스런 차선의 해결책을 취할 수 있게 하는) 대략적 만족satisficing의 과정으로 분석하는 것이다. 여기서 자연선택이라는 것은 지속할 충분한 통일성을 지닌 구조는 어떤 것이라도 받아들이는 폭넓은 생존의 여과 장치로서의 역할을 한다.[22] 이런 시각을 놓고 볼 때 분석의 초점은 더 이상 형질이 아니며 오히려 생물체의 생활사를 통해 나타나는 생물학적 패턴이다. 진화과정에 대한 후기다윈주의적 개념에 관한 비유로서 최근에 제안되고 있는 것은 진화를 임기응변적 짜맞추기bricolage의 과정, 즉 어떤 이상적 구조를 형성하는 과정이 아니라[23] 단지 가능적 조건 아래서 부분과 요소들을 복잡한 방식으로 배열하는 과정으로 간주하는 것이다. 따라서 진화의 문제는 더 이상 최적응성의 요건을 따르는 정확한 경로를 강요하는 문제가 아니다. 진화의 문제는 오히려 주어진 순간에 존재하는 가능한 경로들의 다양성이 어떻게 규정되는가 하는 점을 연구하는 것이다.[24]

최적선택의 관점으로부터 가능한 경로들의 관점으로의 전환이 가능한 경로들로의 전환이 보여주는 매우 흥미로운 결과들 중 하나는 형태학적 생리학적 형질의 혹은 인지능력의 세부적 정교성이나 구체적 특성이 생존의 문제와는 표면적으로 전혀 관련이 없다는 점을 인정하는 것이다. 보다 적극적인 용어로 이 점을 표현하자면 생물체가 지닌 대부분의 모습이나 그런 모습이 '목표'로 하는 기능은 생존과 번식의 제약에 의해 결코 결정되지 않는다는 것이다. 따라서 (고전적인 의미에서) 적응, 문제해결, 구조의 단순성, 동화, 외적인 '조종steering' 그리고 경제성의 고려에 바탕을 두는 설명적 개념들은 배경으로 사라질 뿐 아니라 실제로 새로운 종류의 설명적 개념들과 개념적 비유로 완전히 변형되어야 한다.

이제 우리가 지금까지 그렇게 힘들여 비판한 입장을 대치하는 견해를 분명히 짚어보자. 자연부동에 의한 진화라고 하는 입장은 네 가지 기본적인 생각으로 정리된다.

1. (어떤 단계에서든) 진화의 기본단위는 자기조직적 형태의 풍부한 수단을 구사할 능력을 갖춘 그물망체계다.
2. 일정한 물리적 환경과 구조적 연합을 구성함으로써 이 자기조직적 형태는 자연선택을, 즉 가능한 경로에 변화를 촉발하는 (그러나 규정하지는 않는) 끊임없는 대략적 만족의 과정을 이끌어낸다.
3. 일정한 (무작위적인) 경로 또는 자연선택의 기본단위의 변화양상은 선택된 자기조직적 구조에 속한 하위그물망들의 상호연결된 다층적 단계들의 (반드시 최적화 될 필요는 없는) 활동의 결과로 설명된다.
4. 생물체와 물리적 환경은 상호규정되는 것들이기 때문에, 내적

인과요소와 외적 인과요소들의 대립은 상호함의적 관계로 대치된다.

이 장의 서두에서 제공한 적응론의 입장을 대치하기 위해서 그리고 우리가 선언한 대안적인 견해의 내용을 분명히 하기 위해서 우리는 이런 일군의 주장들을 정리한 것이다. 진화에 대한 이런 견해는 다음 세 가지 조건들의 동시적인 적용에 의존한다.

1a. 생물학적 조직체에서 나타나는 자기조직적 능력의 광대함.
2a. 가능한 경로의 대략적 만족을 허용하는 구조적 상호연합의 속성.
3a. 임시방편적인 조정을 통해 상호작용하는 독립된 과정들을 담당하는 하위그물망체계의 단원성modularity.

이 세 가지 조건은 논리적으로 상호의존적인 것은 분명히 아니다. 따라서 우리는 대략적 만족보다는 확정적인 자연선택에 의해 규정되는 제약을 따라 움직이는 단원체계를 상상할 수도 있다. 또한 우리는 환경과 대략적인 상호작용적 만족관계를 가지고 있지만 단원적인 것은 아니어서 어떤 특별한 발생적 특질도 드러내지 않는 그물망체계들을 생각해볼 수도 있다. 따라서 살아 있는 생물체가 실제로 이 세 가지 조건을 동시에 모두 만족하고 있다는 사실은 흥미로운 동시에 놀랄 만하다. 이런 상황은 모든 체계에 적용되는 것도 아니고 순수 논리적으로 규정할 수 있는 것도 아니다. 이런 조건들은 우리와 같은 살아 있는 체계에만 적용될 수 있다.

우리가 지닌 과학적 사고에 도전하기 때문에 이 생각들은 물론 거부감을 일으킨다. 여기에 제시된 생각들에 대해서 기본적으로 두 가지 종류의 거부감이 존재한다. 첫째 아직도 여전히 고전적인 견해에 동조하고 있는 사람들이 지닌 거부감이 있다. 우리가 이 장에서 제시한 논증과 같은 것들에 대한 반대의사를 살펴볼 수 있다. 우리가 드러낸 문제들은 사소한 세부사항의 문제이거나 보다 깊은 탐구가 진행되면서 사라질 지평선 저 먼 곳의 새털구름과 같은 문제들이라는 것이다. 둘째로 보다 설득력이 있고 미묘한 형태의 거부감이 존재한다. 이 입장은 진화론은 수정되어야 한다는 점에서 우리의 입장과 같지만, 옛 이론의 상당한 부분은 보존되어야 하고 따라서 수정은 근본적인 것이 아니라 단순히 표면적인 문제에 국한된다는 주장을 편다. 현재의 단계에서 (1a)는 생물학과 인지과학에서 거의 보편적으로 인정되고 있으나, (2a)와 (3a)는 아직도 여전히 소수 의견이다.

단순한 부분적인 변화와 우리가 의도하는 보다 철저한 수정의 차이는 환경과의 상호연합이라는 생각이 어떻게 개념화될 수 있는가에 달려 있다. 우리의 주장은 (1)부터 (3)까지의 논리가 일관적으로 적용된다면 그것은 (4)로 반드시 이어진다는 것이다. 이 문제를 보다 자세히 다루어보자.

일반적인 인정된 입장에 따르면 생물체가 성장하고 적응하게 되는 환경은 이미 주어진 고유하고 고정된 체계다. 여기서도 역시 기본적으로 생물체가 미리 주어진 환경에 던져진다는 사고를 발견할 수 있다. 이 단순한 생각은 환경 변화의 가능성을 도입하게 될 때,

즉 다윈도 스스로 경험한 환경 변화의 가능성을 인정하게 될 때 이 단순한 생각은 좀더 다듬어질 것이다. 이런 변화하는 환경은 신다윈주의적 진화의 근본을 형성하는 선택압selection pressure을 제공한다.

그러나 자연부동으로서의 진화를 향해 나아가면서 우리는 한 단계 더 전진한다. 우리는 선택압을 제약의 대략적인 만족이라는 개념으로 재구성했다. 여기서의 핵심적 요지는 미리 주어진 독립적인 환경이란 개념을 진화의 본래적 요인이라고 하는 것들을 위해 포기하려고 한다는 점이다. 또 한 가지 핵심은 환경이라는 개념 자체가 생물체와 생물체의 기능으로부터 분리될 수 없다는 점이다. 이 점은 리처드 르윈틴에 의해 매우 웅변적으로 강조되었다. "생물체와 환경은 실제로 분리되어 결정되지 않는다. 환경은 살아 있는 존재에 대해 외부로부터 부과되는 구조가 아니라 사실은 그런 존재들에 의해 창조된 것이다. 환경은 자율적 과정이 아니라 종들의 생물학적 활동의 반영이다. 환경 없이 생물체가 존재할 수 없듯이 생물체 없이 환경이 존재할 수 없다."[25]

따라서 핵심은 생물학적 종들은 대략적 만족이라는 과정을 통해 해결되어야 하는 그들 자신의 문제를 제기하고 그 영역을 규정한다는 것이다. 이 영역은 세계에 어떤 식으로든 생존하거나 뿌리 내려야 하는 생물체들이 세계에 던져질 때 착륙대가 되는 지점에서 그저 '거기 그 자리에' 존재하는 것이 아니다. 오히려 살아 있는 생물체들과 환경은 상호규정 또는 상호결정을 통해 서로 관계를 맺고 있다. 따라서 우리가 환경의 규칙성이라고 기술한 것은 표상론이나 적응론 모두가 상정하듯이 내재화된 외부적 특징이 아니다. 환경의 규칙성은 상호연합된 과거 상호작용, 즉 상호결정의 긴 역사로부터 나타나는 조화다. 르윈틴의 말에 따르면 생물체는 진화의 주체이자 객체다.[26]

비적응론적 진화론의 매력은 생물체와 환경을 분리된 양극으로 간주하고 각각의 떠맡는 역할 분담의 '정도(약간의 내재적 요인과 약간의 외재적 제약)'를 결정하려고 하는 시도에 있기 때문에, 우리는 르윈틴의 주장을 완전히 지지할 수는 없다. 또한 이런 방식으로 진화의 역동성을 분리해서 고려하고자 하는 시도는 본구적 소질과 획득된 능력, 혹은 유전과 습득nature and nurture 간에 벌어진 해묵은 문제를 우리에게 강요하기 때문에 성공을 거둘 수 없다. 그러나 수잔 오야마Susan Oyama가 통찰력 있게 분석했듯이 이 유전과 습득 간에 벌어진 사라진 논쟁은 생물체와 환경이 상호적으로 포섭하고 발전하는 구조라는 사실을 우리가 깨닫기 전에는 사라지지 않고 계속 남을 것이다.[27] 오야마의 말에 따르면,

> 형태는 계속적인 상호작용을 통해 나타난다. 형태는 어떤 작용자에 의해 부가된 물질이 아니라 많은 계층적 단계를 지닌 물질의 반응적 활동reactivity 그리고 그런 각각의 상호작용에 대한 반응의 결과다. 상호선택, 반응적 활동 그리고 제약은 오직 실질적 과정에서만 발생하기 때문에, DNA의 서로 다른 부분의 활동을 조절하는 것은 바로 그들이다. 이때 DNA의 부분들은 유전자와 유전자에 의해 생성된 물질이 서로에게 환경이 되기 때문에, 생물체 외적인 환경은 심리학적 생화학적 동화에 의해 내재화되기 때문에, 그리고 내적인 상태는 내적인 상태의 산출물과 주변세계를 선택하고 조직화하는 행동에 의해 외재화되기 때문에 유

전자와 환경의 영향을 상호의존적인 것으로 만든다.²⁸

따라서 유전자들은 어떤 것이 유전자로 기능하도록 하는 환경의 조건으로, 즉 일정한 결과와 상응되는 방식으로 규정되는 편이 낫다. 성공적인 번식을 통해 생물체는 유전자들을 퍼뜨릴 뿐만 아니라 이런 유전자들이 놓이는 환경도 만들어낸다. 단지 우리의 기준이 상대적이기 때문에 우리는 태양광선 또는 산소 같은 환경의 특징들을 생물체와 독립적인 것으로 본다. 하지만 세계의 상호연결성은 이와는 다른 것을 주장한다. 역시 여기서도 세계는 생물체가 낙하할 착륙대가 아니다. 유전과 습득은 결과와 과정처럼 상호관련을 맺고 있다.

이 모든 것이 의미하는 바는 유전된 속성이든 습득된 속성이든 이 유전자와 환경이 모든 속성에 필요하다는 것이 아니라 오히려 유전된 속성(생물학적 유전적인 기반을 지닌 것)과 습득된 속성(환경적으로 매개된 것) 사이에는 어떤 차이도 없다는 점을 의미한다.⋯⋯ 양극단의 것들로 구분되든 연속적인 정도의 차이로 구분되든 일단 유전된 것과 습득된 것 사이의 차이가 제거된 후에는 진화를 이 차이에 의존하여 정의할 수 없게 된다. 진화적 변화를 이해하기 위해 필요한 것은 습득된 형질과 상반되는 유전적으로 기호화된 형질이 아니라 적극적으로 기능하는 발생체계다. 즉 환경에 자리잡고 있는 게놈이다.²⁹

르원틴과 오야마는 이 핵심적인 요지의 이해에 있어 하나의 모범적인 예가 된다. 대부분 생물학자들은 이 문제를 엄밀성과 일관성을 가지고 깊이 숙고하지는 않았다. 물론 그 이유는 우리가 생명과 세계에 관한 이런 상호포섭적인 견해를 심각하게 받아들인다면, 확실하고 굳건한 기반으로 인정된 것들을 포기할 수밖에 없으며 따라서 우리는 혼란에 빠질 것이기 때문이다. 그러나 내적인 것과 외적인 것이 대립할 때 무근거성의 느낌을 제거하려 하지 말고 (이런 시도가 성공할 수 없다는 것은 이미 알고 있는만큼), 이 무근거성의 느낌을 더욱 깊이 파고들어서 그 모든 철학적이며 경험적인 함축을 조사해보아야 할 필요가 있다.

우리는 두뇌의 인지구조를 자연선택의 다윈적 용어로 접근하려는 최근의 이론도 주목해야 한다.[30] 이런 이론들은 우리 자신의 용어로 말하자면 (1a)뿐만 아니라 (2a)와 (3a)도 함께 주장한다. 가끔 이런 선택론적 이론들은 생물체와 환경 간의 매우 복잡한 본성을 포착하기 위해 우리의 기본적인 주장의 함축들을 파고드는 경우도 있다. 예를 들어 선택론적 이론의 뛰어난 옹호가인 제럴드 펠드먼Gerald Feldman은 최근 대담에서 기자에게 "당신과 세계는 함께 뿌리를 내리고 있다"고 말했다.[31] 그럼에도 불구하고 선택론자들이 그들의 저술에 자주 나타나는 객관론적인 확신을 어느 정도까지 포기하는지는 항상 분명하지 않다.

자연부동으로서의 진화가 주는 교훈

앞장에서 우리는 지각은 지각으로 인도하는 행위로 구성되어 있으며, 인지구조는 행위를 지각으로 인도하는 반복적인 감각운동패턴에 의해 나타나는 것임을 주장했다. 인지는 표상이 아니고 체화된 행위며 그리고 세계는 미리 주어진 것이 아니라, 우리가 지닌 구조적 연합structural coupling의 역사를 통해 발제된 것이라고 말함으로써 이 입장을 정리했다.

우리는 지각과정과 인지과정은 세계에 대한 다양한 최적적응을 포함하는 것이라는 견해에 반론을 제기했다. 이런 반론이 바로 이 장에서 진화생물학에 관한 탐구로 우리를 인도한 동기가 되었다. 이런 탐구의 역정에서 얻을 수 있는 교훈은 무엇인가?

자주 인용했던 색의 예로 돌아가보자. 색이라고 하는 인지영역을 논하면서 우리는 서로가 공통의 분모를 지니지 않은 전혀 다른 '색 공간'들이 존재한다는 점을 알게 되었다. 어떤 생물체는 색의 기술을 위해 두 가지의 색 차원dichomacy을 필요로 하기도 하고 어떤 것은 세 가지 차원trichromacy, 어떤 것은 네 가지 차원tetrachromacy 그리고 어떤 것은 다섯 가지 차원pentachromacy이나 필요로 한다. 이런 각각의 다른 색의 차원은 구조적 연합의 특정한 역사를 통해 만들어졌거나 발생한 것이다.

이 장을 쓰게 된 동기는 이런 연합의 독특한 역사가 진화의 관점에서 이해되는 방식을 보여주는 것이다. 이 목적을 위해 진화를 (일정한) 점진성을 지닌 적응도의 과정으로 이해하는 적응론적 견해를 제시했으며, 자연부동으로서의 진화라는 대안적인 견해를 정리하여 주장했다. 그리고 나서 서로 전혀 다른 종류의 색 공간을 나타나게 한 연합의 고유한 역사가 세계의 서로 다른 규칙성에 대한 최적적응으로 설명되어서는 안 된다는 점을 주장했다. 그런 서로 다른 공간들은 오히려 자연부동의 서로 다른 역사적 경로의 결과로 설명되어야 한다. 나아가 생물체와 환경은 서로 분리될 수 없고 오히려 자연부동으로서의 진화과정에서 상호규정되는 것이기 때문에, 우리가 이런 서로 다른 색 공간(표면반사율 같은 것)과 관련을 가진 것이라 생각하는 환경의 규칙성은 궁극적으로는 반드시 지각으로 인도되는 동물들의 행위와 관련해서 규정되어야 한다.

 색 지각의 비교연구에서 얻어진 다른 예를 살펴보자. 꿀벌이 자외선에 특별히 높은 스펙트럼 감도를 지닌 삼차원적 기본색 요소를 가지고 있다는 사실은 널리 알려져 있다.[32] 꽃들은 자외선 광선에 대비되는 반사패턴을 가지고 있다는 사실도 역시 널리 알려져 있다. 앞에서 거론된 '닭-달걀 문제'를 생각해보자. 무엇이 먼저인가? 세계(자외선 반사)인가 아니면 지각(자외선에 민감한 시각)인가? 대부분 사람들은 아무 주저함 없이 대답할 것이다. 세계(자외선 반사)라고. 따라서 이런 대답과 반대되는 의견, 다시 말해 꽃들의 색깔이 자외선에 민감한 지각자인 곤충, 즉 세 가지의 기본색 요소를 지닌 벌과 상호진화했다는 의견을 생각해보는 것은 흥미 있는 일이다.[33]

 왜 그런 상호진화가 발생하는가? 한편으로는 꽃들은 꽃가루를 퍼뜨릴 곤충들을 먹이를 가지고 유인해야 하며, 그렇기 때문에 다른 종류의 꽃들과는 다르면서도 두드러진 특징을 지녀야 한다. 다른 한편으로 벌은 꽃들에서 먹이를 구해야 하기 때문에 먼 곳에서도 꽃을 알아볼 수 있어야 한다. 이 두 가지 광범위하면서도 상호적인 제약이 꽃의 특징과 벌의 감각 운동 능력을 상호진화하게 한 연합의 역사를 구성한 것처럼 보인다. 결국 이 연합이 바로 벌의 자외선 시각과 꽃들의 자외선 반사패턴이 가능하게 된 요인인 것이다. 따라서 이런 상호진화는 환경의 규칙성이 미리 주어진 것이 아니라 연합의 역사에 의해 생성되고 규정된 것임을 보여준다. 르원틴을 인용해보자.

> 우리의 중앙신경계는 자연의 절대적인 법칙에 꼭 맞도록 구성되어 있는 것이 아니라, 자연의 법칙이 우리 자신의 감각활동에 의해 창조된 틀 내에서 작용하도록 만들어진 것이다. 우리 신경계는 꽃들의 자외선 반사를 볼 수 있도록 되어 있지 않지만 벌의 중앙신경계는 그렇게 되어 있다. 또한 박쥐는 매가 볼 수 없는 것을 볼 수 있다. 우리는 모든 생물체가 따라야 하는 '자연법칙'에 일괄적으로 호소함으로써 진화에 관한 이해를 증진시킬 수 없다. 오히려 우리는 자연법칙의 일반 제약 내에서 생물체가 미래 진화의 조건이 되는 환경을 그리고 자연을 새롭게 변모시킴으로 얻어지는 환경을 어떻게 구성했는가를 질문해야 한다.[34]

생물체와 환경 간의 상호결정 또는 상호규정에 대한 주장은 서로 다른 지각구조는 세계의 서로 다른 측면에 대응된다는 보다 상식적인 입장과 혼동되어서는 안 된다. 이 상식적인 입장은 세계를 여전히 이미 주어진 것으로 간주한다. 이 견해는 이미 주어진 세계가 여러 다른 시각에서 지각될 수 있다는 점을 인정한다. 그러나 우리가 주장하는 바는 근본적으로 다르다. 생물체와 환경은 다양한 방식으로 상호규정한다. 따라서 주어진 생물체의 세계를 구성하는 것은 그 생물체의 구조적 연합의 역사에 의해 정해진다. 게다가 이런 연합의 역사는 최적적응에 의해서가 아니라 자연부동으로서의 진화에 의해 만들어진다.

세계를 이미 주어진 것으로 간주하는 것 그리고 생물체를 그렇게 주어진 세계에 적응하거나 그 세계를 표상하는 것으로 간주하는 것은 이원론이다. 이원론의 정반대는 일원론이다. 우리는 일원론을 제안하는 것은 아니다. 우리가 제안하는 발제성은 특별히 이원론과 일원론의 사이의 중간이 되도록 만들어진 것이다. 예를 들어 실질적인 일원론 체계로 제안되었던 것은 깁슨과 그의 추종자들의 '생태적 접근ecological approach'이었다.[35] 동물과 환경 사이의 상호규정에 대한 우리의 중관적 강조와 깁슨적 접근의 차이점을 조사해보는 것은 유익한 일이 될 것이다. 이 차이점은 매우 중요하기 때문에 우리는 이 차이점을 여러 문단에 걸쳐 분명히 밝힘으로써 이 절을 마감하고자 한다.

깁슨적 이론은 본질적으로 두 개의 서로 다른 특징들을 지니고 있다. 첫 번째 것은 지각을 통해 인도되는 행위에 관한 우리의 접근과 양립가능한 것이다. 깁슨은 지각 연구에서 세계라는 것은 지각하는 동물들에게 어떤 환경으로 드러나게 되는지를 보여주는 방식으로 기술되어야 한다고 주장한다. 깁슨의 견해에 따르면 환경에서 나타나는 속성들은 물리적인 세계 자체에서는 전혀 존재하지 않을 수도 있다. 가장 중요한 환경의 속성은 깁슨이 허용역affordances, 許容域이라고 부르는 환경이 동물들에게 허용할 수 있는 것들로 구성된다. 정확히 말하자면 이 허용역은 동물의 감각 운동 능력에 관련하여 환경에 존재하는 것들이 지니고 있는 상호작용의 기회를 의미한다. 예를 들어 어떤 동물들에 대하여 특정한 대상, 즉 나무 같은 것들은 오를 수 있는, 즉 등반을 허용하는 것으로 간주된다. 따라서 허용역은 분명히 세계의 생태적 속성이다.

둘째로 깁슨은 어떻게 환경이 지각되는지를 설명하기 위해 독특한 이론을 제시한다. 깁슨은 어떤 종류의 표상(기호적이든 하위기호적이든)의 매개 없이도 환경을 직접적으로 규정할 만한 충분한 정보가 주변광선에 충분하다고 주장한다. 정확히 말해서 그의 근본적인 가정은 허용역을 포함하여 환경의 속성들을 직접적으로 규정하는 주변광선 정보의 불변성이 존재한다는 것이다.

(깁슨의 연구프로그램을 규정하는) 이 두 번째 요소는 지각을 통해 인도되는 행위에 관한 우리의 접근과는 양립할 수 없는 것이다. 이 불가양립성은 간과하기 쉬운 것인데 그것은 두 입장 모두가 지각은 지각을 통해 인도되는 행위로 설명될 수 있다는 점을 지지하며 지각의 표상론을 거부하기 때문이다. 그러나 깁슨의 입장을 따르면 지각을 통해 인도되는 행위는 환경의 요소들을 직접 규정하는 주변광선에 존재하는 불변성에 '상응하거나' 그것을 '포착하는' 것에 존재한다. (깁슨의 추종자들은 이 불변성과 환경의 속성들을 동물들의 서식처와 관련하여 상대적인 것으로 생각[36]했지만) 깁슨에게 있어서 이런 불변성이 규정하는 환경의 속성들뿐만 아니라 이 광학적 불변성 자체는 지각을 통해 인도되는 동물들의 행위에 결코 의존하지 않는다. 따라서 깁슨은 다음과 같이 말한다. "불변성은 실재로부터 유래하지, 다른 어떤 것으로부터 유래하는 것이 아니다. 시간을 통해 주어지는 주변의 광학적 정보에 나타나는 불변성은 구성되거나 연역된 것이 아니

다. 그것은 세계에 객관적으로 존재하는 발견되어야 할 속성이다."[37] 마찬가지로 그는 "관측자는 필요에 따라 허용역을 지각하지 못하거나 그것을 잘 따르지 못할 수도 있다. 그러나 허용역은 불변하기에 항상 그 자리에 존재하며 지각되어 질 때만을 기다릴 뿐이다."[38]

따라서 요점은 깁슨이 환경이 독립적이라고 주장하는 반면, 우리는 환경이 (연합의 역사에 따라) 발제된 것이라고 주장한다. 깁슨이 지각이 직접적인 포착이라고 주장하는 반면, 우리는 감각운동의 발제물이라고 주장한다. 따라서 귀결되는 탐구전략도 근본적으로 다르다. 깁슨주의자들은 지각을 거의 (생태학적이긴 하지만) 광학적 용어로 다루며 지각이론을 거의 전적으로 환경을 통해 구성하고자 시도한다. 그러나 우리의 입장은 지각을 통해 인도되는 행위를 가능하게 하는 감각운동패턴을 규정하는 것에서 출발하며, 따라서 지각이론을 동물과 환경의 구조적 연합을 통해 구성한다.

논의할 필요가 있는 주장이 한 가지 더 있다. 직접적인 포착으로서의 지각이 발제된 것으로서의 지각된 세계와 양립할 가능성을 논의해보자. 우리의 지각된 세계는 연합의 역사를 통해 발제된 것이므로 표상될 필요가 없고 직접 지각가능하다는 것이 이 생각의 요점이다. 동물과 환경의 '상호성'이 직접지각이란 개념의 바탕[39]이 된다고 주장했을 때 다수의 깁슨주의자들은 이런 생각과 비슷한 것을 주장한 것처럼 보인다. 그들의 생각은 동물-환경의 상호성에 관해 적절한 설명이 주어진다면 우리는 동물과 환경 사이를 매개하거나 그 둘을 연결하는 (기호적인 것이든 하위기호적인 것이든) 어떤 표상적 요소를 도입할 필요가 없다는 것이다. 따라서 지각은 직접적이다.

이 생각은 동물-환경의 상호성이 직접 지각을 위한 충분조건이라는 잘못된 가정에서 나온 것이라고 우리는 생각한다. 그러나 동물과 환경 사이에는 상호성이 존재한다는 사실로부터 혹은 우리의 용어법으로 표현한다면 둘이 구조적으로 연합되어 있다는 사실에서부터 광학적 불변성에 대한 깁슨적인 '반응적responding' 또는 '반향적resonating' 지각이 직접적이라는 사실이 유도되지는 않는다. 물론 이런 깁슨적 견해는 실질적인 경험가설이므로 논리적인 분석을 통해 인정되거나 거부되는 것은 아니다. 그럼에도 불구하고 우리는 이 주장이 지각을 통해 인도되는 행위와 동물-환경의 상호성 사이의 관계를 설명하는 한 가지 방식일 뿐이라고 생각한다. 우리는 이 설명이 오로지 환경의 측면에서만 지각의 생태적 이론을 구성하려는 탐구전략으로 우리를 인도한다고 믿기 때문에 이 설명방식으로부터 거리를 취한다. 그런 시도는 동물들의 구조적 통일성(자율성)뿐만 아니라 우리가 그토록 장황하게 강조한 동물과 환경 사이의 상호규정성을 간과하고 마는 것이다.[40]

발제적 접근의 정의

이제 곧 그 의미를 이해하게 될 것이지만, 자연부동으로서의 진화의 맥락에서 체화된 행위로 인지를 간주하는 것은 인지능력을, 마치 우리가 길을 걸을 때 걸어온 자취가 남는 것처럼, 우리가 살아온 역사와 불가분의 관계성에서 이해하는 것이다. 따라서 인지는 더 이상 표상을 바탕으로 하는 문제해결로 파악되어서는 안 된다. 대신 인지는 그 가장 넓은 의미에서 구조적 연합을 통해 세계를 창출하는 것 또는 발제하는 것에 존재한다.

이런 연합의 역사가 최적성을 지닌 것이 아님을 우리는 주의해야 한다. 그런 역사는 오히려 가능성의 영역을 보여줄 뿐이다. 최적성과 연합의 역사의 이런 차이는 구조적 연합의 측면에서 인지체계에 요구되는 조건들을 살펴보면 분명해진다. 만일 이 연합이 최적상태여야만 한다면, 체계들 간의 상호작용도 (다소간) 미리 규정되어야 한다. 그러나 연합이 가능하기 위해서는 지각을 통해 인도되는 체계의 행위는 반드시 체계의 계속되는 통일성(개체발생) 혹은 그 계보(계통발생)에 단지 기여하기만 하면 된다. 여기서 제약적prescriptive이기보다는 가능적proscriptive 논리를 발견하게 된다. 체계 전체 혹은 그 계보의 통일성을 유지시키는 제약을 위반하지 않는 한 체계가 행하는 어떤 행동도 허용된다.

다른 방식으로 이런 생각을 표현한다면 그것은 체화된 행동으로서의 인지는 항상 결여된 어떤 것을 향하거나 그것에 관한 것이라고 말하는 것이다. 한편으로는 지각을 통해 인도된 행위에는 항상 체계가 택할 다음 단계가 있다. 반면에 체계의 행위는 항상 아직 실재화되지 않은 상황을 향하고 있다. 따라서 체화된 행위로서의 인지는 문제를 제기하고 그 해결을 위해 택하거나 밟아야 하는 경로, 이 두 가지 모두를 규정한다.

이런 인지의 정식화는 체화된 행위로서의 인지가 지니고 있는 지향성 또는 관련성을 규정하는 한 가지 방법 역시 우리에게 제시한다. 일반적으로 지향성은 두 측면을 가지고 있다는 점을 상기해야 한다. 첫째로 지향성은 (의미론적인 내용과 지향적 상태를 통해) 체계가 세계의 정체를 해석하는 방식을 포함한다. 둘째로 지향성은 (지향적 상태의 만족의 조건을 통해서) 세계가 이런 해석을 만족시키는 방식을 포함한다.[41] 체화된 행위로서의 인지의 지향성은 일차적으로는 행위의 방향성에 존재한다고 우리는 말하고자 한다. 여기서 지향성의 이런 양면성은 체계가 행위의 가능성으로 간주하는 것과 귀결된 상황이 이 가능성을 만족 또는 불만족시키는 방식에 각각 상응한다.[42]

이 인지의 지향성의 재개념화가 보다 실용적인 측면에서 인지과학에 관해 함축하는 바는 무엇인가? 어떤 인지체계든 그것을 기술하는 데 있어 두 가지 영역이 존재한다는 점을 생각해보자. 한편으로는 우리가 체계의 구조를 다양한 하위체계들과 기타의 요소들로 구성된 것으로 기술함으로써 그 구조에 초점을 맞출 수 있다. 반면에 다양한 형태의 연합을 가능하게 하는 단위로 기술함으로써 체계의 상호작용에 초점을 맞출 수 있다. 이 두 가지의 기술을 이리저리 번갈아 감으로써 우리, 즉 인지과학자들은 환경이 체계를 제약하는 방식과 이 제약 자체들이 체계의 감각운동구조에 의해 규정되는 방식을 모두 결정해야 한다(앞에서 인용된 메를로 퐁티의 구절을 상기하라). 이렇게 결정함으로써 우리는 구조적 연합에 의해 어떻게 감각운동과 환경의 규칙성이 나타나는가 하는 점을 설명할 수 있다. 그런 연합이 실제로 나타나는 기재를 분명히 규정하고 그리하여 특정한 규칙성이 구성되는 방식을 밝히는 것이 인지과학의 탐구과제다. 많은 이론적인 요소들(그물망체계가 보여주는 행위의 창발적 속성들, 번식 가능한 생물체들의 계보에 나타나는 자연부동, 발생적 전도 등)이 이미 준비되어 있다. 아직 규정되지 않은 다른 많은 요소들도 있다.

이제 분명한 용어로 인지과학의 발제적 접근을 정식화할 준비가 되었다. 그러면 인지론과 창발적 프로그램에 대해 우리가 던졌던 것과 같은 질문들에 답해보자.

질문1: 인지란 무엇인가?
대답: 발제다. 세계를 구성해가는 구조적 연합의 역사다.

질문2: 어떻게 그것이 작용하는가?
대답: 상호연결된 감각운동 하위그물망체계들의 다층적인 단계로 구성된 그물망체계를 통해서.

질문3: 인지체계가 올바로 기능하고 있는지는 우리가 어떻게 알 수 있는가?
대답: 그 체계가 (모든 종의 어린 자손들이 그러하듯이) 지속하면서 존재하는 세계의 한 부분이 되거나 아니면, (진화의 새로운 역사에서 나타나는 것들처럼) 새로운 세계의 부분을 만들 때.

이 대답들에 나타난 많은 생각들은 지금껏 인지과학에서(인지론뿐만 아니라 오늘날 예술의 경지에 이른 연결론에서도) 목격하지 못한 것들이다. 표상이 더 이상 중심적인 역할을 하지 못하기 때문에 입력의 출처 노릇을 한 환경의 역할이 배경으로 사라진다는 점이 가장 중요한 혁신적 주장이다. 체계가 고장을 일으킨다든지 체계의 구조가 대응하지 못하는 상황이 발생할 때, 오직 그런 때만 이런 환경의 고전적 역할이 인지적 설명에 포함된다. 따라서 지능은 문제를 해결하는 능력에서 공유된 의미의 세계에 참여하는 능력으로 바뀐다.

그러나 이 상황에서 실용적인 성향을 지닌 독자들은 다소간 참을성을 잃고 말지도 모른다. "표상적 접근과 대조되는 발제적 접근이 일으킨 이 모든 소란은 그래도 좋다. 그러나 이 입장이 예를 들어 인공지능과 로봇공학과 같은 분야에서는 도대체 어떤 진정한 변화를 일으킬 수 있단 말인가? 만일 발제적 접근법과 같은 것이 공학자들이 인지적 인공체계를 구성하는 데 영향을 주기 시작한다면 나도 관심을 가지겠다."

이런 실용적 불만은 매우 심각하게 받아들여져야 한다. 실제로 우리는 첫장에서부터 인지과학은 인지기술과 분리될 수 없다는 점을 강조했다. 우리는 인지과학의 응용에는 전혀 관여하지 않는 유럽 취향의 철학을 중심으로 하는 발제적 접근을 제시하고자 하지 않는다. 반면에 인지과학은 발제적 접근의 핵심개념 없이는 생물학적 인지현상을 설명할 수도 진정으로 지적인 인공적 체계를 만들 수도 없다는 점을 보여준다. 이제 어떻게 발제적인 접근법이 인지과학의 응용적 탐구에, 특히 로봇공학과 인공지능에 영향을 미치는지를 고찰해보자.

발제적 인지과학

일반적으로 발제적 인지과학 내에서는 자연부동으로서의 진화와 비슷한 과정이 작업중심적 디자인task-oriented design을 대체하고 있다. 예를 들어 다양한 진화의 전략에서 드러나는 지속된 연합의 역사를 시뮬레이션할 때 우리는 주어진 인지의 실행이 드러내는 일정한 경향들을 발견할 수 있다.[43] 우리가 특정한 문제해결의 실행이 보여주는 제약을 일반화한다면 이런 전략은 인지과학의 모든 영역에서 적용가능하다. 이런 의도는 최근의 연구에서 두드러지는 것처럼 보인다 (예를 들어 규정되지 않은 환경에 직면하여 그것을 의미있는 범주들로 구분하는 기능을 수행하는 체계의 개발을 생각해보라).[44] 우리는 로봇공학의 발전, AI 연구소에서 자주 시도되는 이동 인공지능 체계 개발의 최근 발전에 초점을 맞추려고 한다.

연결론에서처럼 로봇공학의 영역에서도 인지론적 입장에 비하여 사이버네틱스 시대의 초창기적인 작업이 올바른 방향이었다는 점이 점차 인정되기 시작했다. 그리하여 최근 이 분야의 널리 알려진 저작 하나는 인지과학의 초창기 작업의 중요성을, 특히 인간의 일상적 환경에서 자율적으로 작동할 수 있는 체계[45]를 고안한 그레이 월터 Gray Walter와 로스 애쉬비 Ross Ashby가 실행한 연구의 중요성을 인정했다. 로봇공학 연구분야에서 인지과학의 초창기 사고에 바탕을 두고 이 방향으로 한 걸음 더 나아가 우리의 발제적인 방향과 흡사한 계획을 추구하고 있는 전략을, 즉 잘 개발된 이 분야의 한 가지 연구전략을 자세히 살펴보자.

우리가 지적하고자 하는 것은 MIT 소재 인공지능연구소의 로드니 브룩스Rodney Brooks의 연구다.[46] 〈표상 없는 지능Intelligence without Representation〉이라는 그의 논문에서 그는 그의 접근법을 다음과 같이 밝히고 있다.

 이 논문에서 나는…… 인공지능을 구성하는 데 있어서 한 가지 다른 접근법을 옹호하려고 한다.
 - 우리는 지적인 체계의 능력을 각 단계에 따라 점진적으로 구성해야 하며 그리하여 각 부분과 그들 사이의 접속 타당성이 자동적으로 유도되게 해야 한다.
 - 각 단계에서 우리는 실제 세계에서 실제 감각과 실제 행동을 드러낼 수 있는 완전한 지적인 체계를 만들어야 한다. 그것에 미치지 못하는 체계를 만드는 일은 우리 자신을 현혹시키는 일이 될 것이다.

 우리는 이 접근법을 따르고 있으며 자율적으로 움직이는 로봇을 만들었다. 우리는 다소간 극단적인 가정(H)을 통해 예상하지 못한 결론(C)에 도달했다.

C: 매우 단순한 단계의 지능을 검토할 때, 우리는 분명한 표상과 세계의 모델이 오히려 방해가 된다는 점을 발견했다. 세계를 그 자신의 모델로 쓰는 편이 낫다는 결과가 나온다.
H: 표상은 지적 체계 구성의 대부분의 작업에서 잘못된 추상의 단위다.

표상은 고립될 수밖에 없었던 학회 논문과 분리된 단원들modules 사이의 접속을 원활하게 했다는 오직 한 가지 이유 때문에 지난 15여 년간 인공지능 분야에서 중심적인 논제가 된 것이었다.

이 논문에서 우리가 흥미를 가지고 지켜보아야 할 것은 브룩스가 말한 '인공지능의 허구deception of AI'라는 것의 기원을 그가 지각과 운동 기능을 분리한 AI의 추상화 경향에까지 거슬러 올라가 추적한 것이다. 그러나 우리가 여기서 주장했듯이 그리고 브룩스도 그 자신의 논리로 주장하듯이 이런 추상화는 체화를 통해서만 존재할 수 있는 지능의 본질을 간과하고 마는 것이다.

브룩스의 목표는 "인간들과 세계에서 함께 공존할 수 있는 완전히 자율적인 로봇, 움직이는 대행자, 인간이 보기에도 본래적 의미에서 지적인 체계로 인정받을 수 있는 존재를 만드는 것이다."[47] 이런 목표를 가진 그의 핵심적 작업은 통상적인 방식으로 체계를 기능들로 분절하는 것이 아니라 활동을 중심으로 새로운 방식의 분절을 시도하는 것이다(그림 9.2를 참고하시오). 그에 따르면,

대안적인 분절은 시각과 같은 주변 체계와 중앙체계를 구분하지 않는다. 오히려 지적인 체계를 분절하는 근본적인 방식은 활동을 산출하는 하위체계들을 분절해내는 완전히 새로운 방식이다. 각각의 활동, 또는 행위를 산출하는 체계는 개별적으로 감각을 행동과 연결한다. 행위 산출체계를 층layer이라고 한다(그림 9.2와 9.3을 참고하시오). 활동이라는 것은 세계와의 상호작용의 패턴이다. 각각의 활동들은 적어도 어

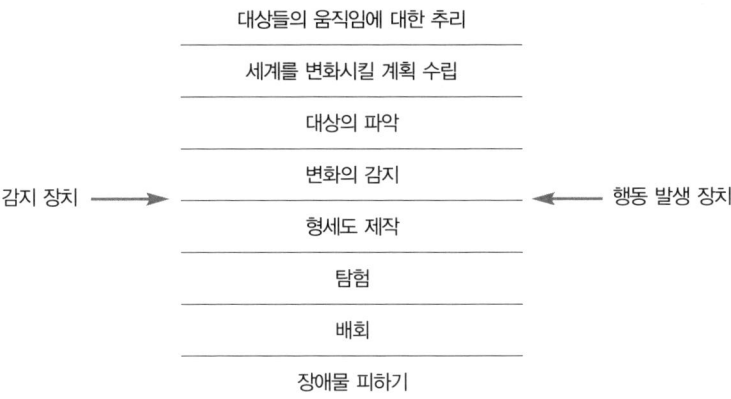

그림 9.2
행위기반적 체계의 분절. 브룩스의 논문 〈로봇의 설계를 통한 인공지능의 달성 Achieving artificial intelligence through building robots〉.

먼 목표를 추구하는 행위로 설명될 수 있다는 점을 고려한다면 이들은 이 활동을 기술skill이라고 부를 수도 있을 것이다. 활동activity이라는 단어를 선택한 것은 우리 체계의 층들은 다른 층이 시키는 대로 일하는 하위순환적 과정subroutine이 아니라 그 자신들을 위해 행동해야 될 때가 언제인지를 스스로가 결정해야만 하기 때문이다.……

요점은 먼저 매우 단순하지만 완전한 하나의 자율적인 체계를 구성하고, 그러고 나서 실제 세계에서 테스트하는 것이다. 우리가 자주 드는 그런 체계의 예는 '피조물creature'이라고 하는, 장애물들을 피하여 움직이는 로봇이다. 이 체계는 근처의 물체들을 지각하고 그것들을 피해가는데, 만일 앞을 가로막는 물체가 있으면 정지한다. 이런 체계를 만드는 데 있어서 기능적 부분들을 분절하는 전략이 여전히 필요하다. 하지만 '지각의 하위체계perception subsystem'와 '중앙체계central system' 그리고 '행동체계action system'를 구분할 필요는 없다. 실제로 감각을 행위와 연결시키는 경우에는 두 개의 독립적인 통로(행동을 일으키는 것과 비상정지)가 존재할 수 있으며, 따라서 전통적인 의미에서 '지각'이 세계에 관한 표상을 제공하는 하나의 단일한 지점은 존재하지 않는다.[48]

물론 피조물이라는 체계의 층들에는 표상이 전혀 포함되어 있지 않다는 점을 브룩스가 주장한다는 점이 매우 중요하다. 대신에 각개의 층들은 피조물이 대면하는 세계의 관련된 측면들을 단지 분명히 드러내고 규정할 뿐이다. 이런 사실만큼이나 중요한 것은 그의 피조물에는 어떤 중앙처리체계가 존재하지 않는다는 점이다. 대신에 층들은 그들 자신의 각각의 활동에 전념한다. 층들 간의 상호양립성은 오직 관찰자의 눈에서만 목표라는 의미로서 나타나게 된다. "층들 사이에서 나타나는 상호작용의 부분적 혼란에서부터 관찰자의 눈에는 질서정연한 행동의 패턴으로 간주될 만한 것이 나타난다."[49]

이런 '활동에 의한 분절decomposition by acting'이라는 전략의 실천을 통해 지금까지 네 가지의 로봇들이 연달아 만들어졌는데, 이들 움직이는 체계 내에서 층들은 다른 층들에 중첩되어 있어서 피조물의 자율적인 행동을 더욱 흥미롭게 했다(그림 9.3을 참고하시오). 이 로봇들은 동력이 주어져서 세계에 던져졌을 때 살아남을 수 있다는 의미에서 모두 피조물의 체계를 따른다. 브룩스의 희망은 14개의 층을 지닌 피조물의 체계를 만들어서 2년 내에 (브룩스의 이론의 참된 이정표가 될) 곤충의 지능 단계에 접근하는 것이다. 로봇들과 인공지능의 구성물들에 일정한 목표, 기능 그리고 계획이 분명히 미리 주어져야 하는 전통적인 접근법과 비교하여 브룩스의 전략은 뚜렷한 대조를 이룬다.

이런 접근법이 즉각적인 결과를 얻는 데 신경을 쓰는 실용주의자들을 갈등에 빠지게 만들지도 모른다. 그러나 우리는 비교적 짧은 기간 내에, 아마도 수 년 내에 이런 인공체계가 그 효율성을 달성하여 충분한 지능을 지닌 세대로 진화해갈 것이라는 점에서 브룩스에게 기꺼이 기대를 건다. 이 인공지능에 대한 완전히 발제적인 접근법은 오늘날 가장 장래성 있는 연구들 중 하나다. 이 접근법은 단기적인 적용에 대한 관심에 제약받지 않는 보다 폭 넓은 시각에서 그 가능성이 검토되어야 할 필요가 있다.

우리가 발제적 인공지능이라고 부르는 것의 예는 (물론 발제적이라는 우리의 용어를 쓰지는 않았지만) 그 옹호자들에 의해 분명하게 정식화되었다. 브룩스 그 자신에 의해서도 주장되었지만, 그의 접근법은 연결론도 산출규칙production rules도 해석학도 아니다. 그것은 인지론과 연결론 모두를 우리에게 선사한 바로 그 옛시절 공학적 관심에 의해 시작된 것이다. 이것은 오늘날 인지과학에 존재하는 연구와 개발의 논리를 통해 발제로서의 인지가 어떻게 나타나게 되는가 하는 점을 매우 분명하게 보여 주는 공학적 관심 바로 그것이다. 따라서 이 발제적 접근은 철학적인 동기를 지닌 것이 아니라 인지과학 탐구의 내적인 관심들이 작용한 결과이다. 이 점은 진정으로 지적이며 유용한 기계들을 만들려는 목표를 지닌 고집 센 공학자들에게도 해당된다.

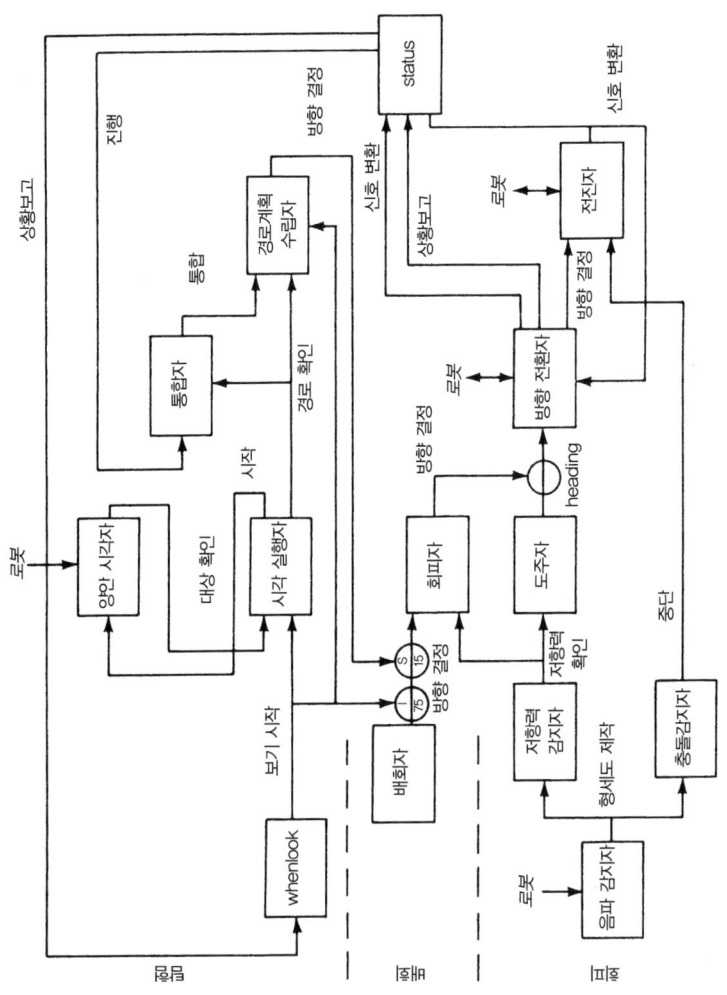

그림 9.3
체계들의 가능한 상태들은 통제의 층으로 서로 연결되어 있다. 각각의 층들은 기존의 층 위에 얹혀 있다. 하위단계의 층들은 상위단계 층에 결코 의존하지 않는다. 브룩스, 〈표상 없는 지능Intelligence without representation〉.

작업중심적인 디자인을 자연부동으로서의 진화에 가까운 인지모델로 대체하는 것은 창발과 발제적 접근 간의 관계에 대해 시사하는 바가 있다. 여기서 문제는 분산 그물망체계가 할 수 있는 것을 우리가 어떻게 이해하는가에 달려 있다. 체계진화의 역사적 경로들이 고정된 제약 없이 창발적 규칙성으로 이어진다는 점을 강조하면 보다 개방적인 생물학적 조건을 얻게 된다. 반면에 만일 하나의 그물망체계가 일정한 제한 영역에서 매우 제한된 능력을 얻는 방식(넷톡이라는 그물망체계가 채택한 것과 같은 방식)을 강조하면, 표상은 다시 나타나며 연결론 모델의 판에 박힌 이해에 빠지게 된다.

그 예로서 폴 스몰렌스키의 조화이론을 들어보자. 하위기호적 계산에 관한 스몰렌스키의 패러다임은 발제적 프로그램의 관심과 전체으로 양립가능하다. 세부적인 차이점은 스몰렌스키가 확정적인 환경적 실재의 기준을 가지고 그의 인지모델들을 평가한다는 점이다. 따라서 한편으로는 주어진 영역의 외적인 속성들은 세계의 이미 주어진 속성들과 상응하지만 체계 내적인 활동은 경험을 통해, 즉 환경적 규칙성을 최적의 방식으로 해독하는 추상적인 의미를 통해 얻어진다. 따라서 목표는 주변환경에 대한 최적파악에 상응하는 내적인 활동을 찾는 것이다. 반면에 발제적 프로그램은 오직 가능한 연합만을 요구하는 긴 연합의 역사에서 내적, 외적 속성 모두가 상호규정적인 것이 되는 과정을 통해 인지체계를 설명함으로써 어떤 형태의 최적적응성도 피할 것을 요구한다.

따라서 우리가 택한 길은 단기적인 공학적 적용보다는 생물학적 실재에 가깝게 가려는 우리의 관심에 매우 의존적이다. 물론 연결론적인 체계가 기능하는 제한된 영역을 규정하는 것은 언제나 가능하다. 그러나 이 접근법은 발제적 프로그램에서 가장 핵심적인 과제인 인지의 생물학적인 체화라는 깊은 문제를 불명료하게 만든다. 따라서 연결론이 두뇌에 근접하고자 하는 동기에서 인지론을 뛰어넘어 발전했듯이 발제적인 프로그램은 같은 방향으로 더 나아가서 그것이 개체(발생론)건, 종(진화)이건, 사회적 패턴(문화)이건 살아온 역사로서의 인지의 시간성을 포괄하고자 한다.

결론

주관/객관 분리라는 현대과학의 지배적 분위기에서 멀리 떨어져 있는 발제적 행위의 프로그램은 몇 년 전까지만 해도 단순한 이단적인 견해에 지나지 않았다. 그러나 오늘날 인지심리학적, 언어학적, 신경과학적, 인공지능적, 진화이론적 그리고 면역학적 탐구의 내적인 논리는 발제적 방향을 띤 요소들을 더욱 많이 포함하는 것처럼 보인다. 우리가 로봇공학의 연구 상황을 자세히 다루어보았던 것은 그런 공학적 생산물들이 이런 과학적 경향의 최종산물이어서가 아니라, 어떤 구체적인 연구프로그램에서건 가장 실용적인 단계는 늘 논의된다는 점을 분명히 밝히기 위해서였다. 우리가 제시한 것과 같은 접근법을 이용하고 있는 다른 영역들을 여기서 소개하는 것은 적절하지 않다고 생각된다. 논의는 이미 깊어졌으며 연구자들은 진정 여러 가지 중간적인 입장들에 동조하기 시작했고 다소간 서로 다른 인식론적인 결론들을 이끌어내고 있다. 그럼에도 불구하고 이 발제적 프로그램에 관한 논의는 이 프로그램이 더 이상 소수의 특별한 연구자들의 소유물이 아니라 계속 성장할 다양한 연구프로그램이라는 점을 지적하고 있다.

이제 인지과학에서의 발제적 접근에 관한 우리의 입장표명의 마지막 단계에 도달했다. 우리는 인지가 체화된 행위며 우리가 살아온 생물학적 역사에 말할 수 없을 정도로 밀접하게 연결되어 있을 뿐 아니라, 나아가 이 역사 자체도 자연부동으로서의 진화의 결과라는 점을 알게 되었다. 결국 인간의 체화와 연합의 역사에 의해 발제된 세계는 진화의 가능한 여러 경로들 중에서 하나만을 반영하는 세계다. 우리는 항상 우리가 걸어온 길에 의해 제약되지만 앞으로 택할 길을 결정할 궁극적인 기반은 없다. 바로 이 궁극적인 기반의 결여가 이 책의 여러 부분에서 우리가 무근거성이라고 말한 것의 정체다. 경로선택에 있어 이 무근거성은 앞으로 논의해야 할 핵심적인 철학 논제다.

THE EMBODIED MIND
Cognitive Science and Human Experience

Worlds Without Ground
5

근거를 상실한 세계

Chapter 10

중도

무근거성의 도입

우리의 학문적 여정은 우리가 굳건한 기반이라고 생각한 것이 실제로는 우리의 발 아래서 꺼져가는 모래더미와 매우 흡사한 것이라는 점을 이해하게 되는 지점에까지 이르렀다. 우리는 인지과학의 상식에서 출발하여, 인간의 인지는 우리와 독립적으로 존재하지만 체화와 불가분의 관계를 갖는 세계라는 배경에서 창발되어 나온다는 사실을 알게 되었다. 인지의 본성 그 자체만을 따라 이 근본적인 순환성에 관심을 돌렸을 때, 어떤 주관적 근거도, 어떤 지속적 영속적 자아도 발견할 수 없다는 점을 발견했다. 반드시 드러날 것이라 기대된 세계의 객관적 근거를 발견하려 했을 때, 우리는 세계라는 것이 우리가 지닌 구조적 연합의 역사에 의해 발제된 것이라는 사실을 알게 되었다. 마지막으로, 이런 여러 형태의 무근거성은 실은 하나의 무근거성이라는 점을 알게 되었다. 생물체와 환경은 생명 그 자체인 근본적 순환성 내에서 서로를 포섭하며 서로를 향해 스스로를 개방하는 것이다.

발제적 인지에 관한 우리의 논의는 이 장과 다음 장에서 나타날 우리의 관심에 직접적으로 연결되어 있다. 구조적 연합의 역사에 의해 발제된 세계는 구체적인 과학적 탐구의 대상이 될 수 있지만 고정되고 영속적인 기체基體 또는 근거를 지니지 않으며 따라서 궁극적으로 아무런 근거를 가지고 있지 않다. 이제 우리가 여러 측면에서 환기시킨 무근거성을 직접 대면해야 한다. 세계에 아무 근거가 없다면 어떻게 세계 내에서의 일상적인 경험을 이해할 수 있는가? 경험은 외부에서 주어진 것이며 흔들리지 않으며 변화하지 않는 것처럼 느껴진다. 독립성과 근거성을 가진 세계를 어떻게 경험하지 않을 수 있다는 말인가? 세계의 대한 경험이라는 것이 이것 말고 또 무엇을 의미하는가?

서양의 과학과 철학은 철학자 힐러리 퍼트남Hilary Putnam이 말한 "믿을 만한 '근거'라고 여겨지는 것에 대한 상상불가능성"[1]을 대면하게 되는 지점에까지 우리를 인도했다. 그러나 이런 서양의 학문들은 우리 자신의 경험의 무근거성에 관하여 직접적이고 개인적인 통찰력을 기를 방도를 마련하지 못했다. 철학자들은 이런 일이 불필요하다고 생각했으나 이런 생각은 서양철학이 인간경험을 변형시킬 실천적 방법의 중요성보다는 마음과 인생에 대한 합리적인 사고에 더 신경을 써왔기 때문에 생긴 것이다.

실제로 세계가 마음 독립적인 것인지 마음 의존적인 것인지 여부가 우리의 일상적인 경험에 전혀 영향을 미치지 않는다는 점은 현대의 철학적 논의에서 거의 모두가 인정하는 사실이다. 이런 사실에 반대하는 것은 '형이상학적 실재론Metaphysical Realism'을 비판하는 것일 뿐 아니라 경험적, 일상적 상식 실재론을 거부하는 것인데 이런 부정은 부조리할 뿐이다. 그러나 이런 최근의 철학적 가정은 경험적 실재론이라는 말이 지닌 두 가지 의미를 혼동한 결과다. 한편으로 경험적 실재론Empirical Realism은 우리가 설사 이 세계가 미리 주어지거나 충분한 근거를 지닌 것이 아니라는 점을 발견하게 되었다고 하더라도 세계는 여전히 다양한 속성을 지닌, 우리에게 낯익은 대상들과 사건들의 세계로 여전히 존속한다는 점을 의미할 수 있다. 다른 한편으로 경험적 실재론은 마치 궁극적인 근거를 지닌 것처럼 낯익은 세계를 우리가 항상 경험할 것이라는 점을 의미한다. 철학적으로, 과학적으로 이 세계가 근거를 지니고 있지 않다는 점을 알고 있지만 우리는 세계를 마치 근거를 지닌 것처럼 경험하도록 '저주'받았다는 것이다. 이 마지막 가정에는 숨겨진 의도가 있는데 그것은 이 가정이 인간의 자기발전과 변형의 가능성에 관해 선험적인 한계를 상정하고 있기 때문이다. 사물들이 실재로 존재하며 독립적인 것이라 간주되는 첫 번째 의미의 경험적 실재론에 이의를 제기하지 않으면서 이런 가정에 도전할 수 있다는 점을 이해하는 것이 중요하다.

 이 점이 중요한 이유는 우리의 역사적인 상황이 우리가 철학적 기반론을 포기해야 할 뿐 아니라 기반 없는 세계에서 사는 방법을 배워야 할 것을 요청하기 때문이다. 과학 그 자체, 즉 일상적인 인간경험과는 아무 연결을 갖지 않는 과학은 이런 요청을 수행할 능력을 갖추지 못했다. 최근 저술에서 힐러리 퍼트남은 단호하게 다음과 같이 말한다. "과학은 형이상학적 문제를 멋지게 해치웠지만, 그 대안을 내세울 능력을 결여하고 있다. 과학은 그 대체물을 제공하지 않고 기반을 앗아가버린 것이다. 우리의 의지와는 상관없이, 과학은 우리를 기반 없이 인생을 살아야 하는 상황에 몰아넣은 것이다. 니체가 이 점을 이야기했을 때 세상은 충격을 받았다. 그러나 오늘날 이런 생각은 일상적인 것이 되었다. 우리의 역사적 상황 그리고 그 결말이 보이지 않는 상황은 '기반'이 없이 철학을 해야 하는 상황인 것이다."[2]

독특한 역사적인 상황이 사실이라고 해도, 기반이 없이 인생을 살아야 하는 법을 배워야 하는 과제가 현 상황을 살고 있는 우리 세대에만 부여되었다는 결론을 이끌어내서는 안 될 것이다. 이런 식으로 우리의 상황을 해석하는 것은 우리의 전통과는 다른 비서양적 전통이 기반의 결여라는 이 문제에 그 나름의 방식으로 접근했었다는 사실을 즉각적으로 거부하는 것이 되고 만다. 실제로 무근거성의 문제는 중관론적 전통의 핵심적 사상이다. 한두 가지의 예외를 제외하고는 서양철학자들은 이 전통에 거의 접근하고 있지 않다. 실제로 서양의 철학자들은 단순히 중관론을 모르고 있을 뿐 아니라 서양인들이 당면한 상황은 너무나도 독특해서 다른 철학적 전통이 이 상황에 관여할 여지조차 없을 것이라는 선험적 가정을 앞세우고 있으며, 우리는 이러한 무관심을 이들에게서 느낀다. 예를 들어 리처드 로티는 그의 《철학과 자연의 거울 Philosophy and the Mirror of Nature》이라는 저술에서 기반론의 계획을 철저히 비판한 후에 그 자리에 '서양적 대화의 전통을 계속 이어가는 것 continuing the conversation of the West'을 그 이상으로 하는 교정의 철학edifying philosophy을 제안했다.³ 로티는 그가 논의한 문제와 같은 것을 다루고 있는 다른 철학적 전통이 있다는 가능성을 고려하지조차 못했다. 사실 이 책에서 우리의 생각의 기반이 된 중관사상이 바로 그런 비서양적 전통 중 하나인 것이다.

용수와 중관 전통

우리는 지금까지 지관의 불교적 전통이 마치 하나의 통일된 전통인 양 이야기해왔다. 사실 무아無我의 (오온 심적 요소의 분석 그리고 업과 윤회의) 가르침은 모든 주요 불교적 전통에 공통된 것이다. 그러나 이 시점에서 우리는 전통적인 입장의 분열을 본다. 지금 탐구하려는 공空이라는 개념은 불교 사상의 전통에서뿐만 아니라 그 사상을 연구하는 전통에 있어서도 후기에 나타난 개념이다. 부처님 사후 500년경에 공의 사상을 담고 있는 반야경prajnaparamita, 般若經이 나타났을 때까지는 이 공이라는 개념은 분명히 드러나지 않았다. 이 500년 기간 동안, 아비달마의 전통은 18개의 학파로 세분화되어 많은 미묘한 문제들을 놓고 서로 논쟁했다. 또한 이들은 힌두교와 자이나교Jainism의 전통에 속하는 학파들과도 논쟁을 벌였다. 새로운 가르침을 받아들인 자들은 그들 스스로를 대승Mahayana, 大乘이라고 했으며, 이들은 또한 초기 사상에 충실한 자들을 (오늘날 비非대승주의자들로부터 반발을 사고 있는 명칭인) 소승Hinayana, 小乘이라고 불렀다. 이런 최초의 열여덟 학파 가운데 상좌부上座部 불교Theravada(장로들의 가르침)가 현재까지 큰 힘을 가지고 살아남아있다. 이 상좌부불교는 동남아시아 국가들, 버마, 스리랑카, 캄보디아, 라오스 그리고 태국에 뿌리내린 불교의 형태다. 그러나 공은 대승불교(중국, 한국 그리고 일본에 퍼진 불교의 형태)와 티베트불교의 기반이다.

(대승불교의 몇몇 학파들 그리고 많은 서양의 학자들의 해석[5]에 따르면) 대략 서기 2세기 후반에 용수Nagarjuna, 龍樹의 철학적 논증의 형태로 반야바라밀다의 가르침이 정리되었다. 대승불교와 티베트불교에서 용수의 위치는 대단한 것이다. 용수의 방법은 다른 학파들의 입장과 그 구체적 주장을 공박하는 데 이용되었다. 용수의 추종자들은 용수의 입장을 계속 유지하여 화자뿐만 아니라 청자에게도 도전이 되는 방법을 고집하는 일파(프라상기카스Prasangikas)와 '공'에 관한 적극적인 주장을 펴는 일파(스바탄트리카스Svatantrikas)로 곧 갈라지게 된다.

논쟁과 논리적인 증명에 대단한 관심이 이 전통에 존재하긴 하지만 그렇다고 대승불교의 전통을 현대적인 의미의 추상적인 철학으로 간주해서는 안 된다. 우선 초기 인도의 법정과 대학에 존재했던 논쟁의 중요성에 관한 사회적인 관습을 즉 논쟁에서 진 편이 이긴 편의 입장으로 전향하는 관습을 눈여겨 볼 필요가 있다. 하지만 무엇보다도 철학은 명상의 수행이나 일상생활과 결코 분리된 적이 없다. 이 철학은 무아를 경험에서 확인하고 타인에 대한 행동으로 드러내는 경우에 의미를 지닌다. 사고하고, 명상하고, 깨달음에 맞게 행동하는 법을 알려 주는 명상의 지침이 철학을 논하는 원전에 항상 포함되어 있다.

용수의 입장을 현대적 입장에서 설명하는 경우, (전통적으로 훈련된 수행자들을 포함하여) 불교적 수행자와 서양의 학자들 사이에는 이 견異見이 존재한다. 수행자들은 서양의 학자들이 불교의 근본사상 혹은 원전과는 전혀 관계가 없는 문제, 해석 그리고 혼동을 만들어낸다고 말한다. 서양의 학자들은 '믿는 자'들의 견해는 (그리고 가르침은) 원전해석의 충분한 근거가 될 수 없다고 생각한다. 이 책에서는 지관명상의 살아 있는 전통과 현상학과 인지과학의 현존하는 전통 간의 접목이 시도되니만큼, 우리는 이런 흥미 있는 이견의 양측면, 즉 학문적인 연구의 측면뿐만 아니라 수행의 입장 모두를 중론에 대한 설명에서 고려하려고 한다.

(자주 '공간' 또는 '허공'으로 잘못 해석되는) 공空은 글자 그대로의 의미로 '비어 있음'을 의미한다. 티베트 전통에서는 세 가지 측면, 즉 상호의존적 (연기적) 발생의 측면, 자비의 측면 그리고 자연성의 측면에서 공이 설명된다고 한다. 첫 번째의 의미의 공, 즉 상호의존적인 발생의 의미에서의 공이 무근거성의 발견에서 그리고 무근거성이 인지과학과 발제 개념에 대해 갖는 관계에서 우리가 발전시키고 있는 논리에 가장 자연스럽게 연결되고 있다.

용수의 가장 유명한 저술은 《중송Mulamadhyamikakarikas, 中訟》(또는 《중론中論》)인데, 우리가 이제 고찰하고자 하는 시각에서 볼 때 이 책은 상호의존적 발생의 사상을 그 논리적인 귀결에까지 확대시킨다.

의식에 대한 아미달마의 분석에서, 경험의 각 순간은 특정한 의식이 그 대상과 일정한 관계로 연결되어 있는 형태를 취하고 있다. 예를 들어 시각의식의 순간은 보는 자(주관)가 장면(대상)을 보는(관계하는) 것으로 구성되어 있다. 분노의 순간에 화내는 자(주관)는 화(대상)를 경험(관계)한다(이것을 우리는 시원적 지향성이라고 불렀다). 이런 분석의 의미는 의식의 각 순간을 넘어서서 변화하지 않고 존재하는 진정한 주관(자아)이 없음을 보여주는 데 있다. 그렇다면 의식의 대상은 어떻게 되는가? 관계는 어떻게 되는가? 아비달마 학파는 보고, 듣고, 냄새 맡고, 맛보고 그리고 접촉하는 오감에 의해 대상으로 상정되는 물질적인 속성들이 있으며, 마음의 의식에 대응되는 사고思*라는 것이 있다고 가정한다. 하지만 이런 분석은 여전히 부분적으로 주관/객관의 구분을 따른다. 그 이유는 (1) 4장과 6장에서 논의된 오온의 분석에서처럼 많은 학파들은 의식의 순간을 궁극적인 실재로 보았으며 (2) 외부세계를 대체적으로 객관적이며 독립적인 상태에 놓여있다고 간주했기 때문이다.

중론의 전통에서는 자아가 한 가지의 의미에서가 아니라 두 가지 의미에서 자기의 자아ego of self와 현상(달마)의 자아로 다루어진다. 자기의 자아는 우리가 이미 논의한 자기에 대한 습관적인 집착이다. 대승론자들은 초기의 불교 전통이 이런 자아감에 대해 공격을 하기는 했지만 독립적으로 존재하는 세계에 대한 믿음 또는 세계에 대한 마음의 (찰나적인) 관계에 대해서는 도전하지 않았다고 한다. 용수는 이 세 가지 요소, 주관, 관계 그리고 대상의 독립적 존재성을 공격한다. 용수가 개진했던 것과 같은 종류의 논증을 우리는 다음과 같이 (임의적으로 구성된) 예를 통해 설명하려고 한다.[6]

보는 사람이 독립적으로 존재한다거나 보이는 것이 독립적으로 존재한다고 말할 때 의도하는 바는 무엇인가? 분명히 보는 사람은 그가 장면을 보고 있지 않을 때도 존재한다는 점을 의도하고 있다.

그 사람은 장면을 보기 전에도, 보고 나서도 존재한다는 것이다. 마찬가지로 장면은 보는 사람에게 드러나기 전에도 존재하고 드러나고 나서도 존재한다는 점을 우리는 의도하고 있는 것이다. 만일 내가 장면의 관찰자이고 내가 진정으로 존재한다면 그것은 내가 그 장면으로부터 도망칠 수 있고 그 장면을 보지 않을 수 있다는 것을 의미한다. 나는 대신에 다른 것을 듣거나 생각할 수 있다. 또한 장면이 진정으로 존재한다면, 그것은 내가 보고 있지 않을 때라도 그 자리에 존재할 수 있는 것이다. 예를 들어 그것은 나중에 다른 사람에게 보여질 수 있는 것이다.

그러나 이런 점을 자세히 살펴본 용수는 이것이 근거 없는 것임을 지적한다. 장면을 보고 있지 않는 보는 자를 어떻게 우리가 말할 수 있는가? 마찬가지로 보는 자에게 드러나지 않는 장면을 어떻게 설명할 수 있는가? 또한 봄이라는 행동이 어떤 보는 자도 어떤 보이는 장면도 없이 어느 곳에서 독립적으로 존재한다고 말하는 것은 전혀 말이 되지 않는다. 보는 자라는 입장, 즉 보는 자라는 개념은 그것이 보는 장면과 분리되어 있지 않다. 또한 역으로 어떻게 보이는 장면이 그것을 보는 자와 분리될 수 있는가?

우리는 이와 같은 부정의 전략을 취하여 이 모든 것은 참이고 보는 자는 장면이나 봄이라는 행동에 앞서 존재할 수 없다고 대답할 수 있다. 그러나 만일 그 대답이 옳다면 어떻게 존재하지 않는 보는 자가 존재하는 보는 행동과 존재하는 장면을 일으킬 수 있는가? 또는 다른 방식으로 생각해서 보는 자가 존재하기 전에는 장면이란 존재하지 않는다고 우리가 말한다면 이에 대한 대답은 '어떻게 비존재자인 장면이 보는 자에 의해 보일 수 있는가'라는 것이 된다.

보는 자와 보이는 장면은 동시에 발생한다는 주장을 시도해보자. 그 경우 이 둘은 오직 한 대상이거나 아니면 두 개의 다른 대상들일 것이다. 만일 그들이 하나의 대상이라고 한다면, 이 상황은 봄의 상황은 아닐 것이다. 그것은 본다는 것은 보는 자, 장면 그리고 봄의 관계 이 세 가지 것을 요청하기 때문이다. 우리는 눈이 그 자신을 본다고는 말하지 않는다. 따라서 그들은 두 개의 분리된 독립 대상들이어야 한다. 그러나 만일 그들 각각이 서로 얽혀 있는 관계들에서 독립하여 그 자체로 존재하는, 진정으로 독립된 대상들이라면 그 둘 사이에는 봄의 관계 이외에 다른 관계들도 많이 존재할 수 있을 것이다. 그러나 보는 자가 장면을 듣는다고 말하는 것은 아무 의미가 없는 말이다. 오직 듣는 자만이 소리를 들을 수 있다.

진정 독립적으로 존재하는 보는 자, 장면, 보는 관계란 없다는 점에 수긍하고 동의하지만 만약 이 세 가지 모두가 합해진다면 실재로 존재하는 의식의 순간을 구성한다고 우리는 주장할 수 있다. 그러나 하나의 존재하지 않는 대상에 다른 존재하지 않는 대상이 더해져서 어떻게 진정으로 존재하는 하나의 대상이 만들어진다고 말할 수 있는가? 실제로 한순간의 시간이 진정으로 존재하기 위해서는 과거와 미래의 다른 순간들에서부터 독립적으로 존재해야 하는데, 이 경우 어떻게 우리는 한순간의 시간이 진정으로 존재하는 대상이라고 말할 수 있는가? 게다가 한순간이란 것은 시간 그 자체의 한 측면이지만, 그 순간은 시간 그 자체와는 무관하게 존재해야 한다(이 논증은 대상과 그 속성의 상호의존에 관한 것이다). 그리고 시간 자체는 그 한

순간과는 독립적으로 존재해야 할 것이다.

이 시점에서 우리는 실제로 이런 대상들은 존재하는 것이 아닐지도 모른다는 무서운 느낌에 사로잡히게 될지도 모른다. 그러나 존재하지 않는 보는 자는 존재하지 않는 장면을 존재하지 않는 순간에 보거나 보지 않을 것이라고 주장하는 것은 존재하는 보는 자에 관해서 비슷한 주장을 하는 것보다 훨씬 설득력이 작다(이런 논증이 실질적인 심리적 힘을 지니고 있다는 점은 다음과 같은 이스라엘의 농담에서 잘 드러난다. 갑이 말한다. "일이 점점 잘 안 되고 있어. 아예 이런 일이 없었더라면 더 좋았을 것을." 을이 말한다. "물론이지, 하지만 그렇게 운이 좋은 사람 누구야, 만에 하나나 될까!"). 용수의 주장의 핵심은 절대적인 의미에서 대상들이 존재한다거나 같은 의미에서 존재하지 않는다고 말하는 것이 아니다. 오히려 그것은 대상들은 상호의존적으로 발생하며 독립적인 근거를 가지고 있지 않다는 것이다.

용수의 완전한 상호의존성에 관한 논증(혹은 보다 자세히는 상호의존성 이외의 다른 가능한 견해에 반대하는 그의 논증)은 세 가지 부류의 주제, 즉 주관과 그 대상, 사물과 그 속성 그리고 원인과 그 결과들에 적용된다.[7] 이런 수단을 통해 용수는 거의 모든 대상에 대하여 ① 각 감각에서 주관과 대상, ② 물질적 대상, ③ 기본원소들(흙, 물, 불, 공기 그리고 공간), ④ 열정, 공격성, 그리고 무지, ⑤ 공간, 시간, 그리고 운동, ⑥ 행위자와 그의 행동, 그리고 그의 행동의 결과, ⑦ 조건과 결과물, ⑧ 지각자, 행위자, 또는 다른 것으로서의 자아, ⑨ 사성제로 알려진 고통, ⑩ 고통의 원인, 고통의 정지, 그런 정지를 향한 길, ⑪ 부처, ⑫ 열반에 대하여 상호의존적 존재성의 개념을 설파

했다. 용수는 마지막으로 "의존적으로 발생하지 않는 것은 없다. 이런 이유로 공이 아닌 것은 없다"라고 결론을 맺었다.[8]

 이런 논증이 제기된 맥락을 잘 기억하는 것이 중요하다. 용수는 지관의 명상과 아비달마 심리분석 전통의 맥락 내에서 심리적으로 실재하는 마음의 습관에 집중하여 그 무근거성을 증명한 것이다. 대부분의 현대철학자들은 용수의 논리에서 약점을 발견할 수 있을 것이라고 생각할 것이다. 그러나 이 점이 사실이라고 하더라도 그런 사실이 불교적 맥락에서 용수의 논증이 지닌 인식론적, 심리적인 힘을 무너뜨리지는 않을 것이다. 실제로 이런 점이 명백히 드러나도록 용수의 논증을 다음과 같이 요약할 수 있다.

1. 주관과 객관, 대상과 속성 그리고 원인과 결과가 우리가 습관적으로 그러하리라 생각하듯이 독립적으로 존재하는 것이라면, 또는 마음의 분석이 주장하듯 그들이 본래적이고 절대적으로 존재하는 것이라면, 그들은 어떤 종류의 조건이나 관계에 의존해서는 안 된다. 이 점은 기본적으로 독립적, 본래적, 그리고 절대적이라는 말의 의미에 대한 철학적 주장에서 유래한다. 정의상, 어떤 것이 다른 것에 의존하지 않을 때만 그것은 독립적이거나 본래적이거나 혹은 절대적이다. 이런 대상들은 다른 것과의 관계와는 무관한 그 자신의 정체성을 지니고 있어야 하는 것이다.
2. 독립성과 궁극성의 이런 기준을 만족하는 어떤 것도 우리의 경험에는 존재하지 않는다. 초기 아비달마 전통은 이런 통찰을 의

존적 상호발생이라 표현했다. 어떤 것도 발생, 형성 그리고 소멸에 관한 이 의존적 상호발생의 조건에서 자유스러운 것은 없다. 현대적 맥락에서 이 점은 우리가 원인과 물질적 세계의 조건을 생각할 때 매우 분명해질 뿐 아니라 서양의 과학적 전통에서도 인정되고 있다. 용수는 이 상호의존성의 이해를 깊이 추구했다. 원인과 그 결과들, 대상과 그 속성들 그리고 인식주관의 마음과 그런 마음의 대상은 서로가 똑같이 상대방에 의존한다. 용수의 논리는 인식주관의 마음을 드러내 밝히고 있다(근본적 순환성을 상기할 것). 다시 말해 그의 논리는 실질적인 상호의존적 요인들이 주관에 의해 객관적 실재 그리고 주관적 실재로 간주되는 방식을 꿰뚫어서 밝힌다.
3. 따라서 궁극적이며 독립적인 존재성을 지닌 대상은 결코 발견될 수 없다. 불교적 언어를 쓰면, 모든 것은 상호의존적으로 발생하므로 독립적 존재성의 '공'의 상태에 있다.

이제 상호의존적 발생의 측면에서 '공'을 이해하는 방식을 알게 되었다. 모든 대상들은 독립적, 본래적 본성을 결여하고 있다. 이 점은 추상적인 주장처럼 들릴지도 모른다. 그러나 이 점은 경험에 관해서는 매우 깊은 함축을 지닌다.

4장에서 집중 상태에 들어간 마음을 실질적으로 경험하는 방식에 관련하여 아비달마의 범주들이 어떻게 이런 경험 방식들에 대한 기술이면서 동시에 명상적 지침의 역할을 할 수 있는지를 설명했다. 서양의 연구자들이 가끔 용수의 입장을 아미달마를 부정하는 것으로 해석하기는 하지만 그런 해석과는 달리 용수는 아비달마이론을 거부하지 않았다는 점을 깨닫는 점이 중요하다.⁹ 그의 분석 전체는 아비달마의 범주들에 기반을 두고 있다. 보는 자, 장면, 보는 관계에 관한 그의 논증이 이런 맥락이 아니고서는 어떻게 의미를 지닐 수 있을 것인가? (만일 용수의 논증을 단지 언어에 관한 논증이라고 생각한다면 그것은 여러분들이 아비달마 이론의 힘을 파악하지 못했기 때문이다.) 용수의 논증은 매우 정교한 것이며 단순히 모든 것은 다른 것에 의존한다는 대략적인 입장의 표명이 아니다. 용수는 아비달마 이론을 확장하는데 그 확장은 자아와 세계에 관한 우리의 경험에 결정적인 변화를 일으킨 것이다.

왜 이 논증이 우리의 경험에 변화를 일으켜야 하는가? 우리는 이렇게 말할 수도 있다. 만일 자아와 세계가 순간순간 변화해가는 것이라면 어떨까? 누가 세계와 자아가 영속적인 것이라고 했는가? 그리고 그들이 상호의존적이라면 어떠할까? 그것들이 분리된 것들이라 생각하는 자는 누구인가? 그 해답은(우리가 이 책 전체에서 논의한 답은) 우리가 자신의 경험에 집중해감에 따라, 기반을 거머쥐려는 분리된 자아의 진정한 기반을, 분리된 진정한 세계를, 그리고 자아와 세계 간의 관계의 진정한 기반을 느끼려는 추동력을 느끼게 된다는 사실이다.

'공'이란 것은 충분한 지관을 통해서 우리가 스스로의 힘으로 해낼 수 있는 자연스러운(자연스럽지만 충격적인) 발견이라고 말할 수도 있을 것이다. 앞에서 우리는 명상을 통해 마음을 관찰하는 것에 관해 논의한 적이 있다. 자아가 존재하지 않을 수도 있다. 그러나 여전히 그 자신을 들여다보는 마음은 존재한다. 그런데 이제 우리는 우리가 마음조차 가지고 있지 않음을 발견하게 되었다. 하지만, 마음은 세계와 분리되어서 세계를 알아보는 어떤 것이어야 한다. 우리는 결국 세계도 가지고 있지 않다. 객관적인 기준도 주관적인 기준도 존재하지 않는다. 뿐만 아니라 감추어진 것이 아무것도 없기 때문에 앎이라는 것도 존재하지 않는다. 공을 아는 것(보다 정확히 세계가 공임을 아는 것)은 분명히 의도적인 행동이 아니다. 오히려 (전통적인 비유를 동원하면) 그것은 순수하고, 화려하고, 그 자체 이외에는 아무런 부가적인 실재를 지니지 않는, 거울에 반사된 영상이다. 마음/세계가 상호의존적 연속성을 유지해가는 한, 마음 자체에는 혹은 세계 자체에는 각각 알려고 하는 것 혹은 알려지는 것 이외에 어떤 것도 존재하지 않는다. 어떤 경험이든 벌어지고 있는 것(이것을 불교의 스승들은 현현顯現이라고 하는데)은 완전히 있는 그대로 드러나고 마는 것이다.

이제 왜 중론이 중도라고 불리는 지 알 수 있게 되었다. 이 입장은 절대론 혹은 회의론에 기반을 둔, 객관론 또는 주관론의 극단을 피한다. 티베트 주석가들이 말한 대로 모든 현상이 "의존적으로 발생한다는 이유를 확실히 깨달음으로써 극단적 자멸(회의론)을 피할 수 있으며, 원인과 결과의 의존적 발생의 깨달음을 얻을 수 있다. 모든 현상이 본래적으로 존재하지 않는다는 결론에 도달함으로써 영속성의 극단(절대론)을 피할 수 있으며 모든 현상이 '공'이라는 깨달음을 얻을 수 있다."[10]

그런데 이 모든 것들이 일상생활에서는 무엇을 의미하는가? 나는 여전히 이름을 지니고 있고 직업을 지니고 있으며 기억과 계획을 가지고 있다. 태양은 여전히 동쪽에서 떠오르고 있으며 과학자들은 아직도 그 사실을 설명하려고 한다. 도대체 이것들은 다 무엇이란 말인가?

두 가지 진리

마음을 오온과 심적 요소로 분석하는 아비달마의 방법은 두 종류의 진리, 즉 경험이 분석되고 나면 남게 되는 오온의 존재로 구성되는 궁극적인 진리와, 일상적이며 (온들로 구성되는) 복합적인 상대적 혹은 합의적 진리를 그 안에 이미 포함하고 있다. 용수는 이 구분을 받아들여 그것에 새로운 의미를 부여하고 그 중요성을 강조했다.

> 부처님 가르침은 두 가지 진리에 바탕을 두고 있다. 세상적인 합의의 진리 혹은 상대적 진리와 궁극적인 최고의 진리.
> 이 두 가지 진리를 구분하지 못하는 자는 부처님 가르침의 깊은 본성을 깨달을 수 없다(XXIV: 8~9).

상대적 진리samvrti(글자 그대로의 뜻은 가려진 또는 감추어진 진리)는 있는 그대로 드러난 현상적 세계(의자, 사람, 생물학적 종들, 그리고 시간을 통해 지속하는 이런 현상들의 정합성)이다. 궁극적 진리paramartha는 바로 이런 현상적 세계의 공이다. 상대적 진리를 나타내는 티베트

말 컨좁kundzop은 이 둘의 관계를 가상적으로 나타내는 말이다. 컨좁은 옷을 입었음, 성장盛裝했음, 또는 의상을 걸쳤음을 의미한다. 즉 상대적 진리는 공(절대적 진리)이 현상적 세계의 화려한 색을 입고 있는 것을 말한다.

이제 이 두 가지 진리의 구분은 아비달마 분석의 경우에서처럼 진리의 형이상학적 이론으로서 의도된 것이 아니라는 점이 분명해져야 할 것이다. 이 구분은 마음과 대상과 그 둘 사이의 관계가 상호의존적으로 발생한 것이며 따라서 이런 것들이 실질적이거나 독립적이거나 아니면 지속적인 존재성을 결여하고 있음을 경험하는 수행자의 경험에 대한 기술이다. 아비달마의 범주들처럼 이 기술은 명상을 위한 지침과 보조수단의 역할을 한다. 이 점은 불교 공동체에서 나타나는 담화에서 분명히 나타난다. 예를 들어 서양인들이 시詩나 부조리성의 표현으로 간주하는 선불교의 많은 활동들은 실제로는 마음을 상호의존적 공으로 인도하는 명상적 연습이다.

상대적 진리인 samvrti는 (불교 연구 학자들 사이에서뿐 아니라 불교 내에서도) 자주 '합의'로 번역되는데, 이것은 많은 해석의 혼란을 야기한다. 합의라는 것이 무엇을 의미하는지 이해하는 것이 중요하다. '상대적' 혹은 '합의적'이라는 말은 그 표면적인 의미로 이해되어서는 안 된다. 여기서 합의는 주관적, 임의적, 또는 불법적인 것을 의미하지 않는다. 그리고 상대적인 것은 문화적으로 상대적인 것을 의미하지 않는다. 상대적인 현상세계는 업의 원인과 결과의 법칙과 같이 개인이나 한 사회의 합의와는 상관이 없는 분명한 법칙에 의해 항상 통제된다.

게다가 합의라는 말의 사용은 현재 인문학에서 유행되는 세계와 자아의 문제를 언어의 문제로 바꾸는 언어적 전회를 의미하는 것이 아님을 이해하는 것도 매우 중요하다. 티베트불교의 겔루파Gelugpa 계열의 창시자가 말했듯이 "명목상 지시된 사물들은 인위적인 것들이므로, 즉 그것들은 합의적 용어를 통해 존재하는 것으로 확정된 것들이므로 합의적인 용어들은 합의적 존재가 아닌 지시체를 지시할 수 없다. 이런 사실이 주장하는 바는 언어의 일반적 사용에는 현상적 기반이 없다는 점이 아니기 때문에 그런 것이(합의적 지시체가) 존재한다는 진술과 그런 것들이 (모든 대상들이) 명목적인 지시체를 지닌다는 주장은 모순되는 것은 아니다."[11] 따라서 불교의 가르침에 따르면 우리는 상대적인 세계에서 참인 진술과 거짓진술을 완벽히 구분할 수 있으며 참된 진술을 할 것을 권유받고 있다.

지시체들뿐만 아니라 사물지시의 의미라는 것이 단순히 합의적이라는 점은 다음의 예를 통해 설명될 수 있다. 어떤 사람을 철수라고 불렀을 때, 내가 지시하는 지속적이며 독립적인 대상이 존재한다고 나는 마음 깊이 가정한다. 그러나 중론적 분석은 그런 진정으로 존재하는 대상은 없다는 점을 밝히고 있다. 그러나 철수는 완전한 지시체가 보여주는 방식으로 계속 행동하기 때문에 상대적이거나 합의적인 진리에서 그는 실제로 철수다. 이 점은 색에 관한 우리의 논의를 독자들에게 상기시켰을지도 모른다. 색의 경험은 물리적인 세계에서나 시각관찰자에게서 어떤 절대적 근거도 가지지 않는다고 말할 수 있지만 그럼에도 불구하고 색은 완벽한 상호비교가능한 지시가능한 대상이다. 따라서 이런 과학적 분석은 중론의 무근거성의 훨씬 극단적인 주장과도 매우 잘 연결될 수 있다.

이 상대적이며, 합의적이며, 상호의존적으로 발생하는 세계가 합법칙적이므로 (일상적 생활이 가능하듯이) 과학은 가능하다. 실제로 우리가 자신의 완전한 실재를 믿는다고 하더라도 일상생활을 아무 문제없이 영위할 수 있는 것처럼, 완전히 기능적인 실용적 과학과 공학은 정당화되지 않은 형이상학적 가정을 지닌 이론에 바탕을 두고 있다 하더라도 가능하다. 우리는 여기서 과학의 유일한 진로로서 혹은 중론과 같은 견해로서 발제적 인지과학과 자연부동으로서의 진화의 가능성을 제시하는 것이 아니다. 체화나 구조적 연합 같은 개념들은 개념들일 뿐이며 따라서 항상 역사적인 과정에 놓인 것이다. 그런 개념들은 이 순간에 각 개인에게 독립적으로 존재하는 마음이나 독립적으로 존재하는 세계도 없다는 점을 말하고 있지 않다.

이 점은 매우 중요하다. 중론학파가 다른 학파의 논증을 논박하기만 하고 긍정적인 주장을 거부한 데는 강력한 이유가 있다. 모든 개념적인 입장은 근거(의지할 것 또는 둥지)를 지니게 되며, 이 점은 중론의 힘을 약화시키는 것이다. 특별히 체화된 행동(발제)으로서 인지현상을 분석하는 입장은 마음과 세계의 상호의존성을 강조하기는 하지만, 이들 사이의 관계(상호작용, 활동, 발제)들을 독립적, 실질적 존재의 형태를 지닌 것인 양 간주하는 경향이 있다. 우리의 마음이 발제의 개념을 실재적이며 확연한 것으로 파악하게 되면, 논증의 다른 두 항들 즉 체화된 행동의 주관과 객관의 존재는 자동적으로 느껴지게 된다(곧 논의하게 되겠지만, 바로 이 점이 실용주의가 중론의 중도와 같지 않은 이유다). 우리가 발제적 인지과학에 관해 주장하는 것이 중론적 논변에 의해 경험이 변화하는 것, 특히 지관의 훈련을 통해 경험이 변화하는 것과 같은 것이라고 믿도록 사람들을 인도한다면 관련된 모든 사람들, 지관수행자들, 과학자들, 학자들 그리고 이 문제에 관심을 가진 모든 이들에게 큰 실례를 범하는 것이 된다. 중론적 논변이 상대적인 세계의 잠정적이며 합의적인 활동에 지나지 않지만 그 자신을 넘어서 있는 것을 지시하듯이 우리의 발제적 개념도 적어도 몇몇의 인지과학자들과 나아가 과학적 사고를 지닌 보다 일반적인 대중 앞에서 무근거성의 참된 이해를 향해 스스로를 넘어선 것을 지시하게 되리라 희망한다.

현대사상과 무근거성

현대의 과학과 철학에서 나타나는 근거의 결여에 대한 느낌에서 우리는 이 장을 시작했다. 특별히 우리는 실용주의 철학에 기반을 두고 있는 현대 영미英美사상의 한 가지 중요한 경향을 지적했다.[12] 유럽, 특히 프랑스, 독일, 그리고 이탈리아에서는 대략적으로 니체와 하이데거의 지속적인 영향 아래 있는 후기구조주의와[13] 탈근대적 사상[14]을 포함하는 경향에서 유래하는 근거성에 대한 비슷한 비판이 지속되고 있다. 이탈리아의 철학자 지아니니 바티모Gianini Vattimo는 이런 성향을 '무력한 사고pensiero debole', 즉 기반에 대한 근대적 추구는 포기하지만 다른 보다 강력한 기반의 이름을 끌어들여 그 추구 자체는 비판하지 않는 종류의 사고라고 했다.[15] 바티모는 그의 최근 저술의 머리글에서 이런 경향의 적극적인 가능성을 다음과 같이 방어한다.

> 다른 무엇보다도 니체와 하이데거의 사상은 탈근대적 조건의 비판적이며 부정적인 기술에서…… 긍정적인 가능성과 기회로 전환할 계기를 우리에게 제공한다. 니체는 이 모든 것을 분명하게는 아니지만, 그의 적극적이거나 아니면 적어도 활동적인 허무주의 이론에서 말했다. 하이데거도 같은 점을 근대적인 의미의 형이상학에 대한 비판적인 극복을 의미하지 않는, 형이상학의 전회Verwindung라는 사상에서 이야기한다.…… 니체와 하이데거 철학에는 내가 다른 곳에서 말한 존재의 '연약화'라는 특징이 있는데 이것은 사고를 탈근대적 조건에 구성적인 방식으로 존재하게 한다. 하이데거와 그 이전에 니체에 의해 수행된 '존재론의 해체'의 결과를 보다 자세히 고려하면 존재의 탈근대적 조건에서 발견되는 일상세계의 본질을 향한 적극적 가능성에 접근하는 것이 가능하다. 인간과 존재가 형이상학적인, 혹은 플라톤적인 방식을 통해 안정된 구조를 지닌 것으로 이해되는 한 사고가 진정한 탈형이상학적 시대에 적극적으로 사는 것은 가능하지 않을 것이다. 그런 개념들은 사고와 존재가 스스로 '근거지워질 것'을, 즉 불변의 영역에서 (윤리나 논리를 통해) 스스로 안정화될 것을 요청하며, 동시에 이런 개념들은 강한 구조의 총체적 신비화를 통해 경험의 전 영역에서 반영된다. 이 점은 탈형이상학 시대의 모든 것이 인류를 위해서 동일한 정도로 유익하다고 말하는 것은 아니다. 탈근대적 조건이 우리에게 제공하는 가능성들을 구분하고 그들 중 하나를 선택할 능력은, 탈근대성의 본래적인 속성들을 파악해 낼 수 있는 분석 그리고 탈근대성을 단순히 모든 인간적인 것에

대한 섬뜩한 부정이 아니라 가능성의 영역으로 간주하는 분석에 기반을 둘 때만 발전될 수 있다.[16]

역사, 정치, 예술, 과학, 그리고 철학적 반성에서 유래하는 다수의 이유로 인해 현대세계는 무근거성의 문제에 매우 민감하다는 점이 이제 분명해졌다. 이런 새로운 발전들 모두를 여기서 다 다룰 수는 없다. 그러나 철학과 과학적 작업의 추론에 바탕을 두는 서양적 전통과 지관의 명상으로 세계를 경험하는 것에 바탕을 두는 불교적 전통이 수렴하는 정도는 놀라울 정도다. 그럼에도 불구하고 이 수렴은 우리의 착각을 유도하는 사탕발림일지도 모른다. 실제로 많은 명상 수행자들은 이 두 전통이 보여주는 유사성의 현상은 거짓된 것임을 주장한다. 이런 관점에서 우리는 무근거성의 현대적인 의미와 중론적 무근거성 사이의 세 가지 주된 차이점이라고 생각되는 것들을 지적하고자 한다. 그리고 나서 우리는 마지막 장에서는 무근거성의 윤리적 차원을 고려하려고 한다.

중도의 결여

현대 서양적 견해는 자아와 세계의 근거의 결여 모두를 제대로 정리할 수 없었다. (절대론의 양 형태로서) 객관론과 주관론 사이의 중도을 모색하기 위한 방법론적 기반이 전혀 없었던 것이다. 인지과학과 실험심리학에서는 자아의 분열이 드러나는데, 그것은 이들 연구에서 과학적 방식으로 객관성이 강조되었기 때문이다. 자아가 세계 내의 다른 외부대상들처럼 하나의 대상, 즉 과학적 연구의 대상으로서 간주되기 때 자아는 전경에서 사라지고 만다. 주관적인 것에 도전하는 입장의 기반은 객관적인 것을 그 기반으로 인정하고 있다. 정확히 같은 방식으로 세계의 객관적 위치에 대해 도전하는 입장은 주관적인 것을 당연한 것으로 받아들인다. 생물체(혹은 과학자)의 지각은 과거의 경험과 목표들(과학자의 하향적 과정들)에 항상 영향을 받고 있기 때문에 결코 객관적일 수 없다고 주장하는 것은 정확히 말해 독립적인 주관을 미리 주어진 것으로 간주하고 그 생물체의 표상의 주관적 본성을 발견하여 그것에서부터 논증을 펼친 결과로 나온 것이다.

내부적인 것과 외부적인 것의 구분이 데이비드 흄의 저작에서 만큼이나 분명한 경우는 없는데, 자아를 발견할 수 없었던 상황에 관한 고전적인 구절을 이미 우리는 인용한 바 있다. 외부적인 물체들(외부세계)의 '지속적이며 분명한 존재'와 물체에 대한 불연속적인 그의 감각인상들 사이에 모순이 존재한다는 점을 그는 지적했다. 이런 문제를 생각하면서 그는 (지속하는 자아처럼) 지속하는 외부세계는 심리적 구성물일 뿐이라는 생각을 제안했다. "서로 닮은 지각들의 동일성과 그것들의 현상적 양태에 나타나는 비연속성 사이에 대립이 존재하기 때문에 마음은 이 상황에서 거북함을 느끼고 이 거북함을 극복할 방도를 자연스레 찾으려 한다.…… 이런 난점을 피하기 위해 우리는 우리가 지각할 수 없는 진짜 존재에 의해 이런 비연속적 지각들이 연결된다고 가정함으로써 그 비연속성을 가능한 한 많이 감추고 나아가 아예 완전히 제거하는 것이다."[17] 우리가 현재 지니고 있는 목적에 비추어볼 때 흥미 있는 점은 자아와 세계에 관한 흄의 경험론적 회의를 그가 하나로 모으려고 했다는 증거는 어디에도 없다는 것이다. 흄은 중도을 위한 모든 지적인 소재를 가지고 있었지만 중도를 제안할 만한 지적인 전통도 그것을 발견할 경험적 방법도 가지고 있지 못했기 때문에, 중도의 가능성을 고려하지 못했던 것이다.

마지막 예는 인지과학 자체의 핵심부에서부터 나온 것이기 때문에 특별히 설득력이 있다. 만일 현대인지론자의 경험이 그 자신을 중도, 즉 세계에 대한 생생한 경험이 실제로는 우리가 생각하는 세계와 생각하는 마음의 중간에 존재하는 것이라는 사실에 접근시킨다면 그는 무엇을 할 것인가? 그는 이론을 향해 도피할 것이다. 현재의 과학적 상황은 다른 선택의 가능성을 주지 않는다. 우리는 현상적 마음의 중간적 성격betweenness에 대한 관찰에서 중간단계의식이론intermediate-level theory of consciousness이라는 그의 대표적 이론을 구성한 매우 분석적인 현상학자인 재켄도프를 생각하고 있다.

한편으로 자각은 사고를 포함하여 마음속에서 벌어지는 일을 드러낸다는 점을 우리는 직관적으로 알 수 있다. 반면에 자각은 바깥 세계에서 벌어지는 일, 즉 감각이나 지각의 결과를 알려준다는 점도 우리는 직관적으로 알 수 있다. 중간단계이론Intermediate-Level Theory에 따르면 자각은 어떤 것도 드러내지 않는다. 오히려 자각은 그 영향력의 원인에 관해서는 아무런 언급을 회피하면서 우리의 사고와 외부세계 모두가 마음에 대해 지니고 있는 영향력의 놀라운 결과를 반영한다. 표상의 단계에 대한 형식이론을 발전시키는 경우에만 이런 속성을 지닌 계산적 마음의

부분이 존재한다는 점을 생각해 볼 수 있을 것이다.[18]

해석

현대사상에서 우리를 가장 강하게 유혹하는 주관론의 한 부류는 그것이 실용주의적이든 해석학적이든, 해석interpretation이라는 개념을 사용하는 주관론의 한 부류이다. 그 특정한 역할로 해석은 객관론에 대한 매우 심한 비판을 가하고 있는데 이 비판은 자세히 살펴볼 가치가 있다. 객관적이 되기 위해서는 과학에 의해서 알려지거나 언어에 의해 지시될 수 있는 일군의 마음 독립적인 대상이 확보되어야 한다는 점을 해석론자들은 지적한다. 그러나 우리는 그런 대상들을 발견할 수 있는가? 철학자 넬슨 굿먼Nelson Goodman의 제시하는 예를 살펴보자.

공간상의 한 점은 완전히 객관적인 것처럼 보인다. 그러나 일상세계의 점들을 우리가 어떻게 정의할 수 있을까? 점은 원초적 요소로, 선들의 교차점으로, 교차하는 평면들의 일정한 삼중체로, 혹은 차곡차곡 겹쳐진 입방체들의 일정한 집합으로 간주될 수 있다. 이런 정의들은 같은 정도로 합당하지만 그들은 서로 양립할 수 없는 것들이다. 점이라는 것은 각각의 기술記述에 따라 변화한다. 예를 들어 굿맨의 말을 빌리자면 오직 첫 번째 정의에서만 점은 원초적 요소가 된다. 그러나 이런 기술들과는 독립적으로 객관론자들은 '도대체 점이란 무엇인가?' 하고 물을 것이다. 이 물음에 대한 굿맨의 대답은 길게 인용할 가치가 있다.

선으로부터 점의 구성 혹은 점으로부터의 선의 구성이 사실적인 것이 아니고 합의적인 것이라면 점들과 선들 자체도 그런 구성만큼이나 합의적이다.…… 이 주어진 공간이 점들의, 선들의, 영역들의 조합이거나 혹은 점들의 조합, 선들의 조합, 영역들의 조합의 조합이거나 혹은 이 모든 것들의 조합이거나, 아니면 하나의 단일한 덩어리라고 말한다면, 어떤 기술도 다른 기술과 같지 않으므로 수없이 많은 공간에 관한 대립적인 기술들 중 하나를 우리는 택하게 된다. 이리하여 우리는 이런 기술의 차이를 사실에 관한 차이로 간주하지 않고―공간의 조직과 기술에 관련하여 채택된, 합의에서 기인한 차이로 간주한다. 그러면 이런 다른 용어들로 기술된 중립적인 사실이나 대상은 무엇인가? 그 중립적인 것은 (a) 분리되지 않은 전체로서의 공간도 (b) 여러 설명에서 동원된 모든 요소들의 조합으로서의 공간도 아니다. 그 이유는 (a)와 (b)는 공간을 조직하는 여러 방법들 중 하나에 지나지 않기 때문이다. 그렇다면 그런 방식들로 조직된 것, 그것은 무엇인가? 그 중립적인 것을 기술하는 방법들 간의 차이를 제거할 때, 다시 말해 합의의 층들을 벗겨낼 때 마지막에 남는 그것은 무엇인가? 양파 껍질을 벗겨서 남는 것은 텅 빈 가운데 부분밖에 없다.[19]

텅 빈empty이라는 단어의 등장은 흥미롭다. 현대철학은 사물들이 원래적인 자기동일성을 결여하고 있는 방식들에 관한 예들로 꽉 차 있다. 그 이유는 대상들의 자기동일성은 지시의 형태에 의존하고 있기 때문이다. 힐러리 퍼트남은 단어와 세계를 이어주는 유일한 연결관계(사상관계 혹은 매핑mapping관계)가 존재할 수 없다는 점을 증명하기 위해 형식의미론에서 한 가지 정리를 유도했다. 그것은 우리가 주어진 문장이 참이 되는 조건을 알고 있다고 하더라도 그 문장에 속한 단어들의 지시방식을 결정할 수 없다는 점이다.[20] 퍼트남은 마음에서 독립한 특정한 대상들이 언어적 표현의 지시체로 존재한다는 생각에 집착하는 한 우리는 언어의 의미를 이해할 수 없다고 결론을 지었다. 반면에 그는 다음과 같이 말한다. "'대상'들은 개념적 틀에 독립하여 존재할 수 없다. 우리가 이러저러한 기술의 틀을 도입했을 때, 우리는 세계를 대상들로 나누어 구성했다. 대상 그리고 기호 모두는 기술記述의 틀에 내적인 것들이므로 무엇이 무엇의 짝이 되는지는 주어진 기술의 틀 내부에서 말할 수 있다."[21]

흥미롭게도 퍼트남은 언어가 마음 독립적인 대상을 지시한다고 가정한다면 우리는 의미를 이해할 수 없다는 점을 주장할 뿐만 아니라, 본래적(비의존적)으로 존재하는 속성이라는 개념, 즉 객관론의 기반에 놓여 있는 속성 개념에 대해 반론을 펴기도 한다. "세계에 대한 '객관론적' 전경이 지닌 문제, 즉 마음속 깊이 체계적으로 뿌리박힌 병은…… '본래적' 속성이라는 개념, 어떤 대상이 언어나 마음에 의존하지 않은 채 그 자체로 지닌 속성이라는 개념에 기반을 두고 있다고 나는 주장하고 싶다."[22] 퍼트남은 생활세계의 거의 모든 속성들은 마음의 단순한 '투사'에 지나지 않기 때문에 현대과학적 실재론과 연결되어 있는 이 본래적 속성이라는 고전적인 사고는 경험의 완전한 가치격하로 우리를 이끈다고 주장했다. 이 입장이 지닌 데카르트적 불안과 비교될 만한 아이러니는 이 입장이 생활세계를 주관의 표상의 결과로 만들기 때문에 관념론과 구별되지 않는다는 점이다.

객관론에 대한 신랄한 비판에도 불구하고 이 논증은 객관론의 반대되는 비판으로는 나아가지 않는다. 마음 독립적인 대상의 존재는 도전받지만, 대상 독립적인 마음은 결코 도전받지 않는다(마음의 독립성보다 대상의 독립성을 공격하는 것이 실제로 보다 자명하며 심리학적으로도 용이하다). 해석론자들은 실용주의자든 아니든 개념과 해석 그 자체의 무근거성에는 도전하지 않는다. 오히려 이런 개념과 해석을 그들 자신이 올라설 기반으로 간주한다. 이 입장은 중도이기는 하지만 중론과는 거리가 먼 것이다.

변형의 가능성

현대사상의 전통에서 무근거성이 발견되었을 때 이런 발견은 이상의 붕괴라는, 즉 과학적 탐구, 이성을 통한 철학적 진리의 확립, 혹은 의미있는 생의 붕괴라는 부정적인 사건으로 이해되었다. 발제적 인지과학과 어떤 측면에서 현대 서양의 실용주의는 우리에게 궁극적 기반의 결여를 그대로 직면할 것을 요청한다. 이론적인 기반을 공격하면서도, 이 두 입장 모두는 일상세계를 확보하려고 희망한다. 그러나 발제적 인지과학과 실용주의는 이론적인 입장일 뿐이다. 이 두 입장 어느 것도 이 기반이 없는 세계 내에서 우리가 생활할 가능성에 관한 지혜를 제공하지 않는다. 반면 다른 불교의 전통에서처럼 중론의 전통에서는 무아의 암시가 큰 축복이 된다. 이런 암시는 진정한 깨달음을 위한 장소로서의 생활세계를 열어준다. 따라서 용수는 다음과 같이 쓴다. "궁극적 진리는 매일의 수행에서 분리되어 가르쳐질 수 없다. 궁극적 진리의 이해 없이는 진정한 자유nirvana를 얻을 수 없다."(XXIV: 10)

불교의 길에서, 진정한 깨달음을 위해 우리는 체화를 필요로 한다. 집중, 자각, 그리고 공은 추상화된 것들이 아니다. 자기집중해야 할 것이 존재해야 하며, 자각해야 할 것이 존재해야 하며, '공'의 깨달음을 위해 무엇(11장에서 보게 되겠지만 본래적 선을 실현할 것 그리고 자비를 베풀 것)이 존재해야 한다. 습관적인 집착, 불안 그리고 갈등의 패턴들이 지관의 내용이 된다. 이런 것들이 아무런 실질적 존재성도 가지고 있지 않다는 점을 파악하는 것은 집착을 갖지 않는 항상 열려진 마음에 경험을 통하여 스스로 드러나야 한다. 다른 사람에 대해 열려진 마음으로 자비의 관심을 가지는 것은 이기적 관심의 끊임없는 불안과 고통을 대치할 수 있다.

초기 불교에는 자유는 삼사라samsara(윤회, 집착과 습관과 고통의 일상세계)로부터 벗어나 무제약적 니르바나nirvana(열반)의 세계로 나아가는 것과 같은 것이었다. 대승불교에서는 공의 가르침과 더불어 근본적인 변화가 나타났다. 용수는 다음과 같이 말한다.

> 일상세계와 자유(삼사라와 니르바나) 사이에는 아무런 차이도 없다. 자유와 일상세계 사이에도 아무런 차이가 없다. 일상세계의 범위는 자유의 범위다. 이 둘 사이에는 아주 작은 차이도 발견될 수 없다.(XXV: 19, 20)

자유는 일상세계에서 무지와 혼돈에 제약되어 사는 것이 아니다. 그것은 깨달음과 더불어 일상세계에서 살며 행동하는 것이다. 자유는 세계에서 도피하는 것이 아니다. 자유는 생활세계 내에서 우리의 전 존재방식의 변화, 즉 체화 방식의 변형을 의미한다.

이런 입장은 우리가 사는 현대적 서양 세계뿐만 아니라 불교가 성행하는 문화에서도 이해하기 쉽지는 않다. 궁극적인 근거의 부정은 우리 세계와 경험에 관한 궁극적인 선 또는 진리의 존재를 부정하는 것과 동일하다고 우리는 생각한다. 우리가 거의 자동적으로 이런 결론을 이끌어내게 되는 이유는 우리가 아직도 절대주의와 허무주의의 양극단에서 벗어날 수 없기 때문이며, 그리하여 인간경험을 향한 자기집중과 개방의 입장에 내재하는 가능성을 심각하게 고려할 수 없기 때문이다. 이런 절대주의와 회의주의의 양극단은 모두 생활세계에서부터 우리를 멀어지게 한다. 절대론의 경우 우리의 인생이 정당하고 목적을 지닌 것이라는 느낌을 얻기 위해 기반을 끌어들이면서 우리는 실질적인 경험에서 멀어지려고 노력한다. 회의주의의 경우 그런 기반을 찾으려는 시도가 실패함에 따라 우리는 우리를 자유스럽게 하고 변화시키기 조차하는 경험변형과 함께 살아갈 가능성을 거부한다.

Chapter 11

길 다지기

과학과 경험의 순환

머리글에서 이 책의 주제는 인지과학과 인간경험 사이의 순환이라고 밝혔다. 이 마지막 장에서는 이 순환을 보다 넓은 현대적 맥락에서 논의하고자 한다. 특별히 후기 니체사상에 공통적인 허무주의와 관련하여 무근거성의 몇 가지 윤리적 측면을 고려해볼 것이다. 여기서 현재 북미인과 유럽인들의 논의를 뜨겁게 만든 많은 논점들을 다루려고 하지 않는다. 오히려 우리는 그런 논의들과 관련하여 우리의 입장을 밝히고 탐구의 방향을 제안하려고 한다.

우리가 탐구해온 인지과학과 경험 간의 의사소통은 하나의 원으로 시각화시켜 볼 수 있다. 이 원은 한 인지과학자의 경험, 즉 마음을 자아 없이 존재하는 것으로 간주하는 한 인간의 경험에서부터 시작된다. 이 경험은 과학적 이론으로 체화된다. 이론적 지지와 잘 훈련된 경험과 집중에 바탕을 둔 접근을 통해 자아를 유지하려는 끊임없는 욕구가 존재하지만 경험을 통해서는 어떤 자아도 존재하지 않는다는 점이 발견되었다. 마음에 대한 자연과학적 탐구는 이제 다음과 같이 질문한다. 자아라는 것은 아무것도 없는데 어떻게 하여 정합적인 자아가 존재하는 것처럼 보일 수 있는가? 그 답으로 창발이나 사회로서의 마음이 제시하는 기재를 끌어들일 수 있다. 이상적인 조건 아래서 이런 마음에 대한 연구는 우리의 경험에서 나타나는 인과관계를 더욱 깊이 탐구하도록 하며, 자아집착의 원인과 결과를 알게 하며, 자아에 집착하려는 마음을 완화시킬 수 있도록 해준다. 마음에 대한 지각, 마음이 지닌 관계, 그리고 마음의 활동, 이 모든 것이 자각의 단계에 이르기까지 확대됨에 따라 우리의 마음과 그 대상이 즉 세계의 모든 것들이 의존하는 기반이 결여되어 있음을 깨달을 수 있게 된다. 호기심 많은 과학자들은 다음과 같이 묻는다. 일정한 기재에 체화된 상태에서 어떻게 마음과 세계의 상호의존성을 상상할 수 있다는 말인가? 우리가 만든 기재(무근거성에 대한 체화적 비유)는 자연부동의 역사를 통한 구조적 결합의 이미지를 지니고 있는 발제적 인지의 기재다. 이상적으로 이런 이미지는 객관론과 주관론의 입장을 약화시키고 과학과 경험, 경험과 과학 간의 발전된 의사소통을 진행시키면서, 학계와 사회에 영향을 미칠 수 있다.

  이 밀고 당김의 상호적 순환논리는 반성적 과학자들의 마음에 근본적 순환성을 가져다준다. 이 순환의 근본 축은 경험과 인지의 체화다. 메를로 퐁티의 경우와 마찬가지로 체화라는 말의 의미는 살아 있으며 경험적 구조를 지닌 신체와 인지 기재의 장소 혹은 맥락으로서의 신체를 모두 포괄한다는 사실을 상기해야 한다. 따라서 우리는 이 책에서 묘사한 인지과학과 지관의 전통 사이의 의사소통에 지관의 수행에서 얻은 경험의 기술과 인지과학에서 얻은 인지구조에 관한 기술을 체계적으로 병렬시켰다.

메를로 퐁티처럼 우리도 이런 체화의 이중적 의미에 대한 적절한 이해가 절대론과 허무주의의 양 극단 사이의 중도 또는 중간entre-deux을 제공한다는 점을 강조했다. 이 양극단은 현대인지과학에서 발견할 수 있다. 복잡한 차이점들에도 불구하고 이 다양한 형태의 인지 실재론은 미리 주어진 세계를 미리 주어진 주관에 의해 표상하는 것이 인지라는 확신을 공유하기 때문에 절대론의 극단은 찾기가 쉽다. 허무주의적 극단은 그렇게 뚜렷하지는 않다. 그러나 인지과학이 자아의 비통일성과, 인간경험에 대한 변형적 접근의 가능성을 무시할 때 이 극단이 어떻게 나타나게 되는지 우리는 분명히 알고 있다.

지금까지는 허무주의의 극단에 관심을 덜 기울였다. 그러나 허무주의적 극단은 현대의 문화적 상황을 훨씬 잘 드러내는 입장이다. 따라서 예술, 문학, 그리고 철학 등의 인문학에서 무근거성에 대한 증가하는 자각은 객관론에 대한 대립을 통해서라기보다는 허무주의, 회의론, 그리고 극단적 상대주의를 통해 그 형태를 유지하고 있다. 실제로 이런 허무주의에 대한 관심은 20세기 후반을 살아가는 인간의 삶에 특징적인 것이다. 이런 허무주의의 가시적인 등장은 삶의 증가하는 단편화, 다양한 종교적, 정치적 독단론의 부흥과 지속적인 집착, 그리고 두드러진 그러나 복잡하게 얽힌 불안감으로 나타난다. 이 점들은 밀란 쿤데라Milan Kundera 같은 작가가 《참을 수 없는 존재의 가벼움The Unbearable Lightness of Being》에서 매우 생생하게 묘사했다. 이런 이유로 (그리고 허무주의와 객관론은 실제로 깊이 연결되어 있기 때문에) 허무주의적 극단을 보다 자세히 살펴보려고 하는 것이다. 이것은 일반적이면서 매우 중대한 영향력을 지닌 주제이기 때문에 우리는 이것을 지금껏 유보했던 것이다. 따라서 우리의 논의는 지금까지의 논의보다 훨씬 더 깊이 무근거성의 윤리적 차원을 논해야 한다고 생각한다. 이 장의 마지막 절에서 우리는 이 윤리적 차원에 관한 우리의 입장을 보다 명백히 정리할 것이다. 그러나 그렇게 하기 이전에 먼저 허무주의적 극단에 대해 보다 자세히 검토하여보자.

허무주의와 지구 전체적 사고의 필요성

허무주의에 직접 접근하려고 시도하기보다는 어떻게 허무주의가 나타나게 된지를 질문하면서 논의를 시작해보자. 허무주의적 성향이 어떤 시점에 어디서 처음 나타나게 되었는가?

우리는 발제적 인지과학과 경험에 대한 집중적, 개방적인 접근 모두에 굳건한 기반이 결여되어 있다는 것을, 즉 무근거성을 깨닫게 되었다. 이런 두 가지 접근을 통해 처음에는 단순하게 시작했으나, 체화된 지각적, 인지적 능력과는 독립적으로 세계가 존재한다는 깊이 뿌리박힌 확신을 유보하기에 이르렀다. 이런 깊이 뿌리박힌 확신은 객관론의 기반이 된다. 잘 다듬어진 철학적 객관론인 경우도 마찬가지다. 그러나 허무주의는 객관론의 상실에 대한 반응에서 시작된 것이기 때문에 이런 객관론적 확신에 비교될 만한 어떤 것에 기반을 두고 있지 않다. 물론 허무주의를 스스로의 생명력을 유지할 단계까지 발전시킬 수 있지만 그 최초의 단계에서 허무주의의 형태는 반응이었다. 허무주의는 확실하고 절대적인 기준점을 제공하는 듯이 보이는 것의 붕괴에 대한 극단적인 반응이므로, 그것은 실제로 객관론과 모종의 관계를 가지고 있다는 점을 우리는 알 수 있다.

우리는 이미 인지과학 내에서 자아 없는 마음의 발견을 검토했을 때 객관론과 허무주의의 연결고리에 관한 예를 이미 제시한 바 있다. 이 깊고 심오한 발견은 의식 또는 자기동일성이 인지과정의 기반이나 근거가 되지 않는다는 점을 인지과학자들이 받아들이도록 만든다. 그러나 인지과학자는 인과력을 지닌 자아를 믿고 계속해서 믿어야 한다고 느끼고 있다. 인지과학자의 일반적인 반응은 과학을 할 때는 경험의 측면을 무시하는 것이고 일상생활을 할 때는 과학적 발견을 무시하는 것이다. 결과적으로 객관적 표상에 상응하는 자아가 존재하지 않는다는 사실은 상대적(실천적) 자아가 존재하지 않는다는 점과 완전히 동일시되기에 이른 것이다. 실제로 집중에 바탕을 두는 경험적 발전적 접근이 제공하는 여러 가지 수단들이 없다면 자아의 객관적 비존재성(허무주의)을 주장함으로써 객관적 자아(객관론)의 붕괴에 반응하는 수밖에 다른 도리가 없다.

이런 반응은 그 표면적인 차이에도 불구하고 객관론과 허무주의는 깊이 연결되어 있다는 점을 시사한다. 실제로 허무주의의 실질적인 근원은 객관론이다. 우리는 안정적이기는 하나 근거를 지니지 않은 규칙성에 집착하는 습관에서 객관론의 근원이 발생하게 되는 방식을 이미 논의했다. 이렇게 무근거성을 발견했음에도 불구하고 우리는 객관론의 뿌리에 존재하는 깊이 자리 잡힌 집착의 반사작용 reflex을 아직 포기하지 않았기 때문에 계속 근거에 집착하고 있는 것이다. 이 반사작용은 너무도 강하기 때문에 굳건한 근거의 부재는 객관론의 심연에서 즉각적인 물화物化를 일으킨다. 즉 집착하는 마음에 의해 행해지는 물화작용이 허무주의의 뿌리인 것이다. 허무주의의 특징인 거부나 논박의 양태는 매우 교묘하고 세련된 형태의 객관론이다. 그것은 객관적 근거의 완전한 부재가 계속적으로 궁극적인 기준점의 역할을 할 객관적 무근거성으로 물화되기 때문이다. 따라서 우리는 서로 다른 결과를 지닌 양극단으로서 객관론과 허무주의를 논하여 왔으나, 실제로 이들은 집착하는 마음에 공통적인 기반을 가지고 있음을 알게 되었다.

객관론과 허무주의의 공통의 기반에 대한 이해는 불교적 중도의 수행과 그 철학의 핵심에 존재한다. 이런 이유로 허무주의에 대한 관심이 그리스-유럽적인 기원의 현대적 현상이라는 가정은 확실히 잘못된 것이다. 그러나 여러 다른 전통에서 제시되는 요소들을 이해하기 위해서는 우리가 놓여 있는 현재 상황의 특수성에서 눈을 떼지 말아야 한다. 다른 경우에도 마찬가지지만 불교의 경우에 우리들이 개인적으로 허무주의를 경험하거나(불교적인 용어로는 마음을 잃거나), 주석가들이 허무주의적 해석의 잘못에 빠지거나 하는 위험이 항상 있기는 하지만 허무주의가 깊이 발전하거나 사회적인 제도로서 구체화된 적은 한 번도 없다.

오늘날 허무주의는 서구문화에서뿐만 아니라 지구 전체에 혼란스러운 문제가 되었다. 이 책 전체에서 보듯이 대승불교 중관의 무근거성은 현대 과학 문화에 인간경험의 상당한 자원을 제공하고 있다. 단순히 이런 사실만 보더라도 우리가 현재 마주하고 있는 문제에 대해 '동양'과 '서양'이라는 가상적인 지리적 구분은 더 이상 적절하지 않다는 점을 알 수 있다. 서양적 전통의 가정과 관심에서 논의를 시작할 수는 있지만, 다른 전통들을 무시하고서, 즉 허무주의의 무근거성과 중론의 무근거성을 엄밀하게 구분하려는 전통을 무시하고서 논의를 진행할 이유는 더 이상 없다.

리처드 로티의 경우와는 달리, 허무주의 무근거성이라는 문제를 해결하려는 우리의 시도는 단순히 '서양의 계속적인 대화Continuing the Conversation of the West'[1]라는 이상에서 영향을 받은 것이 아니다. 오히려 이 책 전체에서의 계획은 '지구 전체적 사고Planetary Thinking'라는 하이데거의 호소에 훨씬 더 많이 의존하고 있다. 《존재의 문제The Question of Being》에서 하이데거는 다음과 같이 말한다.

> 그 길이 아무리 짧다 하더라도 곧게 뻗은 길을 따라 지구 전체적 사고를 수행하려는 노력을 포기해서는 안 된다. 지구 전체적 사고를 통해 만날 수 있는 사람들이 많다는 점과 오늘날 그 참가자들이 결코 동질적이지 않다는 사실을 깨닫는 데도 역시 초인적 능력과 행위는 필요없다. 이 사실은 유럽과 동아시아의 언어들에 공히 해당되는 것이며 특별히 이 둘 사이의 가능한 대화에 대해서는 더욱 그러하다. 그 둘 중 어느 하나 그 자체만으로는 이 영역을 열고 이 영역을 완성할 수 없다.[2]

길은 우리가 걸을 때만 존재한다는 것이 우리의 주된 비유인데,

이 길에 첫걸음을 내디디면서 우리는 과학문화의 무근거성의 문제를 대면해야 하고 '공'의 개방적 무근거성을 체화하는 법을 배워야 한다. 20세기 일본철학의 중심인물 중 한 사람인 니시타니 케이지西谷 啓治는 사실상 이와 정확히 같은 주장을 했다.[3] 그는 지관의 선禪불교적 전통에 개인적으로 몰입하고 그 전통에서 성장했을 뿐 아니라 하이데거의 제자로서 유럽사상 일반과 특별히 하이데거의 지구 전체적 사고에 능통하기 때문에 우리에게는 하나의 모범적인 예가 된다. 진정으로 지구 전체적인, 즉 철학적이며 동시에 체화적이고 발전적인, 반성을 발전시키려는 니시타니의 노력은 인상적이다. 잠시 그의 사고의 몇 가지 핵심적 요점들을 검토해 보기로 하자.

니시타니 케이지

데카르트적 불안에 대한 우리의 논의에서 우리는 표상이라는 개념에 연결되어 있는 주관론과 객관론 사이를 오가는 진동을 보았다. 따라서 표상은 세계의 '투사(주관론)' 또는 '재현(객관론)'으로 이해될 수 있다(물론 표상의 이 두 가지 측면은 보통 지각과 인지에 대한 설명에서 통합된다).

니시타니에 따르면 이 주관론과 객관론 사이를 오가는 진동은 '의식의 장field of consciousness'이라 그가 부르는 것에 기반을 두는 모든 철학적 입장에서 발생할 수 있는 현상이다. '의식의 장'이라는 말로 니시타니가 의미하는 것은 세계를 객관적인 영역 또는 미리 주어진 영역으로 간주하는 철학적 해석 그리고 이 미리 주어진 세계와 모종의 접촉을 달성하는 이미 주어진 인식주관으로 자아를 이해하는 철학적 해석이다. 여기서의 의식은 주관성으로 이해되었으므로, 의식과 의식이 존재하는 객관적 세계를 어떻게 연결할 수 있는가 하는 문제가 발생한다. 그러나 이미 논의했듯이 주관은 주어진 세계를 그 자체로서 파악하기 위해 세계에 대한 주관의 표상 바깥으로 나갈 수 없다. 결국 이런 데카르트적 시각에서 객관적인 것은 주관에 의해 표상된 것이 될 뿐이다. 니시타니의 말에 의하면 "주관적인 것과의 관계가 모두 제거된 존재방식은 사실은 주관과의 관계를 비밀리에 포함함으로써 구성된 것들이다. 따라서 우리에게 드러나는 것을 통해 이런 존재들이 규정된다는 주장을 결코 피할 수 없다."[4]

객관성이라는 개념이 이런 방식으로 문제된다면, 주관성의 개념 또한 그러할 것이다. 모든 것들이 궁극적으로 우리에게 드러나는 방식을 통해 규정된다면 인식주관도 마찬가지로 그런 식으로 규정될 것이다. 주관은 그 자신을 그 자신에게 표상할 수 있으므로, 그것은 표상의 대상이 되지만 다른 모든 대상들과는 다르다. 결국 자아는 객관화된 주관과 주관화된 객관 모두가 된다. 이런 막다른 골목은 교대성, 즉 주관성/객관성 양극 전체의 불안전성을 폭로하는 것이다.

그러나 니시타니의 다음 단계는 그의 사상이 지닌 불교철학적 전통과 지관적 전통의 깊은 영향을 드러내 보인다. 주관성/객관성의 이원론이 지닌 무근거성 혹은 근본적 불안전성을 깨닫는 것은 어떤 의미에서는 '의식의 장'에서 미끄러져 나오는 것이다. 마치 어느 곳을 향해서 갈 것인지 미리 아는 사람들처럼 이 이원론을 '넘어'서거나 이원론에서 '발을 뗄' 수는 없지만, 근본적으로 근거가 없는 대립의 양극 사이의 전진과 후퇴가 보여주는 임의성과 무의미성을 우리는 알고 있다. 따라서 우리의 관심은 이 무근거성의 폭로 자체로 변화한다. 이런 폭로가 담당하는 실존적 역할을 강조함으로써 니시타니는 이제 지관의 실천적 의도를 따른다. 우리가 굳건한 기반에 서 있지 않다는 깨달음, 즉 우리들이 대상들을 안정된 주관적 혹은 객관적 기반으로 고정시킬 능력을 상실한 상태에서 대상들은 끊임없이 발생하고 사라진다는 사실은 우리의 존재와 생활 자체에 영향을 미친다. 우리는 이런 실존적 맥락에서, 즉 이해의 측면에서뿐만 아니라 실제화라는 측면에서 무근거성을 깨닫고 있다고 말할 수 있다. 인간의 생활 혹은 실존은 질문, 의심, 또는 불확실성 속에 던져진다.

선불교, 즉 니시타니가 성장한 일본화된 지관의 전통에서는 이 불확실성이 '큰 의심Great Doubt'이라고 불린다. 이 의심은 어떤 특정한 대상에 관한 것이 아니라 무근거성의 폭로로부터 나타나는 기본적 불확실성에 관한 것이다. 의식의 장에서 주관에 의해 수행되는 과장되고 가정적인 데카르트의 의심과는 달리 이 큰 의심은 자아의 실존의 비연속성을 지적하고 인간경험 내에서 실존적 변화에 주의를 기울인다. 이 실존적 변화는 주관성/객관성의 입장에서 멀어져서, 니시타니 저술의 영어 번역에서 나타나는 '허무성의 장field of nihility'이라고 하는 것에 수렴함으로써 나타난다. 허무성nihility은 주관성/객관성의 양극성에 관련된 무근거성을 지시하는 말로 쓰인다. 이 말은 상대적이며 부정적인 무근거성 개념을 나타내기 때문에 니시타니는 이것을 중론의 무근거성과 구분하려고 한다.

유럽사상은 객관론을 비판하는 데 대략적인 성공을 거두기는 했지만 허무주의에 빠져버렸다는 것이 니시타니의 근본적 주장이기 때문에 그는 이 두 종류의 무근거성을 구분한다. 여기서 우리가 놓인 상황에 대한 니시타니의 평가는 실제로 니체의 평가를 따르고 있다.[6] 앞에서 언급했듯이 허무주의는 가장 소중하게 여긴 믿음이 타당성을 결여하고 있지만 그런 믿음 없이 살 수 없다는 점을 알게 되었을 때 니체에게 나타난 것이다. 우리가 굳건한 근거 위에 서 있지 않다는 점에서, 즉 우리가 기준점이라 생각하는 것은 실제로는 항상 변화하는 비인격적 과정에 붙인 해석에 지나지 않는다는 점에서 유래하는 허무주의에 니체는 상당히 깊은 관심을 기울였다. '신의 죽음'을 선언한 그의 유명한 경구는 고정된 기준점의 붕괴를 극적으로 표현한 말이다. 니체는 또한 허무주의를 근거에 대한 집착에 뿌리를 둔 것으로, 즉 아무것도 발견될 수 없다는 것을 우리가 알고 있음에도 불구하고 일정한 궁극적 기준점을 계속적으로 추구하는 것에 뿌리를 둔 것으로 이해했다. "허무주의란 무엇을 의미하는가? 최고의 가치가 스스로 가치를 상실하는 것을 말한다. 목표는 결여다. '왜'라는 물음은 답을 얻지 못한다."[5] 니체가 당면하고 있는 철학적 도전은 새로운 기반을 찾아 변신을 꾀하는 것이 아니라 기반을 포기하는 사고와 실천의 길을 여는 데 있는데,[6] 이것은 탈근대적 사고의 임무를 특징짓는 것이다. 니체의 시도는 잘 알려져 있다. 그는 영원회귀와 권력에의 의지라는 개념을 통해 무근거성을 인정함으로써 허무주의를 차단하려고 한 것이다.

니시타니는 니체의 시도에 깊이 감복하지만, 객관론과 허무주의 양자 모두의 근원에 놓여 있는 집착하는 마음이 사라지지 않았기 때문에 니체의 시도는 실제로 허무주의적 난제를 반복하고 있다고 주장한다. 니시타니는 허무주의는 (아무리 이 개념이 탈중심화되었고 비인격화되었다 하더라도) 무근거성을 의지의 개념과 동일시함으로써 극복될 수 있는 것이 아니라고 주장했다. 마지못한 선택으로서 허무주의를 받아들인 것이 서양의 허무주의의 진짜 문제라고 주장함으로써 니시타니의 진단은 니체의 것보다 훨씬 극단적이다. 서양의 허무주의는 그 자신의 논리와 동기를 일관적으로 따르지 않고 있으며 그리하여 무근거성의 부분적인 실현을 공의 철학적 경험적 가능성으로 변형시키는 데까지 이르지 못하고 있다고 니시타니는 주장한다. 서양의 허무주의가 그런 단계에 이르지 못한 이유는 일반적으로 서양적 사고에는 직접적이며 실천적인 방식으로 인지와 경험변형이 연결되는 전통이 없기 때문이다(한 가지 가능한 예외는 정신분석이다. 그러나 대부분의 현대적 형태의 정신분석은 우리의 실제적 경험에서 드러나는 자아에 관한 모순을 해결할 수 없었거나 혹은 변형적 재체화 reembodiment를 제공할 수 없었다). 실제로 서양의 과학문화는 삶과 존재의 기반에 대한 근본적이며 감정적인 집착의 극복을 위한 경험에 대한 실천적이며 발전적 접근 가능성을 이제 막 고려하기 시작한 것이다. 일상 생활적 접근, 특히 발전하는 우리의 과학문화 내에서 경험의 변화를 위한 실천적 접근이 없다면 인간의 실존은 객관론과 허무주의 사이에서 결정할 수 없는 선택에 얽매인 채 존재하게 될 것이다.

　　니시타니가 서양의 허무주의는 불교적 중론의 무근거성에 이르지 못했다고 주장할 때 그의 주장의 요점은 여러 문화적 특징을 지닌 전통으로서 불교를 우리가 받아들여야 한다는 것이 아니라는 점을 명심해야 한다. 오히려 그의 요점은 우리 자신의 문화적인 조건들에서부터 시작함으로써 중론적인 무근거성에 대한 이해에 도달해야 한다는 것이다. 우리는 과학문화 내에 살고 있기 때문에 문화적 조건들은 대부분 과학에 의해 결정된 것들이다. 그러므로 우리는 인지과학의 입장과 경험에 대한 개방적 접근을 구체화하는 실천으로서의 지관의 입장 사이에 다리를 놓는다는 의미에서 니시타니의 주장을 따르기로 했다. 게다가 기반에 의존하지 않는 재개념화 없이는 과학문화 내에서 무근거성을 체화시킬 수 없으므로, 인지과학 연구의 내적인 논리를 따라서 발제적 접근을 발전시키려고 한다. 이 접근법은 객관론이나 주관론에 대한 신뢰를 전제하지 않고서도 과학에 대한 신뢰가 가능하다는 것을 증명하는 데 이용되어야 할 것이다.

우리 사회에서 객관적 과학은 역사적 측면에서뿐만 아니라 그 존재의 이상적 가치의 측면에서 윤리적 중립성을 지키는 역할을 유지해왔다. 우리 시대의 사회적 담화에서는 이런 중립성이 점차적으로 도전을 받게 되었다. 지구 전체적 사고를 하기 위해서 우리는 인지과학에 의해서건 경험에 의해서건 인간이라는 전체적인 맥락에서 무근거성을 총체적으로 고려할 필요가 있다. 도덕적인 그리고 윤리적인 힘을 지닌 담지자로서 간주되는 것은 자아가 아닌가? 그런 자아의 관념에 도전한다면 세계에서 우리가 잃은 것은 무엇인가? 자아에 대한 이런 우려는 서양적 논의가 자아와 그 부산물인 자기이익을 경험과학적 능력을 통해 분석하는 데 실패한 결과라고 생각한다.

반면에 자아와 비자아성의 윤리적 차원은 불교 전통의 핵심에 존재한다. 마지막으로 지관의 전통이 최선의 인간행위의 전망을 위해 제공할 사회과학적 시각에 관해 논의하려 한다.

윤리와 인간변형

사회과학적 입장

'공동체의 비극The tragedy of the commons'이라 불리는 우화는 윤리적 문제에 대한 사회학적 연구에 자주 이용되는 사례다.[7] 이 우화는 공동체 소유의 방목지에 가축떼를 방목하는 여러 명의 방목자들이 처한 상황을 기술한다. 각 방목자들은 그 자신의 가축의 수를 늘이는 것은 자기이익에 도움이 된다는 점을 알고 있다. 그것은 공동 방목지에 추가로 방목되는 한 방목자의 가축의 수는 그 방목자에게 이익을 가져다주는 반면, 가축방목의 비용과 풀밭에 가해지는 손실은 모든 방목자들이 공동으로 부담하기 때문이다. 결과적으로 각 방목자들은 공동의 풀밭이 허허벌판이 될 때까지 그리하여 그것에 방목되는 가축들 모두도 피해를 입을 때까지 합리적으로 방목 가축의 수를 증가시킨다. 사회과학자의 관심은 어떻게 우리가 합리적인 이기심을 지닌 목동들의 집단을 공동 이익을 유지하기 위해 협력하는 집단으로 만들 수 있는가다.

우리가 사는 세계에 대한 이런 친근하면서도 모순적인 은유는 자아와 타인에 대한 근대적 사고의 긴 전통을, 즉 마음의 경제학적 입장으로 알려진 긴 전통을 구체화시킨 것이다. 이 입장에 따르면 자아의 목표는 이익(최소의 비용으로 최대의 효과를 얻는 것)에 있다고 가정된다. 홉스Hobbes의 폭군[9] 같은 무제약적 경제인economic man[8]은 타인의 몫이 하나도 남지 않을 때까지 그의 획득물을 증가시킨다. 따라서 제약들, 다시 말해 외적인 사회적 강제, 내재화된 사회화, 미묘한 심리학적 기재가 필요하다. 사회심리학, 결정이론decision theory, 사회학, 경제학, 그리고 정치학에서 널리 이용되고 있는 사회교환이론 social exchange theory이라 불리는 일반이론은 개인적이든 집단적이든 모든 인간활동을 입력과 출력의 계산, 즉 수입과 지출의 측면에서 고려한다. 이런 인간 동기에 대한 암묵적인 전망은 사회과학뿐만 아니라 대부분의 현대인들이 가지고 있는 인간 행동에 관한 견해의 밑바탕에 존재하는 것이다. 이타주의利他主義조차도 타인의 이익을 추구함으로써 한 개인이 얻을 수 있는 (심리학적) 유용성의 측면에서 정의된다.

　이런 입장이 경험적으로 정당화되는가? 지관 전통의 수행자들은 자기집중을 시작하게 됨에 따라 자신의 이기심을 깨닫고, 즉 그들 자신이 이기적인 거래심리에 의해 미묘한 영향을 받는 것을 깨닫고 자주 놀란다. 그들은 또한 세계에 대해서 이런 입장을 취하는 것이 어떤 의미를 갖는지 생각하게 된다.

　사회과학이 취하고 있는 입장, 즉 경제인으로 자아를 보는 입장은 일상적이며 집중을 결여한 인간의 동기를 제대로 검토하지 않은 입장과 매우 흡사하다. 이 입장을 보다 분명하게 나타내보자. 자아는 분명한 경계를 지닌 영역으로 간주된다. 자아의 목표는 모든 좋은 것들을 그 영역 안으로 끌어들이고 반면 그 영역 바깥으로는 되도록 이면 좋은 것들을 조금 내 보내는 것이다. 역으로 말해 그 목표란 모든 나쁜 것들을 그 영역 바깥으로 몰아내고 그 영역 안으로는 나쁜 것들이 되도록 조금 들어오게 하는 것이다. 좋은 것들은 흔하지 않으므로 각각의 자율적인 자아는 그 좋은 것들을 얻기 위해 다른 자아와 경쟁을 벌인다. 개인들 간에 그리고 사회전체의 협동은 보다 많은 좋은 것들을 얻는 데 필요하기 때문에 자율적 개인들 간에는 불편하고 불안정적인 동맹관계가 형성된다. 어떤 (이타적인) 자아들과 일정한 역할을 맡은 자아(부모, 교사)들은 다른 자아들을 도와줌으로써 좋은 것(물건)들을 얻을 수 있다. 그러나 이런 자아들은 그들이 돕고 있는 다른 자아들이 그들의 도움에 보답하지 않을 때 실망하게 (환멸을 느끼게) 된다.

  지관의 전통 혹은 발제적 인지과학이 이런 이기심의 모습에 기여하는 바는 무엇인가?[10] 경험에 대한 집중적, 개방적 접근은 소위 자아라고 하는 것이 한순간, 한순간 타자와의 관계를 통해서만 존재할 수 있는 것이라는 점을 밝힌다. 만일 내가 칭찬, 사랑, 명예 혹은 권력을 원하면 (단지 정신적인 존재라 하더라도) 나를 칭찬하고, 사랑하고, 나에게 관심을 갖고, 복종할 타자(他者)가 필요하다. 내가 물건을 얻기를 원한다면 그것들은 내가 이미 가지고 있지 않은 것들이어야 한다. 쾌락의 추구에 관해서조차도, 쾌락은 내가 관계를 맺고 있는 어떤 것이다. 자아는 (지금 논의하는 매우 단순한 단계에서조차) 다른 것들과 상호의존하고 있기 때문에 이기심의 힘은 그것이 지닌 자기 지향적인 측면과 마찬가지 정도로 늘 타자지향적이다.

그렇다면 이타적인 것에 반대되는 의미에서 이기적으로 보이는 사람들이 하는 일이란 무엇인가? 그런 사람들은 혼란된 방식으로 타자와 자기지시적self-referential인 관계를 맺음으로써 분리된 자아의 느낌을 유지하려고 갖은 힘을 쓰는 존재들이라고 지관의 명상가들은 말한다. 내가 잃든 얻든 간에 나라는 느낌이 존재한다. 잃을 것도 얻을 것도 없다면 나는 근거가 없는 존재인 것이다. 홉스의 폭군이 우주의 모든 것을 손에 넣는 데 실제로 성공했다면 그는 다른 일거리를 재빨리 찾아야 한다. 그렇지 않으면 그는 비참한 상황에 빠지게 될 것이다. 그는 그의 자아가 존재한다는 느낌을 갖지 못하게 될 것이다. 물론 우리가 허무주의의 내부에서 보았듯이 우리는 항상 그 무근거성을 하나의 근거로 바꿀 수 있다. 그러고 나서 자아는 절망감이라는 느낌을 통해 새로이 만들어진 근거성과 관계된 그 자신을 유지할 수 있다.

개인과 집단의 이기적 행위의 설명이 사회과학의 몫이라면 자아와 타자에 관한 이런 통찰은 사회과학에 매우 중요한 것이라고 우리는 믿는다. 그러나 보다 중요한 것은 경험에 대한 집중적, 개방적 접근이 이기심의 변형에 기여하는 바다.

자비: 근거 없는 세계들

지구 전체적 사고가 무근거성의 깨달음을 과학 문화에 실현하라고 우리를 자극한다면, 지구 전체성의 구축planetary building은 우리와 함께 세계를 발제하는 타인들에 대한 관심을 요청한다. 지관의 전통은 이런 일들이 실제로 발생할 가능성을 제공한다.

지관을 수련하는 학생은 먼저 순간순간 마음이 하는 일, 즉 마음의 초조, 영속적인 집착을 정확한 방식으로 보기 시작한다. 이런 봄은 이 학생이 지닌 습관적인 패턴의 몇 가지 자동성을 제거하게 하고 이런 제거는 다음 단계의 집중으로 이어진다. 이리하여 이 학생은 그의 실질적 경험 어디에도 자아가 존재하지 않는다는 점을 깨닫기 시작하게 된다. 이런 과정은 혼란스러운 것이며 순간적으로 우리 마음을 마비시켜서 다른 극단을 향한 유혹의 손길을 뻗친다. 이 장의 앞에서 본 허무주의를 향한 철학적 도약은 이 심리적 과정을 반영하는 것이다. 집착이라는 반사작용은 너무도 강하고 깊이 자리를 잡은 것이기 때문에 우리는 굳건한 기반의 부재를 굳건한 부재 또는 굳건한 심연으로 물화시키기에 이른다.

그러나 이 학생이 이 과정을 계속 진행함에 따라 그의 마음은 자각을 향해 즉 따뜻함을 향해 이완되고 이어 개방성이 점차 나타나게 된다. 심각한 이기심의 투사형 정신상태는 점차 사라지고 이타심이 나타나게 된다. 우리는 우리가 지닌 가장 부정적인 측면에서조차 이미 타자지향적인 존재이며 가족과 친구와 같은 사람들에게서 따뜻함을 느끼는 존재인 것이다. 우리 존재가 타인들과 관계되어 있다는 느낌에 대한 의식적 깨달음 그리고 따뜻함에 대한 보다 공평한 감각의 발전은 지관의 전통에서 자애심의 산출과 같은 명상적 실천을 통해서 장려된다. 따뜻한 마음이 없다면 '공'의 완전한 깨달음은 나타날 수 없다고 한다.

우리가 이제까지 '공'으로서의 무근거성을 통하여 소개한 대승불교에서는 이런 이유에서 자비로서의 무근거성에 대해서도 같은 정도의 중요한 관심이 존재한다.[11] 사실 대부분의 전통적 대승불교에 대한 소개는 무근거성에서부터 시작되지 않고 모든 살아 있는 존재에 대해 자비를 함양하는 것에서 시작된다. 예를 들어 용수는 대승불교의 가르침은 "'공'과 '자비'라는 본질"[12]을 지닌다고 그의 한 저술에서 말하고 있다. 이 말은 가끔 '공'은 자비로 가득 차 있다는 말로 풀이된다.[13]

따라서 자아와 타인 또는 그 둘 사이의 관계에서 나타나는 근거의 결여 또는 고정된 기준점의 결여로서의 공은 동전의 양면 또는 새의 두 날개처럼 자비와 분리될 수 없는 것이다. 이 견해에 따르면, 자비는 일종의 자연적 성향이지만 태양이 지나가는 구름에 가려지듯이 자아 집착의 습관에 의해 가려진 것이다.

그러나 이 점은 결코 우리가 가야할 길의 마지막이 아니다. 어떤 전통에서는 상호의존적 발생의 공을 넘어서는 이해, 즉 자연성의 공을 향한 다음 단계가 존재한다. 지금까지 부정적인 용어인 무아, 비자아성, 비세계, 비이원성, 공, 무근거성으로 우리 깨달음의 내용에 대해 말해왔다. 그러나 세계의 대부분의 불교도들은 그들의 깊은 관심을 부정적인 용어로 말하지 않는다. 우리가 말한 부정적인 것들은 긍정적으로 이해된 상태의 깨달음을 지향하고 있는 예비적인 것들, 즉 집착의 습관적인 패턴을 제거하는 데 필요하며, 지극히 중요하지만 그럼에도 불구하고 예비적인 것들이다. 서양적 전통, 예를 들어 기독교주의는 (아마도 서양의 전통에서 허무주의와 대화하는 방식으로) 이런 불교의 부정적 접근에 기꺼이 참여 하기는 하지만, 확실하게(가끔 자기의식적으로) 불교의 적극적 측면을 간과하는 경향을 가지고 있다.[14]

확실히 불교적 적극성은 위협적이다. 이런 적극성은 어떤 근거를 기반으로 가진 것이 아니다. 이것은 근거, 기준점 또는 자아감의 둥지로 포착되지 않는다. 그것은 존재하지 않으며 존재하지 않는 것도 아니다.[15] 그것은 마음의 대상도 아니며 개념화 과정의 대상도 아니다. 그것을 볼 수도 들을 수도 생각할 수도 없다. 그리하여 이것은 맹인의 시각, 하늘에서 피는 꽃 등의 많은 전통적인 불교 이미지를 통해 표현되었다. 개념적인 마음이 이것을 포착하려 할 때 마음은 아무것도 파악할 수 없으며 공으로 그것을 경험한다. 그것은 직접적으로 (오직 직접적으로만) 알려질 수 있다. 그것은 불성, 무심, 원초적 마음primodial mind, 절대적 지혜bodhicitta, 지혜의 마음, 용사의 마음, 모든 선, 훌륭한 완성, 마음에 의해 꾸며질 수 없는 것, 자연성naturalness이다. 그것은 가는 털 하나도 일상세계와 다르지 않다. 무제약적인 최상의 상태로 경험되는 (알려지는) 세계, 즉 일상적인, 제약된, 비영속적인, 고통스러운 근거 없는 세계와 똑같은 것이다. 그리고 이런 상태의 자연적 발현, 즉 체화는 자비(무제약적인, 두려움 없는, 앞뒤 살피지 않는, 자발적인 자비)다. "추리하는 마음이 더 이상 매달리거나 집착하지 않을 때,…… 우리는 우리가 가지고 태어난 바의 지혜를 얻으며 이때 가식 없는 자비의 에너지가 넘쳐난다."[16]

무제약적 자비란 무엇을 의미하는가? 수련하는 학생의 세속적인 시각에서부터 자비의 발전을 재검토할 필요가 있다. 모든 인간에게 나타나는 타인에 대한 자비의 관심의 가능성은 보통 자아의 감각과 섞여 있으며 그리하여 자기발견과 자기평가에 대한 욕심을 만족시키려는 필요와 혼동된다. 습관적인 패턴에 사로잡혀 있지 않을 때,

달리 말해 업의 원인과 결과에서부터 나타나는 자발적인 행동을 취하고 있지 않을 때 발생하는 자발적인 자비는 그 수혜자로부터의 반응을 필요로 하지 않는다. 타인으로부터의 반응에 대한 초조감이 바로 우리 행동에 긴장과 억제를 야기하는 것이다. 우리의 행동이 이기적 거래의 태도를 벗어난다면 긴장의 이완이 생길 수 있다. 이것은 최상의 (또는 선험적인) 너그러움generosity이라 불린다.

이런 설명이 추상적인 것처럼 생각된다면 독자들에게 간단한 연습을 해보라고 권하고 싶다. 우리는 지금 읽고 있는 것과 같은 책을 일정한 목적을 따라 힘겨운 부담을 안고 읽게 된다. 잠시 이 책을 오로지 타인의 이익을 위해 읽고 있다고 상상해보라. 이런 상상이 책읽기의 부담을 바꾸는가?

자비의 시각에서 지혜를 논할 때 보디시타bodhicitta라는 산스크리트 단어가 자주 쓰이는 데, 이 말은 '깨달은 마음' '깨달은 마음상태의 핵심' 또는 단순히 '각성된 가슴'의 여러 방식으로 번역되었다. 보디시타는 하나는 절대적이고 하나는 상대적인, 두 측면을 지니고 있다고 한다. 절대적인 보디시타는 주어진 불교 전통에서 궁극적이며 근본적인 것이라 여겨지는 모든 상태, 즉 공을 무근거성으로 경험하는 것에 또는 (적극적으로 규정된) 자연스럽게 각성된 상태 자체를 갑작스럽게 경험하는 것에 적용되는 말이다.[18] 상대적 보디시타는 수행자들이 보고하는 바 현상적 세계를 향한 근본적 따뜻함이 절대적 경험에서부터 일어남을 말하며 또한 단순히 소박한 자비를 넘어서서 타인의 복지를 걱정함으로써 자신을 드러내는 것을 말한다. 우리가 앞서 이런 경험들을 기술한 순서와는 달리 세계에 대한 무차

별적인 따뜻함의 느낌을 발전시키는 것은 절대적인 지혜(보디시타)의 순간적인 경험으로 우리를 이끈다고 한다.

불교 수행자들은 확실히 이런 것들을 (심지어 집중조차도) 한순간에 깨닫지는 않는다. 더 이상의 노력을 자극하는 순간들을 느낀다고 그들은 보고한다. 가장 중요한 단계 중 하나는 자기 자신이 스스로의 자아에 집착하는 것에 대해 자비를 개발하는 것이다. 이런 태도 속에 숨겨진 생각은 자기 자신의 집착하는 성향을 대면하는 것이 자신에게 도움이 되는 것이라는 점이다. 이런 자신에 대한 우호적인 관계가 발전함에 따라 주변 사람들에 대한 자각과 관심도 역시 커진다. 우리가 보다 개방적이며 비자기중심적인 자비를 기대하기 시작할 수 있는 것은 바로 이 시점이다.

습관적 패턴의 의지적인 행동에서 나타나지 않는 자발적 자비의 또 다른 특징은 그런 자비는 어떤 규칙도 따르지 않는다는 것이다. 이런 자비는 공리적axiomatic 윤리체계로부터도 실용적 도덕체계에서부터도 도출되지 않는다. 이 자비는 완전히 특정한 상황의 필요에 호응하는 것일 뿐이다. 용수는 이런 상황의 호응을 다음과 같이 말한다.

> 문법가가 우리가 문법을 연구하도록 만들듯이
> 부처는 그 학생들을 그 감당하는 능력에 따라 가르친다.
> 누구에게는 죄에서 벗어나라고 하고 다른 이에게는 선을 행하라고 하며
> 누구에게는 이원론에 의지하라고 하고 다른 이에게는 비이원론에 의

지하라고 한다.

그리고 누구에게는 심오한 것을
무서운 것을, 깨달음의 수행을
그 본질은 '공'인, 자비를 가르친다.[19]

물론 깨닫지 못한 수행자들은 규칙과 도덕적 권고가 반드시 필요하다. (앉는 명상 자세가 마치 깨달음의 모사라고 하듯이) 몸과 마음이 주어진 상황에서 참된 자비가 취하게 되는 모습에 되도록 가까운 형태가 되는 것을 목표로 하는 불교의 윤리적 규칙들은 많이 존재한다.

그 상황적 특수성과 상황에 대한 호응에 관련하여, 이 비자기중심적非自己中心的 자비는 최근의 몇몇 정신분석 저술에서 '윤리적 노하우ethical know-how'라고 알려진 것[20]과 비슷하게 보인다. 지관의 전통에서 나타나는 자비스런 관심의 측면에서 본다면, 이 노하우는 원래는 자아를 지니지 않았지만 자신에 집착하기 때문에 고통받는 나 자신과 타인들에 대한 호응에 그 기반이 있다고 말할 수 있다. 이런 호응의 태도는 계속적으로 지속적인 관심에 뿌리를 내린다. 어떻게 무근거성이 비자기중심적 자비를 통해 윤리적으로 드러날 수 있는가?

자비의 행동은 불교에서는 숙달된 능력upaya이라고도 불린다. 숙달된 능력은 지혜와 분리될 수 없다. 자동차 운전을 배우는 것, 바이올린 연주를 배우는 것과 같은 일상적인 기술과 숙달된 능력의 관계를 고려하는 것은 흥미롭다. 불교에서의 윤리적 행동(자비의 행동)이 기술技術로 간주되어야 하는가? 규칙에 기반을 두지 않고 개발된 기술로서 그리고 윤리적 행동에 대한 하이데거/드레퓌스적 설명[21]에 가깝게 접근하는 것으로서 간주되어야 하는가? 우리가 명상의 수행에 관해 길게 설명할 때 드러났듯이 어떤 측면에서 불교의 숙달된 능력은 기술이라는 우리의 개념과 비슷하게 보인다. 학생은 수행한다(좋은 씨를 뿌린다). 해로운 행동을 피하고 이로운 것을 행한다. 명상한다. 그러나 일상의 기술과는 달리 숙달된 능력으로서의 수행의 근본적 효과는 모든 자기중심적 습관을 제거해서 수행자가 지혜의 상태를 느낄 수 있고 자비로운 행동이 지혜에서부터 직접적이고 자발적으로 나타날 수 있게 하는 데 있다. 이 상황은 마치 우리가 이미 태어나면서부터 바이올린 연주를 할 수 있어서 이제는 거장의 솜씨를 방해하는 습관을 제거하는 데만 온 힘을 기울여 노력하는 경우와 같은 것처럼 보인다.

이제는 자비의 윤리는 쾌락원칙을 만족시키는 것과는 아무 관련이 없다는 점이 분명해져야 한다. 지관의 관점에서 볼 때, 집착하는 마음속에서 태어난 욕망들을 만족시키는 것은 근본적으로 불가능한 일이다. 무제약적 행복감은 집착하는 마음을 버려야 얻을 수 있다. 그러나 금욕주의로 향할 이유는 어디에도 없다. 물질적, 사회적 재화는 상황이 어떠하더라도 충당되어야 한다(금욕과 방종의 양극단 사이의 가운데 길이라는 뜻은 불교의 중도라는 말의 최초의 의미였다).

집중적이고 개방적인 배움으로 향한 길의 끝은 심오한 변화다. 목표는 투쟁, 습관, 그리고 자아의 감각에서부터 발생하는 체화가(보다 정확히 말해 순간순간 재체화되는 것이) 아니라 세계에 대한 자비에서 나오는 체화이다.[22] 티베트의 전통은 오온이 다섯 가지 지혜로 변했다고 말하기까지 한다. 이런 변형의 느낌은 세계를 떠나는 것(오온으로부터 해방되는 것)을 의미하지 않는다는 점을 주의하기 바란다. 온들은 자아와 세계의 부정확한 감각이 구성되는 구성요소일지 모르지만 (보다 적절히 표현한다면 그것들은 구성요소인 동시에) 그것들은 또한 지혜의 기반이기도 하다. 온들을 지혜로 변화시키는 수단은 지식이다. 즉 온들을 정확히 파악하고 있는 지식, 쉽게 말해 자아의 기반을 아무것도 지니지는 않지만 무제약적인 선(불성 등)이 가득 차 있는 본래적인 온들에 대한 지식이다.

이런 포괄적이며, 탈중심적이고, 타자와 호응적이며, 자비스런 관심의 태도가 서양문화에서 성장하고 체화될 수 있는가? 분명 자비스런 관심은 단지 합리적인 권고나 규범을 통해 창출될 수 없고 자기중심적인 습관을 떨쳐버리게 하고 자비를 자기지속적이며 자발적이게 하는 훈련을 통해 발전되고 체화되어야 한다. 요점은 상대적인 세계에는 규범적인 규칙이 필요없다는 점이 아니다. 분명 그런 규칙은 모든 사회에서 필요한 것이다. 오히려 논의의 요점은 규칙을 살아 있는 상황의 특수성과 직접성의 요청에 상응하게 하는 지혜의 도움을 얻지 않는다면 그런 규칙들은 자비의 발현을 돕는다기보다는 자비의 행동에 대한 헛된 교단적 방해가 될 뿐이라는 것이다.

분명히 드러나지는 않았지만 지관의 전통에서 더욱 강하게 주장되는 것은 단순히 자기발전의 계획으로 추진되는 명상과 수행은 오히려 자아만 성장시킨다는 것이다. 모든 명상적 전통의 수행자들이 알고 있는 것이지만, 자기중심적인 습관적 조건화의 강력한 힘 때문에 우리에게는 아주 작은 깨달음이나 순간적인 개안開眼의 느낌이, 혹은 이해를 자랑스럽게 생각하거나 그것을 소유하고, 그것에 집착하는 지속적인 경향이 존재한다. 이런 경향이 자비를 향한 떨쳐버림의 길에서 버려지지 않는다면 명상과 수행에서 얻을 수 있는 통찰이란 득보다는 실이 많다. 자비를 드러내지도 못하는 무근거성의 경험에 대한 기억에 매달리는 것보다는 오히려 일상인으로 남아서 궁극적인 근거를 믿는 편이 훨씬 낫다고 불교의 스승들은 종종 주장하고 있다.

마지막으로 혼자서 떠드는 것은 확실히 자발적인 비자아중심적 관심을 일으키는 데 충분하지 못하다. 깨달음의 경험들보다는 용어들이나 개념들이 먼저 파악되어 근거로 간주되면 이들은 자아의 겉치장물이 된다. 모든 명상적 전통의 스승들은 실재로 잘못된 견해들이나 개념들의 고착을 경고한다. 실제로 우리가 공표한 발제적 인지과학의 개념들도 검토를 필요로 한다. 우리는 분명 객관론의 상대적인 겸손을 발제적 세계를 구성하는 데 사용된 사고의 오만함과 바꾸려 하지 않는다. 자만심에 가득 찬 유아독존적 발제론자가 되기보다는 분명한 인지론자가 되는 편이 훨씬 낫다.

우리는 지속적이며 잘 훈련된 수행의 몇 가지 형태들이 필요하다는 점을 간과할 수 없다. 혼자의 힘으로 서양의 과학사를 만들 수 없는 것처럼 수행이라는 것은 자신을 위해서 마음대로 만들어진 것이 아니다. 어떤 것도 수행의 자리를 대신할 수 없다. 어떤 특정한 형태의 과학을 통해 지혜를 얻고 윤리적인 사람이 되었다고 생각해서는 안 된다. 각각의 개인들은 자아감을 초월하기 위해서 개인적으로 그 자신의 자아감을 발견하고 그것을 인정해야만 한다. 이런 일은 개인적인 차원에서 벌어지는 것이지만 과학과 사회를 위해 시사하는 바가 크다.

결론

지관의 전통에서의 윤리가 왜 중심적 요소가 되는가 그리고 실제로 지관이라는 전통 자체가 현대세계에 왜 그리도 중요한가 하는 점을 다시 정리해보자. 우리 문화에서, 구체적으로 과학, 인문학, 사회 그리고 사람들의 일상생활에서의 불확실성에서 무근거성의 심오함이 발견된다. 우리 시대의 예언자들에서부터 생의 의미를 찾으려 노력하는 보통 사람들에 이르기까지 이런 발견은 일반적으로 부정적인 것으로 간주된다. 무근거성을 부정적인 것, 또는 상실로서 간주하는 것은 소외감, 절망감, 상심, 그리고 허무주의로 우리를 인도한다. 우리 문화가 일반적으로 제공하는 치료는 (예전의 근거로 돌아가거나) 새로운 근거를 마련하는 것이다. 지관의 전통은 극단적으로 다른 해결방법을 제시한다. 무근거성이 인정되어 받아들여지고 그 극점에 이르기까지 추구되었을 때 자발적 자비의 세계에서 나타나는 본래적인 선을 우리가 무제약적으로 느낄 수 있다는 결과를 보여주는 사례가 불교 전통에 있음을 우리는 알고 있다. 따라서 우리 문화에 내재하는 허무주의적 소외감의 해결은 새로운 근거를 발견하려는 데 있지 않다. 오히려 그 해결은 더욱 더 무근거성에 깊이 들어가기 위해 무근거성을 추구하는 잘 훈련된 진정한 수단을 찾는 데 있다. 우리 문화에서 차지하는 과학의 중요한 위치 때문에 과학도 이런 노력에 포함되어야 한다.

20세기 후반의 과학이 궁극적인 근거에 대한 우리의 확신을 번번이 무너뜨렸지만, 그럼에도 불구하고 과학은 계속 그것을 추구하고 있다. 이런 딜레마에서 우리를 구할 인지과학과 인간경험의 길을 우리는 찾아보았다. 이런 딜레마는 단순히 철학적인 딜레마가 아니라고 우리는 반복하여 주장했다. 이것은 윤리적, 종교적, 그리고 정치적인 딜레마다. 집착은 개인적으로 보았을 때 자아에 대한 고착일 뿐 아니라, 집단적으로는 한 집단의 사람들을 다른 집단의 사람들로부터 분리시키는 고착 또는 한 집단의 사람들이 그들의 고유한 거주지역을 근거로 간주하여 그 근거에 대해 집착하는 것을 포함하는 인종적, 종파적 자기동일성에 대한 고착으로도 표현된다. 근거가 존재한다는 믿음뿐만 아니라 그 근거를 오직 자신만이 소유한다고 가정하는 맹목적 믿음은 타인을 오직 순수하게 부정적이고 배타적인 방식으로만 인정한다. 그러나 비자기중심적 호응성으로 드러나는 무근거성의 깨달음은 우리와 함께 의존적으로 상호발생하는 타인에 대한 인정을 요청한다. 우리의 미래의 계획이 우리가 지금 생각하는 것처럼 지구촌을 만들고 그 안에 사는 것이라면 우리는 집착하는 성향을 특별히 그 집단적인 발현을 끊어 제거하는 법을 배워야 할 것이다.

우리가 경험에 대한 여러 접근법 중 특히 감추어진 진짜 자아의 발견이나 근거를 결하고 있는 세계에서부터의 도피를 추구하는 접근법이 아니라 집착하는 마음의 손아귀에서부터 일상세계를 구해내고 집착하는 마음에 존재하는 절대적인 근거에 대한 욕망을 떨쳐버리는 데 관심을 기울이는 경험적 접근법으로 지평을 넓힐 때, 즉 우리가 경험에 대한 변형적 접근을 포함하도록 지평을 넓힐 때, 우리는 과학문화가 줄 수 있는 새로운 시각을 얻을 수 있다. 이 새로운 시각은 과학적인 문화풍토에서 우리가 자비로서의 무근거성을 체화하는 법을 배움으로써만 나타날 수 있는 것이다. 우리는 대체로 불교적인 전통과 이 전통이 제공하는 경험의 지관적 접근법에 대한 접근에 영향을 받았기 때문에 과학적이며 지구 전체적인 세계 건설에 관한 논의에서 자연스럽게 이 전통에 의존하게 되었다. 과학은 이미 우리 문화에 깊이 자리를 잡고 있다. 불교는 세계의 모든 문화에 이제 뿌리를 내리고 있으며 서양 사회에서는 이제 발전을 시작하고 있다. 이 두 가지의 지구 전체적 세력, 즉 과학과 불교가 진정으로 함께 협동한다면 무슨 일인들 못하겠는가? 서양 사회로 전파된 불교는 우리가 우리의 문화적 과학적 전제들을 근거를 필요로 하거나 원하지 않게 되는 상황에까지 이르도록 일관적으로 도와주며 근거 없는 세계를 건설하고 그 세계에 거주하는 차기 과제를 수행하도록 하는 여러 수단을 제공한다.

감사의 글

프란시스코 바렐라가 70년대 후반 미국 콜로라도주 볼더에 있는 나로파연구소Naropa Institute의 여름과학프로그램에서 강의를 하고 있을 때, 이 책의 영감이 그의 머리에 떠올랐다. 나로파연구소의 학자들은 다양한 교육과정을 제공하고 편안한 분위기에서 논의에 참가할 학생과 교수들을 한 자리에 모이게 함으로써 인지과학, 불교의 명상 심리학 그리고 철학의 대화를 위한 지적인 공간을 만들어보고자 노력했다. 이런 취지에서, 뉴콤 그린립, 로빈 콘맨, 제레미 헤이워드, 마이클 모어맨, 조셉 고겐, 샤롯 린드의 기여는 말할 수 없이 가치 있었다. 1979년 알프렛슬론재단Alfred P. Sloan Foundation은 '인지현상에 대한 대조적인 시각: 불교와 인지과학'이라는 아마도 이 분야의 첫 번째 모임이 될 학술회의를 후원했다. 이 학술회의에는 북미의 여러 대학의 학자들과 여러 학파의 많은 불교학자들이 모였지만, 이들이 진정한 대화를 하기에는 너무도 역부족이어서 우리는 이 연구에서 손을 뗄 생각도 했다.

이후 수년간 프란시스코 바렐라는 인지과학과 불교 사이의 대화를 위해 개인적으로 연구를 계속했고, 가끔 공개적으로 그의 생각을 발표하곤 했다. 그중 하나 특별히 인상적인 공개토의는 1985년 미국 버몬트 주에서 열린 카르마 쵤링Karma Choeling in Vermont의 연속강연이었다.

에반 톰슨이 독일의 철학연구보조기금Stiftung Zur Forderung der Philosophie의 연구지원을 받아 1986년 여름, 파리의 에콜폴리테크니크에서 바렐라와 함께 연구에 참여하게 되었을 때 이 책의 전체적인 모습이 처음 갖추어졌다. 이 시기, 이 책의 대략적 초고가 완성되었다. 우리는 이 시기의 연구를 지원해준 철학연구보조기금과 유리 쿠친스키Uri Kuchinsky에게 감사한다.

1987년 가을, 우리는 이 초고를 인지과학과 불교를 위한 학술대회에 발표했다. 이 학술대회는 생물학 인지과학 그리고 윤리학 연구를 위한 린디스판 프로그램Lindisfarne Program을 통해, 뉴욕 시의 성요한대성당에서 개최되었다. 우리는 우리 연구에 대한 관심과 지원을 아끼지 않은 윌리엄 톰슨William I. Thompson과 제임스 팍스 모턴James Parks Morton 님에게 감사를 드린다.

1987년에서 1988년까지 바렐라와 톰슨은 시카고의 프린스채리터블트러스트Prince Charitable Trust가 지원하는 생물학, 인지과학 그리고 윤리학 연구를 위한 린디스판 프로그램의 기금보조를 받아 파리에서 계속 저술활동을 했다. 1989년 가을에 수년간 버클리 대학에서 인지과학과 불교심리학을 강의하고 연구한 엘리노어 로쉬가 제3의 필자로 우리의 계획에 참여했다. 1990~1991년 사이에 바렐라, 톰슨 그리고 로쉬는 어떤 때는 함께 버클리, 파리, 토론토 그리고 보스턴 같은 서로 떨어진 장소에서 일하며 원고를 써내려갔고, 결국 이 책의 완성을 보기에 이르렀다.

  수년 동안 많은 사람들이 우리의 작업을 지원했으며 도움을 줬다. 윌리엄 톰슨, 에이미 코헨 그리고 제레미 헤이워드는 이 책의 구석구석까지 조언과 용기와 애정 어린 비판을 아끼지 않았다. 마우로 체루티, 장 피에르 뒤피, 페르난도 흘로레스, 고돈 글로버스 그리고 수잔 오야마의 논평과 지원 또한 특별히 도움이 되었다. 이외에도 원고나 초고를 읽고 가치 있는 논평을 해준 사람들이 많았다. 특별히 대니얼 데닛, 게일 홀레이쉐커, 타마르 젠들러, 댄 골먼 그리고 리사 로이드에게 감사한다. 마지막으로 이 책의 출판에 도움을 준 MIT출판사의 프랭크 우바노프스키에게 특별히 감사하며, 교정과 인쇄에 세심한 신경을 써준 매들린 썬리와 제니아 웨인렙에게도 감사한다.

  이미 언급한 것 외에도 우리 필자들 각각은 개인적인 감사를 덧붙이고자 한다.

  프란시스코 바렐라는 개인적인 영감을 준 고故 촉얌 트룽파와 툴쿠 우르겐에게 특별히 감사한다. 또한 실질적인 저술 기간(1986~1990) 동안 재정적인 지원을 해준 프린스채러터블트러스트와 그 의장인 윌리엄 우드 프린스 그리고 인지과학과 인식론 분야의 위원직을 수행할 기회를 준 프랑스재단Fondation de France에 감사한다. 이 연구를 전반적으로 지원해준 프랑스의 에콜폴리테크니크의 응용인식론연구센터Centre de Recerche en Epistemologie Applique, CREA와 국가과학연구센터Centre National de Recerche Scientifique 그리고 신경과학연구소Institut des Neurosciences,

URA 1199에 감사를 표한다.

　에반 톰슨은 앰허스트 칼리지의 비교철학과 불교철학 연구프로그램에 그를 소개해준, 현재 콜롬비아 대학교에서 재직하고 있는, 로버트 서먼에게 감사한다. 토론토 대학에서 철학 박사학위논문을 준비하는 동안 이 책을 쓸 수 있도록 충분한 박사과정 장학금을 제공하고 이 책의 완성과정에서 박사후 장학금으로 그를 도와준 캐나다의 사회과학인문학연구협회에 감사한다. 이 책이 완성되어가고 있던 시기에 터프츠 대학의 인지연구센터 Center for Cognitive Studies at Tufts University가 제공한 환대에 대해서도 감사한다.

　엘리노어 로쉬는 허버트 드레퓌스, 버클리 소재 캘리포니아 대학의 인지과학프로그램 그리고 불교연구프로그램에 대해 감사한다.

옮긴이의 글

불교를 통한 인지과학과 인간경험의 대화

일상세계, 사회, 그리고 실재의 본성을 해명하는 역할을 하는 철학은 현대에 이르러 새로운 도전과 영감을 과학으로부터 받았다. 현대 미국철학의 주류가 크게 보아 언어분석(언어/분석철학)과 심리현상(심리철학)의 연구에 있다고 한다면, 그것은 바로 현대 정보과학과 인지과학의 발전과 무관하지 않다. 프란시스코 바렐라, 에반 톰슨 그리고 엘리노어 로쉬가 함께 쓴 이 책은 현대철학과 과학의 주된 논쟁점들을 인지과학과 불교의 입장을 통해 재해석하고 그 새로운 방향을 제시하고 있다. 특별히 이들이 동양의 불교사상을 서양의 현대철학과 같이 논의하고 있다는 점은 매우 놀라운 일이다. 이 저자들에 따르면 서양의 철학과 과학은 경험을 통한 마음의 변형적 능력에 관심을 기울이지 않았다. 자아의 분열과 의식의 창발적 구조 그리고 마음의 발제적 능력 등은 현대심리학, 생물학 그리고 인지과학에서 간간이 논의되는 주제이기는 했지만 그 근본적 바탕, 구체적으로 말해 비실체성과 무근거성에 관해서는 깊은 고찰이 이루어지지 않았는데, 그것은 바로 서양철학과 과학에서 경험을 통한 마음의 변형적 과정이 논의되지 않은 탓에 있다고 저자들은 주장한다. 한편으로는 고전적인 객관론이(세계의 객관적 존재가) 다른 한편으로는 주관적 관념론이(주관의 영속적 존재가) 우리의 뇌리에 강하게 남아 있는데, 그것은 아마 실체성(존재를 그 불변적, 연속적, 무시간적, 본질을 통해 연구하는 입장)을 추구하는 서양철학의 기본적 성향인 동시에 한계라고 이 저자들은 진단한다. 이런 분석은 서양과 동양 그리고 고대와 현대를 연결하는 저자들의 놀라운 비교철학적 통찰을 드러낸다.

그러나 이런 동서양의 일반적이고 대략적인 차이만을 이 책의 저자들이 논의하는 것은 아니다. 이 책의 저자들은 이 비실체성과 무근거성의 문제는 단지 철학의 문제가 아니라 과학의 문제이며 동시에 21세기를 사는 우리 모두의 삶의 문제라고 한다. 먼저 과학의 시각에서 본다면 실체성에 관한 암묵적인 인정은 과학적 방법론의 한계나 왜곡으로 이어진다. 예를 들어 인지과학의 주된 방법론 중 하나인 인지론은 바로 이런 의미에서 한계를 가지는 방법론이며, 생물학에서 나타나는 진화론에 대한 고전적 해석도 마찬가지로 많은 제약을 안고 있다. 이미 확정된 주관과 대상 그리고 그 둘 사이의 관계를 통해 자연현상과 심리현상을 연구하는 것은 이제 한계에 달했다는 것이 이들의 주장이다. 생물현상이나 심리현상과 같이 복합적이며 비규칙적이며 비선형적인 것으로 보이는 현상의 배후에는 상호규정적 또는 상호구성적, 발제적 과정이 존재한다는 것이 이들 주장의 요점이다. 수많은 과학이론들과 연구프로그램들을 소개하고 비판적으로 고찰함으로써 저자들은 이 새로운 방법론적인 시각(실체성에 바탕을 두는 것이 아니라 개방적 발제성에 바탕을 두는 시각)이 실질적으로 가능하다고 주장한다.

이런 상관적, 상호 규정적, 그리고 발제적 입장에서 우리의 삶이 직접적으로 영향을 받는 윤리적 사회적 상황을 바라본다면, 무근거성에 대한 올바른 이해의 결여는 왜곡된 형태의 회의론과 허무주의로 우리를 인도하는 것이다. 많은 사람들은 인간의 사회, 문명, 윤리, 그리고 역사에는 그 기반에 뭔가(근본적인 이유, 가치, 존재, 실체)가 있다고 생각한다. 니체 이후 서양 지성사의 대부분의 사건은 이런 기본적인 기대와 희망 혹은 암묵적 가정이 잘못되었음을 폭로하는 일들로 가득 차 있다. 포스트모더니즘, 다다이즘, 해체주의 등의 사조가 주장하는 바는 인간 삶과 문명은 아무 근거 없는 우연한 사건, 권력, 그리고 (실체성이 전혀 없는) 이미지나 그림자에 의해 소리소문 없이 나타난 알맹이 없는 장식이다. 이런 상황에 대응하는 한 가지 방식은 허무주의다. 그러나 허무주의는 너무도 쉽게 오해되고 왜곡되었다. 궁극적인 근거가 없으니 이제 세상은 아무 의미가 없고 모든 것은 그저 지나가는 그림자에 지나지 않는다는 식의 비관적인 혼돈과 무질서가 이런 허무주의를 보는 많은 사람들의 생각이다. 그러나 이 책의 저자들은 이런 이해가 무근거성을 제대로 이해하고 소화하지 못한 결과라고 한다. 무근거성은 전혀 비관적이지도 무질서하지도 않다. 불교의 가르침에 따르면 이런 무근거성은 언제나 우리와 함께 있는 것이기 때문에 놀라울 것도 이상할 것도 없다. 대승불교의 '공' 사상에 따르면 세상은 기본적으로 근거성과 실체성을 결여한 텅 빈 현상이지만 그렇다고 해서 세상이 뒤죽박죽 무질서의 세계라는 것은 아니다. 비관적 허무주의는 따라서 근거의 집착을 아직도 버리지 못한 우리가 무근거성의 소식을 접했을 때 자기도 모르게 나타나는 부정적 반응일 뿐이다. 비실체성의 깨달음을 통해서 허무주의의 보다 적극적이며 긍정적인 모델을 찾는 것이 필요한데 저자들은 그것을 불교에서 그리고 더 나아가 불교와 과학의 발전적 대화에서 찾는다. 저자들은 이런 대화만이 비관적 허무주의의 나락에서 우리를 구할 수 있다고 믿는다.

  같은 맥락에서 저자들은 현대사회의 윤리적 문제와 개인적 소외를 다룬다. 현대사회의 자기집착과 고립된 이기심의 근저에는 존재하지 않는 궁극적 기반을 기대하고 그것에 집착하는 우리의 태도가 존재하는데, 그것은 우리가 무근거성을 제대로 이해하고 정신적으로 소화하지 못한 데서 기인한다. 그런데 문제는 서양의 철학과 과학은 무근거성을 폭로하기는 했지만 구조적으로 이런 무근거성의 참된 경험과 이해(깨달음)를 가능하게 해줄 기재를 가지고 있지 않다는 점이다. 그것은 순수경험의 개방적이며 순환적 자기조직화 과정을 놓친 결과다. 물론 이 점이 서양의 과학을 모두 부정하라는 의미는 아니다. 과학은 현대를 살아가는 인간에게 가장 영향력을 지닌 앎의 도구를 제공하며 또한 인간과 마음의 무근거성을 드러내는 데 기여할 수 있기 때문이다. 앞서도 언급되었듯이 과학과 불교는 상호보완적 대화의 관계를 지속해야 한다. 하지만 기본적으로 무근거성을 받아들이고 느끼며, 그것에 사는 법을 배우기 위해서는 불교적 명상의 전통이 제공하는 경험의 방법이 필요하다. 우리는 이제 무근거성을 철학적 혹은 과학적 이론으로 아는 것이 아니라 편견 없는 순수경험으로 느끼고 체화해야 한다. 그리고 우리는 이런 깨달음을 통해 근거 없이 사는 것이 어떤 것인지도 알 수 있게 된다.

이 책에서는 철학(언어철학, 심리철학, 현상학, 실존철학, 불교철학), 인지과학, 인공지능, 생물학, 인류학, 유전학, 심리학, 정신분석학 그리고 정보처리학 등의 학문들에 영향력 있는 이론들의 거의 망라되었다. 조금 과장한다면 이 책에서는 현대철학과 과학의 중요한 대표이론들이 거의 다 논의된다. 그러나 무엇보다도 이 책의 핵심적 주제는 불교적 경험의 시각과 현대 과학적 분석의 시각 사이의 대화이다. 그것은 불교적인 혹은 일반적으로 동양적인 순환과 종합의 입장이다. 지식을 객관적으로 존재하는 외부대상에 관한 표상의 형성과 그것의 처리로 보는 협소한 시각에서 떠나서 지식 자체가 단순한 정보의 획득이나 저장이 아니라 그것을 통해 알려지는 대상을 규정하고 동시에 아는 주체(인지체계)에 깨달음과 변형을 일으키는 발제적이고 개방적이며 동시에 변형적인 과정을 포함한다는 시각이 이들이 이 책에서 제시하는 새로운 과학의 모습이자 인간경험과 과학이 대화하는 방식이다. 따라서 지식은 정보의 집적의 문제가 아니라 깨달음의 문제이며 성숙과 변형 가능성의 문제라는 것이다. 이들 저자들이 불교적 가르침에서 발견한 것은 서양의 철학적 전통에서는 거의 존재하지 않는 이런 앎의 새로운 차원이다. 앎은, 즉 성장하고 변화하는 지혜는 깨달음이며 지혜이며 성숙이다. 앎은 앎의 대상에서 시작되어서 앎의 주관에 끝나는 듯하지만 앎의 대상, 주관, 이 둘 간의 순환적이며 종합적인 변형 과정이다. 이에 덧붙여 이들 저자들이 주장하는 것은 깨달음과 성숙과 변형의 앎은 몸과 마음의 분리에서 달성되는 것이 아니라 몸과 마음이 함께하는 체화된 마음에서 달성되는 것이라는 점이다. 서양 근대철학의 시조 데카르트는 몸과 마음을 분리하고 지식의 문제를 마음의 문제로 국한했지만, 이 책의 저자들은 인지과학과 심리학의 여러 사례를 통해 이런 접근이 인지과학의 영역을 매우 제한하는 가정임을 주장한다. 지식에 대한 이들의 새로운 해석은 몸을 떠난 마음이 아니라 몸체화된 마음에서 참된 앎의 가능성을 찾고 있다.

  이런 체화된 앎의 발제적 과정은 개방적이며 변형적인 인간경험의 과정과 같은 것이다. 불교적 전통에서 그리고 일반적으로 동양적 전통에서는 이런 변형과 성숙의 과정이 참된 앎(깨달음)의 과정이라고 간주되는데 이 참된 앎은 경험에서 시작된다. 이때 경험이란 단순한 감각경험이나 어떤 경력이나 사건의 기억을 말하는 것이 아니라 마음의 움직임을 아무 편견 없이 들여다보는 것을 말한다. 정신적 집중을 통한 반성과 관찰을 말한다. 저자들이 경험을 강조하는 이유는 이런 경험이야말로 마음의 개방적, 변형적, 그리고 실천적 과정을 일으키는 단서가 되기 때문이다. 서양의 철학과 과학의 전통이 표상적 앎에 집중함으로써 깨달음의 앎을 간과했다면 이제는 불교철학적 영감을 통해 이런 개방적이며 변형적인 앎의 차원을 과학적으로 그리고 철학적으로 탐구해야 할 시기에 이르렀다고 이 저자들은 주장한다.

이 책의 전체 구조

이 책의 주제들을 크게 세 그룹으로 나눌 수 있는데 이들은 서로 연합하여 과학과 인간경험을 연결하고 있다. 이 세 그룹은 다음과 같다.
A. 창발론: 사회로서의 마음, 오온, 자아 없는 존재, 근거 없는 세계.
B. 발제: 자연부동으로의 진화, 상호의존적, 연기적 발생, 구조적 연합.
C. 체화: 인간경험, 개방적·변형적 경험, 조작적 폐쇄성, 회기적 과정, 지관의 명상과 자각, 각성, 깨달음.

저자들의 입장	경쟁하는 입장
• 창발론	• 환원론
• 발제론	• 적응론(진화), 최적화 이론(인지)
• 체화된 마음(메를로 퐁티)	• 독립된 마음, 표상적 마음(데카르트)
• 개방적 변형적 인간경험(자각, 각성)	• 분열된 마음, 부정적 허무주의

    세 부류의 주제 A, B, 그리고 C는 상호관련이 있는 주제들이기는 하지만 엄격한 의미에서 논리적인 함의 관계가 있는 것들은 아니다. 예를 들어 깁슨의 비표상적 지각이론에 관한 저자들의 논의에서도 드러나듯이 (지각이 표상의 매개를 필요로 하지 않는다는 의미에서) 직접적이며 (지각이 유기체의 감각지각적 능력에 의존적이라는 의미에서) 체화적이지만 발제적이지 않은 접근법도 가능하다. 저자들은 기본적으로 메를로 퐁티의 현상학과 인지과학의 비인지론적 접근법들과 불교적 명상의 전통을 바탕으로 이들 주제들을 연결해나가고 있다.

개방적 변형적 경험 즉 깨달음의 경험이란 무엇인가?

앞서 설명했듯이 이 책의 주제는 과학과 인간경험의 대화이다. 그렇다면 개방적이며 변형적 인간경험이란 무엇인가? 이 책의 여러 장에서 저자들이 이미 그 해답을 제시했지만 여기서는 보다 단순한 예들을 가지고 설명해보도록 하겠다.

자동차에 휘발유가 주입되면 자동차는 동력원을 얻게 된다. 자동차는 휘발유를 태워서 움직이지만 자동차 자체는 변하지 않는다. 좋은 휘발유를 썼다고 4기통 자동차가 6기통 자동차가 되지는 않는다. 휘발유는 자동차에 구조적 변화를 일으키지 않는다. 단지 자동차를 잠시 살아 움직이게 할 뿐이다. 또 다른 예를 살펴보자. 컴퓨터에는 (폰 노이만 체계를 바탕으로 하는 일반적 디지털 컴퓨터에는) 하드웨어와 소프트웨어가 있다. 컴퓨터 프로그램은 소프트웨어인데, 이 소프트웨어는 하드웨어와 분리되어 있어서 아무리 소프트웨어를 자주 사용하거나 변화시켜도 하드웨어(메모리 공간, 실리콘 칩의 기본능력)에는 변화를 일으키지 않는다. 한 컴퓨터의 프로그램을 많이 사용한다고 해서 그 컴퓨터의 램 메모리가 바뀌거나 하드디스크 공간이 늘어난다거나 하는 일은 있을 수 없다. 역시 컴퓨터 프로그램의 사용은 구조적이며 변형적인 변화를 컴퓨터에 일으키지 않는다. 마찬가지로 파일을 다운로드한 경우에도 같은 일이 벌어진다. 다운로드를 받는 컴퓨터는 새로운 정보를 지니게 되지만 이 컴퓨터 자체가 다운로드 과정을 통해 하드웨어적으로 변형된 다른 컴퓨터가 되지는 않는다.

이제 다른 예를 들어보자. 한 생물체가 음식을 섭취하면 어떤 변화가 일어나는가? 먼저 자동차의 경우처럼 음식은 동력원이 되어서 그 생물체의 신체를 유지시키며 이를 통해 이 생물체는 생존하게 된다. 음식은 이 생물체에 생존을 위한 에너지원이 된다. 음식은 소화되고 나서 배설되기 때문에 생물체를 거쳐가는 활력소에 지나지 않는 것처럼 보이고 결국 자동차가 휘발유를 쓰는 것처럼 신체가 음식을 이용해 단순히 생존하는 것이라는 생각이 든다. 그런데 음식의 경우에는 다른 중요한 일이 벌어진다. 음식은 신체에 단순한 에너지원일 뿐만 아니라 신체의 구조적 변화를 일으키기도 한다. 근육과 뼈와 신경계를 변화시키고 증가, 확장시키는 역할을 한다. 음식을 통해 신체가 성장한다. 음식의 섭취를 통해 신체의 단순한 생존이 아니라 구조적 변화가 일어나는 것이다. 이런 변화는 활성적 변화, 즉 에너지 소비적 변화가 아니라 구조적, 변형적 변화다.

  비슷한 일이 우리 마음과 정신에도 일어난다. 어떤 사람이 책을 읽는 경우를 생각해보자. 이 사람이 책을 읽으면 책에 실린 새로운 정보가 이 사람 마음에 저장된다. 이것은 새로운 파일을 한 컴퓨터에 다운로드하는 것과 비교될 수 있다. 새로운 정보의 입수와 저장이 바로 이런 경우를 해석하는 방식이다. 그런데 앞서도 지적했듯이 파일의 다운로드는 파일을 받아들이는 컴퓨터의 하드웨어에 변화를 일으키지 않는다. 단지 새로운 정보가 메모리에 입력되고 저장된 것일 뿐이다. 책을 읽는 행위도 새 정보의 입수라는 측면에서만 본다면 이 컴퓨터의 비유와 다른 점이 없다. 많은 이들은 독서의 목적은 바로 새로운 지식의 축적에 있다고 한다. 그렇다면 이런 독서는 책을 읽는 이들에게 개방적 변형적 변화를 일으키지 않는다. 단지 책의 정보가 독서를 통해 두뇌에 저장된 것일 뿐이다. 그런데 독서는 다른 놀라운 힘을 가지고 있다. 어떤 사람이 책을 읽고 감동을 받아 새로운 사람이 되었다면, 이 책은 이 사람에게 구조적이며 변형적 변화를 일으킨 것이다. 독서를 통해 단순히 한 정보체계(책을 읽는 사람의 마음)에 새로운 정보가 입력되고 저장된 것이 아니라 새로운 정보를 통해 그 정보체계(그 책을 읽은 사람) 자체가 구조적으로 변화하는 것이다. 민스키가 말한 조작적 폐쇄성(한 인지작업의 결과가 그 인지체계 자체의 구조적 변화를 일으키는 특징)이란 바로 이런 구조적 변화를 가리킨다. 이제 독서는 단순히 생존과 체계유지를 위한 정보입수의 과정이 아니라 성장과 성숙의 구조적 변화를 일으키는 과정인 것이다. 한 인간이 인격체로 성장하고 성숙하는 데는 바로 이런 변형적 과정이 필요하다. 이것은 바로 단순한 정보로서의 지식이 성숙한 지혜와 덕으로 바뀌어 한 사람의 인격이 형성되고 변화되는 과정인 것이다.

이 책의 저자들이 논하는 인간경험이라는 것은 단지 감각정보를 얻어내는 과정이 아니라 이런 구조적이며 변형적 과정을 일으키는 체험적 과정이다. 이것은 정보가 지식이 아니라 깨달음을 일으키는 과정이다. 깨달음이란 한 사람의 마음과 정신에 깊은 영향(구조적 변화)을 일으키는 사건을 말한다. 깨달음에서 진리는 단순히 (세상이 어떤 상태로 존재한다는) 표상적 정보가 아니라 한 사람이 놓인 마음과 전 인격에 변형적 진실이 되는 것이다. 편견과 사심이 없는 성찰 그리고 집중과 명상은 이런 인간경험을 구조적이며 변형적 자기발견과 성숙의 과정으로 만든다. 이런 과정은 개방적이다. 변형적 경험은 고정된 결론이나 편견으로 나아가는 과정이 아니다. 이 경험은 경험자로 하여금 마음을 열고 마음에 무슨 일이 벌어지고 있는지 아무 선입견을 버리고 관찰하도록 한다. 이런 과정은 또한 체화적이다. 이런 경험을 통한 앎은 온전한 신체적 현전 그리고 지각적 행위를 통해 나타나지, 신체와 분리된 마음의 표상적 정보를 통해 나타나는 것이 아니다. 이런 과정은 또한 발제적이다. 앎은 독립적으로 존재하는 이미 확정된 대상에 관한 지식이 아니라 경험을 통해 만들어 가는 상호의존적 규정 과정이다.

  이 책의 저자들은 불교적 지관 명상의 전통이 바로 이런 변형적 경험 과정을 체계적으로 가능하게 하는 전통이라고 주장한다. 인간의 삶에 관련하여 현대과학과 철학이 가져다준 놀라운 발견과 논증들을 비판적 회의주의나 이기적 자기중심주의가 아니라, 개방적이며 자기변형적인 기회로 만들기 위해서는 단순히 정보의 집적으로서의 지식이 아니라, 구조적, 변형적 그리고 체화적 변화를 동반하는 깨달음의 고유한 영역이 인정되어야 한다는 것이 이 저자들의 주장이다. 이 책에서 분명하게 논의되지는 않았지만 이 저자들의 주장은 인지과학과 불교, 인간경험과 과학뿐만 아니라 철학과 인문학 전체에 대해서도 의미심장한 함축을 남긴다. 인문학humanities과 자유교양교육liberal arts education이라는 것은 바로 이런 지식과 정보의 개방적, 구조적, 변형적 변화 과정에 초점을 맞추는 인간활동이기 때문이다. 정보와 기술습득이 목표인 직업교육에 밀려 그 중요성이 많이 쇠퇴하고 있는 인문교육이나 교양교육에 대해 저자들은 아마도 정보의 내재화와 구조적 변화의 존재와 중요성을 강조할 것이며 이런 개방적이며 변형적 인지현상은 단순한 철학적 가정이 아니라 과학적인 검증도 가능한 실재적인 현상이라는 고무적인 주장을 펼 것이다. 결국 과학과 인문학 그리고 서양철학과 동양의 불교는 그 어느 것도 빠져서는 안 되는 계속적인 대화의 참여자들인 것이다. 이 책을 번역하게 된 동기는 바로 이런 대화의 중요성 그리고 철학과 과학의 대화가 불교적인 명상의 전통을 통해 가능하다는 저자들의 주장이 주는 참신함에 있었다. 이 중요성과 참신함은 이 책이 출간된 지 거의 20년이 된 지금에도 여전히 합당하게 느껴진다.

마지막으로 이번에 이런 훌륭한 책의 번역 출간에 도움을 준 김영사 관계자들에게 감사를 드린다. 이 번역은 번역자를 여기 있게 해준 모든 분들에 대한 감사이고, 경험적 앎을 통해 개방적 변화를 도모하는 모든 이들을 위한 존경이며, 특별히 어려운 환경에서도 사명감을 가지고 인문학과 철학 그리고 순수과학에 임하는 모든 이들을 위한 격려이다.

주요 개념 정리

이 책에서 사용되는 조금 생소하거나 특별한 의미를 지닌 용어를 위해 간단한 설명을 붙인다.

- **경험(현상적 경험, 명상적 경험)** | 인지과학과 인간경험의 명상적 연결이 이 책의 주제라면 경험 혹은 체험은 이 책에서 여러 번 강조되는 개념들 중 하나다. 단순히 경험이라고 번역이 되었지만 이 개념은 특별한 의미를 갖는

다. 이 경험은 감각경험을 지식의 기반과 정당화 근거로 삼는 경험론의 경험을 말하는 것이 아니다. 감각경험은 이 세상을 주어진 대상들과 속성들의 집합으로 표상하는 성향이 있는데, 이것은 저자들이 이 책에서 말하는 인간경험의 참모습(발제적 성격을 띤 경험)이 아니다. 경험은 표상적 경험을 말하지 않는다. 이것은 감각 운동 능력을 지닌 신체를 매개로 하여 나타나는 체화된 경험 그리고 경험의 과정이 경험의 주관과 객관을 나타나게 하는 발제적인 경험이다. 또한 이 경험은 실험실에서 잘 통제된 관찰과 조작의 의미를 지닌 경험도 아니다. 통제된, 국부적인, 제한된, 중립적 경험이 실험실에서의 경험이라면 저자들이 말하는 인간경험은 개방된 자기변화적 경험이다. 그렇다고 이 경험이 단순한 직접 체험을 말하는 것도 아니다. 이런 체험은 종종 산만하고 분산된 느낌일 수 있다. 이 경험은 자연스러우면서도 집중된 관찰이다. 언어적 혹은 기호적 표상이 매개되지 않은(직접적인), 체화적인(신체의 현전이 요구되는), 발제적인, 개방적인 (제한적이거나 국부적이지 않은), 그리고 자기변형적인 경험이다. 외적으로는 세계와 상호의존적 발생을 가능하게 하고 내적으로 자기변화를 가능하게 하는 체화적 경험이다. 이 경험은 단순한 정보의 습득이 아니라 학습과 수련을 통해 깨달음과 자기변형으로 가는 전체적인 과정이다. 경험은 또한 대상(외부 대상이나 내부 대상)을 독립적 존재로 받아들이는 것이 아니라, 아무런 편견 없이 마음에 드러난 것(현상)으로 있는 그대로 보는 입장과도 통한다. 판단을 유보한 상황에서 마음속에 일어나는 일(현상)을 있는 그대로 바라보는 입장이 바로 경험적 혹은 명상적 접근의 시작점이 된다. 물론 서양적 전통에서 현상학이나 정신분석학 등이 이런 경험의 입장과 상통하는 바가 있지만, 이 책의 저자들은 이들 입장이 인간 경험을 더 철저하게 추구하지 못하고 자아의 절대성 앞에 중단되었다고 판단한다. 하지만 저자들은 불교적인 전통은 이런 경험을 일관적으로 추구하여 자기변형의 길을 열었다고 평가한다.

- **구조적 연합**structural coupling | 인지체계와 인지 환경의 상호구성적, 상호규정적 관계를 표현하는 용어. 이 연합은 체화와 발제의 과정을 지지하며 동시에 이 과정을 통해 달성된다. 이 연합은 인지주관과 객관세계를 분리하는 입장(실재론, 객관론)과 인지주관과 객관세계를 동일화하는 입장(극단적 주관론 혹은 관념론)의 중간적 입장을 그 상호관계의 측면에서 기술한다. 예를 들어 한 생물체와 그 환경의 구조적 연합은 다음과 설명될 수 있다. 생물체는 환경을 이끌며(환경에 변화를 야기하며) 동시에 환경에 의해 구성된다(영향을 받는다). 이 둘은 상호규정과 선택을 통해 서로 묶여진 것으로(연합된 것으로) 이해되어야 한다.

- **발제**enaction | 발제와 행위action는 다음과 같은 차이를 가지고 있다. 행위는 행위자가 동작을 취함으로써 새로운 결과를 만들어내는 것이라면, 발제는 행위를 통해 행위자와 행위 결과물이 드러나고 규정되는 것이다. 즉 발제적 과정이란 일자와 타자가 미리 존재하고 그 사이에 상호관계가 성립하는 것이 아니라 일정한 사건(행위, 지각, 감각)을 통해 일자와 타자가 동시에 상호구성되어 나오는 과정을 말한다. 인지 연구의 맥락에서 본다면 발제적 접근은 고전적 인지론의 표상적이며 계산적인 접근과는 달리, 이미 결정된 표상과 형식체계formal system의 계산을 인지의 핵심요건으로 간주하지 않는다. 따라서 인지는 표상representation의 계산computation이 아

니라 지각과 행동이 주어진 환경 내에서 반복적인 감각운동을 통해 자기구성적 패턴을 만들어냄으로써 나타나는 것이다.

- **불리언 함수**Boolean Function ｜ 영국의 수학자 조지 불(George Boole, 1815~1864)에 의해 개발되고 정식화된 집합의 수학적 논리적 관계를 규정한 함수연산의 원칙. 이 함수연산의 원칙은 논리적 개념(선언, 연언 등)의 연산에 널리 쓰인다. 이 원칙은 단순히 수(자연수를 포함한 양적인 체계)뿐만 아니라 사고의 구성요소인 개념concept이나 술어predicate에도 적용됨으로써 사고의 수학적 연산이 가능하다는 점을 분명히 보여준다. 이 연산법은 형식논리학과 컴퓨터의 논리연산에 지대한 기여를 했다.

- **사회로서의 마음**The Society of Mind ｜ 사회로서의 마음은 마음에 관한 분산적 시각을 담은 민스키의 저술의 제목이자, 마음을 통일적인 통제체계에 의해 구성된 하나의 단일한 존재가 아니라 다수의 독립적인 요소들로 구성된 상호협동체로 간주하는 입장을 가리키는 말이다. 민스키는 마음을 폰노이만 방식을 차용하는 디지털컴퓨터와는 달리 중앙처리체계가 존재하지 않는 이질적인 대행체들과 대행자들의 집합적 사회로 구성된 연합협력체로 생각한다. 많은 사이버네트워크나 이베이, 트위터 같은 정보 전산 체계 등은 (이들이 일정한 기능과 구조들의 연합으로 간주된다면) 이런 사회로서의 마음의 분산 협동체와 비슷한 구조를 지니고 있다고 볼 수 있다.

- **연구프로그램 또는 프로그램**research program or program ｜ 특정한 이론보다는 크고 패러다임(과학적 범형) 혹은 학제(학문의 분업적 체계)보다는 작지만 일정

한 문제의 범위와 문제해결의 전략으로 구성된 과학적 탐구전략의 단위.

- **자연부동** natural drift, 自然浮動 | 진화를 보는 하나의 시각. 이 시각에서 진화의 과정은 생물체(주관)와 환경(객관) 간의 최적 상응관계를 지향하는 과정이 아니라, 양자의 상호작용을 통한 상호구성과 연합 가능성의 관계로 이해된다. 따라서 생물체 진화의 목표는 환경의 규칙성을 가장 잘 파악하고 가장 잘 이용하는 능력의 개발에 있는 것이 아니라, 환경과의 '구조적 연합의 역사'를 창조적으로 이끌어 가는 능력의 개발에 있다. 따라서 진화는 주관과 객관의 상응관계가 아니라 주관과 객관이 얽힌 역사를 타고 흐르는(부동하는) 것이다. 따라서 이 자연부동의 과정은 적응과 생존조건의 이상적 만족이 아니라 주어진 최소의 요건을 만족하면서 발전 가능한 다양성을 개발하는 과정이다. 적응, 만족, 또는 자연선택이라는 개념에 비교해볼 때, 자연부동이라는 표현은 방향감이 없이 헛도는, 결여된, 부정확한, 그리고 혼란스런 생명체의 변화를 나타내는 말처럼 느껴진다. 하지만 자연부동의 과정은 보다 적극적인 (주관과 객관의 그리고 환경과 유기체의) 구성적, 발제적 과정을 포함하므로 단순히 부정적인 측면만을 가지고 있는 것은 아니다.

- **중도** Middle Way | 미리 주어진 대상과 미리 존재하는 주관을 가정하는 이론들을 비판하는 입장을 나타내는 말. 이 길은 온갖 종류의 절대론의 허구를 나타내는 길이며 주관과 객관의 상호 발제적 혹은 상호의존적 관계를 드러내는 길이다.

- **중관中觀철학, 중론中論, 공空** | 대승불교의 한 갈래로서 용수Nagarjuna, 龍樹의 비절대성 철학을 바탕으로 한다. 극단적인 객관주의와 극단적인 주관주의 모두를 피하면서 상대이론들을 논파하는 용수의 일반적 방법을 말하기도 한다. 중론송에서 용수는 (1) [이것]도 아니고, (2) [저것]도 아니고, (3) [이것저것]도 아니고, (4) [이것저것아닌] 것도 아니다라는 모든 가능적 주장을 봉쇄하는 방식으로 자아, 대상존재, 인과 등에 대한 객관영원론과 주관관념론의 해석을 모두 비판한다. 공空은 존재存在도 무無도 그리고 비유非有도 비무非無도 아닌 것(중도)이다. 이것은 상호의존적(혹은 연기적) 발생이라는 현상계의 실상을 드러내는 말이다. 이 책의 저자들이 추구하는 발제적 방법론은 바로 이런 중관의 공空 사상과 관련을 가지고 있다. 즉 독립적으로 존재하는 듯이 보이는 현상계의 대상들은 그 실질적 존재성을 가지고 있는 것이 아니라 상호의존적 사건들의 상호구성과 규정에 의한 것이다. 예를 들어 불을 생각해보자. 우리에게는 불이라는 실체가 마치 존재하듯이 느껴지지만, 이것은 독립적으로 따로 존재하는 것이 아니라 물질과 산소와 격렬한 반응을 유지하는 조건(열熱)의 상호연결적 연소 사건의 결과인 것이다. 물론 물질과 산소조차도 독립적으로 존재하는 것은 아니다. 이들 역시 또 다른 사건과 조건들의 결과일 뿐이다. 결국 세상이란 이런 상호의존적 그물망의 총체인 것이다. 여기서 주의할 점은 중관론이 현상적 대상들이 존재하지 않는다고 주장하는 것은 아니라는 점이다. 단지 현상적 존재는 절대적 실체성을 결여한 텅 빈 것(空)이며, 그런 현상을 실체가 아니라 현상으로, 있는 그대로 보는 것이 중관론에서는 중요하다.

- **지관mindfulness/awareness, 止觀** | 止란 멈춘다는 의미를 가지는데 정신이 한군

데로 통일되어 집중된 상태를 말한다. 觀이란 지켜본다는 의미를 가지며 사물의 참된 실재를 보는 상태를 말한다. 지관이라는 말은 일반적으로 천태종天台宗에서 강조된 수행법을 나타내는 말이다. 하지만 이 책에서 mindful/awareness라고 표현된 마음상태의 기본적인 의미와 합당한 점이 있고 그 원래 용어인 사마타Shamatha와 비파사나Vipassana, Vipashyana의 마음을 각성시키고 지혜를 얻는다는 의미와도 잘 연결되므로, 이 책에서 번역자는 지관을 mindfulness/awareness의 번역어로 사용하기로 했다. 따라서 이 책에서 지관의 명상법이라고 하는 것은 천태종의 명상법만을 지시하는 말이 아니라, 사마타나 비파사나로 대표되는 보다 넓은 의미의 불교적 명상의 전통을 말하는 것이다. Mindfulness와 Awareness가 (하나의 연결체, mindfulness/awareness로서가 아니라) 각각이 독립적으로 쓰였을 때는 집중mindfulness 그리고 자각awareness으로 번역했다. 지관을 여러 가지로 해석할 수 있겠지만, 쉽게 말해서 여기 지금 현전하는 마음, 집중하는 마음, 선입견이나 집착이 없는 개방된 마음, 일어나는 일을 일정한 방식으로 판단하지 않고 있는 그대로 보는 마음 등으로 이해할 수 있을 것이다.

- **창발, 창발론** emergent, emergentism / 創發, 創發論 | 창발적 현상이란 복잡한 체계에서 부분들의 단순한 활동이 전혀 예상치 못한 결과를 체계 전체에 일으키는 것을 가리키는 말이다. 먼저 창발론은 체계의 속성은 부분들의 속성들의 선형적 총화라는 환원적 방법론을 거부하는 입장이다. 예를 들어 물은 산소와 수소로 구성되어 있는데, 물의 액체성liquidity은 산소의 속성도 수소의 속성도 아니지만 산소와 수소가 일정한 조건 아래 결합할 때 나타나는 것이다. 즉 액체성은 물의 구성요소들(산소와 수소)에는 없었던 것인데, 이 요소들

이 결합(물)되었을 때 나타나므로 산소와 수소의 입장에서는 전혀 예상되지 못한 창발적 속성이 된다. 환원론적 접근법에 따르면, 물이란 것은 그 구성요소들과 그들의 속성들 이외에는 아무것도 아니므로 이런 창발적 속성의 존재는 환원론에 도전하는 중요한 근거가 된다. 이런 창발적 속성의 존재와 그 고유한 (주로 비환원론적) 특징을 주장하는 이론적 입장을 창발론이라고 한다. 참고로 창발론은 창조론과는 전혀 다른 이론적 입장이다.

- **체화**embodiment | 체화라는 말은 실체화 혹은 실재화라는 의미도 있지만, 이 책에서는 일반적으로 주어진 현상이 몸체를 통해 알려지거나 드러나는 상황을 가리키는 말이다. 구체적으로 체화에는 세 가지 의미가 있다. 첫째로, 체화는 어떤 지식이나 깨달음이 깊이 뿌리 박혀 있다. 혹은 완전히 통달하여 자신의 몸체가 되었다는 의미를 가진다. 둘째로, 체화는 주어진 시공간 내에서 몸체가 동반되는 실질적 경험을 의미한다. 셋째로, 체화는 주어진 현상의 이해가 신체의 물리적, 감각적, 운동적, 조건에 의존함을 나타내는 말이다. 예를 들어 색 현상은 인간의 구체적 색 경험 그리고 궁극적으로 신체기관인 눈과 두뇌의 신경구조에 의존적이다. 따라서 색 현상은 단순히 표상적이거나 정신적이라기보다는 체화적이다. 여러 가지 색 현상, 즉 명도, 채도, 보색관계 등은 인간의 두뇌의 신경구조와 분리해서는 설명되지 않는다. 또한 건축이나 가구에서 나타나는 공간감 같은 것도 신체의 현전을 통해서만 이해될 수 있다. 이 책의 저자들은 인지를 체화의 시각에서 해석한다. 즉 인지는 감각 운동 능력을 지닌 신체를 통해 나타나는 경험에 의존하는 것임을 이들은 주장한다.

- **테세우스의 배**Ship of Theseus | 고대 그리스의 영웅인 테세우스의 배를 예를 들어 존재의 동일성 조건을 논하는 철학적 역설. 오랜 항해 동안 테세우스의 배는 조금씩 수선되고(원래 부품들이 새 부품으로 대체되고) 변형된다. 이런 과정을 거쳐 이 배는 원래 항해를 시작했을 때의 배와는 물리적으로 전혀 다른 배가 된다. 이 수선된 배는 테세우스의 배인가 아닌가? 같은 방식으로 우리 자신의 자기동일성에 관해 질문을 던질 수 있다. 인간의 신체는 신진대사와 노화과정을 거쳐 새로운 세포로 대체된다. 몇 년 동안 이 과정을 겪으면 한 사람의 신체는 물리적으로 (생물학적으로) 전혀 다른 신체로 바뀐다. 이 변화된 사람은 여전히 같은 사람인가 아닌가?

- **폰 노이만 식 컴퓨터** | 헝가리계 미국인 폰 노이만(1903~1957)에 의해 제창된 컴퓨터의 정보처리 구조. 정보의 순차적 직렬처리, 표상의 국부적 저장, 중앙처리장치의 존재 등의 특징을 갖는다. 현대의 디지털컴퓨터는 대체적으로 폰 노이만 식 구조를 따른다.

- **표상**representation | 표상이란 원래 존재하는 것을 대신하는 존재를 말한다. 서양의 근대철학에서 발전된 지식이론에 따르면 외부세계에 대한 지식이란 마음이, 이미 존재하는 외부세계를 대표하는 (또는 대신하는) 존재를 (심적 표상을), 마음속에 적절히 (감각지각이나 추상적 사고를 통해) 만들어내고 연결짓는 과정이다. 참된 지식의 경우, 외적 대상들 사이의 관계는 이들을 대표하는 마음속 대상(심적 표상)들 간의 관계와 같은 것으로 간주된다. 따라서 이런 지식이론에 따르면 참된 지식을 가진 마음은 표상을 통해 세계를 비추는 거울이 된다.

- **프랙탈**fractal | 프랙탈이라는 말은 분수적分數的 차원dimension을 의미하는 말로서 차원이라는 개념이 정수가 아닌 분수적 수에도 적용될 수 있음을 가정한다. 간단히 말해서 차원이란 자유도自由度, 즉 한 대상이 독립적으로 이동할 수 있는 가능성의 정도를 말하거나 혹은 한 대상의 위치를 규정할 때 필요한 정보의 양을 말하기도 한다. 우리가 사는 세계를 3차원의 공간이라고 한다면 이 공간에 존재하는 대상들은 세 가지의 방향으로 움직이거나 세 가지 좌표로 그 위치가 규정된다. 이런 대상의 자유도나 규정성은 주로 정수로 표현되지만, 프랙탈이론에 따르면 2.5차원이나 3.5차원 같은 분수적 차원도 존재한다는 것이다. 이런 분수적 차원에서는 부분과 전체가 같은 형태를 지닌 러시안 인형과 같은 구조들이 존재할 수 있다.

부록 A

명상에 관련된 용어

- **Shamatha샤마타, 定覺, 禪定(산스크리트어), Shine(티베트어)**
앉아서 마음을 고요하게 하는 명상. 전통적으로 집중의 기법. 지고의 순수를 추구하는 극단적인 형태로는 거의 실시되지 않음.

- **Vipassana비파사나, 觀(팔리어)**
오늘날 상좌부上座部 전통의 남방 불교에서 수행되는 명상기법. 이 명상기법의 목표는 마음을 가라앉히고 통찰력을 기르는 데 있다. 그 대상이 어떤 것이든 마음을 그 대상에 정념의 상태로 머무르게 하는 것이 그 일반적인 방법이다. 구체적인 여러 기법들이 있다.

- **Vipashyana비파샤나, 觀(산스크리트어), Lhagthong(티베트어)**
통찰력. 이 용어는 다음 두 가지의 주요의미를 지닌다.
    1. 마음의 본성에 대한 통찰을 얻기 위해 고요해진 마음을 들여다보는 명상의 특정한 기법들. 예를 들어 이 명상에서는 생각이 일어나고, 지속되고, 사라지는 순간을 잘 살펴보는 것이 강조된다.
    2. 일상생활 도중에 또는 명상하는 도중에 수행자가 성숙한 지혜를 가지고

일어나고 있는 모든 현상을 볼 수 있도록 하는 개관적인 자각의 상태.

- Shamatha/Vispashyana샤마타/비파샤나, 禪定/觀(산스크리트어)
마음을 고요하게 하고 통찰을 얻는 기능이 연합된 다양한 기법.

- Shikan-Taza지관-타좌, 只管-打坐(일본어)
오직 앉는 것. 아무런 기법이 없다. 비파샤나의 두 번째 의미와 약간 비슷함.

현대의 여러 불교교파에서는 같은 명상기법을 다른 용어로 그리고 다른 명상기법을 같은 용어로 부르기 때문에 용어만 가지고는 어떤 명상이 수행되는지 알 길이 없다는 점을 독자들은 명심해야 할 것이다.

명상의 기법에 관한 저술들의 목록은 부록 C에 제시되어 있다. 명상을 실행하기 위해서는 자격을 갖춘 교사의 지도를 받아야만 한다.

부록 B

정념/자각에 이용되는 경험 범주들[1]

- **오온五蘊, Skandhas: 다섯 가지 더미**
  1. 色Rupa(형태)
  2. 受Vedana(느낌/감각)
  3. 想Samjna(지각, 구분)
  4. 行Samskara(성향의 형성)
  5. 識Vijnana(의식)

- **오온十二支緣起, pratityasamutpada: 연기(상호의존적 발생)의 열두 마디**
  1. 無明 Avidya(무지함)
  2. 行 Samskara(성향의 형성-제4온)
  3. 識 Vijnana(의식-제5온)
  4. 明色 nama-rupa(정신과 물질의 존재)
  5. 六處 sad-ayatana(여섯 가지 감각)
  6. 觸 sparsa(접촉)
  7. 受 vedana(느낌-제2온)
  8. 愛 trsna(애타게 구함)

부록 — 433

9. 取 upadana (취하고 병합함)

10. 有 bhava (존재하도록 만듦)

11. 生 jati (태어남)

12. 老死 jara-marana (쇠퇴와 죽음)

- 心所法: 심리 과정들

    A. 識 vijnana: 제5온

    1. 眼識
    2. 耳識
    3. 鼻識
    4. 舌識
    5. 身識
    6. 意識

    B. 심리요소들: 여기서 네 번째 온은 두 번째와 세 번째 온을 포함하는 것으로 취급된다.

- 5가지 편재하는 심리요소들(遍行心所)

    1. 觸: 연기의 여섯 번째 마디
    2. 受: 두 번째 온
    3. 想: 세 번째 온
    4. 思 cetana: 의도, 지향
    5. 作意 manas: 주의, 집중

- 5가지 대상관계 요소들(別境의 心所)

    1. 欲 chandra : 욕심
    2. 勝解 adhimoksa : 강한 욕심
    3. 念 smrti : 잊지 않는 기억력
    4. 定, 等持 samadhi : 강한 집중
    5. 慧 prajna : 지혜

- 11가지의 적극적 심리요소(善의 心所)

    1. 信 sraddha : 믿음
    2. 慙 hri : 염치
    3. 愧 apatrapya : 자책감
    4. 無貪善 alobha : 무집착
    5. 無瞋善 advesa : 미워하지 않음
    6. 無癡善 amoha : 속이지 않음, 어리석음이 없음
    7. 精進 virya : 열심
    8. 輕安 prasrabdhi : 긴장
    9. 不放逸 apramada : 무관심하지 않음, 나태하지 않음
    10. 捨, 行捨 apeksa : 평정
    11. 不害, 不殺生 ahimsa : 비폭력

- 6가지 불건전한 정서(煩惱의 心所)

    1. 貪 raga : 집착
    2. 瞋 pratigha : 분노
    3. 慢 mana : 거만

부록 — 435

4. 無明avidya : 연기의 첫 번째 고리, 무지

5. 疑(猶豫)vicikitsa : 우유부단

6. 見drsti : 편견

- **20가지 부수적 불건전한 정서(隨煩惱의 心所)**

    1. 忿krodha : 분노

    2. 恨upanaha : 원한

    3. 覆mraksa : 은폐

    4. 惱pradasa : 괴롭힘

    5. 嫉irsya : 질투

    6. 慳matsarya : 천박함, 인색함

    7. 諂 maya : 속임

    8. 誑sathya : 기만

    9. 憍mada : 거만, 교만

    10. 害vihimsas : 악의

    11. 無慙ahri : 파렴치

    12. 無愧anapatrapya : 창피함을 모름

    13. 昏沈styana : 우울

    14. 掉擧auddhatya : 들뜬 마음

    15. 不信asraddhya : 불신

    16. 懈怠kausidya : 게으름

    17. 放逸pramada : 무관심, 나태함

    18. 失念musitasmritita : 건망

    19. 散亂viksepa : 주의산만

20. 不正知asampraja : 그릇된 이해

- **4가지 불확정적 심소(不定心所)**

  1. 睡眠middha : 졸음, 어리석고 몽매함
  2. 惡作kaukrtya : 후회
  3. 尋vitarka : 살펴봄
  4. 伺vicara : 찬찬히 따져봄

부록 C

지관에 관한 불교문헌

다음의 저술들은 지관 명상의 살아 있는 불교 전통을 대표하는 최소한의 표본적 저술들이다.

- **상좌부上座部불교 혹은 소승불교에 관한 불교문헌**

(불교의 최초 18개 학파들 중 하나이며 오늘날도 여전히 동남아시아에 널리 퍼져 있다)

Buddhaghosa, B., 1976. *The Path of Purification (Visuddhimagga)*. 2 vols. Boston: Shambhala.

Goldstein, J., and J. Kornfield. 1987. *Seeking the Heart of Wisdom: The Path of Insight Meditation*. Boston: Shambhala.

이 저술은 Vipassana에 기반을 두고 있어서 완전히 상좌부불교라 할 수는 없다.

Kornfield, J. 1977. *Living Buddhist Masters*. Santa Cruz: Unity Press.

Narada, M. T., trans. 1975. *A Manual of Abhidharma (Abhidammattha Sangaha)*. Kandy, Sri Lanka: Buddhist Publication Society.

Silandanda, U. 1990. *The Four Foundation of Mindfulness*. Boston:

Wisdom Publications.

Thera, N. 1962. *The Heart of Buddhist Meditation*. New York: Samuel Weiser.

- **대승불교와 선불교에 관한 불교문헌**

(대승불교는 부처님 사후 500년경 인도에서 발생하였다. 중국, 한국 그리고 일본에 전파된 것이 바로 이 대승불교다)

대승불교로의 발전: Vasubhandhu. 1923. *L'abhidharmakosa de Vasubhandhu*, 6 Vols. Trans. Louis de Vallée. Paris and Louvain: Institut Belges des Hautes Etudes Chinoises. Reprinted Paris: Guether 1971.

베트남: Naht Hanh, T. 1975. *The Miracle of Mindfulness: A Manual on Meditation*. Boston: Beacon Press.

중국: Sheng-Yan, M. 1982. *Getting the Buddha Mind*. Elmhurst, N.Y.: Dharma Drum Publications.

한국: Sahn, S. 1982. *Bone of Space*. San Francisco: Four Seasons Foundation.

일본: Suzuki, S. 1970. *Zen Mind, Beginner's Mind*. New York: Weatherhill.

- **티베트 불교에 관한 불교문헌**

(티베트 불교는 티베트 고유의 불교 형태다. 이 불교에는 네 가지 주된 계보가 있다: 가규Kagyu, 닝마Nyingma, 젤룩파Gelugpa, 그리고 사캬Sakya. 각 계보에서 적어도 하나씩의 문헌을 뽑았다)

부록 — 439

Dorje, W. 1979. *Mahmudra: Eliminating the Darkness of Ignorance*. Dharmasala, India: Library of Tibetan Works and Archives.

Kalu, K. D. C. 1986. *The Dharma*. Buffalo: State University Press of New York.

Khapa, T. 1978. *Calming the Mind and Discerning the Real: Buddhist Meditation and the Middle View*. New York: Columbia University Press.

Khyentse, D. 1988. *The Wish-Fulfilling Jewel*. Boston: Shambhala.

Trizin, K.S. 1986. Parting from the four clingings. In *Essence of Buddhism: Teachings at Tibet House*. New Delhi: Tibet House.

Trungpa, C. 1973. *Cutting Through Spiritual Materialism*. Boston: Shambhala

Trungpa, C. 1976. *The Myth of Freedom*. Boston: Shambhala.

Trungpa, C. 1981. *Glimpses of Abhidharma*. Boulder: Prajna Press.

주

서론

1. 우리는 특별히 메를로 퐁티의 초기 저작, 《행위의 구조 The Structure of Behavior》와 《지각의 현상학 Phenomenology of Perception》을 생각하고 있다.
2. 예를 들어 푸코의 《사물의 질서 The Order of Things》, 데리다의 《발화와 현상 Speech and Phenomena》, 부르디외의 《실천의 논리 The Logic of Practice》를 참고하라.
3. Dreyfus, *What Computers Can't do*.
4. Winograd and Flores, *Understanding Computers and Cognition*.
5. Globus, *Dream Life, Wake Life*; Globus, *Heidegger and cognitive science*; Globus, *Derrida and connectionism*; Globus, *Deconstructing the Chinese Room*.
6. Haugeland, *The nature and plausibility of cognitivism*.
7. Sudnow, *Ways of the Hand*.
8. 여기서의 중심적인 저술들은 야스퍼스, 《일반정신병리학 Allgemeine Psychopathologie》과 빈스방거, 《현상학적 인류학에 관하여 Zur phänomenologischen Anthropologie》이다. 최근 논의 수준을 유럽 철학의 시각에서 보려면 Jonckheere의 *Phänomenologie et analyse existentielle*을 참고할 것. 영미권에서 이런 입장을 대표하는 저술들은 예를 들어 Lecky, *Self-consistency*; Rogers, *On becoming a Person*; Snygg and Combs, *Individual Behavior* 등이 있다.

9. Hofstadter and Dennett, *The Mind's Eye*; Turkle, *The Second Self*.
10. Jackendoff, *Consciousness and the Computational Mind*.

Chapter 1 | 근본적 순환성: 반성적 과학자의 마음

1. Merleau-Ponty, *Phenomenology of Perception*, x-xi.
2. 같은 책, 430.
3. 역사적 설명을 제공하는 입문서로는 Gardner, *The Mind's New Science*가 그리고 교과서로는 Stillings et al., *Cognitive Science*가 있다
4. 이러한 명칭은 Haugeland의 논문 'The nature and plausibility of cognitivism'에서 정당화된다. 가끔 인지론은 "기호적 패러다임" 또는 "계산론적 접근"이라고 불린다. 우리는 이 책에서의 우리의 목적에 따라 이러한 명칭들을 같은 의미를 지니는 것으로 간주한다.
5. Goodman, *Ways of Worldmaking*을 참고.
6. Rorty, *Philosophy and the Mirror of Nature*를 참고
7. 이 배경(지평)이라는 개념은 매우 잘 다듬어진 철학적 개념이다. 특별히 하이데거에 의해 존재와 시간에서 잘 분석된 개념이다. Section 29, 31, 58, 68을 참고하시오 우리는 이 개념을 여기서 설명하기보다는 이 책 전체를 통해 여러 가지 방식으로 이 개념에 접근하려 한다.
8. Taylor, The significance of significance.
9. Dennett, *Toward a cognitive theory of consciousness*.
10. Stich, *From Folk Psychology to Cognitive Science*;Churchland, *Scientific Realism and the Plasticity of Mind*; Churchland, *Neurophilosophy*를 참고. 그리고 Lyons, *The Disappearance of Introspection*도 참고.
11. H. Dreyfus, *What Computers Can't Do*와 C. Taylor, The significance of significance를 참고할 것. 드레퓌스는 최근 연결론의 문제에 관해서 그의 입장을 바꾼 것처럼 보인다. S. Dreyfus와 함께 저술한 논문 Making a mind versus modeling the brain을 참고.

Chapter 2 | 인간경험이란 무엇인가?

1. Merleau-Ponty, *The Structure of Behavior*.

2. Brentano, *Psychology from Empirical Standpoint*, 88
3. Husserl, *Ideas*.
4. 이 문제는 Hussel의 *Cartesian Meditations*의 한 주제다.
5. Husserl, *The Crisis of European Science and Transcendental Phenomenology*.
6. David Carr의 후설 입문서인 *The Crisis*, xxxix 참고.
7. 후설 입문서인 H. Dreyfus, *Husserl* 참고.
8. 따라서 후설은 인간과학의 핵심에 놓여 있는 "이중성" 또는 애매성을 드러내고 있다. Dreyfus and Rainbow, *Michel Foucault*, 35-36.
9. Dreyfus and Rainbow, *Michel Foucault*, 32-34. 메를로 퐁티에 대한 논의는 Déscombes, *Modern French Philosophy*를 참고.
10. Fodor, The present status of the innateness controversy, 298.
11. 용수(Nagarjuna)의 저작은 10장에서 자세히 논의될 것이다.
12. 서양인의 시각에서 본 서양 철학의 종족 중심주의에 대한 최근 연구에 대해서는 Pol-Droit, *L'amnesie philosophique*을 참고. 비서양적 사고에 대한 최근의 집중 연구에 대해서는 Loy, *Non-Duality*를 참고.
13. 집중(mindfulness, 止)이라는 단어는 최근 심리학자 엘렌 랭거가 그녀의 책 *Mindfulness*에서 비불교적, 비명상적인 의미로 썼다. 불교적 의미에서 집중이란 단순히 우리의 경험에 마음을 모으는 것이다. 랭거는 우리의 경험과 행동에 대해 자동적인 반응이 아니라 반성할 수 있는 능력 즉 상황에 대한 대안적인 형태의 해석을 알고 있을 능력을 지시하는 말로 이 말을 쓰고 있다. 불교적인 관점에서 볼 때, 랭거가 기술하는 것은 집중이 아니라 오히려 "인간 영역"에 존재함을 의미하는 것이다. 우리 자신의 경험을 반성할 수 있고 대안을 생각할 수 있는 것은 인간의 심리 상태를 통해서 이다. 다른 심리 상태들, 즉, 심한 공격성(지옥 영역), 혹은 우둔함(동물 영역) 같은 것들은 반성을 일으키기에는 너무도 습관적인 자동성을 지닌 것들이다. 그러나 우리가 인간 영역에 있다는 것이 불교적인 의미에서 마음을 모으는 것을 뜻하는 집중의 상태에 실질적으로 놓여 있음을 의미하는 것은 아니다.
14. Rosch, *The Original Psychology*를 참고.
15. 명상이라는 단어의 사용에 대한 우리의 언어적인 직관은 189명의 U.C. Berkeley 대학생들이 불교심리학 강의를 수강하기 직전에 작성한 명상 개념에

대한 설문서의 분석에 의해 뒷받침되고 있다.
16. 명상에 대한 저술들은 부록 C를 참고.
17. Thurman, *The Holy Teaching of Vimalakirti*, 161: "집착하는 마음은 그 집착의 성취 불가능성을 파악할 수 없다. 다만 그 불가능성에 익숙해지게 될 뿐이다"를 참조.
18. Nagel, *The View from Nowhere*.
19. 변화하는 잠정적인 사건들 사이의 인과 관계의 측면에서 심신 관계를 다룬 보다 형식적인 논의도 존재한다. 4, 6, 10장 참고. Griffiths, *On Being Mindless* 참고.
20. Sri Aurobindo의 영적 진화이론을 Wilber, Engler, and Brown의 *Transformation of Consciousness* 식으로 지관(止觀) 전통과 결합시키는 것은 지관의 전통을 심각하게 잘못 표현하고 있는 것이 된다.
21. 예를 들어 Churchland, *Matter and Consciousness*의 도입부와 Churchland, *Neurophilosophy*의 2부에 나타나고 있는 여러 입장들에 관한 논의 참고.
22. Yuasa, *The Body*, 180 참고.
23. Rorty, *Consequences of Pragmatism*; Margolis, *Pragmatism without Foundations* 그리고 이 책 10장을 참고.

Chapter 3 | 기호: 인지론적 가정

1. 이 절은 *Cahier de la Centre de Recherche en Epistémologie Appliqué*, 7-9 (Paris, France) 로 출판된 사이버네틱스, 자기조직화, 그리고 인지에 대한 잊혀진 초기 역사에 대한 최근 저술들에 많은 영향을 받고 있다. 유일한 다른 자료는 Heims, *John von Neumann and Norbert Wiener*이다. 가드너의 최근 저작인 *The Mind's new Science*는 이 시기에 대해 매우 간략한 논의를 제공할 뿐이다.
2. 이러한 종류의 저작들의 가장 훌륭한 자료는 자주 인용되는 *Cybernatics*라고 하는 조시아 메이시 주니어 재단(Josiah Macy Jr. Foundation)에서 간행되는 메이시 학술대회(Macy Conference) 자료집이다.
3. McCulloch and Pitts, A logical calculus of ideas immanent in nervous activity.
4. 이 역사적/개념적 순간에 대한 흥미있는 시각에 대해서는 Hodge, *Alan Turing*

을 참조.
5. McCulluoch, *Embodiments of Mind*.
6. 이 시기에 대해서는 Gardner, *The Mind's New Science*, 5장을 참고.
7. Newell, Physical symbol systems; Newell and Simon, Computer science as empirical inquiry; Pylyshyn, *Computation and Cognition* 참고.
8. 의미론적 단계의 환원불가능성은 인지론자들 사이의 논쟁거리 였다. Stich, *From Folk Psychology to Cognitive Science*; Fodor, *Psychosemantics* 참고.
9. Fodor, Special sciences; Fodor, Computation and reduction 참고.
10. 분석철학 내부의 논증에 관해서는 Putnam, Computational Psychology and interpretation theory 참고. 이러한 분석 철학적 입장에 대한 발제적 입장의 비판에 대해서는 Winograd and Flores, *Understanding Computers and Cognition* 참고. 이 문제는 또한 Searle, Mind, brains and programs에서 소개된 Searle의 독창적이고 유명한 'Chinese Room(中國房)' 사고 실험의 바탕이 된다.
11. 이것은 유명한 한 신경과학 교과서의 서두이다. "두뇌는 끊임없이 정보를 받아들이고 다듬고 지각하고 그리고 결정을 내리는 세포들의 불안정한 조합이다." Kuffler and Nicholas, *From Neuron to Brain*, 3.
12. 이 널리 알려진 저술에 대한 최근 설명은 Hubel, *Eye, Brain and Mind*에 있다.
13. Barlow, *Single units and sensation*.
14. 예를 들어 Marr, *Vision*에 나타난 Barlow에 대한 비판을 보라.
15. Segal, *Imagery*.
16. Kosslyn, *Image and Mind*.
17. Shepard and Metzler, Mental ratation of three dimensional objects.
18. Brown, *A First Language*.
19. Miller, Galanter, and Pribram, *Plans and the Structure of Behavior*; Schank and Abelson, *Script, Plans, Goals and Understanding*.
20. Schank and Abelson, *Script, Plans, Goals and Understanding*.
21. Kahneman, Slovic, and Tversky, *Judgement Under Uncertainty*; Nisbett and Ross, *Human Inference*.
22. Pylyshyn, *Computation and Cognition*, 8장 참고. 시각 이미지 처리를 놓고 벌어지는 논쟁에 관한 논의는 Gardner, *The Mind's New Science*, 11장;

Stillings et al., *Cognitive Science*, 36-48 참고.
23. Kosslyn, The medium and the message in mental language.
24. Palmer, *Visual Information Processing*.
25. H. Dreyfus, Alternative philosophical conceptualizations of psychopathology.
26. H. Dreyfus, Alternative philosophical conceptualizations of psychopathology에서 인용된 Freud, The unconscious.
27. Dolard and Miller, *Personality and Psychotheraphy*.
28. Erdelyi, *Psychosemantics*.
29. Fodor, *The Modularity of Mind*.
30. Hofstadter and Dennett, *The Mind's Eye*, 12.
31. 같은 책, 13
32. Dennett, Toward a cognitive theory of consciousness; Dennett, Artificial Intelligence as philosophy and psychology 참고.
33. Pylyshyn, *Computation and Cognition*, 265.
34. Dennett, *Elbow Room*, 74-75.
35. Fodor, *The Language of Thought*, 52.
36. Jackendoff, *Consciousness and the Computational Mind*.

Chapter 4 | 폭풍의 눈, 자아

1. Hume, *A Treatise of Human Nature*, I, VI, iv.
2. Kant, *Critique of Pure Reason*, 136.
3. Epstein, the self-concept.
4. Gyamtso, *Progressive Stages of Meditation on Emptiness*, 20-21.
5. 우리가 소개하려고 하는 범주들은 기록된 것이든 구전된 것이든 불교 가르침에 널리 공통된 것이다. 부록 A, B, C와 Narada, *A Manual of Abhidhamma (Abhidhammattha Sangaha)*; Buddhaghosa, *The Path of Purification (Visuddhimagga)*; Vasubhandhu, *L'Abhidharmakosa de Vasubandhu*; Trungpa, *Glimpses of Abhidharma*; Kalu, *The Dharma* 참고.
6. 혹자는 불교 철학에는 '존재론'에 대한 관심이 없거나, 존재론과 인식론이 '구분

되지 않는다'고 주장한다. 이 점은 불교 사상의 목표와 일상적이며 직접적인 경험을 향한 관심을 다소간 잘못 이해한 데서 나온 것이다. 불교적 관점에서는 존재론이라는 것은 매우 이상한 범주이다.
7. 이 용어들에 대한 번역들은 애석하게도 서로 매우 다르다. 산스크리트 용어들은 rupa, vedana, samjna, samskara, 그리고 vijnana이다. 세 번째, 네 번째 용어들은 특별히 번역하기가 어렵다. 따라서, 지각(perception), 판별(discernment), 충동(impulse)이라고 영역한 samjna는 개념화(conceptualization), 분별(discernment), 구분(discrimination), 지각(perception) 그리고 인지(recognition)로 번역되기도 한다. 구성요소(compositional factors), 성향들(dispositions), 정서적 산출물(emotional creations), 형성물(formations), 심적 구성물(mental constructions), 동기(motivations), 그리고 의지(volitions)로 번역되는 samskara는 더욱 문제다. 이러한 범주적 구분 뒤에 놓인 기본적 생각은 우리의 경험을 형성하는 심적인 성향들을 구분하는 것이므로 '성향적 형성물(dispositional formations)'이라는 용어를 우리는 만들어냈다.
8. Kalupahana의 *Principles of Buddhist Psychology*는 아비달마의 기본 범주로서의 정신과 물질의 존재(nama-rupa)에 흥미롭지만 매우 독특한 견해를 제시하고 있다. 심리적이면서 동시에 물리적인 이 복합체의 양 측면 모두는 경험의 용어로 정의된다. 심리적인 것을 규정하는 기본적인 경험적 조작은 개념과의 접촉이다. 물리적인 것을 규정하는 것은 반발성(resistence)과의 접촉이다. (아비달마적 접촉의 의미는 6장에서 논의될 것이다.) 현상학자들은 이러한 각각의 본성은 구분이라고 즉 배경에서 어떤 것이 구분되어 나오는 것이라고 말할 것이다. 물리적인 경우에는 감각적 반발성에 근거하는 구분이, 그리고 심리적 경우에는 개념에 근거하는 구분이 존재하는 것이다.
9. 이것은 아야타나 (ayatanas)라고 알려져 있다.
10. 철학자들도 가끔 이러한 문제들이 얼마나 어려운 것들인지 알 것이다. Perry, *Personal Identity*와 Rorty, *The Identities of Persons* 참고.
11. Rabten, *The Mind and its Functions*.
12. Rosch, Proto-intentionality 참고.
13. Sajama and Kamppinen, *A Historical Introduction to Phenomenology* 참고.
14. 영역들은 글자 그대로의 의미로(인간으로, 지옥계의 존재로, 불쌍한 유령으로 동물

로, 질투심 많은 신으로, 혹은 신으로) 혹은 심리학적 의미로(지속 기간이 다른 마음의 상태들로) 해석된다. 의식(識, vijnana)은 정서적 성향(공격, 빈곤, 무시, 기타 등등)들이 논리와 색 그리고 자아와 세계의 지속적인 활동을 야기하는 영역에서만 발생한다. Freemantle, *The Tibetan Book of the Dead*; Trungpa, *Cutting Through Spiritual Materialism*; Trungpa, *The Myth of Freedom* 참고.

15. Kant, *Critique of Pure Reason*, 136.
16. Gyamtso, *Progressive Stages of Meditation on Emptiness*, 32.
17. 우리는 우리 탐구의 배경과 주제 사이에서 관계의 역전을 생각해볼 수 있으며, 의식발생의 순간들 사이의 불연속성의 비존재뿐만 아니라 간격의 비존재도 물어 볼 수도 있다. 이 물음은 불교 학파들 사이의 중요한 논쟁거리이다. 상좌부 불교의 아비달마에 따르면 사고의 순간들은 이승과 저승 사이에서 조차 연속적이다. 그러나 다른 극단에는, 완전한 자각(awareness, 觀) 상태에 있는 마음을 경험할 수 있는 일반적 사고의 순간들에는 절대적인 간격이 존재할 수 있다고 가르치는 학파들도 있다. 우리가 이제 기술하려고 하는 연구는 확실히 이 문제에 관해 확정적 주장을 할 수 있는 그런 것이 아니다. 불교 문헌들에는 한 순간에서 다음 순간으로 변화하는 데 걸리는 시간, 즉 13밀리세컨드에서 100밀리세컨드 사이인 실제 시간간격을 언급한 것도 있다. E. Conze, *Buddhist Thought in India*, 282 참고; 이 문제는 Hayward, *Shifting Worlds, Changing Minds*, 12장에서도 논의되고 있다. 이것이 우리가 조사할 일반적인 문제다.
18. 이 문헌에 관한 요약은 Varela et al., Perceptual framing and cortical alpha Rhythm; Gho and Varela, Quantitative assessment of the dependency of the visual temporal frame upon the alpha rhythm 참고. Steriade and Deschenes, The thalamus as a neural oscillator; Pöppel, Time perception 참고.
19. 이 환상적인 주제에 관한 현대적인 논평을 위해서는 Llinás, The intrinsic electrophysiological properties of mammalian neurons 참고.
20. Creutzfeld, Watanabe, and Lux, Relations between EEG phenomena and potentials of single cortical cells; Purpura, Functional studies of thalamic internuclear interactions; Jahnsen and Llinás, Ionic basis for the electroresponsiveness and oscillatory properties of guines-pig thalamic

neurons in vitro; Steriade and Deschenes, The thalamus as a neuronal oscillator.
21. Anderson and Anderson, *The Physiological Basis of Alpha Rhythm*; Aoli, McLachlan, and Gloor, Simultaneous recording of cortical and thalamic EEG and single neuron activity in the cat association system during spindles; Connor, Initiation of synchronized neuronal bursting in neocortex.
22. Gevins et al., Shadows of thought.
23. 예를 들어 현대 불교학자인 C. Trungpa는 온을 순차적인 행렬과 같은 의미로 *Glimpses of Abhidharma*에서 기술하고 있으며, *Mandala*에서는 동시적으로 나타나는 경험의 층으로 기술하고 있다.
24. Vasubandhu, *L'Abhidharmakosa de Vasubhandu* 참고.
25. 그의 마지막 논문을 퐁티는 "La science manipule les choses et renonce à les habiter(과학은 사물을 조작하지만 그 속에 살려는 노력을 포기했다)" 라는 말로 시작하고 있다. Merleau-Ponty, Eye and mind.
26. Hayward, *Shifting Words, Changing Minds*.

Chapter 5 | 창발적 속성과 연결론
1. 이 초기 시절의 자료에 관해서는 3장 주 1 참고.
2. Rosenblatt, *Principles of Neurodynamics*.
3. 자기조직이라는 사고의 복잡한 초기 발생에 관해서는 Stengers, Les généalogies de l'auto-organisation 참고.
4. Dennett, Computer models and the mind. 이 역사적 문제에 대한 다른 입장은 Minsky and Papert, Perceptions, 특별히 1987년 개정판의 서두와 후기 참고.
5. 이 이름은 Feldman and Ballard, Connectionist models and their properties 에서 제안되었다. 현재 모델에 관한 자세한 논의는 Rumelhart and McClleland, *Parallel Dstributed Processing* 참고.
6. 여기서 핵심적 아이디어는 Hopfield, Neural networks and physical systems with emergent computational abilities에 출현한다. Tank and Hopfield, Collective computation in neuronlike circuits 참고.

7. 이러한 생각에는 많은 변형태가 존재한다. Hinton, Sejnowsky, and Ackley, A learning algorithm for Boltzman machines 참고. Tolouse, Dehaene, and Changeux, *Proceedings of the National Academy of Science* 참고.
8. 이러한 입장에 대한 자세한 논의는 Dumouchel and Dupuy, *L'Auto-Organisation* 참고.
9. von Foerster, *Principles of Self-Organization*.
10 미국에서 복잡성 체계의 연구를 위한 산타페 연구소의 설립과 *Complex System* 이라는 새로운 잡지의 창간은 이러한 증가하는 경향의 분명한 징조다.
11. 동력학 체계에 대한 현대 이론들을 소개한 입문서로는 Abraham and Shaw, *Dynamics*가 있다. 보다 덜 전문적인 책은 Crutchfield et al., *Chaos*와 Gleik *Chaos*가 있다.
12. Wolfram, Statistical mechanics of cellular automata; Wolfram, Cellular automata as models of complexity 참고.
13. 최근의 대표적인 개괄서로는 Rosenbaum, *Readings in Neurocomputing*이 있다.
14. 이러한 생각의 현대적 형태는 Rumelhart and McClleland, *Parallel Distributed Processing*, 8장에 실린 Rumelhart, Hinton, Williams의 논문에서 유래한다.
15. Sejnowski and Rosenbaum, *NetTalk*.
16. 최근의 예들과 논의들은 Palm and Aersten, *Brain Theory* 참고.
17. 몸이 한쪽으로 쏠리는 경우 나타나는 효과에 관해서는 Horn and Hill, Modifications of the receptive field of cells in the visual cortex occurring spontaneously and associated with bodily tilt 참고. 청각 자극의 효과에 관해서는 Fishman and Michael, Integration of auditory information in the cat's visual cortex와 Morel, Visual system's view of acoustic space 참고.
18. Alleman, Meizen, and McGuiness, *Annual Review of Neuroscience*.
19. Abeles, *Local Circuits*.
20. 이 점에 관한 보다 자세한 정보는 Churchland and Sejnowski, Perspectives on cognitive neuroscience 참고.
21. 양안경쟁관계(binocular rivalry)와 관련하여 이러한 점을 자세히 검토하려면 Varela and Singer, Neuronal dynamics in the cortico-thalamic pathway as

revealed through binocular rivalry 참고.
22. Singer, Extraretinal influences in the geniculate.
23. Grossberg, *Studies in Mind and Brain*. 최근 새롭게 발전한 생각은 Carpenter and Grossberg, A massively parallel architecture for a self-organizing neural pattern recognition machine 참고.
24. Smolensky, On the proper treatment of connectionism.
25. 기호적 기술과 창발적 기술의 차이와 생물학적 체계에 대한 설명에 대해서는 Varela, *Principles of Biological Autonomy*, 7장 그리고 최근 저서인 Oyama, *The Ontogeny of Information* 참고.
26. Hillis, Intelligence as an ermergent behavior; Smolensky, On the proper treatment of connectionism 참고. 다른 입장으로는 Feldman, Neural representation of conceptual knowledge 참고. Feldman은 '분절된 (punctuate)' 체계와 분산된 체계 사이의 중간적인 기반을 제안한다.
27. 이 입장은 Fodor and Pylyshyn, Connectionist and cognitive architecture에서 집중적으로 논의되었다. 연결론을 옹호하는 철학적 입장은 H. Dreyfus and S. Dreyfus, Making a mind versus modeling the brain 참고.
28. Fodor and Pylyshyn, Connectionism and cognitive architecture.
29. Varela, Coutinho, and Dupire, Cognitive networks.
30. 두 가지 중요한 예는, Amitt, Neural networks counting chimes; Smolensky, Tensor product variable binding and the representation of symbolic structures in connectionist networks.

Chapter 6 | 자아 없는 마음

1. Minsky, *The Society of Mind*; Papert *Mindstroms*.
2. 자세한 예와 논의는 Minsky와 Papert의 *Perceptrons* 최신개정판의 서두와 후기를 참고.
3. *Perceptrons*의 최신개정판의 후기에서 그들은 다음과 같이 쓰고 있다. "그렇다면 어떻게 그물망 체계가 기호적 형태의 활동을 지원할 수 있는가? 서로 다른 기능을 가진 대행체(agencies)들은 보통, 두뇌 내부에서, 신경적 병목체(bottlenecks, 기호적 인지자 또는 기억자의 역할을 하도록 특수화된 비교적 소수의 뉴런 장치들

의 연합체)를 통해서만 상호 신호를 주고 받을 수 있도록 제약되어 있다고 우리는 추측한다." 그러나 만일 이러한 병목체들이 기호적 활동에 본질적인 것이라면, 이것들은 인공적 체계에서도 역시 존재할 필요가 있을 것이라고 생각된다. 따라서 이러한 병목체들이 왜 추상적 인지 체계의 특징이 아니라 신경적 체계만의 특징인지 그 이유가 분명하지 않다.

4. 이 생각은 약간 다른 맥락이지만, Fodor, *The Modularity of Mind*에서도 집중적으로 다루어졌다.
5. Minsky, *The Society of Mind*, 44–45, 54, 97, 134, 184.
6. Jackendoff, *Consciousness and the Computational Mind*, 27.
7. Kuhn, *The Structure of Scientific Revolutions*.
8. Segal, *Introduction to the Work of Melanie Klein*.
9. Greenburg and Mitchel, *Object Relations in Psychoanalytic Theory*.
10. Horowitz, *Introduction to Psychodynamics*.
11. Turkle, *Artificial intelligence and psychoanalysis*.
12. Schafer, *A New Language for Psychoanalysis*.
13. Turkle, *Psychoanalytic Politics*.
14. 분석적 과정의 개방적 속성에 대한 놀라운 예는 Marie, *Que est-ce que la psychoanalyse*; Marie, *L'experience psychoanalytique* 참고.
15. 아비달마에 대한 참고문헌들은 상호의존적 발생(緣起, pratityasamutpada)에 대한 정보도 제공한다. 4장의 주 5 참고. 윤회 바퀴의 소개는 Trungpa, *Karma Seminar*와 Goodman, Situational patterning에 잘 나타나 있다. Goodman은 윤회의 바퀴를 현상적 언어로 번역하는 대담한 작업을 시도한다. 그러나 그 과정에서 그는 윤회 바퀴의 원래 의미를 상당히 많이 바꾸게 되었다.
16. O'Flaherty, *Karma and Rebirth in Classical Indian Traditions*; Neufeldt, *Karma and Rebirth*.
17. 이 절에서 우리의 논의는 다음의 저술들에 바탕을 두고 있다. Conze, *Buddhist Thought in India*; Griffiths, *On Being Mindless*; Guenther, *Philosophy and Psychology in Abhidharma*. Guenther, *From Reduction to Creativity*; Guenther and Kawamura, *Mind in Buddhist Psychology*; Kalupahana, *The Principles of Buddhist Psychology*; Klein, *Knowledge and Liberation*;

Rabten, *The Mind and its Functions*; Sopa and Hopkins, *Practice and Theory of Tibetan Buddhism*; Stcherbatski, *The Central Conception of Buddhism and the Meaning of the Word "Dharma"*; Trungpa, *Glimplses of Abhidharma*.
18. Vasubandhu, *L'Abhidharmakosa de Vasubandhu*에 대한 유일한 서구 언어로의 번역은 Louise de La Vallée Poussin에 의한 것이다. Vasubandhu의 정확한 연대에 대해서는 아직 학문적인 합의가 없다. 어떤 학자들은 Vasubandhu라는 이름의 철학자가 실제로 두 명이 존재한다고 추측한다.
19. Minsky, *The Society of Mind*, 19.
20. Guenther, *Philosophy and Psychology in Abhidharma*.
21. Rabten, *The Mind and its Functions*, 52.
22. Trungpa, *The Myth of Freedom*.
23. Minsky, *The Society of Mind*, 39-40.
24. 같은 책, 50.
25. Jackendoff, *Consciousness and the Computational Mind*, 300.
26. Fodor, Observation reconsidered; Churchland, Perceptual plasticity and theoretical neutrality.
27. 이러한 시각이 갖는 함축에 대한 연구는 Yuasa, *The Body*; Wilber, Engler, and Brown, *Transformations of Consciousness* 참고. 그러나 우리의 입장에서는 두 번째 책은 많은 문제를 안고 있다. 그것은 이 책에서는 명상이 의식의 특별한 "변화"로만 취급되기 때문이다. 2장의 주 2 참고.
28. Globus, *Dream Life, Wake Life*.
29. Turkle, Artificial intelligence and psychoanalysis.
30. Nietzsche, *The Will to Power*, 9.
31. Popper and Eccles, *The Self and its Brain*.
32. Penrose, *The Emperor's New Mind*.

Chapter 7 | 데카르트적 불안
1. R. Rorty, *Philosophy and the Mirror of Nature*.
2. Searle, *Intentionality*.

3. 물론 이러한 시각(vision)의 개념은 David Marr에 의한 것이다. Marr, *Vision*의 서두 참고. 표상론적 접근이 지니고 있는 정보 개념에 대한 철학적 설명에 관해서는 Dretske, *Knowledge and the Flow of Information* 참고.
4. Quine, Epistemology naturalized와 Kornblith, *Naturalizing Epistemology*에 실려 있는 다른 논문들 함께 참고.
5. Rorty, *Philosophy and the Mirror of Nature*, 246.
6. Fodor, Fodor's guide to mental representations.
7. Minsky, *The Society of Mind*, 287.
8. 같은 책, 288.
9. 조작적 폐쇄성의 개념에 대한 자세한 논의는 Varela, *Principles of Biological Autonomy* 참고.
10. 같은 책 그리고 Kelso and Kay, Information and control.
11. Bernstein, *Beyond Objectivism and Relativism*, part 3.
12. Kant, *Critique of Pure Reason*, 257.
13. 홉스의 반론에 대한 대답으로 데카르트는 다음과 같이 쓴다. "나는 idea라는 용어를 마음이 직접으로 지각하는 모든 것을 나타내는 말로 쓴다. 우리가 신의 마음 속에 있는 심상을 구분해내지는 못하지만, 현재 철학자들은 이 말을 신의 마음 속에 있는 지각의 형태를 지시하는 것으로 쓰고 있기 때문에 나는 이 용어를 선택한 것이다. 이것 밖에는 다른 적절한 용어가 없다." *The Philosophical Works of Descartes*, Volume II, 67-68.
14. R. Rorty, *Philosophy and the Mirror of Nature*, 1장.
15. Minsky, *The Society of Mind*, 304.
16. 같은 책.

Chapter 8 | 발제: 체화된 인지

1. H. Dreyfus and S. Dreyfus, *Mind over Machine*.
2. Winograd and Flores, *Understanding Computers and Cognition*. 이 절에서의 우리의 논증은 이 책에 많이 의존하고 있다.
3. 규제이론(regularization theory)에 관해서는 Poggio, Torre and Koch, Computational vision and regularization theory.

4. 이러한 주제에 대한 인공 지능의 분야에서의 표본적인 논의는 *Artificial Intelligence 31* (1987): 213-261에 실린 Winograd and Flores, Understanding Computers and Cognition의 평론을 보시오.
5. 이 점은 Dreyfus, *What Computers Can't Do*에서 처음 제안되었다. 이 점에 대한 최근의 논증은 Putnam, Much ado about not very much에 있다.
6. Heidegger, *Being and Time*; Gadamer, *Truth and Method*. 해석학에 대한 입문서로는 Palmer, *Hermeneutics*가 있다.
7. 현상학에 대한 참고문헌들은 2장을 보시오. 이 점에 관하여 푸코의 저작은 필수적이다. 다음의 문헌들을 참고하시오. Foucault, *The Order of Things*; Foucault, *Discipline and Punish*. 현상학, 해석학 모두에 관련된 푸코에 대한 논의는 Dreyfus and Rainbow, *Michel Foucault* 참고.
8. 통속심리학에 대한 이러한 설명에 예외적인 이론으로는 통속심리학을 '삼인칭' 인과설명적 이론이 아닌 마음에 대한 '일인칭' 접근으로 간주하는 이론이 있다. Thornton, *Folk Psychology* 참고.
9. Johnson, *The Body in the Mind*, 175.
10. 같은 책, 14.
11. 이 모델은 Varel , Structural coupling and the origin of meaning in a simple cellular automata에서 처음 소개되었다.
12. 보다 자세한 것은 Varela, *Principles of Biological Autonomy* 참고.
13. Hurvich and Jameson, An opponent-process theory of color vision. 이 이론의 최근 발전은 Ottoson and Zeki, *Central and Peripheral Mechanisms of Colour Vision*에 실린 Hurvich와 Jameso의 논문들 참고.
14. 이 주장에 대한 가장 최근의 증명은 E. Land에 의한 것이다. Land, The retinex theory of color vision. 최근의 발전은 Land, Recent advances in retinex theory and some implications for cortical computations 참고. 초기 논의들은 다음의 문헌들 참고. Helson, Fundamental problems in color vision. I; Helson and Jeffers, Fundamental problems in color vision. II; Judd, Hue, saturation, and lightness of surface colors with chromatic illumination.
15. 이 두 현상들에 대한 생생한 증명은 Brou et al., The colors of things 참고.
16. 이 실험은 E. Land에 의해 유명해진 현상에 관한 것이다. Land, *Experiments in*

color vision; Land, The retinex. 여기서 기술된 회색 체크무늬 판의 회전은 Maturana, Uribe, and Frenck, A biological theory of relativistic color coding in the primate retina에서 처음 시도되었다.

17. Gouras and Zenner, Color vision.
18. Zeki, Colour coding in the cerebral cortex.
19. Kandinsky, *Concerning the Spiritual in Art*, 57. Johnson, *The Body in the Mind*, 83-84에서 재인용했음.
20. Johnson, *The Body in the Mind*, 84.
21. DeYoe and Van Essen, Concurrent processing streams in monkey visual cortex.
22. Sacks and Wasserman, The case of the colorblind painter.
23. 같은 책, 26.
24. 같은 책, 33.
25. Maloney, *Computational Approach to Color Constancy*; Maloney and Wandell, Color constancy 참고. 그리고 Gershon, *The Usual Color in Computational Vision* 참고.
26. Maloney, *Computational Approach to Color Constancy*, 11. 철학적인 논의는 Hilbert, *Color and Color Perception*과 Matthen, Biological functions and perceptual content 참고. 이 입장에 대한 보다 자세한 논의와 비판은 Thompson, *Colour Vision*.
27. 보다 자세한 논의는 Hardin, *Color for Philosphers*와 Thompson, *Colour Vision* 참고.
28. Jameson and Hurvich, Essay concerning color constancy.
29. Gouras and Zenner, Color vision, 172.
30. 이 구절을 Gleason, *An Introduction to Descriptive Linguistics*, 4에 있는 다음의 구절과 관련하여 생각해보자. "스펙트럼의 한 극단에서 다른 극단으로의 점차적인 색의 끊임없는 변화가 존재한다. 그러나 그러한 변화는 색조를 기술할 때 미국인들은 적색, 오렌지색, 황색, 초록색, 청색, 자주색, 또는 이와 비슷한 색을 지적한다. 스펙트럼이나 인간의 지각 어느 것에도 이러한 분류를 강요하는 것은 없다."

31. Berlin and Kay, *Basic Color Terms*.
32. 같은 책, 109.
33. E.R. Heider (Rosch), Universals in color naming and memory.
34. Brown and Lenneberg, A study in language and cognition; Lantz and Steffire, Language and cognition revisited; Steffire, Castillo Vales, and Morely, Language and cognition in yucatan.
35. Heider (Rosch), Universals in color naming and memory; Heider (Rosch) Linguistic Relativity; Rosch, On the internal structure of perceptual and semantic categories; Heider (Rosch) and Olivier, The structure color space in naming and memory for two languages.
36. Heider (Rosch), Focal color areas and the development of color names.
37. Lakoff, *Women, Fire and Dangerous Things*.
38. Kay and McDaniel, The linguistic significance of the meanings of basic color terms.
39. DeValois and Jacobs, Primate color vision.
40. Kay and Kempton, What is the Sapir-Whorf hypothesis?
41. Lakoff, *Women, Fire and Dangerous Things*, 29.
42. MacLaury, Color-category evolution and Shuswap yelloe-with-green.
43. 이러한 체화의 개념은 인지과학에서는 다음의 문헌들에서 가장 많이 강조되었음. H. Dreyfus, *What Computers Can't Do*; Johnson, *The Body in the Mind*; Lakoff, *Women, Fire and Dangerous Things*.
44. Kelso and Kay, Information and control.
45. Merleau-Ponty, *The Structure of Behavior*, 13.
46. Held and Hein, Adaptation of disarranged hand-eye coordination contingent upon re-afferent stimulation.
47. Livingstone, *Sensory Processing, Perception, and Behavior*에서 기술된 Bach y Rita, *Brain Mechanisms in Sensory Substitution* 논의 참고.
48. Freeman, *Mass Action in the Nervous System*.
49. Freeman and Skarda, Spatial EEG patterns, nonlinear dynamics, and perception.

50. 최근 견해로는 Bressler, The gamma wave 참고. Gray and Singer의 논문인 Stimulus-specific neuronal oscillations in orientation columns in cat visual cortex는 이러한 가설의 폭넓은 수용에 크게 기여한 바 있다. Hermissenda에 관해서는 Gelperin and Tank, Odour-modulated collective network oscillations of olfactory interneurons in a terrestrial mollusc 참고. 조류의 뇌에서 발견된 결과에 대해서는 Neuenschwander and Varela, Sensory-triggered and spontaneous oscillations in the avian brain 참고.
51. 이러한 빠른 역학관계는 감각 자극체에만 한정되는 것이 아니라는 점을 명심하기 바란다. 이 진동은 두뇌의 여러 부분에서 매우 빠르고 자발적으로 나타났다가 사라진다. 이러한 사실은 이러한 빠른 역학관계가 다음 순간에 대해 만반의 준비를 하고 있는 모든 하위체계들을 포함한다는 점을 시사한다. 이 역학관계는 감각에 대한 해석과 활동적 움직임뿐만 아니라 인지적 기대와 정서적 색조의 전 영역을 즉 한순간의 행위를 일으키는데 핵심적인 모든 것을 포함한다. 소멸과 발생 사이의 이 진동들은 현재 상황에서 활성화되는 여러 다른 대행자들 즉, 정합적인 인지구조와 행동을 위한 서로 다른 해석을 놓고 경쟁하는 대행자들간의 (빠른) 상호협동과 경쟁을 보여준다. 진화과정의 경우처럼, 하나의 뉴런연합체(하나의 인지 하위체계)는 이러한 빠른 역학관계를 기반으로 해서 결국 보다 주도적인 것이 되며 다음 인지 단계에 필요한 행태적 양태를 준비하게 된다. 우리가 "보다 주도적인 것이 된다"고 말했을 때, 우리는 최적화의 과정을 말하는 것이 아니라 혼돈적 변화에서부터 나타나는 안정화의 과정을 말한다.
52. 피아제의 모든 저작들이 이것에 관련된다. 우리는 특별히 Piaget, *The Construction of Reality in the Child*에 많이 의존했다.
53. Bourne, Dominowski, and Loftus, *Cognitive Processes*.
54. E. Rosch et al., Basic objects in natural categories; Rosch, Principles of categorization; Rosch, Wittgenstein and categorization research in cognitive psychology; Mervis and Rosch, Categorization of natural objects.
55. Rosch et al., Basic objects in natural categories.
56. Johnson, *The Body in the Mind*.
57. Sweetzer, *Semantic Structure and Semantic Change*.
58. Lakoff, *Women, Fire and Dangerous Things*.

59. Lakoff, Cognitive Semantics. 이 논문은 Lakof 와 Johnson의 경험적(체험적) 접근에 대한 간략한 개관을 제공한다.
60. Berofski, *Making History*.
61. Merleau-Ponty, *Phenomenology of Perception*; Jaspers, *Allgemeine Psychopathologie*; Binswagner, *Zur phänomenologischen Anthropologie*.
62. H. Dreyfus, Alternative philosophical conceptualizations of psychopathology.
63. 이 점은 의식은 항상 그 모든 영역과 함께 발생한다는 불교적 견해를 상기시킨 다. 4장의 주 12 참고.
64. 고전적인 주장은 May, *Existential Psychoanalysis*에 있다.
65. Wilber, Engler, and Brown, *Transformations of Consciousness*; Wellwood, *Awakening the Heart*.
66. Marr, *Vision*; Poggio, Torre, and Koch, *Computational vision and regularization theory*.
67. Gibson, *The Ecological Approach to Visual Perception*.
68. Kornblith, *Naturalizing Epistemology*.
69. 이 경향은 Lakoff, *Women, Fire, and Dangerous Things*와 Johnson, *The Body in the Mind*에서 찾을 수 있다.
70. 색 시각의 비교 연구에 대해서는 Jacobs, *Comparative Color Vision*과 Nuboer, A comparative review on color vision 참고. 곤충의 색 시각에 대해 서는 Menzel, Spectral sensitivity and colour vision in invertebrates 참고. 인 지과학의 맥락에서 이러한 문제에 대한 논의는 Thompson, *Palacios, and Varela, Ways of coloring* 참고.
71. 어류의 사원색 시각에 대해서는 Harosi and Hashimoto, Ultraviolet visual pigment in a vertebrate; Neumeyer, Das Farbensehen des Goldfisches 참 고. 조류의 색 시각에 관해서는 다음의 문헌들을 보시오. Jane and Bowmaker, Tetrachromatic colour vision in the duck; Burkhardt, UV vision; Palacios et al., Color mixing in the pigeon; Palacios and Varela, Color mixing in the pigeon II.
72. 주로 원인류에서 발견되는 이 기재는 아직 자세히 연구되고 있지 않음. Varela et

al., The neurophysiology of avian color vision.
73. 철학적 맥락에서 비교 색 시각의 이러한 또는 다른 함축들에 대한 집중적인 논의는 Thomson, *Colour Vision*; Thompson et al., Ways of coloring 참고.

Chapter 9 | 진화의 경로와 자연부동

1. Gould, Darwinism and the expansion of evolutionary theory; Gould and Lewontin, The spandrel of San Marco and the Panglossian paradigm. 보다 일반적인 논의로는 Sober, *The Nature of Selection*; Ho and Saunders, *Beyond Neo-Darwinism*; Endler, The newer synthesis? 참고. 이러한 여러 다양한 도전에 대한 신다윈주의 입장에서 최근 옹호는 Hecht and Hoffman, Why not neo-Darwinism? 인지론의 방어의 맥락이기는 하지만 Piatelli-Palmarini, Evolution, selection, and cognition도 비슷한 주제를 다루고 있다.
2. 이 용어는 Sober *The Nature of Selection*에서 유래한다.
3. 자연부동으로서의 진화의 개념은 Maturana and Varela, *The Tree of Knowledge*에서 처음으로 소개되었다. 이 장에서 우리는 이 개념을 그 원래적인 내용을 기반으로 상당히 많이 변형, 확장시켰다.
4. Geschwind and Galaburda, *Cerebral Lateralization*.
5. Gould and Eldredge, Punctuated equilibria.
6. Packard, An intrinsic model of adaptation.
7. 이 두 극단에 관한 간략한 비교는 Lambert and Hughes, Keywords and concepts in structuralist and functionalist biology 참고.
8. 이 주제에 관해서는 Goodwin, Holder, and Wyles, *Development and Evolution*의 논문들 참고.
9. De Beer, *Embryo and Ancestors*, 163.
10. Kauffman, *Developmental Constraints*.
11. Crow and Kimura, *An Introduction to Population Genetics*.
12. 우리의 논의는 Wake, Roth, and Wake, On the problem of stasis in organismal evolution에 크게 의존하고 있다.
13. Dawkins, *The Selfish Gene*.
14. Wynne-Edwards, *Animal Dispersion in Relation to Social Behavior*.

15. Eldredge and Salthe, Hierarchy and evolution.
16. 최근의 논의는 Brandon and Burian, *Gene, Organisms and Populations* 참고.
17. Lewontin, A natural selection.
18. 이러한 혁신의 분위기와 관련되는 흥미있는 예는 자연 선택의 교과서적인 예로 등장하는 나방의 공업흑화(industrial melanism)에 관한 비판적 연구이다. Lambert, Millar, and Hughes, On the classic case of natural selection에 따르면, 이 예는 상당한 양의 무시된 문헌들을 다시 고려함으로써 신다원주의에 대한 고전적인 반론으로 변형될 수 있다.
19. 이 점에 대한 완전하고 전문적인 논의는 Oster and Rocklin, *Optimization models in evolutionary biology* 참고. 최근의 일반적인 논의는 Dupré, *The Latest on the Best* 참고.
20. 이 비유는 Edelman and Gall, The antibody problem에서 처음으로 제안되었다. 이 비유는 Piate li-Palmarini, Evolution, selection, and cognition에서도 등장한다. 우리는 이 비유를 여기서 나름대로 확장했는데, 이것은 이 두 저자들의 원래의 의도와는 다른 것이다.
21. 이 점은 면역체계에 대하여 매우 자세하게 주장될 수 있다. Varela, et al., Cognitive networks 참고.
22. '대략적 만족(satisficing)'의 개념에 대해서는 Stearns, On fitness 참고.
23. Jacob, *Evolution and Tinkering*.
24. 생존가능성(viability)의 개념, 유일한 최적의 경로에 대립되는 가능한 경로들의 집합은 수학적으로 정확하게 정의될 수 있다. Aubin and Cellina, *Differential Inclusions* 참고. 그리고 Varela, anchez-Leighton, and Coutinho, Adaptive strategies gleaned from networks에 실린 논의 참고.
25. Lewontin, The organism as the subject and object of evolution.
26. 같은 책.
27. Oyama, *The Ontogeny of Information*.
28. 같은 책, 22.
29. 같은 책, 122.
30. Edelman, *Neural Darwinism*; Reeke and Edelman, Real brains and

artificial intelligence. 비슷한 주장으로는 Changeux, *L'Homme Neuronal*; Cowan and Fawcett, Regressive events in neurogenesis; Piatelli-Palmarini, Evolution, selection, and cognition이 있다.

31. Hellerstein, Plotting a theory of the brain, 61.
32. Menzel, Spectral sensitivity and the colour vision in invertebrates; Menzel, Colour pathway and colour vision in the honey bee.
33. Lythgoe, *The Ecology of Vision*, 188-193.
34. Lewontin, The organism as the subject and object of evolution.
35. Gibson, The Ecological Approach to Visual Perception. 깁슨적 연구계획의 최신 주장들에 관해서는 Turvey et al., Ecological laws of perceiving and acting 참고. 이 논문은 Fodor and Pylyshyn, How direct is visual perception?에 나타난 집중적인 인지론자들의 비판에 대해 깁슨적 연구 계획을 방어하고 있다.
36. Turvey, et al., Ecological laws of perceiving and acting, 283.
37. Gibson, A direct theory of visual perception, 239.
38. Gibson, The Ecological Approach to Visual Perception, 139. 허용역의 존재론적 위치에 관하여 깁슨과 그의 추종자들 사이에 미묘한 차이가 존재하는 듯이 보인다는 점을 주의하기 바란다. 따라서 깁슨은 이것을 절대로 지각자에 의존하는 것이 아니라고 해석하는 반면, Turvey, et al., Ecological laws of perceiving and acting은 이것을 동물-환경 체계의 창발적 속성, 우리의 용어로 표현한다면 연합의 역사에 의해 발제되거나 만들어진 속성으로 해석한다. 이 후자의 생각은 분명히 우리의 발제적 접근과 양립가능한 것이다. 그러나 차이는 여전히 존재한다. 깁슨과는 달리 우리는 허용역이 지각되는 방식에 대한 적절한 설명이 분명히 환경 광학적인 개념을 지니고 있다고 하더라도 전적으로 광학적으로 주어진다고 주장하지 않는다.
39. Prindle, Carello and Turvey, Animal-environment mutuality and direct perception 참고. 이 논문은 Ullma, Against direct perception에 대해 답하고 있다.
40. 우리는 개념을 명료하게 하기 위해 우리의 접근과 깁슨의 접근이 지닌 차이를 강조했다. 동물의 자율성(조작적 폐쇄성)에 대한 우리의 강조와 광학적 불변성에

대한 깁슨의 강조 모두를 포괄하는 뛰어난 논의가 Kelso and Kay, Information and Control에 있다
41. Searle, *Intentionality*.
42. 하이데거의 초기 사상에 친숙한 독자들은 지향성은 세계내존재(being-in-the-world)의 실존구조에 있다는 하이데거의 생각, 즉 그가 초월(transcendence)이라고 한 것의 영향을 여기서 상당히 많이 발견할 수 있을 것이다. 매우 대략적으로 말해 여기서의 요점은 우리의 실존이 미래의 가능성을 향해 현재의 상황을 끊임없이 넘어서거나 초월한다는 사실에 지향성이 존재한다는 것이다. 이 생각에 가장 잘 초점을 맞춘 하이데거의 저술들 중 하나는 *The Essence of Reasons*이다. 인지과학의 맥락에서 행위의 지향성에 대해 논의한 저술에는 Winograd and Flores, *Understanding Computers and Cognition*이 있다.
43. 이 주제에 관한 최근 논문들을 모은 흥미 있는 논문 모음집으로는 *Evolution, Games, and Learning*이 있다. 물론 이 책에 논문을 실은 많은 학자들은 그들의 생각에 대한 우리의 해석에 동의하지 않을 것이다.
44. Holland, Escaping brittleness.
45. Moravec, *Mind Children*.
46. Brooks, Achieving artificial intelligence through building robots; Brooks Intelligence without representation; Brooks, A robot that walks; Brooks, A robust layered control system for a mobile robot.
47. Brooks, Intelligence without representation, 7.
48. 같은 책, 9.
49. 같은 책, 11.

Chapter 10 | 중도

1. Putnam, *The Faces of Realism*, 29.
2. 같은 책.
3. R. Rorty, *Philosophy and the Mirror of Nature*, 394.
4. Hopkins, *Meditation on Emptiness*; Inada, *Nagarjuna*; Iida, *Reason and Emptiness*; Kalupahana, *Nagarjuna*. 불교공동체 내에서건 다른 학자들에 의해서건 칼루파나의 해석은 받아들여지고 있지 않다는 점을 주의하기 바란다.

Gymatso, *Progressive Stages of Meditation on Emptiness*; Murti, *The Central Philosophy of Buddhism*; Sprung, *Lucid Exposition of the Middle Way*; Streng, *Emptiness*; Thurman, *Tsong Khapa's Speech of Gold in the Essence of True Eloquence*. 중관론에 대한 매우 훌륭한 논의는 다른 주제를 위해 저술된 책인 Beyer, *The Cult of Tara*에 있다.
5. 주 4 참고. 모두 용수에 관해 논의하고 있는 저술들임.
6. 이 예는 많은 다른 학자들이 취한 것이기도 하다. 이 예는 용수의 추론의 힘, 명료성, 그리고 가능한 개인적 연관성을 드러내기 위해서 만들어진 것이다. 서양의 학자들이 상호의존(緣起)에 관련하여 공(空)을 이해하지 못하고 있는 것은 우리에게는 놀라울 뿐이다. 우리는 이 논의가 명료성을 더해줄 것이라 희망한다.
7. 인과성에 대한 중관론의 공격을 인지과학에 적용하는 것에 대한 논의는 Rosch, What does the tiny varja refute? 참고.
8. Kalupahana, *Nagarjuna*. XXIV. 18-19.
9. 이 점은 4장과 6장에서 펼쳐진 아비달마에 관한 우리의 논의에서 분명하게 될 것이 틀림없다. 그러나 이 점은 논의의 여지가 있다. 많은 서양 학자들은 용수가 아비달마를 부정한 것으로 해석하기 때문이다. 이 점에 관해서 우리는 칼루파나의 저서 *Nagarjuna*와 의견이 같다.
10. Hopkins, *Meditation on Emptiness*.
11. Thurman, *Tsong Khapa's Speech of Gold in the Essence of True Eloquence*, 357.
12. Putnam, *Faces of Realism*; R. Rorty, *Philosophy and the Mirror of Nature*; R. Rorty, *Consequences of Pragmatism*; Margolis, *Pragmatism without Foundations*.
13. Derrida, *Of Grammatology*; Derrida, *Margins of Philosophy*; Foucault, *The Order of Things*; Foucault, *Discipline and Punish*; Dreyfus and Rainbow, *Michel Foucault*.
14. Lyotard, *The Postmodern Condition*; Vattimo, *The End of Modernity*.
15. Vattimo, *The End of Modernity*.
16. 같은 책, 11-12.
17. Hume, *A Treatise of Human Nature*, 199, 206.

18. Jackendoff, *Consciousness and the Computational Mind*, 300.
19. Goodman, *Ways of Worldmaking*, 117-118.
20. Putnam, *Reason, Truth and History*, 2장 참고. 인지과학의 맥락에서 Putnam 의 정리(theorem)에 대한 논의는 Lakoff, *Women, Fire, and Dangerous Things*, 15장 참고.
21. Putnam, *Reason, Truth and History*, 52.
22. Putnam, *The Faces of Realism*, 8.

Chapter 11 | 길 다지기

1. R. Rorty, *Philosophy and the Mirror of Nature*, 394.
2. Heidegger, *The Question of Being*, 107. 하이데거 사상 전체의 맥락에서 이 구절이 갖는 의미에 대한 자세한 논의는 Thompson, *Planetary thinking/planetary building* 참고.
3. Nishitani, *Religion and Nothingness*. 니시타니는 교토학파로 알려진 현대일본 철학의 한 학파에 속하는 사람이다. 이 학파에 대한 소개는 Franck, *The Buddha Eye* 참고.
4. Nishitani, *Religion and Nothingness*, 120.
5. Nietzsche, *The Will to Power*, 9.
6. Vattimo, *The End of Modernity*.
7. Hardin, The tragedy of the commons.
8. 우리는 여기서 의도적으로 경제적 개인(person)이라는 말 대신에 경제인(economic man)이라는 말을 썼다.
9. Hobbes, *Leviathan*.
10. Rosch, The micropsychology of self interest.
11. 여기서 '자비(동정, 동조)'라고 번역된 산스크리트 용어는 karuna이다. 이 번역은 몇 가지 약점을 가지고 있다. 그러나 이 단어에 해당되는 더 만족스런 영어 단어가 없다.
12. Hopkins, *Precious Garland and Song of the Four Mindfulness*, 76.
13. 니시타니가 "당위(ought)가 수행할 일의 본성은 존재(is)의 다른 방향"이라고 말했을 때 그는 이러한 주장에 동조한다. Nishitani, *Religion and Nothingness*, 260.

14. 생생한 예로서는 Theological encounter Ⅲ in Buddhist Christian Studies 8, 1988에 게재된 신학적 만남 Ⅲ (Theological encounter Ⅲ)라는 토론를 참고.
15. 어떤 것이 존재한다고 말하는 것은 모든 산스크리트 전통에서는 찬사로 취급되지 않는다.
16. Trungpa, *Sadhana of Mahamudra*.
17. 고전적인 설명은 (8세기경) 인도의 철학자 Shantideva에 의한 것이다. Batchelor, *A Guide to the Bodhisattva's Way of Life* 참고. 이 인도 철학자의 원전에 대한 심도있는 주석과 논의는 티벳의 불교철학자인 Gyatso의 *Meaningful to Behold* 참고.
18. 물론 모든 번역이 보디시타(bodhicitta, 근본적 지혜)라는 용어나 개념을 도입하고 있는 것은 아니다.
19. 이 번역은 R. Thurman의 것이다. Hopkins 의 번역은 Hopkins, *Precious Garland and Song of the Four Mindfulness*, 76 참고.
20. Rajchman, *Le savoir-faire avec l'inconscient*.
21. H. Dreyfus and S. Dreyfus, What is morality? 숙달된 기술로서의 윤리의 개념과 불교적인 숙달의 개념의 관계에 대한 심층적인 분석은 이 상황에서 우리의 논의를 너무 확장시킨다..
22. 이것이 자신의 업보에 의해서가 아니라(즉 열반에서 멀어지기 때문이 아니라) 다른 사람을 위해서 끝없이 다시 태어날 것을 계속적으로 맹세하는 사람이 이 bodhisattva(보살, 菩薩)의 이미지다. 대승불교와 티벳불교 전통의 수행자들은 이 생각을 진지하게 받아들이며 그들이 이 보살의 계율과 맹세를 받아들인다. 이러한 대승불교의 보살 이념의 발전을 불교의 다신론적인 전략으로 해석하는 역사학자들이 불교 공동체에서 이 이상이 실제로 취급되는 방식에 주목하는 것은 당연하다.

부록 B | 지관에 이용되는 경험적 범주

1. 이 목록의 작성에 다음의 자료들을 참고했다. Guenther and Kawamura, *Mind in Buddhist Psychology*; Rabten, *The Mind and Its Functions*; Stcherbatski, *The Central Conception of Buddhism and the Meaning of the Word "Dharma."*

참고문헌

Abeles, M. 1984. *Local Circuits*. New York: Springer Verlag.

Abraham, R., and C. Shaw. 1985 *Dynamics: The Geometry of Behabior*. 3 vols Santa-Cruz: Aerial Press.

Allman, J., F. Meizen, and E. McGuiness. 1985 *Annual Review of Neuroscience* 8: 407-430.

Amitt, D. 1988 Neural networks counting chimes. *Proceedings of the National Academy of Sciences*(USA)85: 2141-2144.

Andersen, P., and S. A. Andersson. 1968. *The Physiological Basis of Alpha Rhythm*. New York: Appleton-Century Croft.

Aoli, M., R. S. McLachlan, and P. Gloor. 1984. Simultaneous recording of cortical and thalamic EEG and single neuron activity in the cat association system during spindles. *Neuroscience Letters* 47: 29-36.

Artificial Intelligence. 1987. 31: 213-261.

Aubin, J. P., and A. Cellina. 1984. *Differential Inclusions*. New York: Springer-Verlag.

Bach y Rita, P. 1962. *Brain Mechanisms in Sensory Substitution*. New York: Academic Press.

Barlow, H. 1972. Single units and sensation: A neuron doctrine for perceptual psychology. *Perception* 1: 371-394.

Batchelor, S., trans. 1979. *A Guide to the Bodhisattva's Way of Life*.

Dharamsala, India: Library of Tibetan Works and Archives.

Berlin, B., and P. Kay. 1969. *Basic Color Terms: Their Universality and Evolution.* Berkeley University of California Press.

Bernstein, R. 1983. *Beyond Objectivism and Relativism: Science, Hermeneutics, and Praxis.* Philadelphia: University of Pennsylvania Press.

Berofski, R. 1987 *Making History: Pukapukan and Anthropological Constructions of Knowledge.* Cambridge: Cambridge Univerity Press.

Beyer, S. *The Cult of Tara.* Berkeley: University of California Press.

Binswanger, L. 1947. *Zur phänomenologischen Anthropologie.*

Bourdieu, P. 1989. *The Logic of Practice.* Oxford: Basil Blackwell.

Bourne, L. E., R. L. Dominowski, and E. F. Loftus. 1979. *Cognitive Processes.* Englewood Cliffs,, New Jersey: Prentice Hall.

Barndon, R., and R. Burian, eds. 1984. *Genes, Organisms, and Populations: Controversies over the Units of Selection.* Cambridge, Massachusetts: The MIT Press.

Brentano, F. 1973. *Psychology from an Empirical Standpoint.* London: Routledge and Kegan Paul.

Bressler, S. 1990 The gamma wave: a cortical information carrier. *Trends in Neuroscience* 13: 161-162.

Brooks, R. A. 1986. Achieving artificial intelligence through building robots. A.I. Memo 899, MIT Artificial Intelligence Laboratory, May.

Brooks, R. A. 1987. Intelligence without representation. MIT Artificial Intelligence Report.

Brooks, R. A. 1989a. A robot that walks: Emergent behaviors from a carefully evolved network. A.I. Memo 1091, MIT, February.

Brooks, R. A. 1989b. A robust layered control system for a mobile robot. *IEEE Journal Robotics Automation* RA-2:14-23.

Brou, P., T. R. Sciascia, L. Linden, and J. Y. Lettvin. 1986. The colors of things. *Scientific American* 255:84-91.

Brown, R. 1980. *A First Language*. Cambridge, Massachusetts: Harvard University Press.

Brown, R. W., and E. H. Lenneberg. 1954. A study in language and cognition. *Journal of Abnormal and Social Psychology* 49:454-462.

Buddhaghosa, B. 1976. *The Path of Purification* (Visuddhimagga). 2 vols. Boston: Shambhala.

Buddhist Christian Studies. 1988. Vol. 8.

Burkhardt, D. 1989. UV vision: A bird's eye view of feathers. *Journal of Comparative Physiology* 164:787-796.

Cahiers de la Centre de Recherche en Epistémologie Appliqué 7-9. 1985. Paris: Ecole Polytechnique.

Carpenter, G., and S. Grossberg. 1987. A massively parallel architecture for a self-organizing neural pattern recognition machine. *Computer Vision, Graphics and Image Processing* 37:54-115.

Changeux, J. P. 1982. *L'homme neuronal*. Paris: Fayarad.

Churchland, P. M. 1979. *Scientific Realism and the Plasticity of Mind*. Cambridge: Cambridge University Press.

Churchland, P. M. 1984. *Matter and Consciousness: A Contemporary Introduction to the Philosophy of Mind*. Cambridge, Massachusetts: MIT Press, A Bradford Book.

Churchland, P. M. 1988. Perceptual plasticity and theoretical neutrality: A reply to Jerry Fodor. *Philosophy of Science* 55:167-187.

Churchland, P. S. 1986. *Neurophilosophy*. Cambridge, Massachusetts: The MIT Press, A Bradford Book.

Churchland, P. S., and T. J. Sejnowski. 1988. Perspectives on cognitive neuroscience. *Science* 242:741-745.

Clemens, H. 1983. *Alfred R. Wallace: Biologist and Social Reformer*. London: Hutchinson.

Connor, B. W. 1984. Initiation of synchronized neuronal bursting in neocortex. *Nature* 310:686-687.

Conze, E. 1970. *Buddhist Thought in India*. Ann Arbor: University of Michigan Press.

Cowan, M., and J Fawcett. 1984. Regressive events in neurogenesis. *Science* 225:1258-1265.

Creutzfeld, O. D., S. Watanabe, and H. D. Lux. 1986. Relations between EEG phenomena an d potentials of single cortical cells. I. Evoked responses after thalamic and epicortical stimulation. *EEG Clinical Neurophysiology* 20:1-18.

Crow, J., and M. Kimura 1980. *An Introduction to Population Genetics*. Minneapolis: Burgess.

Crutchfield, J., J. D. Farmer, N. H. Packard, and R. S. Shaw. 1986. Chaos. *Scientific American* 255(6):46-57.

Dawkins, R. 1976. *The Selfish Gene*. New York: Oxford University Press.

de Beer, G. 1953. *Embryos and Ancestors*. Oxford: Oxford University Press.

Dennett, D. 1978a. Artificial intelligence as philosophy and psychology. In *Brainstorms*. Cambridge, Massachusetts: The MIT Press, A Bradford Book.

Dennett, D. 1978b. *Brainstorms*. Cambridge, Massachusetts: The MIT Press, A Bradford Book.

Dennett, D. 1978c. Toward a cognitive theory of consciousness. In *Brainstorms*. Cambridge, Massachusetts: The Mit Press, A Bradford Book.

Dennett, 1984a. Computer models and the mind - a view from the East Pole. *Times Literary Supplement*, December 14. (Also reprinted in 1986 as The logical geography of computational approaches: A view from the East Pole. In *The Representation of Knowledge*, ed. M. Brand and M. Harnish. Tucson: University of Arizona Press.)

Dennett, D. 1984b. *Elbow Room: The Varieties of Free Will Worth Wanting*. Cambridge, Massachusetts: MIT Press, A Bradford Book.

Derrida, J. 1974a. *Of Grammatology*. Trans. G. Spivak. Baltimore: Johns

Hopkins University Press.

Derrida, J. 1974b. *Speech and Phenomena*. Evanston, Illinois: Northwestern University Press.

Derrida, J. 1978. *Writing and Difference*. Trans. Alan Bass. Chicago: University of Chicago Press.

Derrida, J. 1982. *Margins of Philosophy*. Trans. Alan Bass. Chicago: University of Chicago Press.

Descartes, R. 1911. *The Philosophical Works of Descartes*. Vol. 2. Trans. Elizabeth S. Haldane and G. R. T. Ross. Cambridge: Cambridge University Press.

Descombes, V. 1980. *Modern French Philosophy*. Cambridge: Cambridge University Press.

DeValois, R. L., and G. H. Jacobs. 1968. Primate color vision. *Science* 162:533-540.

DeYoe, E., and D. C. Van Essen. 1988. Concurrent processing streams in monkey visual cortes. *Trends in Neuroscience* 11:219-226.

Dolard, J., and N. Miller. 1950. *Personality and Psychotheraphy*. New York: McGraw-Hill.

Dorje, W. 1979. *Mahmudra: Eliminating the Darkness of Ignorance*. Dharamsala, India: Library of Tibetan Works and Archives.

Dretske, F. I. 1981. *Knowledge and the Flow of Information*. Cambridge, Massachusetts: The MIT Press, A Bradford Book.

Dreyfus, H. 1979. *What Computers Can't Do*. Revised edition. New York: Harper and Row.

Dreyfus, H., ed. 1982. *Husserl: Intentionality and Cognitive Science*. Cambridge, Massachusetts: The MIT Press, A Bradford Book.

Dreyfus, H. 1989. Alternative philosophical conceptualizations of psychopathology. In *Phenomenology and Beyond: The Self and Its Language*, ed/ H. A. Durfee and D. F. T. Rodier, 41-50. Dordrecht: Kluwer Academic Publishers.

Dreyfus, H., and S. Dreyfus. 1986. *Mind over Machine*. New York: Macmillan, Free Press.

Dreyfus, H., and S. Dreyfus. 1988. Making a mind versus modeling the brain: Artificial intelligence back at a branchpoint. *Daedulus* (Winter): 15-43.

Dreyfus, H., and S. E Dreyfus. 1990 What is morality? A phenomenological account of the development of ethical expertise. In *Universalism versus Communitarianism*, ed. D. Rassmussen. Cambridge, Massachusetts: The MIT Press.

Dreyfus, H., and P. Rabinow. 1983. *Michel Foucault: Beyond Structuralism and Hermeneutics*. Chicago: University of Chicago Press.

Dumouchel, P., and J. P. Dupuy, eds. 1983. *L'auto-organisation: De la phusique au ploitique*. Paris: Editions du Seuil.

Dupré, J., ed. 1987. *The Latest on the Best*. Cambridge, Massachusetts: The MIT Press, A Bradford Book.

Edelman, G. 1987. *Neural Darwinism*. New York: Basic Books.

Edelman, G., and W. Gall. 1979. The antibody problem. *Annual Review of Biochemistry* 38:699-766.

Eldredge, N., and S, Salthe. 1984. Hierarchy and evolution. *Oxford Survey in Evolutionary Biology* 1:184-208.

Endler, J. 1986. The newer synthesis? Some conceptual problems in evolutionary biology. *Oxford Surveys in Evolutionary Biology* 3:224-243.

Epstein, S. 1980. The self-concept: A review and the proposal of an integrated theory of personality. In *Personality: Basic Issues and Current Research*, ed. E. Staub Englewood Cliffs, New Jersey: Prentice Hall.

Erdelyi, M. H. 1985. *Psychoanalysis: Freud's Cognitive Psychology*. New York: W. H. Freeman.

Evolution, Games and Learning: Models for Adaptation in Machines and Nature. 1986. Physics 220.

Fishman, J. 1986. Neural representation of conceptual knowledge. University of Rochester Technical Report 189.

Feldman, J., and D Ballard. 1982. Connectionist models and their properties. *Cognitive Science* 6:205-254.

Fishman, M., and C. Michael. 1973. Integration of auditory information in the cat's visual cortex. *Vision Research* 13:1415.

Fodor, J. 1975. *The Language of Thought*. Cambridge, Massachusetts: Harvard University Press.

Fodor, J. 1981a. Computation and reduction. In *RePresentations: Philosophical Essays on the Foundations of Cognitive Science*. Cambridge, Massachusetts: The MIT Press, A Bradford Book.

Fodor, J. 1981b. The present status of the innateness controversy. In *RePresentations: Philosophical Essays on the Foundations of Cognitive Science*. Cambridge, Massachusetts: The MIT Press, Bradford Book.

Fodor, J. 1981c. *RePresentations: Philosophical Essays on the Foundations of Cognitive Science*. Cambridge, Massachusetts: The MIT Press, Bradford Book.

Fodor, J. 1981d. Special sciences; or, the disunity of science as a working hypothesis. In *RePresentations: Philosophical Essays on the Foundations of Cognitive Science*. Cambridge, Massachusetts: The MIT Press, Bradford Book.

Fodor, J. 1983. *The Modularity of Mind*. Cambridge, Massachusetts: The MIT Press, A Bradford Book.

Fordor, J. 1984. Observation reconsidered. *Philosophy of Science* 51:23-43.

Fordor, J. 1985. Fordor's guide to mental representations: The intelligent auntie's vademecum. *Mind* 94:76-100.

Fordor, J. 1987. *Psychosemantics: The Problem of Meaning in the Philosophy of Mind*. Cambridge, Massachusetts: The MIT Press, A Bradford Book.

Fordor, J., and Z. Pylyshyn. 1981. How direct is visual perception? Some rrflections on Gibson's ecological approach. *Cognition* 9:139-196.

Fordor, J., and Z. Pylyshyn. 1988. Connectionism and cognitive architecture: A critical review. *Cognition* 28:3-71.

Foucault, M. 1973. *The Order of Things: An Archaelogy of the Human Sciences*. New York: Random House, Vintage.

Foucault, M. 1979. *Discipline and Punish: The Birth of the Prison*. New York: Random House, Vintage.

Franck, F., ed. 1980. *The Buddha Eye: An Anthology of the Kyoto School*. New York: Crossroads.

Freeman, W. 1975. *Mass Action in the Nervous System*. New York: Academic Press.

Freeman, W., and C. Skarda. 1985. Spatial EEG patterns, nonlinear dynamics, and perception: The neo-Sherringtonian view. *Brain Research Reviews* 10:145-175.

Freemantle, F., trans. 1975. *The Tibetan Book of the Dead*. Boston: Shambhala.

Gadamer, H. G. 1975. *Truth and Method*. Boston: Seabury Press.

Gardner, H. 1985. *The Mind's New Science: A History of the Cognitive Revolution*. New York: Basic Books.

Gelperin, A., and D. Tank. 1990. Odour-modulated collective network oscillations of olfactory interneurons in a terrestrial mollusc. *Nature* 345:437-439.

Gershon, R. 1986. *The Use of Color in Computational Vision*. University of Toronto Technical Reports on Research in Biological and Computational Vision: RCBV-86-4. Department of Computer Science.

Geschwind, N., and A Galaburda. 1986. *Cerebral Lateralization: Biological Mechanisms, Associations, and Pathology*. Cambridge, Massachusetts: The MIT Press.

Gevins, A., R. Shaffer, J. Doyle, B. Cutillo, R. Tannehill, and S. Bressler. 1983. Shadows of thought: Shifting lateralization of human brain electrical patterns during brief visuomotor task. *Science* 220:97-99.

Gho, M., and F. Varela 1989. Quantitative Assesment of the dependency of the visual temporal frame upon the alpha rhythm. *Journal*

Physiologie(Paris) 83:95–101.

Gibson, J. J. 1972. A direct theory of visual perception. In *The Psychology of Knowing*, ed. J. R. Royce and W. W. Rozeboom. New York: Gordon and Breach.

Gibson, J. J. 1979. *The Ecological Approach to Visual Perception*. Boston: Houghton Mifflin.

Gleason, H. A. 1961. *An Introduction to Descriptive Linguistics*. New York: Holt, Rinehart and Winston.

Gleick, J. 1987. *Chaos: The Making of a New Science*. New York: Viking Press.

Globus, G. 1987. *Dream Life, Wake Life*. Albany: State University of New York Press.

Globus, G. 1990. Heidegger and cognitive science. *Philosophy Today*(Spring): 20–30.

Globus, G. In press. Deconstructing the Chinese room. *Journal of Mind and Behavior*.

Globus, G. In press. Derrida and connectionism: Differance in neural nets. *Philosophical Psychology*.

Goldstein, J., and J. Kornfield. 1987. *Seeking the Heart of Wisdom: The Path of Insight Meditation*. Boston: Shambhala.

Goodman, N. 1978. *Ways of Worldmaking*. Indianapolis: Hackett Publishing Company.

Goodman, S. 1974. Situational patterning. In *Crystal Mirror* III. Berkeley: Dharma Publishing.

Goodwin, B., N. Holder, and C. Wyles, eds. 1983. *Development and Evolution*, Cambridge: Cambridge University Press.

Gould, S. J. 1982. Darwinism and the expansion of evolutionary theory. *Science* 216:380–387.

Gould, S. J., and N. Eldredge. 1977. Punctuated equilibria: The tempo and made of evolution reconsidered. *Paleobiology* 3:115.

Gould, S. J., and R. Lewontin. 1979. The spandrels of San Marco and the Panglossian paradigm: A critique of the adaptationist programme. *Proceedings of the Royal Society of London* 205:581-598.

Gouras, P., and E. Zenner. 1981. Color vision: A review from a neurophysiological perspective. *Progress in Sensory Physiology* 1:139-179.

Gouras, P., and W. Singer. 1989. Stimulus-specific neuronal oscillations in orientation columns in cat visual cortex. *Proceedings of the National Academy of Sciences*(USA) 86:1698-1702.

Greenburg, J. R. and S. A. Mitchel. 1983. *Object Relations in Psychoanalytic Theory*. Cambridge, Massachusetts: Harvard University Press.

Griffiths, P. J. 1986. *On Being Mindless: Buddhist Meditation and the Mind-Body Problem*. LaSalle, Illinois: Open Court.

Grossberg, S. 1984. *Studies in Mind and Brain*. Boston: D. Reidel.

Guenther, H. 1976. *Philosophy and Psychology in the Abhidharma*. Berkeley: Shambhala Publications.

Guenther, H. 1989. *From Reductionism to Creativity*. Boston: D. Reidel.

Guenther, H., and L. S. Kawamura. 1975. *Mind in Buddhist Psychology*. Emeryville, California: Dharma Publishing.

Gyamtso, K. T. 1986. *Progressive Stages of Meditation on Emptiness*. Trans. Shenpen Hookham. New Marsten, Oxford: Longchen Foundation.

Gyatso, K. 1980. *Meaningful to Behold: View, Meditation, and Action in Mahayana Buddhism*. London: Wisdom Publications.

Hardin, C. L. 1988. *Color for Philosophers: Unweaving the Rainbow*. Indianapolis: Hackett Publishing Company.

Hardin, G. 1968. The tragedy of the commons. *Sciences* 162:1243-1248.

Harosi, F. I., and Y. Hashimoto. 1983. Ultraviolet visual pigment in a vertebrate: A tetrachromatic cone system in the Dace. *Science* 222:1021-1023.

Haugeland, J. 1981. The nature and plausibility of cognitivism. Reprinted in

Mind Design: Philosophy, Psychology, Artificial Intelligence, ed. J. Haugeland. Cambridge, Massachusetts: The MIT Press, A Bradford Book.

Hayward, J. 1987. *Shifting Worlds, Changing Minds: Where the Sciences and Buddhism Meet.* Boston: New Science Library.

Hecht, M., and A. Hoffman. 1986. Why not neo-Darwinism? A critique of paleobiological challenges. *Oxford Surveys in Evolutionary Biology* 3:1-47.

Heidegger, M. 1958. *The Question of Being.* Trans. William Kluback and Jean T. Wilde. New Haven, Connecticut: College and University Press.

Heidegger, M. 1962. *Being and Time.* New York: Harper and Row.

Heidegger, M. 1969. *The Essence of Reasons.* Trans. T. Malick. Evansville, Illinois: Northwestern University Press.

Heider, E. R. 1971. Focal color areas and the development of color names. *Developmental Psychology* 4:447-455.

Heider, E. R. 1972. Universals in color naming and memory. *Journal of Experimental Psychology* 93:10-20.

Heider, E. R. 1974. Linguistic relativity. In *Human Communication: Theoretical Explorations*, ed. A. Silverstein. New York: Halsted Pressed.

Heider, E. R. and D. C. Olivier. 1972. The structure of the color space in naming and memory for two languages. *Cognitive Psychology* 3:337-354.

Heims, S. 1980. *John von Neumann and Norbert Wiener.* Cambridge, Massachusetts: The MIT Press.

Held, R., and A. Hein. 1958. Adaptation of disarranged hand-eye coordination contingent upon re-afferent stimulation. *Perceptual-Motor Skills* 8: 87-90.

Hellerstein, D. 1988. Plotting a theory of the brain. *The New York Times Magazine,* May 22.

Helson, H. 1938. Fundamental problems in color vision. I. The principles governing changes in hue, saturation, and lightness of nonselective samples in chromatic Iilumination. *Journal of Experimental Psychology* 23:439-476.

Helson, H., and V. B. Jeffers. 1940. Fundamental problems in color vision. II. Hue, lightness and saturation of selective samples n chromatic illumination. *Journal of Experimental Psychology* 26:1-27.

Hilbert, D. R. 1987. *Color and Color Perception: A Study in Anthropocentric Realism*. Stanford: Center for the Study of Language and Information.

Hillis, D. R. 1988. Intelligence as an emergent behavior; or, the songs of Eden. *Dadaelus*(Winter): 175-189.

Hinton, G., T. Sejnowsky, and D. Ackley. 1985. A learning algorithm for Boltzman machines, *Cognitive Science* 9:147-169.

Ho, M., and P. Saunders. 1984. *Beyond Neo-Darwinism*. New York: Academic Press.

Hobbes, T. *Leviathan*. New York: Modern Library.

Hodges, A. 1984. *Alan Turing: The Enigma of Intelligence*. New York: Touchstone.

Hofstadter, D. R. and D. Dennett, eds. 1981. *The Mind's Eye: Fantasies and Reflections on Self and Soul*. Now York: Basic Books.

Holland, J. 1986. Escaping brittleness. In *Machine Learning*, ed. R. Michalski, J. Carbonnel, and T. Mitchel. Los Altos, California: Morgan Kaufmann.

Hopfield, J. 1982. Neural networks and physical systems with emergent computational abilities. *Proceedings of the National Academy of Sciences*(USA) 79:2554-2558.

Hopkins, P. J., trans. 1975. *Precious Garland and Song of the four Mindfulnesses*. London: Allen and Unwin.

Hopkins, J. 1983. *Meditation on Emptiness*. London: Wisdom Publications.

Horn, G., and R. Hill 1974. Modifications of the receptive field of cells in the visual cortex occurring spontaneously and associated with bodily tilt. *Nature* 221:185-187.

Horowits, M. J. 1988. *Introduction to Psychodynamics: A New Synthesis*. New York: Basic Books.

Hubel, D. 1988. *Eye, Brain and Mind*. New York: W. H. Freeman.

Hume, D. 1964. *A Treaties of Human Nature*. Ed. L. A. Selby-Bigge. Oxford: Clarendon Press.

Hurvich, L. M., and D. Jameson. 1957. An opponent-process theory of color vision. *Psychological Review* 64:384-404.

Husserl, E. 1931. *Ideas: General Introduction to a Pure Phenomenology*. Trans. W. R. Boyce Gibson. London: Allen Unwin.

Husserl, E. 1960. *Cartesian Meditations: An Introduction to Phenomenology*. Trans. Dorian Cairns. The Hague: Martinus Nijhoff.

Husserl, E. 1970. *The Crisis of European Sciences and Transcendental Phenomenology*. Trans. David Carr. Evanston, Illinois: Northwestern University Press.

Iida, S. 1980. *Reason and Emptiness*. Tokyo: Hokuseido Press.

Inada, K. K. 1970. *Nagarjuna: A Translation of his Mulamadhyamikakarikas*. Tokyo: Hokusiedo Press.

Jackendoff, R. 1987. *Consciousness and the Computational Mind*. Cambridge, Massachusetts: The MIT Press, A Bradford Book.

Jacob, F. 1977. Evolution and tinkering. *Science* 196:1161-1166.

Jacobs, G. H. 1978. *Comparative Color Vision*. New York: Academic Press.

Jahnsen, H., and R. Liinas. 1984. Ionic basis for electroresponsiveness and oscillatory properties of guinea-pig thalamic neurones in vitro. *Journal of Physiology* 349:227-247.

Jameson, D., and L. Hurnich. 1989. Essay concerning color constancy. *Annual Review of Psychology* 40:1-22.

Jane, S. D., and J. K. Bowmaker. 1988. Tetrachromatic colour vision in the duck. *Journal of Comparative Physiology* 162:225-235.

Jaspers, K. 1913. *Allgemeine psychopathologie*. Frankfurt: R. Mein.

Johnson, M. 1987. *The Body in the Mind: The Bodily Basis of Imagination, Reason, and Meaning*. Chicago: University of Chicago Press.

Jonckheere, P., ed. 1989. *Ph?nom?nologie et analyse existentielle*. Brussels: De Boeck.

Josiah Macy Jr. Foundation. 1950-1954. Cybernetics: Circular Causal and Feedback Mechanisms in Biological and Social System. 5 vols. New York: Josiah Macy Jr. Foundation.

Judd, D. B. 1940. Hue, saturation, and lightness of surface colors with chromatic illumination. *Journal of the Optical Society of America* 30:2-32.

Kahneman, D., P. Slovic, and A. Tversky, eds. 1982. *Judgement Under Uncertainty: Heuristics and Biase.* New York: Cambridge University Press.

Kalu, K.D. C. 1986. *The Dharma.* Buffalo: State University of New York Press.

Kalupahana, D. 1986. *Nagarjuna: The Philosophy of the Middle Way.* Albany: State University of New York Press.

Kalupahana, D. 1987. *Principles of Buddhist Psychology.* Albany: State University of New York Press.

Kandinsky, W. 1947. *Concerning the Spiritual in Art.* New York: Wittenborn Art Books.

Kant, I. 1963. *Critique of Pure Reason.* Trans. Norman Kemp Smith. New York: St. Martin's Press.

Kauffman, S. 1983. Developmental constraints: Intrinsic Factors in evolution. In *Developmental Evolution,* ed. B. Goodwin, N. Holder, and C. Wyles. Cambridge: Cambridge University Press.

Kay P., and W. Kempton. 1984. What is the Sapir-Whorf hypothesis? *American Anthropologist* 86:65-79.

Kay, P., and C. McDaniel. 1978. The linguistic significance of the meanings of basic color terms. *Language* 54:610-646.

Kelso, J. A. S., and B. A. Kay. 1987. Information and control: A macroscopic analysis of perception-action coupling. In *Perspectives on Perception and Action,* ed. H. Heuer and A. F. Sanders. New Jersey: Lawrence Erlbaum Associates.

Khapa, T. 1978. *Calming the Mind and Discerning the Real: Buddhist Meditation and the Middle View.* Trans. Alex Wayman. New York: Columbia University Press.

Khyentse, D. 1988. *The Wish-Fulfilling Jewel.* Boston: Shambhala.

Klein, A. 1986. *Knowledge and Liberation: Tibetan Buddhist Epistemology in Support of Transformative Religious Experience.* Ithaca, New York: Snow Lion.

Kornblith, H., ed. 1984. *Naturalizing Epistemology.* Cambridge, Massachusetts: The MIT Press, A Bradford Book.

Kornfield, J. 1977. *Living Buddhist Masters.* Santa Cruz, California: Unity Press.

Kosslyn, S. 1980. *Image and Mind.* Cambridge, Massachusetts: Harvard University Press.

Kosslyn, S. 1981. The medium and the message in mental imagery: A theory. *Psychological Review* 88:46-66.

Kuffler, S., and J. Nichols. 1976. *From Neuron to Brain.* Boston: Sinauer Associates.

Kuhn, T. 1970. *The Structure of Scientific Revolutions.* Chicago: University of Chicago Press.

Lakeoff, G. 1987. *Women, Fire and Dangerous Things: What Categories Revel about the Mind.* Chicago: University of Chicago Press.

Lakeoff, G. 1988. Cognitive semantics. In *Meaning and Mental Representations,* ed. Umberto Eco et al. Bloomington: Indiana University Press.

Lambert, D., and A. J. Hughes. 1988. Keywords and concepts in structuralist and functionalist biology. *Journal of Theoretical Biology* 133:133-145.

Lambert, D., C. Millar, and T. Hughes. 1986. On the classic case of natural selection. *Biology Forum* 79:11-49.

Land, E. 1959. Experiments in color vision. *Scientific American,* 200(no.5): 84-99.

Land, E. 1964. The retinex. *American Scientist* 52:247-264.

Land, E. 1977. The retinex theory of color vision. *Scientific American*, 237(no.6): 108-128.

Land, E. 1983. Recent advances in retinex theory and some implications for cortical computations: Color vision and the natural image. *Proceedings of the National Academy of Sciences*(USA) 80:5163-5169.

Langer, E. 1989. *Mindfulness*. New York: Addison Wesley.

Lantz, D., and V. Stefflre. 1964. Language and cognition revisited. *Journal of Abnormal and Social Psychology* 69:472-481.

Lecky, P. 1961. *Self-consistency: A Theory of Personality*. Hamd?n, Connecticut: The Shoe String Press.

Lewontin, R. 1983. The organism as the subject and object of evolution. *Scientia* 118:63-82.

Lewontin, R. 1989. A natural selection: Review of J. M. Smith's *Evolutionary Genetics*. Nature 339:107.

Livingstone, B. 1978. *Sensory Processing, Perception, and Behavior*. New York: Raven Press.

Llinńs, R. 1988. The intrinsic electrophysiological properties of mammalian neurons: Insights into central nervous system function. *Science* 242:1654-1664.

Loy, D. 1989. *Non-Duality*. New Haven, Connecticut: Yale University Press.

Lyons, W. 1986. *The Disappearance of Instrospection*. Cambridge, Massachusetts: The MIT Press, A Bradford Book.

Lyotard, J. F. 1984. *The Postmodern Condition: A Report on Knowledge*. Trans. G. Bennington and B. Massumi. Minneapolis: University of Minnesota Press.

Lythgoe, J. 1979. *The Ecology of Vision*. Oxford: Clarendon Press.

McCulloch, W. S. 1965. *Embodiments of Mind*. Cambridge, Massachusetts: The MIT Press.

McCulloch, W. S. and W. Pitts. 1943. Alogical calculus of ideas immanent in nervous activity. *Bulletin of Mathematical Biophysics* 5. Reprinted in McCulloch, W. S. 1965. *Embodiments of Mind*. Cambridge, Massachusetts: The MIT Press.

MacLaury, R. E. 1987. Color-category evolution and Shuswap yellow-with-green. *American Anthropologist* 89:107-124.

Maloney, L. T. 1985. Computational approaches to color constancy. Technical Report 1985-01, Stanford University Applied Psychological Laboratory.

Maloney, L. T., and B. A. Wandell. 1986. Color constancy: A method for recovering surface spectral reflectance. *Journal of the Optical Society of America*, 3(no. 1):29-33.

Margolis, J. 1986. *Pragmatism without Foundations*. Oxford: Basil Blackwell.

Marie, P. 1988. *Que est-ce que la psychoanalytique?* Paris: Auber.

Marie, P. 1990. *L'experience psychoanalytique*. Paris: Auber.

Marr, D. 1982. *Vision: A Computational Investigation into the Human Representation and Processing of Visual Information*. New York: W. H. Freeman and Company.

Mattthen, M. 1988. Biological functions and perceptual content: *Journal of Philosophy* 85:5-27.

Maturana, H., G. Uribe, and Samy Frenck. 1968. A biological theory of relativistic color coding in the primate retina. *Archivos de biologia y medicina experimentales*, Supplementales. No. 1. Chile.

Mautrana, H. and F. J. Varela. 1987. *The Tree of Knowledge: The Biological Roots of Human Understanding*. Boston: New Science Library.

May, R. 1958. *Existential Psychoanalysis*. New York: Basic Books.

Menzel, R. 1979. Spectral sensitivity and colour vision in invertebrates. In *Comparative Physiology and Evolution of Vision in Invertebrates*, ed. H. Autrum. Berlin: Springer Verlag.

Menzel, R. 1985. Colour pathways and colour vision in the honey bee. In *Central and Peripheral Mechanisms of Colour Vision*, ed. D. Ottoson and S. Zeki. London: Macmillan.

Merleau-Ponty, M. 1962. *Phenomenology of Perception*. Trans. Colin Smith. London: Routledge and Kegan Paul.
Merleau-Ponty, M. 1963. *The Structure of Behavior*. Trans. Alden Fisher. Boston: Beacon Press.
Mealeau-Ponty, M. 1964. Eye and mind. In *The Primacy of Perception and Other Essays*, ed. James M. Edie. Evanston, Illinois: Northwestern University Press.
Mervis, C. B., and E. Rosch. 1981. Categorization of natural objects. In *Annual Review of Psychology* 32, ed. M. R. Rosenzweig and L. W. Porter.
Miller, G. A., E. Galanter, and K. H. Pribram. 1960. *Plans and the Structure of Behavior*. New York: Holtz.
Minsky, M. 1986. *The Society of Mind*. New York: Simon and Schuster.
Minsky, M., and S. Papert. 1987. *Perceptirons*. Rev. ed. Cambridge, Massachusetts: The MIT Press.
Moravec, H. 1988. *Mind Children*. Cambridge, Massachusetts: Harvard University Press.
Morell, F. 1972. Visual systems's view of acoustic space. *Nature* 238:44-46.
Murti, T. R. V. 1955. *The Central Philosophy of Buddhism*. London: George Allen&Unwin.
Nagel, T. 1986. *The View from Nowhere*. New York: Oxford University Press.
Narada, M. T., trans. 1975. *A Manual of Abhidhamma(Abhidammattha Sangaha)*. Kandy, Sri Lanka: Buddhist Publication Society.
Neuenschwander, S., and F. Varela. 1990. Sensori-triggered and spontaneous oscillations in the avian brain. *Society of Neuroscience Abstracts* 16.
Neufeldt, R. W., ed. 1986. *Karma and Rebirth: Post Classical Developments*. Buffalo: State University of New York Press.
Neumeyer, C. 1986. *Das Farbensehen des Goldfisches*. Ph. D. Dissertation, University of Mainz, West Germany.
Newell, A. 1980. Physical symbol systems. *Cognitive Science* 4:135-183.
Newell, A., and Simon, H. Computer science as empirical inquiry: Symbols

and search. Reprinted in *Mind Design: Philosophy, Psychology, Artificial Intelligence*, ed. J. Haugeland. Cambridge, Massachusetts: The MIT Press, A Bradford Book.

Nhat Hanh, T. 1975. *The Miracle of Mindfulness: A Manual on Meditation*. Boston: Beacon Press.

Nietzsche, F. 1967. *The Will to Power*. Trans. Walter Kaufmann and R. J. Hollingdale. New York: Random House.

Nisbett, R., and L. Ross. 1980. *Human Inference: Strategies and Shortcomings of Social Judgement*. Englewood Cliffs, New Jersey: Prentice Hall.

Nishitani, K. 1982. *Religion and Nothingness*. Trans. Jan Van Bragt. Berkeley: University of California Press.

Nuboer, J. F. W. 1986. A comparative review on colour vision. *Netherlands Journal of Zoology* 36:344-380.

O'Flaherty, W. D., ed. 1980. *Karma and Rebirth in Classical Indian Traditions*. Berkeley: University of California Press.

Oster, G., and S. Rocklin. 1979. Optimization models in evolutionary biology. In *Lectures in Mathathematical Life Sciences* 11. Rhode Island: American Mathematical Society.

Ottoson, D. and S. Zeki, eds. 1985. *Central and Peripheral Mechanisms of Colour Vision*. London: Macmillan.

Oyama, S. 1985. *The Ontogeny of Information*. Cambridge: Cambridge University Press.

Packard, N. 1988. An intrinsic model of adaptation. In *Artificial Life*, ed. C. H. Langton. New Jersey: Addison Wesley.

Palacios, A., C. Matrinoya, S. Bloch, and F. J. Varela. 1990. Color mixing in the pigeon: A psychophysical determination in the longwave spectral range. *Vision Research* 30:587-596.

Palacios, A., and F. Varela. In press. Color mixing in the pigeon. II. A psychophysical determination in the middle and shortwave spectral range. *Vision Research*.

Palm, G., and A. Aersten, eds. 1986. *Brain Theory*. New York: Springer Verlag.

Palmer, R. 1979. *Hermeneutics*. Evanston, Illinois: Nothwestern University Press.

Palmer, S. In press. *Visual Information Processing*. Englewood Cliffs, New Jersey: Lawrence Erlbaum.

Papert, S. 1981. *Mindstorms*. New York: Harper and Row.

Penrose, R. 1990. *The Emperor's New Mind*. New York: Oxford University Press.

Perry, J., ed. 1975. *Personal Identity*. Berkeley: University of California Press.

Piaget, J. 1954. *The Construction of Reality in the Child*. New York: Basic Books.

Piatelli-Palmarini, M. 1987. Evolution, selection, and cognition. In *From Enzyme Adaptation to Natural Philosophy*, ed. E. Quagliariello, G. Gernardi, and A. Ullnan. Amsterdam: Elsevier.

Poggio, T., V. Torre, and C. Koch. 1985. Computational vision and regularization theory. *Nature* 317:314-319.

Pol-Droit, R. 1989. *L'amnesie philosophique*. Paris: Presses Universitaires de France.

Pöppel, E. 1989. Time perception. In *Encyclopedia of Neuroscience*. New York: Wiley.

Popper, K., and J. Eccles. 1981. *The Self and its Brain*. New York: Springer Unternational.

Prindle, S. S., C. Carello, and M. T. Turvey. 1980. Animal-environment mutuality and direct perception. *Behavioral and Brain Sciences* 3:395-397.

Purpura, D. P. 1972. Functional studies of thalamic internuclear interactions. *Brain Behavior* 6:203-209.

Putnam, H. 1981. *Reason, Truth and History*. Cambridge: Cambridge University Press.

Putnam, H. 1983. Computational psychology and interpretation theory. Reprinted in *Realism and Reason: Philosophical Papers, Volume 3*, ed. H. Putnam. Cambridge: Cambridge University Press.

Putnam, H. 1987. *The Faces of Realism*. LaSalle, Illinios: Open Court.

Putnam, H. 1988. Much ado about not very much. *Daedulus*(Winter):269-281.

Pylyshyn, Z. 1984. *Computation and Cognition: Toward A Foundation for Cognitive Science*. Cambridge, Massachusetts: The MIT Press, A Bradford Book.

Quine, W.V. 1969. Epistemology naturalized. Reprinted 1984 in *Naturalizing Epistemology*, ed. H. Kornblith. Cambridge, Massachusetts: The MIT Press, A Bradford Book.

Rabten, G. 1981. *The Mind and its Functions*. Mt. Pelverin, Switzerland: Tharpa Choeling.

Rajchman, J. 1986. *Le savior-faire avec l'inconscient: Ethique et psychoanalyse*. Bourdeaux: W. Blake.

Reeke, G. N., and G. M. Eelman. 1988. Real brains and artificial intelligence. *Daedelus* 117 (no. 1): 143-173.

Rogers, C. 1961. *On Becoming a Person*. Boston: Houghton Mifflin.

Rorty, A. O., ed. 1976. *The Identities of Persons*. Berkeley: University of California Press.

Rorty, R. 1979. *Philosophy and the Mirror of Nature*. Princeton: Princeton University Press.

Rorty, R. 1982. *Consequences of Pragmatism*. Minneapolis: University of Minnesota Press.

Rosch, E. 1973. On the internal structure of perceptual and semantic categories. In *Cognitive Development and the Acquisition of Language*, ed. T. Moore. New York: Academic Press.

Rosch, E. 1978. Principles of categorization. In *Cognition and Categorization*, ed. E. Rosch and B. B. Lloyd. Hillsdale, New Jersey: Lawrence Erlbaum.

Rosch, E. 1987. *Wittgenstein and categorization research in cognitive psychology*. In Meaning and the Growth of Understand: Wittgenstein's Significance for Developmental Psychology, ed. M. Chapman and R. Dixon. Hillsdale, New Jersey: Lawrence Erlbaum.

Rosch, E. 1988. What does the tiny vajra refute? Causality and event structure in Buddhist logic and folk psychology. Berkeley Cognitive Science Report #54.

Rosch, E. Unpublished. The micropsychology of self interest.

Rosch, E. Unpublished. Proto-intentionality: The psychology of philosophy.

Rosch, E. In preparation. *The Original Psychology: Buddhist Views of Mind in Comtemporary Society*.

Roshch, E., C. B. Mervis, W. D. Gray, E. M. Johnson, and P. Boyes-Braem. 1976. Basic objects in natural categories. *Cognitive Psychology* 8:382-349.

Rosenbaum, I. 1989. *Readings in Neurocomputing*. Cambridge, Massachusetts: The MIT Press.

Rosenblatt, F. 1962. *Principles of Neurodynamics: Perceptrons and the Theory of Brain Dynamics*. New York: Spartan Books.

Rummelhart, D., and J. McClelland, eds. 1986. *Parallel Distributed Processing: Studies on the Microstructure of Cognition*. 2 vols. Cambridge, Massachusetts: The MIT Press.

Sacks, O., and R. Wassernam. 1987. The case of the colorblind painter. *New York Review of Books*, November 19, 25-34.

Sahn, S. 1982. *Bone of Space*. San Francisco: Four Seasons Foundation.

Sajama, S., and M. Kamppinen. 1987. *A Historical Introduction to Phenomenology*. London: Croom Helm.

Schafer, R. 1976. *A New Language for Psychoanalysis*. New Haven, Connecticut: Yale University Press.

Schank, R. C., and R. Abelson. 1977. *Scripts, Plans, Goals and Understanding*. Hillsdale, New Jersey: Lawrence Erlbaum Associates.

Searle, J. 1980. Minds, brains, and programs. *Behavioral and Brain Sciences*

3:417-7457. Reprinted 1981 in *Mind Design: Philosophy Psychology, Artificial Intelligence*, ed. J. Haugeland. Cambridge, Massachusetts: The MIT Press, A Bradford Book.

Searle, J. 1983. *Intentionality: An Essay in the Philosophy of Mind*, Cambridge: Cambridge University Press.

Segal, H. 1976. *Introduction to the Work of Melanie Klein*. London: Hogarth Press.

Segal, S. J. 1971. *Imagery: Current Cognitive Approaches*. New York: Academic Press.

Sejnowski, T., and C. Rosenbaum. 1986. NetTalk: A parallel network that learns to read aloud. Johns Hopkins University. *Technical Reoprt JHU/EECS-86*.

Sheng-Yan, M. 1982. *Getting the Buddha Mind*. Elmhurst, New York: Dharma Drum Publications.

Shepard, R., and J, Metzler. 1971. Mental rotation of three dimensional objects. *Science* 171:701-703.

Silandanda, U. 1990. *The Four Foundations of Mindfulness*. Boston: Wisdom Publications.

Singer, W. 1980. Extraretinal influences in the geniculate. *Physiology Reviews* 57:386-420.

Smolensky, P. In press. Tensor product variable binding and the representation of symbolic structures in connectionist networks. *Artificial Intelligence*.

Snygg, D., and A. W. Combs 1949. *Individual Behavior*. New York: Harper and Row.

Sober, E. 1984. *The Nature of Selection*. Cambridge, Massachusetts: The MIT Press, A Bradford Book.

Sopa, G. L., and J. Hopkins. 1976. *Practice and Theory of Tibetan Buddhism*. New York: Grove Press.

Sprung, M. 1979. *Lucid Exposition of the Middle Way*. Boulder: Prajna Press.

Stcherbatski, T. 1979. *The Centran Comception of Buddhism and The Meaning of The Word "Dharma."* Delhi: Motilal Banarasidass. Originally published by th Royal Asiatic Society.

Stearns, S. 1982. On fitness. In *Environmental Adaptation and Evolution*, ed. D. Mossaknowski and G. Roth. Stuttgart: Gustav Fisher.

Steffire, V., V. Castillo Vales, and L. Morely. 1966. Language and Cognition in Yucatan: A cross-cultural replication. *Journal of Personality and Social Psychology* 4:112-115.

Stengers, I. 1985. Les généalogies de l' auto-organisation. *Cahiers de la Centre de Recherche en Epistémologie Appliqué* 8:7-105

Steriade, M., and M. Deschenes. 1985. The thalamus as a neuronal oscillator. *Brain Research Review* 8:1-63..

Stich, S. 1983. *From Folk Psychology to Cognitive Sience: The Case Against Belief.* Cambridge, Massachusetts: The MIT Press, A Bradford Book.

Stillings, N. A., M. Feinstein, J. L. Garfield, E. L. Rissland, D. A. Rosenbaum, S. Weisler, and L. Baker-Ward. 1987. *Cognitive Science*: An Introduction. Cambridge, Massachusetts: The MIT Press, A Bradford Book.

Streng, F. J. 1967. *Emptiness: A Study in Religious Meaning.* Nashville, Tennessee: Abingdon Press.

Sudnow, D. 1978. *Ways of the Hand: The Organization of Improvised Conduct.* Cambridge, Massachusetts: Harvard University Press.

Suzuki, S. 1970. *Zen Mind, Beginner's Mind.* New York: Weatherhill.

Sweetzer, E. E. 1984. Semantic Structure and Semantic Change. Ph.D. dissertation, University of California at Berkeley.

Tank, D. W. and J. Hopfield. 1987. Collective computation in neuronlike circuits. *Scientific American* 257 (no. 6): 104-114.

Taylor, C. 1983. The significance of significance: The case of cognitive psychology. In *The Need for Interpretation*, ed. Solace Mitchell and Michael Rosen. London: The Athalone Press.

Thera, N. 1962. *The Heart of Buddhist Meditation.* New York: Samuel

Weiser.

Thompson, E. 1986. Planetary thinking/planetary building: An Essay on Martin Heidegger and Nishitani Keiji. *Philosophy East and West* 36:235-252.

Thompson, E. Forthcoming. *Colour Vision: A Study in Cognitive Science and the Philosophy of Perception.*

Thompson, E., A. Palacios, and F. Varela. In press. Ways of coloring: Comparative color vision as a case study for cognitive science. *Behavioral and Brain Sciences.*

Thornton, M. 1989. *Folk Psychology: An Introduction.* Toronto: University of Toronto Press/Canadian Philosophical Monographs.

Thruman, R. A. F., trans. 1976. *The Holy Teaching of Vimalakirti.* Philadelphia: Pennsylvania University Press.

Thurman, R. A. F. 1984. *Tsong Khapa's Speech of Gold in the Essence of True Eloquence: Reason and Enlightenment in the Central Philosophy of Tibet.* Princeton: Princeton University Press.

Tolouse, G., S. Dehaene, and J. Changeux. 1986. *Proceedings of the National Academy of Sciences*(USA) 83:1695-1698.

Trizin, K. S. 1986. Parting from the four clingings. In *Essence of Buddhism: Teachings at Tibet House.* New Delhi: Tibet House.

Trungpa, C. *KarmaSeminar.* Boulder: Vajradhatu Press.

Trungpa, C. 1973. *Cutting Through Spiritual Materialism.* Boston: Shambhala.

Trungpa, C. 1976. *The Myth of Freedom.* Boston: Shambhala.

Trungpa, C. 1978. *Mandala.* Boulder: Vajradhatu Press.

Trungpa, C. 1981. *Glimpses of Abhidharma.* Boudler: Prajna Press.

Trungpa, C. 1986. *Sadhana of Mahamudra.* Boulder: Vajradhatu Press.

Turkle, S. 1979. *Psychoanalytic Politics: Freud's French Revolution.* Cambridge, Massachusetts: The MIT Press.

Turkle, S. 1984. *The Second Self: Computers and the Human Spirit.* New

York: Simon and Schuster.

Turkle, S. 1988. Artifical intelligence and psychoanalysis: A new alliance. *Daedelus*(Winter): 241-269.

Turvey, M. T., R. E. shaw, E. S. Reed, and W. M. Mace. 1981. Ecological laws of perceiving and acting: In reply to Fodor and Pylyshyn. *Cognition* 9:237-304.

Ullman, S. 1980. Against direct perception. *Behavioral and Brain Sciences* 3: 373-415.

Varela, F. 1979. *Principles of Biological Autonomy*. New York: Elsevier North Holland.

Varela, F. 1988. Structural coupling and the origin of meaning in a simple cellular automata. In *The Semiotics of Cellular Communications in the Immune System*, ed. E. Secarz, F. Celada, N. A. Mitchinson, and T. Tada. New York: Springer-Verlag.

Varela, F., A. Coutinho, and B. Dupire. 1988. Cognitive networks: Immune, neural, and otherwise. In *Theoretical Immunology*, ed. A. Perelson, vol. 2 New Jersey: Addison-Wesley.

Varela, F., J. C. Letelier, G. Marin, and H. Maturana. 1983. The neurophysiology of avian color vision. *Archivos de biologia y medicina experimentales* 16:291-303.

Varela, F., V. Sanchez-Leighton, and A. Coutinho. 1988. Adaptive strategies gleaned from networks: Viability theory and clasifier systems. In *Evolutionary and Epigenetic Order from Complex Systems: A Waddington Memorial Symposium*, ed. B. Goodwin and P. Saunders. Edinburgh: Edinburgh University Press.

Varela, F., and W. Singer. 1987. Neuronal dynamics in the cortico-thalamic pathways as revealed through binocular rivalry. *Experimental Brain Research* 66:10-20.

Varela, F., A. Toro, E. R. John, and E. L. Schwartz. 1981. Perceptual framing and cortical alpha rhythm. *Neuropsychologia* 19:675-686.

Vasubhandu. 1923. *L'Abhidharmakosa de Vasubandhu*. 6 Vols. Trans. Louis de La Vallée Poussain. Paris and Louvain: Institut Belges des Hautes Etudes Chinoises. Reprinted Paris: Guenther 1971.

Vattimo, G. 1989. *The End of Modernity*. Trans. J. Snyder. Baltimore: Johns Hopkins University Press.

von Foerster, H., ed. 1962. *Principles of Self-Organization*. New York: Pergamon Press.

Wake, D., G. Roth, and M. Wake. On the problem of stasis in organismal evolution. 1983. *Journal of Theoretical Biology* 101:211-224.

Wellwood, J., ed. 1983. *Awakening the Heart: East West Approaches to Psychotherapy and the Healing Relationship*. Boston: Shambhala.

Wilber, K., J. Engler, and D. Brown. 1987. *Transformations of Consciousness: Conventional and Contemplative Perspectives on Development*. Boston: New Science Library.

Winograd, T., and F. Flores. 1986. *Understanding Computers and Cognition: A New Foundation for Design*. New Jersey: Ablex Press.

Wolfram, S. 1983. Statistical mechanics of cellular automata. *Reviews of Modern Physics* 55:601-644.

Wolfram, S. 1984. Cellular automata as models of complexity. *Nature* 311:419.

Wynne-Edwards, V. 1982. *Animal Dispersion in Relation to Social Behaviour*. Edinburgh: Oliver&Boyd.

Yuasa, Y. 1987. *The Body: Toward an Eastern Mind-Body Theory*. Trans. Nagatomu Shigenori and T. P. Kasulis. Albany: State University of New York Press.

Zeki, S. 1983. Colour coding in the cerebral cortex: The reaction of cells in monkey visual cortex to wavelengths and colours. *Neuroscience*

찾아보기

ㄱ

가능세계의미론 132,
가다머, 한스 244, 245
갈릴레오적 양식 53
결정이론 391
경험적 표상 224
계산이론 291
공 351-353, 358-363, 375, 384, 388,
　394-397, 399, 412, 426
공동체의 비극 390
《관념들: 순수현상학 입문》 50, 51
굿먼, 넬슨 39, 371
궁극적 진리 362, 374
그로스버그, 스티븐 39, 166, 167
글로버스, 고든 18, 39, 212, 403
끌개 155, 157, 158, 243, 283

ㄴ

내성주의 91, 92, 107
내성주의학파 74
네이글, 토머스 68
니다나스 189
니시타니 케이지 384-389
니체, 프리드리히 213, 366, 367, 377, 387,
　388, 412

ㄷ

다니족 273, 274
다르마 197
다형질발현 302, 303, 306, 310
대략적 색 항상성 260
대립-경로 이론 258
대립-과정 이론 258, 261, 274
대립과정이론 257
대상관계이론 184-186

대상관소 196-199
대승 351
대승불교 24, 352, 354, 375, 382, 394, 395, 426
데넷, 다니엘 20, 46, 97, 99, 101, 150
데카르트적 불안 233, 235, 373, 383, 384
도약성 유전자 302
동시적 색 대조(색 유도) 260
둑카 114
드레퓌스, 허버트 39, 48, 399, 409

ㄹ

라캉, 자크 96, 186
랍텐, 게셰 199
로렌츠, 콘라트 83
로젠블랫, 프랭크 150, 160
로티, 리처드 39, 228, 235, 350, 351, 383
르원틴, 리처드 310, 319, 320, 321, 325

ㅁ

《마음의 신체화》 82
마카크 원숭이 275
매카시, 존 39, 84
매컬록, 워런 81, 82
맥대니얼, 채드 275, 276
메를로 퐁티, 모리스 12, 13, 17-19, 33, 34, 39, 50, 56, 57, 59, 75, 76, 145, 246,
280, 282, 289, 331, 378, 379, 416
메이시 학술대회 149
《명상》 233
명색明色 190, 192
모양탐지자 90
무근거성 217, 239, 240, 322, 343, 347, 348, 350, 353, 358, 366, 368, 374, 377-389, 393, 395, 402, 403, 410-413
무명無名 188-190, 193, 194
무의식 11, 57, 95-99
민스키, 마빈 84, 179-184, 198, 199, 203, 207-211, 213-215, 231, 235-237, 262, 263, 312, 424

ㅂ

바티모, 지아니 366
반야경 351
발생론적 심리학 83
발생적 인식론 284
발제적 인지과학 13, 43, 365, 374, 380, 402
발제주의 39, 42
배엽 305
번스타인, 리처드 233
범형이전 184
베를린, 브렌트 272, 273
보디시타 397, 398
분별 119, 124, 126, 141, 200, 202, 253
분산연결망 180
분트, 빌헬름 74
불확정성의 원리 35

브렌타노, 프란츠 50, 95
브룩스, 로드니 39, 335-340
비냐나 125, 126
비이원론 59, 398
비토리오 247-254
빈스와그너, 루드비히 289

ㅅ

사고자 129
사르트르, 장 폴 101, 113
사이먼, 허버트 39, 84
사이버네틱스 79-81, 83, 87, 149, 154, 334
사회교환이론 391
《사회로서의 마음》 181, 182, 214, 222
상대적 진리 362, 363
상동성 305
삼사라 375
색 현상 구조 255
색스, 올리버 265
생활세계 47, 52-56, 197, 373, 374, 376
선험적 자아 113, 131, 130
선험적 통각 129
선험적 표상 228
소승 351
소승불교 30, 61, 66
수뿟 119
《순수이성비판》 129, 233
스몰렌스키, 폴 39, 173, 341
스티치, 스티븐 47

시상 138, 163, 164, 262
시원적 지향성 127, 354
식識 119, 190
신경과학 8, 9, 36, 39, 43, 91, 133, 134, 159, 161, 246, 255
신경그물망 265
신경망체계 153, 154, 157, 160, 212
신경생리학이론 90
〈신경활동에 내재하는 사고의 논리적 계산〉 81
신다원주의 294, 298, 300, 301, 304, 319
신실재론 296
심상 92-95, 98, 224, 225
심소 187
심심문제心心問題 104
심적 표상 40, 198, 225, 429

ㅇ

아리스토텔레스 119
아비달마 118, 119, 126, 127, 133, 186, 198, 204, 206, 351, 354, 358-360, 362, 363
아트만 113
애쉬비, 로스 334
야스퍼스, 칼 289
양자역학 35
억제인자 302
억제해제인자 302
업業 187
엑손 302
역확산 160, 243

연결론 41, 59, 153, 159, 169, 171, 222, 243, 332, 334, 339, 342

연기 197

오야마, 수잔 320, 321, 408

오온 118-120, 143, 167-169, 187, 351, 354, 362, 400, 416

와서먼, 로버트 265

외측슬상핵 164

용수 12, 13, 59, 197, 351-355, 358-360, 362, 374, 375, 395, 398, 426

원동자 129

월터, 그레이 334

《유럽 학문의 위기와 선험적 현상학》 52, 53

유아론 217, 228

유아사 야스오 72

유전자부동 307

유전적 연계 302

의식의 장 385, 386

이형화 돌연변이 305

인공지능 18, 36, 37, 39, 80, 88-90, 100, 159, 160, 176, 179, 184, 244, 246, 255, 333, 334, 336, 337, 342

인지론적 범형 172

인지중관론 180

인지혁명 38

인트론 302

일반문제해결자 243

일반해결장치 151

ㅈ

자기조직화 150, 154, 159, 169, 176, 247, 413

자기지自己知 36

자비 202, 206, 353, 373, 374, 375, 393-405

자아 16, 19-21, 34, 59, 68, 73, 74, 96, 97, 99-12, 107, 108, 110-132, 142-144, 182-184, 187, 189, 190, 195, 200, 201, 205-217, 233, 235, 237-239, 354, 357, 360, 364, 368-370, 377, 378, 381, 385, 386, 388-396, 398, 400-404, 410

자연부동론 301

자연선택 291, 298, 300, 302, 303, 306, 307, 312-317, 322, 426

자유의지 214, 215

재켄도프, 레이 20, 102, 109, 127, 183, 207-215

적응반향이론 166

정보취식자 232

제4시각 구역 168

제5시각 구역 168

제임슨, 도로시아 257

조작적 자기폐쇄성 231

조화이론 173, 341

존슨, 마크 9-11, 39, 244, 245, 262, 286, 287

주의집중 64, 116, 140-142, 203

중간단계의식이론 370

중간단계이론 105

중간측두시각 168

중관론 12, 24, 59, 180, 238, 239, 350, 426

중도中道 34, 49, 59, 110, 278, 279, 361, 365, 368, 370, 374, 379, 382, 400, 426
《중송》 353
지각 대행자 262
지각동시성 134
《지각의 현상학》 34, 76
지관 62, 63, 67-69, 71, 73, 74, 76, 79, 105, 110, 113, 116, 124, 131, 140, 142, 168, 183, 186, 187, 196, 197, 204, 206, 209, 210, 212, 215, 237, 290, 351, 360, 366, 375, 379, 384-386, 389-394, 399-401, 403, 405, 416, 427
지관의 명상 63, 65, 66, 67, 71, 74-76, 113, 128, 142, 169, 204, 239, 353, 368, 420
지향성指向性 50, 84, 86, 90, 100, 103, 104, 108, 109, 127, 207, 331, 354
진화인식론 83
집단선택 309
집중 60-72, 74-76, 87, 91, 105, 113, 114, 142, 151, 153, 194, 200-207, 210, 223, 239, 255, 288, 358, 359, 375, 377, 381, 391, 394, 398, 415, 420, 422, 427
집착의 온 143
집체성 168

ㅊ

찰나성 130-134
창발론 40, 176, 222, 241, 416, 427
처치랜드, 패트리샤 47, 48
처치랜드, 폴 47, 48
《철학과 자연의 거울》 350

철학적 내성(본질직관) 51, 52
초자아 184
촘스키, 노엄 10, 39, 84
츌트림 갸초 117
취取 192

ㅋ

케이, 폴 272, 273, 275, 276
켐프톤, 윌렛 276
코슬린 93, 94
코아레, 알렉상드르 36
쿤, 토마스 36
쿤데라, 밀란 379
큰 의심 386
클라인, 멜라니 184

ㅌ

타라후마라 276
터클, 셰리 20, 184, 212
테세우스의 배 122, 429
테일러, 칼스 46, 48
통각의 선험적 통일 131

ㅍ

판단중지 50, 51

퍼지집합론 275
퍼트남, 힐러리 348, 349, 372, 373
퍼셉트론 150
파펫, 시모어 179, 180, 182
펠드먼, 제럴드 322
포더, 제리 39, 59, 175, 229
폰 노이만 병목현상 150
표면반사율 267-270, 324
프라즈냐 66, 127
프로이트, 지그문트 95-99, 184, 233, 289, 290
프리먼, 월터 283
피셔, 론 310
피아제, 장 39, 83, 284, 285
피츠, 월터 81
필리신, 제논 39, 175

헤링, 에발트 257
헵, 도널드 152, 160
헵의 규칙 152, 153
현상계 197, 426
현상적 운동 134
현상학 17-19, 33, 52-57, 67, 68, 76, 115, 121, 353, 414, 416, 423
현상학적 환원 55
현존재 56, 212
후설, 에드문트 12, 51-56, 59, 68, 69, 95, 126, 127, 197
흄, 데이비드 59, 112-114, 216, 369, 370

ㅎ

하위그물망체계 263, 317
하위기호적 범형 171
하위인격 단계 211
하이데거, 마르틴 18, 43, 56, 65, 75, 76, 244, 245, 289, 366, 367, 383, 384, 399
할머니 세포 이론 91
해석학 244, 339, 371
《행위의 구조》 49
허미센다 284
허비치, 레오 257
허용역 326-328

THE EMBODIED MIND
Cognitive Science and Human Experience